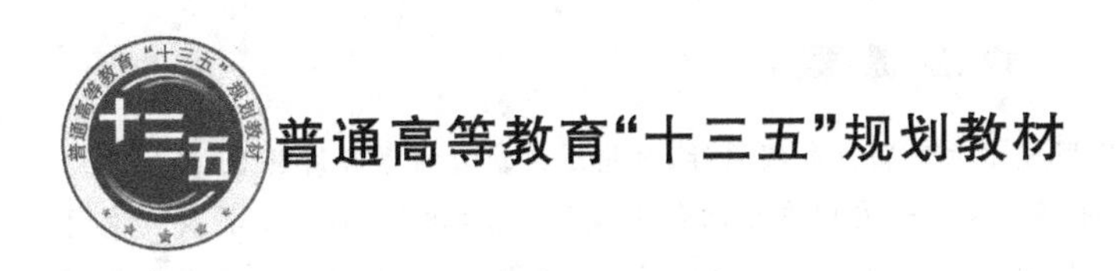

单片机学习与实践教程

朱向庆　编著

北京邮电大学出版社
www.buptpress.com

内 容 提 要

本书以实践应用为主线，突出单片机应用技术的新颖性和实用性，采用通俗易懂的语言讲解51系列单片机的核心知识点，软硬件设计的注意事项；介绍单片机开发中常见的仿真软件、编程软件、应用工具及其使用方法；同时结合自制的实验箱给出单片机实验项目的电路图、汇编和C51示例程序，为方便读者使用软件仿真，每个实验后面还配套对应的Proteus仿真电路。本书还提供单片机课程设计题目，并简要讲解其设计思路，书末附有单片机课程期末考试试题及其参考答案。

本书可作为电子信息工程、自动化、通信工程、计算机科学与技术、测控技术、仪器仪表设计等本、专科专业单片机课程的配套教材、课程设计参考书，以及电类专业学生毕业设计的参考书，也可供相关企业工程师、科技人员参考。

图书在版编目(CIP)数据

单片机学习与实践教程 / 朱向庆编著. -- 北京 ：北京邮电大学出版社，2018.1(2024.1重印)
ISBN 978-7-5635-5338-9

Ⅰ. ①单… Ⅱ. ①朱… Ⅲ. ①单片微型计算机 Ⅳ. ①TP368.1

中国版本图书馆CIP数据核字(2017)第307024号

书　　名：单片机学习与实践教程
著作责任者：朱向庆　编著
责 任 编 辑：刘　佳
出 版 发 行：北京邮电大学出版社
社　　址：北京市海淀区西土城路10号(邮编：100876)
发 行 部：电话：010-62282185　传真：010-62283578
E-mail：publish@bupt.edu.cn
经　　销：各地新华书店
印　　刷：北京虎彩文化传播有限公司
开　　本：787 mm×1 092 mm　1/16
印　　张：16.75
字　　数：438千字
版　　次：2018年1月第1版　2024年1月第4次印刷

ISBN 978-7-5635-5338-9　　定　价：39.00元

前　言

单片机课程是理工类电子信息工程、自动化、通信工程、仪器仪表设计等专业一门很重要的应用性课程，实践操作是课程教学中很重要的一个环节。本书是编者多年教学工作的归纳总结，坚持"学""术"并重的指导思想，遵循"在学中做，在做中学，学以致用"的原则，做到"虚实结合，软硬兼施"。全书以实践应用为主线编排，尽量淡化原理，多讲解实际操作，凝练编者个人的实践经验，以满足单片机爱好者的需求。"工欲善其事，必先利其器"，本书还介绍了开发单片机应用系统常用的软硬件工具，帮助初学者提高学习效果。英国有一句谚语："我听到的会忘记，我看到的能记住，我做过的才真正明白。"为方便学习者动手做实验，巩固课程知识，本书给出 10 个实验项目和 6 个课程设计项目。全书内容共 5 章，具体安排如下。

第 1 章介绍单片机课程主要内容，尽量用通俗易懂的语言，把枯燥的理论与现实世界联系起来，用比喻、类比、引证等方法讲解微型计算机基础知识，单片机的硬件结构及工作原理，汇编语言及 C51 语言程序设计方法，中断、定时器/计数器、串口，扩展技术，输入输出接口技术以及 A/D 和 D/A 转换技术。

第 2 章介绍开发单片机系统常用工具软件，重点讲解 Proteus 及 Keil uVision 软件的使用方法，同时推介其他有用的工具软件，如：编程/烧录软件，定时器初值计算器，串口类工具软件(波特率计算器、串口调试助手、虚拟串口、串口监视精灵)，数码管、点阵、光立方、液晶类工具软件，单片机小精灵，反汇编工具，单片机硬件仿真器(含芯片仿真器)，单片机、存储器的编程器/烧录器及擦除器等。

第 3 章是单片机课程实验项目，结合自制的多功能微控制器实验箱，给出单片机课程常做的 10 个实验项目，包含 Proteus 与 Keil uVision 软件的使用、LED 流水灯与自锁开关、定时器、串行通信、数码显示、独立按键、矩阵键盘、模数转换、数模转换、1602 液晶与蜂鸣器等。每个实验项目均有 C51 或汇编源程序，对关键语句都加了注释。为方便学习者在没有硬件设备的情况下可以用仿真软件完成实验，每个实验项目后面还附有 Proteus 仿真电路图。

第 4 章介绍单片机课程设计项目，共 6 个，包含环境温湿度监测系统、八通道精密电压数据采集器、LED 点阵书写显示屏、多功能电子贺卡、智能电子密码锁以及投票系统。各项目由易到难，且包含必做部分和发挥部分，发挥部分可拓展学生的思路，其内容也可作为毕业设计的选题。

第 5 章给出 3 套单片微机原理期末试卷及参考答案，供有需要的读者朋友参考使用。

本书涉及的实验项目 Proteus 仿真工程、C51 及汇编源程序，自制多功能微控制器实验箱电路原理图、PCB 图、测试程序等资料，读者朋友可到北京邮电大学出版社网站 http://www.buptpress.com 免费下载。

完成本书，参考了众多前辈、同行的教材、论文、企业的技术文档及互联网上的资料。能够找到出处的，编者尽量在文后罗列出参考文献；但因时间仓促，可能存在漏写参考文献的现象，敬请读者朋友们谅解。

感谢嘉应学院龚昌来教授在百忙之中审阅本书，并提出许多颇具建设性的意见和建议。

感谢曾经协助编者设计、制作、测试单片机实验箱、学习板的老师：张学成高级实验师、吴华波副教授和胡均万博士。感谢帮助过编者的学生：钟运良、陈宏华、苏超益、陈俊洪、陈文龙、崔廷佐、蓝羽锋、郑景扬、李匡宇、罗伟源、蔡凯达、朱万鸿、钟创平、何昌毅、黄青春、洪填宝、洪志博等，没有诸位老师和同学们的帮忙，就没有实验箱与学习板的不断升级与完善。

本书能够顺利结集出版，与北京邮电大学出版社的鼎力支持与帮助密不可分，尤其是王义、刘佳两位编辑，做了大量细致的工作，付出辛勤的汗水，在此对你们致以诚挚的谢意！

鉴于编者水平有限，难免出现纰漏，恳请读者朋友批评指正；同时欢迎各位单片机爱好者、同行、企业工程师与编者联系，共同切磋，探讨单片机教学、应用事宜。

编者邮箱：zhuxiangqing@263.net。

朱向庆

2017年12月

目　　录

第1章　单片机课程主要内容

1.1　微型计算机的基本概念

1.1.1　计算机进制数及常用编码

1. 计算机进制数

计算机中常用的进制数有二进制、十进制和十六进制，它们的表示方法、规则及用途如表 1-1和表 1-2 所示。不同进位制数以下标或后缀区别，十进制数可不带下标，如：101、101D 和 101_D均表示十进制数，101B 和 101_B均表示二进制数，101H 和 101_H均表示十六进制数。

※古代烽火台通过火光传递消息，采用的就是二进制。从秦始皇统一度量衡，到新中国成立之初，我国一直沿用一斤十六两（十六进制）的计量方法，故有“半斤八两”之说。

表 1-1　计算机进制数

序号	进制数	英文	英文简称	数码	规则	用途
1	二进制	Binary	B	0、1	逢二进一	机器中的数据形式
2	十进制	Decimal	D	0～9	逢十进一	用于人机交互
3	十六进制	Hexadecimal	H	0～9、A～F	逢十六进一	用于表示二进制数

表 1-2　常用的二进制数、十进制数和十六进制数

十进制数	二进制数	十六进制数	十进制数	二进制数	十六进制数	十进制数	二进制数	十六进制数
0	0000	0	8	1000	8	48	00110000	30
1	0001	1	9	1001	9	100	01100100	64
2	0010	2	10	1010	A	127	01111111	7F
3	0011	3	11	1011	B	128	10000000	80
4	0100	4	12	1100	C	255	11111111	FF
5	0101	5	13	1101	D	256	100000000	100
6	0110	6	14	1110	E	15536		3CB0
7	0111	7	15	1111	F	65535		FFFF

※ 计算机能够直接识别的是二进制数，人机交互常用十进制数，为什么要引入十六进制数？

如表 1-2 所示，4 位二进制数可以用 1 位十六进制数表示。因此，在微型计算机或单片机中，表示地址或者数值通常用十六进制数，长度短、简洁、好念、好记。

2. 进制转换

十进制数、二进制数和十六进制数之间的转换关系如图 1-1 所示。

（1）十进制数转换成二进制数、十六进制数

除基取余：十进制整数不断除以转换进制基数，直至商为 0。每除一次取一个余数，从低位排向高位，如图 1-2 所示。

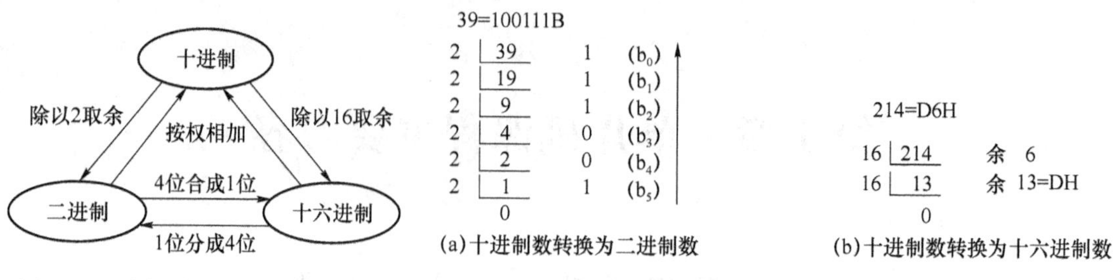

(a)十进制数转换为二进制数

(b)十进制数转换为十六进制数

图 1-1　不同进制数之间转换的方法

图 1-2　十进制数转换为二进制数、十六进制数

(2) 二进制数、十六进制数转换成十进制数

先展开，然后按照十进制运算法则求和，即 Σ(位值×位权)。

$$1011B=1\times2^3+1\times2^1+1\times2^0=11 \quad (1\text{-}1)$$

$$DFCH=13\times16^2+15\times16^1+12\times16^0=3580 \quad (1\text{-}2)$$

(3) 二进制数与十六进制数之间的转换

因为 $2^4=16$，所以四位二进制数对应一位十六进制数。二进制数转换成十六进制：四位合成一位。十六进制数转换成二进制数：一位分成四位。

$$3AFH=\underset{3}{\underline{0011}}\ \underset{A}{\underline{1010}}\ \underset{F}{\underline{1111}}=1110101111B \quad (1\text{-}3)$$

$$1111101B=\underset{7}{\underline{0111}}\ \underset{D}{\underline{1101}}=7DH \quad (1\text{-}4)$$

※ 利用计算机“附件”里面的“计算器”，可以快速进行进制转换

以 Windows 7 操作系统为例，将十进制数 208 转换成十六进制数。如图 1-3 所示，①打开“计算器”软件，在“查看”菜单中选择“程序员”方式；②在面板中选择“十进制”及“四字”，输入 208，即可查看到 208 转换成二进制数后的结果：11010000B；③选择面板中的“十六进制”，可以查看到 208 转换成十六进制数后的结果：D0H。

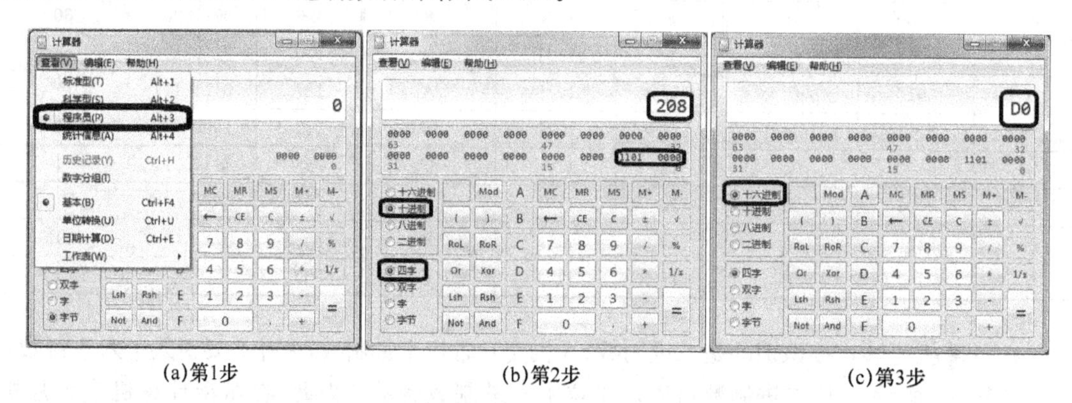

(a)第1步

(b)第2步

(c)第3步

图 1-3　利用计算机进行快速数据转换

3. 有符号二进制数的符号表示方法

微型计算机中约定，符号“+”“-”要用 1 位二进制数表示。如图 1-4 所示，8 位微型计算机，最高位 D_7 表示符号，其他 7 位表示数值。从 00000000B～11111111B，表示的无符号数值从 0～255，有符号数值从 -127～+127。

※ 无符号数表示正数，有符号数既可表示正数也可表示负数。不管是有符号数还是无符

号数，进行运算时均有可能溢出。

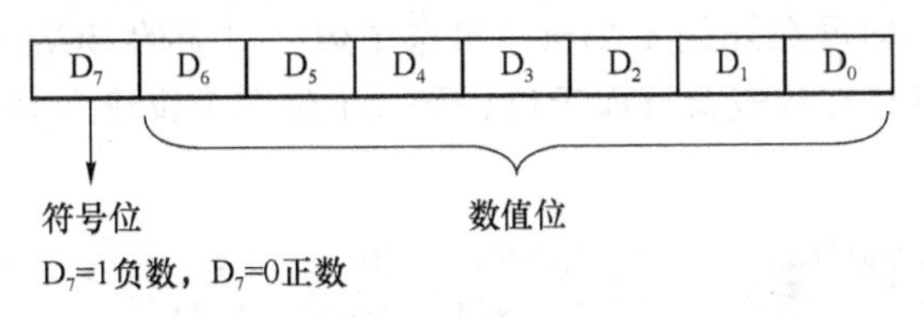

图 1-4　有符号二进制数的表示方法

4. 原码、反码及补码

计算机中存放的数称作机器数。一个带符号数在计算机中可以分别用原码、反码或补码三种方法表示，它们的表示方法、范围及示例如表 1-3 所示。

※不管哪种机器数，“80 后”(80H 始)一定是负数。

表 1-3　原码、反码及补码表示方法

序号		原码	反码	补码
1	正数	符号位 D_7 为 0，D_6～D_0 表示数值	＝原码	＝原码
2	负数	符号位 D_7 为 1，D_6～D_0 表示数值	符号位 D_7 不变，数值位 D_6～D_0 按位取反	＝反码＋1
3	表示范围	－127～＋127	－127～＋127	－128～＋127
4	＋4	00000100B	00000100B	00000100B
5	－4	10000100B	11111011B	11111100B
6	备注	$[+0]_{原}$＝00000000B $[-0]_{原}$＝10000000B	$[+0]_{原}$＝00000000B $[-0]_{原}$＝11111111B	$[+0]_{补}$＝$[-0]_{补}$＝00000000B

※ 补码这么复杂，有何用途？

在计算机中，用补码表示有符号数，其计算方法和无符号数的计算方法相同，可以共用一个运算器；而且，运用补码可以使减法变成加法，计算机中的带符号数采用补码表示后，运算器中只设置加法器，这样便简化硬件结构。

因此，在计算机里面，通用的是补码。原码和反码，都是用于求补码的中间过程，一般都是写在纸面上，并不存入计算机。

5. BCD 码

BCD 码(Binary Coded Decimal)指用 4 位二进制数编码的十进制数，每个十进制数用 4 位二进制数表示，如：[265]BCD＝001001100101 BCD。常用十进制数的 BCD 码如表 1-4 所示。

表 1-4　常用十进制数的 BCD 码

十进制	BCD 码	十进制	BCD 码	十进制	BCD 码	十进制	BCD 码
0	0000	4	0100	8	1000	12	00010010
1	0001	5	0101	9	1001	13	00010011
2	0010	6	0110	10	00010000	14	00010100
3	0011	7	0111	11	00010001	15	00010101

※ BCD 码有何用途？

为了便于人机交互或简化处理器控制的复杂度，在一些输入输出设备(如拨码开关、PLC

数码管表头、电梯显示板）中还保留 BCD 码，如图 1-5 所示。图 1-5(a)是 BCD 拨码开关，使用者旋转开关，选择数字，即可在开关 4 个角输出选中数字对应的 BCD 码（8421 码）；图 1-5(b)是 PLC 数码管表头，PLC 在仪表盒反面千位、百位、十位和个位输入 BCD 码，即可在正面显示其对应的十进制数。

(a)BCD拨码开关　　(b)PLC数码管表头

图 1-5　BCD 码输入输出设备

6. ASCII 码

计算机不仅要认识各种数字，还要识别各种文字符号（如字母、标点符号、数字符号等）。人们事先已对各种文字符号进行二进制数编码，以便让计算机识别。美国标准信息交换代码——ASCII(American Standard Code for Information Interchange)码如图 1-6 所示，用 1 个字节表示 1 个字符。低 7 位是字符的 ASCII 码值；最高位是通信时的校验位。国标 GB 1988—80，“信息处理交换用的 7 位编码字符集”用‘￥’替代‘＄’，其余相同。

※ 单片机课程中，重点关注 3 类符号的 ASCII 码：

(1) 字符‘0’～‘9’的 ASCII 码，其对应的十六进制数为 30H～39H；

(2) 字符‘A’～‘Z’的 ASCII 码，其对应的十六进制数为 41H～5AH；

(3) 字符‘a’～‘z’的 ASCII 码，其对应的十六进制数为 61H～7AH。

	列	0	1	2	3	4	5	6	7
行	高3位 / 低4位	000	001	010	011	100	101	110	111
0	0000	NULL	DLE	SP	0	@	P	、	p
1	0001	SOH	DC1	!	1	A	Q	a	q
2	0010	STX	DC2	“	2	B	R	b	r
3	0011	ETX	DC3	#	3	C	S	c	s
4	0100	EOT	DC4	$	4	D	T	d	t
5	0101	ENQ	NAK	%	5	E	U	e	u
6	0110	ACK	SYN	&	6	F	V	f	v
7	0111	BEL	ETB	‘	7	G	W	g	w
8	1000	BS	CAN	(	8	H	X	h	x
9	1001	HT	EM	)	9	I	Y	i	y
A	1010	LF	SUB	*	:	J	Z	j	z
B	1011	VT	ESC	+	;	K	[	k	{
C	1100	FF	FS	,	<	L	\	l	|
D	1101	CR	GS	−	=	M	]	m	}
E	1110	SO	RS	·	>	N	^	n	~
F	1111	SI	US	/	?	O	_	o	DEL

图 1-6　ASCII 码

1.1.2　计算机存储器容量与地址范围

1. 常用存储量表示方法

比特(bit)是最小的存储单位,计算机常用的存储单位有:字节(Byte)、字(Word)、千字节(KB)、兆字节(MB)、吉字节(GB)、太字节(TB),它们之间的换算关系如表 1-5 所示。

※ 就单片机课程而言,重点关注表 1-5 中带 * 的“位、字节、字及千字节”这 4 个单位即可;“千字节、兆字节、吉字节及太字节”通常在计算机中使用。

表 1-5　常用存储量表示方法

序号	中文单位	中文简称	英文单位	英文简称	进率(Byte=1)
1	位 *	比特	bit	b	0.125
2	字节 *	字节	Byte	B	1
3	字 *	字	Word	W	2
4	千字节 *	千	KiloByte	KB	2^{10}
5	兆字节	兆	MegaByte	MB	2^{20}
6	吉字节	吉	GigaByte	GB	2^{30}
7	太字节	太	TeraByte	TB	2^{40}

2. 存储器容量及地址范围

单片机常用存储器容量及地址范围如表 1-6 所示,其中片内、片外数据存储器(RAM)容量较小,重点关注 128 B~2 KB;程序存储器(ROM)容量较数据存储器大,重点关注 4~64 KB。

注意: 大写的 K 在单片机课程中通常用于表示容量,大小是 1024;小写的 k 常表示一千(1000),如 1 kg、1 km。

表 1-6　常用数据容量及地址范围

序号	容量	地址范围	指数形式(Byte)	地址线根数	备注
1	128 B	00H~7FH	2^7 B	7	常用于表示片内、片外数据存储器(RAM)
2	256 B	00H~FFH	2^8 B	8	
3	512 B	000H~1FFH	2^9 B	9	
4	1 KB	000H~3FFH	2^{10} B	10	
5	2 KB	000H~7FFH	2^{11} B	11	
6	4 KB	000H~FFFH	2^{12} B	12	常用于表示程序存储器(ROM)
7	8 KB	0000H~1FFFH	2^{13} B	13	
8	16 KB	0000H~3FFFH	2^{14} B	14	
9	32 KB	0000H~7FFFH	2^{15} B	15	
10	64 KB	0000H~FFFFH	2^{16} B	16	

1.1.3　微型计算机及单片机的基本概念

1. 微型计算机、单片机、单片机系统

(1) 微型计算机

将微处理器(CPU)、存储器、输入输出接口(I/O 口)电路在印制电路板上用总线连接起

来，再配以输入输出设备，就构成了微型计算机。

(2) 单片机

将微处理器、存储器、I/O 接口电路集成在一块芯片上，称为单片微型计算机，简称单片机。

(3) 单片机系统

以单片机为核心的软硬件系统称为单片机系统。

※ 学习单片机要“软硬兼施”，不要“欺软怕硬”。

2. 51 内核单片机与非 51 内核单片机

自从 Intel 公司于 20 世纪 80 年代初推出 MCS-51 系列单片机以后，所有的 51 系列单片机都是以 Intel 公司最早的典型产品 8051 为核心，增加一定的功能部件后构成的。尽管目前单片机的品种繁多，但其中最具典型性的仍属 51 单片机。常见的 51 内核和非 51 内核单片机如表 1-7 和表 1-8 所示。

表 1-7　常见的 51 内核单片机

序号	厂家	代表型号	特点
1	宏晶公司(STC)	STC89C51/2、STC12C5A60S2	可通过串口直接编程
2	爱特梅尔公司(Atmel)	AT89S51/2	低功耗、高性能
3	华邦公司(Winbond)	W77E58	质优价廉，功能丰富
4	德州仪器公司(TI)	CC2530、CC2540	含 ZigBee 或蓝牙
5	硅存储技术公司(SST)	SST89E516RD	可硬件调试

表 1-8　常见的非 51 内核单片机

序号	厂家	代表型号	特点
1	爱特梅尔公司(Atmel)	ATmega128	高速度、低功耗、超功能精简指令
2	意法半导体公司(STMicroelectronics)	STM32 系列	低功耗、功能强大
3	微芯公司(Microchip)	PIC16F877	性价比高、精简指令
4	德州仪器公司(TI)	MSP430 系列	处理能力强、超低功耗
5	凌阳公司	SPMC65/75 系列	有语音功能
6	飞思卡尔公司(Freescale)	MC9S12G128、MC9S12XS128	低成本、高性能

※ 为什么很多大学的单片机教材都介绍 MCS-51 单片机？

现在单片机的功能越来越强大，品种规格越来越多；但 51 内核的单片机目前还广泛应用，它们都是从 MCS-51 内核发展而来的。受学时等因素限制，高校往往只介绍 MCS-51 内核，只要掌握了该款单片机，学生再自学其他单片机是很容易的。

3. 单片机的重要指标

单片机通常有 7 个重要指标，如表 1-9 所示。挑选单片机时，主要从功能(存储器、I/O 口、其他资源)、性价比、功耗、开发速度等几个方面考虑。

※ 没有最好，只有最合适。选择单片机型号时，在满足要求的前提下适当预留一部分升级空间。

表 1-9　单片机的重要指标

序号	指标	说明
1	位数	单片机能够一次处理的数据的宽度
2	存储器	程序存储器和数据存储器的容量
3	I/O 口	输入/输出端口数量
4	速度	CPU 的处理速度，以每秒执行多少条指令衡量，常用的单位是 MIPS(Million Instructions Per Second)
5	工作电压	大部分是 5 V，波动范围是±5%或±10%；也有 3 V/3.3 V 电压的产品，更低的可在 1.5 V 工作
6	功耗	除了正常工作模式，通常还有等待、关断、睡眠等工作模式
7	温度	民用级(商业级)、工业级和军用级

1.2　MCS-51 单片机硬件结构和工作原理

1.2.1　单片机引脚及逻辑符号

常见的 PDIP40 封装单片机引脚排列及逻辑符号如图 1-7 所示，单片机对外有 3 类总线，分别是地址总线(Address Bus，AB)、数据总线(Data Bus，DB)和控制总线(Control Bus，CB)。

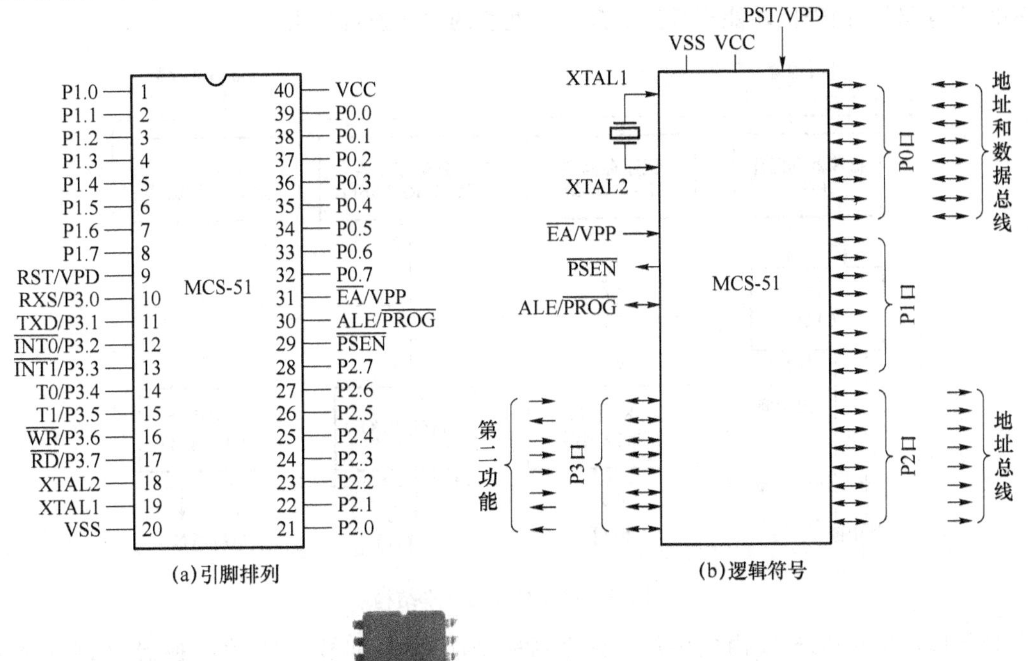

(a)引脚排列　　(b)逻辑符号

PDIP40封装　　PLCC44封装

(c)实物图片

图 1-7　单片机引脚及逻辑符号

(1) 地址总线:16 位,P2 口作高 8 位,P0 口作低 8 位。扩展片外存储器或 I/O 口时,地址总线如果低于 16 位,P2 口未使用完的引脚不能再作 I/O 口使用。

(2) 数据总线:8 位,P0 口;访问片外存储器或 I/O 口时,P0 口先作地址总线,后作数据总线,分时复用。

(3) 控制总线:10 位,ALE、$\overline{\mathrm{PSEN}}$、RST、$\overline{\mathrm{EA}}$、$\overline{\mathrm{INT0}}$、$\overline{\mathrm{INT1}}$、T0、T1、$\overline{\mathrm{WR}}$和$\overline{\mathrm{RD}}$引脚。P3 口的部分引脚作控制总线或后文介绍的第二功能使用时,未使用的引脚还可以独立作为 I/O 口使用。

※ 巧记 3 类总线:ABCD,B 分别与 A、C、D 组合,就是 AB、CB 和 DB。

因为目前单片机片内程序存储器(ROM)容量不断增加,片外数据存储器(RAM)可以设计在芯片内部,片内还拥有 A/D 模块等,使得单片机可以不用再扩展存储器或者 I/O 接口,P0 口和 P2 口通常纯粹作为 I/O 口使用。

1.2.2 单片机片内基本结构

图 1-8 虚线框内为传统的 MCS-51 单片机片内基本结构,芯片里面主要包含微处理器(CPU)、存储器(ROM 和 RAM)、输入输出接口(并行 I/O 和串行 I/O)、定时器/计数器、振荡器和时序电路等,内部的功能部件用 1 条 8 位宽度的总线连接起来。

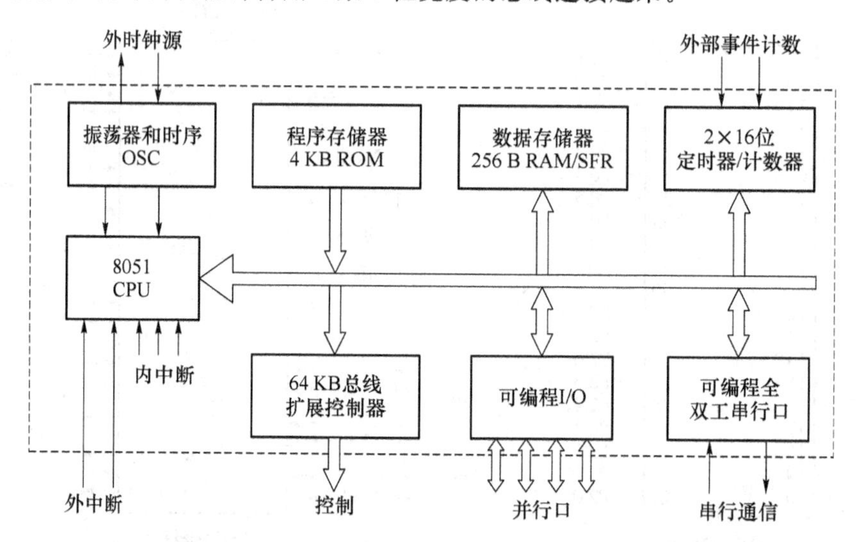

图 1-8 单片机片内基本结构

现代单片机在传统 51 内核中加入许多新的功能部件,如模拟/数字转换器(ADC)、脉冲宽度调制(Pulse Width Modulation,PWM)波形发生器、看门狗电路、无线射频(Radio Frequency,RF)电路等,除了常见的 UART 串行接口,还有 SPI、I^2C 等接口。

※ 单片机"麻雀虽小,五脏俱全";现代单片机功能愈发强大,"没有做不到,只有想不到"。

1.2.3 单片机的引脚

下文以 PDIP40 封装单片机为例,介绍设计单片机系统时重点要注意的引脚。

1. 电源及地

第 20 引脚:GND,公共接地端。

第 40 引脚:VCC,电源输入端,要注意电压波动范围,一般为±10%,电压高了可能烧坏芯片，低了芯片不工作。

典型的单片机电源电路如图 1-9 所示，J1 是电源插座，SW-SPST 是电源总开关，PCB 板中 0.1 μF 的退耦电容 C1 尽量靠近 VCC 引脚，发光二极管（Light Emitting Diode，LED）是电源工作指示灯。

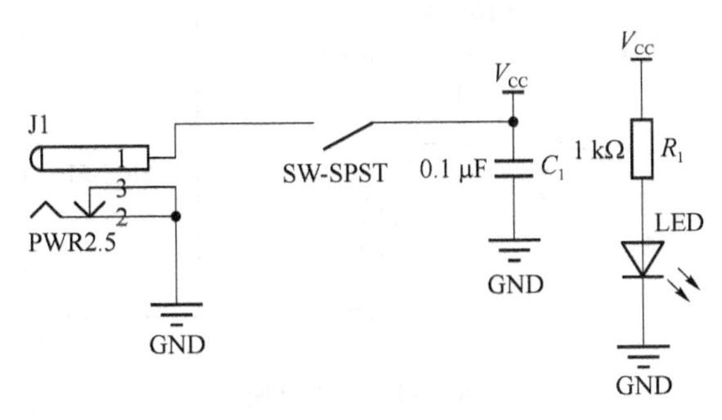

图 1-9　单片机电源电路

2. 时钟振荡电路引脚

单片机时钟电路如图 1-10 所示。

第 18 引脚：XTAL2，晶体振荡电路的输出端。

第 19 引脚：XTAL1，晶体振荡电路的反相器输入端。

图 1-10(a)是内部时钟方式，利用芯片内部的振荡器，在引脚 XTAL1 和 XTAL2 两端跨接无源晶体振荡器，构成稳定的自激振荡器，发出的脉冲直接送入内部时钟电路。C_1 和 C_2 的值通常选择为 30±10 pF，例如 22 pF 或 33 pF，它们对频率有微调作用。

图 1-10(b)是外部时钟方式，对于常见的 CHMOS 型单片机，有源晶振产生的外部振荡脉冲接入 XTAL1，XTAL2 引脚悬空。

※ 设计 PCB 板时，晶振和电容应尽可能靠近 XTAL1 和 XTAL2 引脚，以减少寄生电容的影响，使振荡器能够稳定可靠地为单片机 CPU 提供时钟信号。

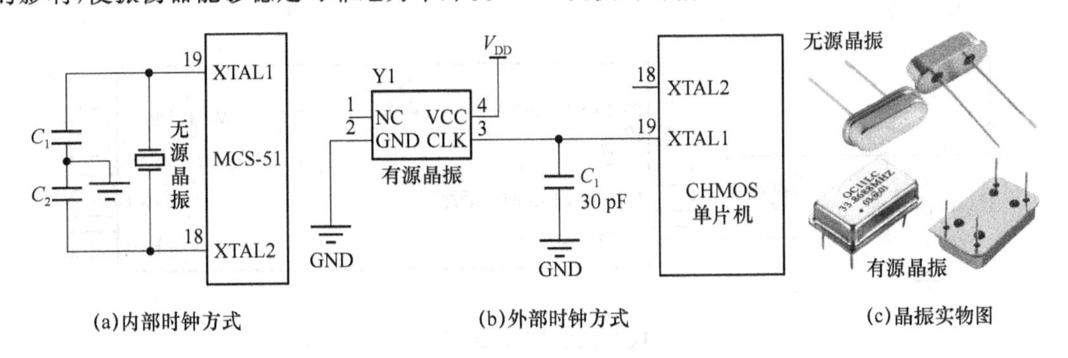

(a)内部时钟方式　(b)外部时钟方式　(c)晶振实物图

图 1-10　单片机时钟电路

3. 复位引脚

第 9 引脚：RST(Reset)，复位信号输入端。时钟电路工作后，当 RST 端保持两个机器周期以上的高电平时，单片机完成复位操作。

单片机的外部复位电路有上电自动复位和按键手动复位两种，前者相当于计算机的冷启动，后者相当于计算机的热启动。图 1-11 中，R_1 和 C_1 构成上电复位电路，它利用电容 C_1 的充电实现。R_1、R_2、C_1 和按键构成上电加按键复位电路，当复位按键 K 按下后，复位端通过电

阻 R_2 与 +5 V 电源接通，电容 C_1 迅速放电，使 RST 引脚为高电平；当复位按键 K 弹起后，+5 V 电源通过电阻 R_1 对电容 C_1 重新充电，RST 引脚端出现复位正脉冲。为了达到复位功能，电容充放电的时间常数 $\tau = R_1C_1$ 通常要大于 10 ms。

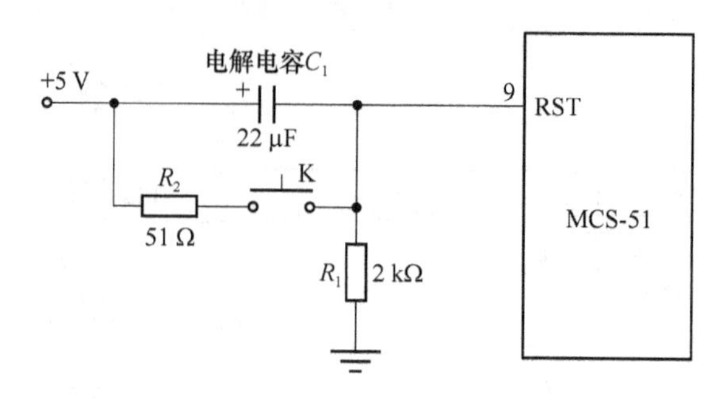

图 1-11　复位电路

※ 单片机可以没有外部复位电路或时钟电路吗？

可以的。例如，图 1-12 所示宏晶公司生产的单片机 STC15F204EA(SOP8 封装)，其片内自带时钟电路和复位电路，不需要外接晶振和复位电路。一般而言，外部晶振稳定度、误差等都要优于内部时钟电路，但如果对频率要求不高(比如不涉及串行通信和精确定时)，用内部时钟即可。内部时钟的频率受温度、电磁及自身因素等影响，但是能免去购置晶振的费用，还能节省 2 个 I/O 接口。如果怕设备被摔坏(如小孩的玩具)，可以考虑采用有内部时钟的单片机。如果要省电，用了睡眠模式，那就不能用内部时钟，因为它会停止。

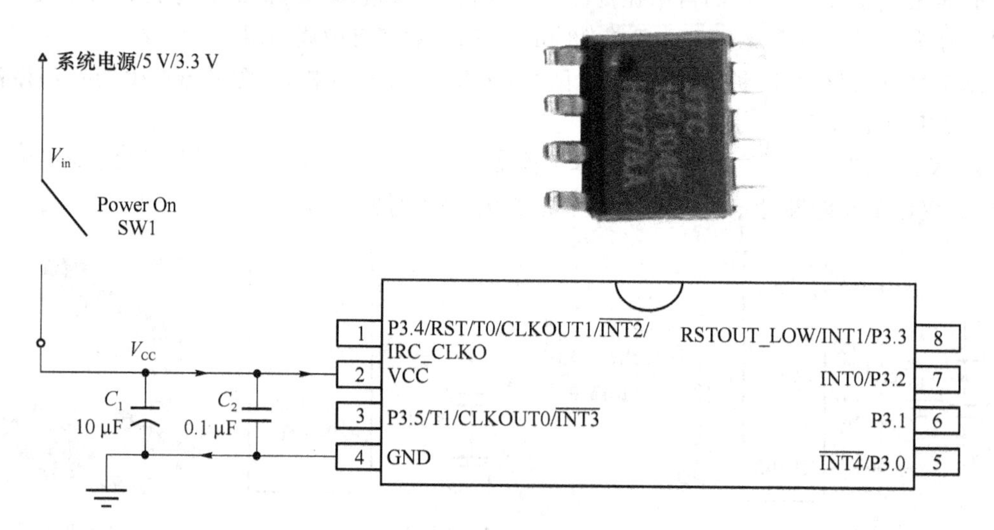

图 1-12　STC15F204EA 单片机最小系统电路

※ 外部时钟电路出故障，单片机一定不工作吗？

时钟电路是单片机的心脏，对于绝大多数采用外部时钟电路的单片机，如果晶振坏了，或有松动，会造成单片机“停摆”。但一些单片机，如 STM8S208MB，它的内部时钟电路有保护作用，在外部时钟电路“罢工”时，能够自动检测故障并及时接管其工作，让单片机真正“挖心不死”。

4. 外部程序存储器控制信号引脚

第 31 引脚：$\overline{EA}$(Enable Address)外部程序存储器控制信号。$\overline{EA}$=0 时，单片机访问片外程序存储器；$\overline{EA}$=1 时，单片机按“先内后外”的方式访问程序存储器。

※ 现代单片机，片内程序存储器容量可以做到很大，如 STC12C5A60S2 单片机，有 60 KB 的片内程序存储器，一般情况下是够用的；所以设计单片机最小系统时，通常将$\overline{EA}$引脚接高电平，让单片机直接使用片内程序存储器。同理，第 29 引脚（外部程序存储器读选通信号$\overline{PSEN}$）和第 30 引脚（地址锁存允许信号 ALE）通常悬空。

5. 输入输出引脚

第 32～39 脚：P0 口，它有两种功能，一是地址/数据分时复用总线，二是通用 I/O 口。

第 1～8 脚：P1 口，它只有一种功能，即通用 I/O 接口。

第 21～28 脚：P2 口，它有两种用途：通用 I/O 口或高 8 位地址总线。

第 10～17 脚：P3 口，它是双功能口，默认为第一功能（通用 I/O），通过编程可设定为表 1-10 所示的第二功能。

表 1-10　P3 口第二功能

P3 口引脚	第二功能	注释	P3 口引脚	第二功能	注释
P3.0	RXD	串行输入	P3.4	T0	定时器/计数器 0 外部输入
P3.1	TXD	串行输出	P3.5	T1	定时器/计数器 1 外部输入
P3.2	$\overline{INT0}$	外部中断 0 输入	P3.6	$\overline{WR}$	外部数据存储器写信号
P3.3	$\overline{INT1}$	外部中断 1 输入	P3.7	$\overline{RD}$	外部数据存储器读信号

1.2.4　中央处理器

中央处理器（Central Processing Unit，CPU）由运算器、控制器和布尔（位）处理器组成。

1. 运算器

运算器，又称算术逻辑单元（Arithmetic Logic Unit，ALU），主要完成算术运算及逻辑运算。它包括累加器（Accumulator，ACC）、程序状态字（Program Status Word，PSW）寄存器、暂存器（TMP1、TMP2）和 B 寄存器等部件。

（1）累加器是一个 8 位寄存器。指令系统中，累加器在直接寻址时的助记符为 ACC，除此之外全部用助记符 A 表示。

※ 累加器 A 相当于人们的惯用手（绝大多数人是右手），数据传送、算术运算及逻辑运算通常都离不开它。

（2）程序状态字寄存器 PSW 是一个 8 位寄存器，用来存放运算结果的一些特征，其结构如图 1-13 所示。

D7	D6	D5	D4	D3	D2	D1	D0
CY	AC	F0	RS1	RS0	OV		P

图 1-13　程序状态字寄存器 PSW 结构

① P：Parity，奇偶校验位。当累加器 A 中有奇数个 1 时，(P)=1；反之(P)=0。

② OV：Overflow，溢出标志位。该位表示运算是否发生了溢出，若运算结果超过了 8 位有符号数所能表示的范围，即 −128～+127，则 (OV)=1。

※ 快速判断方法，$(OV)=C6 \oplus C7$。其中，加法运算时，C6 和 C7 分别表示第 6 位和第 7 位往高位的进位；减法运算时表示借位。

③ RS1、RS0：Register Select，工作寄存器组选择位。用于选择当前工作寄存器组，8051

有 8 个 8 位寄存器 R0～R7，它们在 RAM 中的地址可以根据用户需要来确定，详见表 1-12。

④ F0：Flag，用户自定义标志位。用户可以根据自己的需要来设定。

⑤ AC：Auxiliary Carry，半进位标志位。加法运算中低 4 位向高 4 位有进位，减法运算中低 4 位向高 4 位有借位，则 AC 位置 1；否则为 0。

⑥ CY：Carry，进位标志位，可简写为 C。加法运算中有进位，减法运算中有借位，则 CY 位置 1；否则为 0。

※ OV 用于表示有符号数运算是否溢出，CY 用于表示无符号数运算是否溢出。

(3) B 寄存器，乘法、除法运算时，作为 ALU 的输入之一，与 ACC 配合完成运算，并存放运算结果。

※ B 寄存器相当于人们的非惯用手（绝大多数人是左手），主要用于配合惯用手（A 寄存器）完成乘除运算。

2. 控制器

它是 CPU 的大脑中枢，包括定时控制逻辑、指令寄存器、数据指针（Data Pointer，DPTR）、程序计数器（Program Counter，PC）、堆栈指针（Stack Pointer，SP）、地址寄存器、地址缓冲器。

(1) 数据指针 DPTR：8051 系列单片机可以外接 64 KB 的数据存储器和 I/O 接口电路，故在其内部设置 16 位的数据指针寄存器，用于访问片外 RAM 或者 I/O 时作寄存器间接寻址的指针。

(2) 程序计数器 PC：用来存放下一条要执行指令的地址。当按照 PC 所指的地址从存储器中取出一条指令后，PC 会自动加 1，即指向下一条指令。

※ PC 不属于特殊功能寄存器，不能进行读写。

(3) 堆栈指针 SP：指在片内 RAM 的 128 B（52 子系列为 256 B）空间中开辟的堆栈区的栈顶地址，并随时跟踪栈顶地址变化。

※ 堆栈是一种执行“后进先出”算法的数据结构，它是“临时仓库”。堆栈操作如图 1-14 所示，堆栈指针 SP 总指向最后一个压入堆栈的数据所在的存储单元，开始放入数据的单元叫作“栈底”。

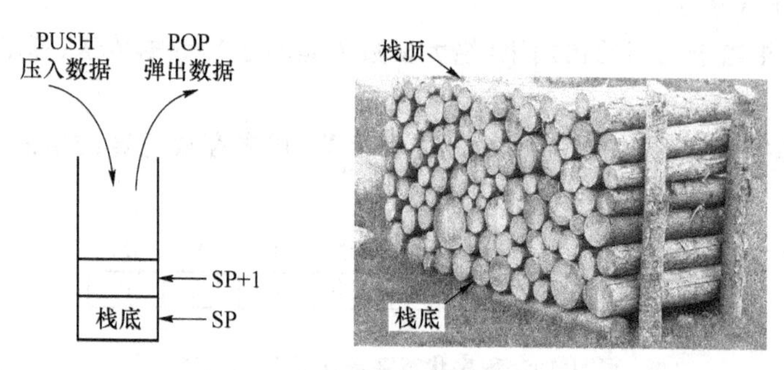

图 1-14　堆栈操作示意图

3. 布尔处理机

布尔运算，即位运算，是 51 单片机 ALU 所具有的一种功能。单片机指令系统中一共有 17 条位操作指令，片内数据存储器 20H～2FH 中的位地址单元和特殊功能寄存器（SFR）中地址能被 8 整除的寄存器构成位寻址空间，以及借用程序状态字（PSW）中的进位标志 CY 作为位操作“累加器”，构成了 51 单片机内的布尔处理机。可对直接寻址的位变量进行位处理，如置位、清零、取反、测试转移以及逻辑“与”“或”等位操作。

※ 位运算离不开 CY，它就是惯用手里最常用的食指；汇编语言指令中，CY 可简写为 C。

1.2.5　存储器

MSC-51 单片机在物理结构上有 4 个存储空间：①片内、片外程序存储器(ROM)；②片内、片外数据存储器(RAM)。从用户使用的角度上看，有 3 个存储空间：①片内外统一编址的 64 KB 程序存储器(用 16 位地址)；②256 B 片内数据存储器(用 8 位地址)；③64 KB 片外数据存储器地址(用 16 位地址)。

微型计算机的存储器地址空间有两种结构形式：哈佛结构和普林斯顿结构，如图 1-15 所示。

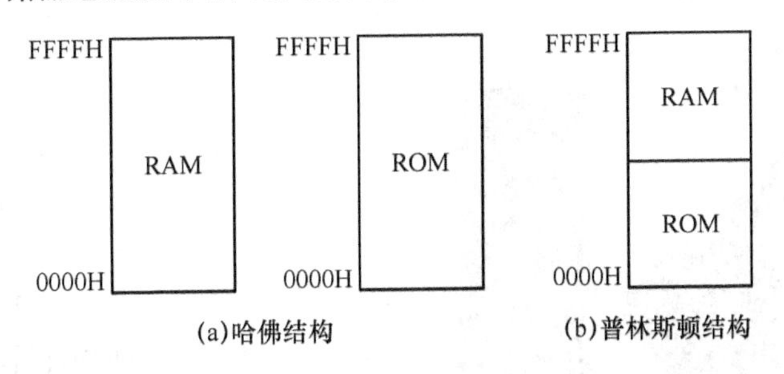

图 1-15　微型计算机存储器地址的两种结构形式

哈佛结构(Harvard architecture)：一种将程序指令储存和数据储存分开的存储器结构，其特点之一是程序存储器和数据存储器“独立编址”。目前使用哈佛结构的中央处理器和微控制器有很多，有 MCS-51 系列单片机、Microchip 公司的 PIC 系列芯片、摩托罗拉公司的 MC68 系列、Zilog 公司的 Z8 系列、Atmel 公司的 AVR 系列和高端精简指令集机器(Advanced RISC Machine，ARM)公司的 ARM9、ARM10 和 ARM11。

普林斯顿结构(Princeton architecture)：也称冯·诺伊曼结构(von Neumann architecture)，一种将程序指令存储器和数据存储器合并在一起的计算机设计概念结构，其特点之一是程序存储器和数据存储器“统一编址”。8086、奔腾等计算机采用的就是普林斯顿结构。

半导体存储器的分类如图 1-16 所示。程序存储器中：①掩膜 ROM 在制作芯片时进行编

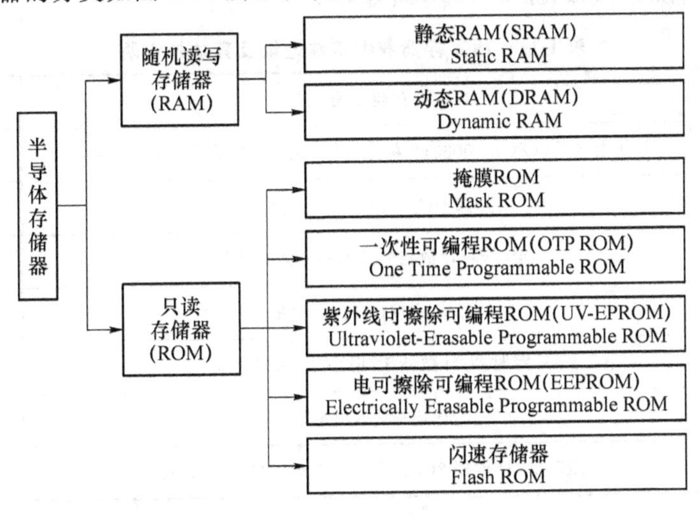

图 1-16　半导体存储器的分类

程;②OTP ROM 在出厂后可以一次性编程;③UV-EPROM 用紫外光擦除程序后可再编程;④EEPROM 用电擦除程序后可再编程;⑤Flash ROM,闪速存储器,擦写快捷方便。

EPROM 存储器如图 1-17 所示,其特点是“见光死”,编程后要用黑色胶布将玻璃窗遮住,不让其接受光照,以免程序丢失。EPROM 芯片的编程及擦除,可以使用后文 2.10 节介绍的编程器/擦除器。

1. 程序存储器

程序存储器用于存放编好的程序或表格常数。8051 单片机程序存储器结构如图 1-18所示,它片内有 4 KB 的 ROM,片外最多可以扩展至 64 KB。

图 1-17 UV-EPROM 存储器

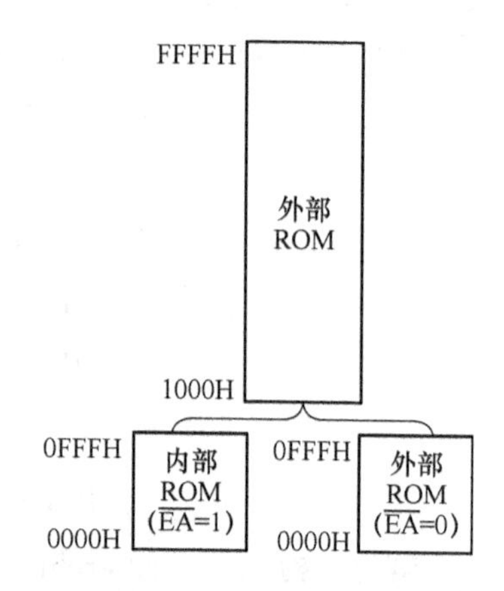

图 1-18 8051 单片机程序存储器

片内 ROM 和片外 ROM 地址采用“统一编址”,片外 ROM 的地址紧跟片内 ROM。这相当于相同专业的两个班级,2 班第一个学生的学号紧跟 1 班最后一个学生。

普通的 8051 单片机,主程序通常放置在 0030H 单元开始的地方,如表 1-11 所示,在程序存储器的开始部分,定义一段具有特殊功能的地址段,用作程序起始和各种中断的入口。对于增强型单片机,除了表 1-11 所列出中断外,还可能有串口 2、外部中断 2/3/4、AD 转换等中断,其保留的程序存储器单元更多,主程序放置位置要视情况而定。

※ 中断入口地址的规律:$8n+3$,其中 n 是中断号。

表 1-11 程序存储器中特殊地址及其功能说明

特殊地址	功能说明	中断号
0000H	系统复位后,(PC)=0000H,单片机从 0000H 单元开始执行指令	
0003H	外部中断 0($\overline{INT0}$)入口地址	0
000BH	定时器/计数器 0(T0)中断入口地址	1
0013H	外部中断 1($\overline{INT1}$)入口地址	2
001BH	定时器/计数器 1(T1)中断入口地址	3
0023H	串口中断入口地址	4
002BH	定时器/计数器 2(T2)中断入口地址(52 子系列)	5

2. 数据存储器

数据存储器用于存放中间运算结果、标志位,数据暂存和缓冲等。如图1-19所示,数据存储器分为片内数据存储器、片外数据存储器、特殊功能存储器(Special Function Register,SFR)。片内数据存储器分为3个区域:工作寄存器区、位寻址区和数据缓冲区。

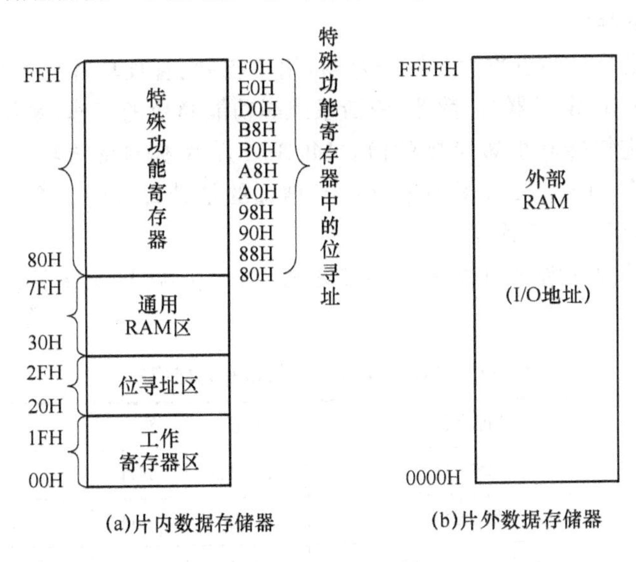

图1-19　8051单片机数据存储器

(1) 工作寄存器区

工作寄存器也称为通用寄存器,供用户编程时使用,用于临时存储8位数据信息。如表1-12所示,每个工作寄存器组都可被选为CPU的当前工作寄存器,通过改变程序状态字寄存器(PSW)中的RS1、RS0来实现。

※ 单片机复位时,PSW中的RS1和RS0都是0,默认采用第0组工作寄存器。

表1-12　工作寄存器和RAM地址对照表

RS1	RS0	寄存器组	R7～R0	RS1	RS0	寄存器组	R7～R0
0	0	第0组	07H～00H	1	0	第2组	17H～10H
0	1	第1组	0FH～08H	1	1	第3组	1FH～18H

(2) 位寻址区

内部RAM中地址为20H～2FH的16个单元,不仅具有字节寻址功能,而且还具有位寻址功能。每个字节的存储单元有8个位,20H～2FH这16个单元共128个位,位地址分别为00H～7FH。

※ 位操作与字节操作

尽管位地址和字节地址有重叠,读/写位寻址空间时也采用MOV指令形式,但很多位操作指令都以位地址为一个操作数,以进位位(C)为另一个操作数。数据传送时,只能字节单元传送到字节单元,位单元传送到位单元,不能字节单元与位单元互传。

例如,读位地址90H,用指令:MOV　C,90H,它等价于MOV　C,P1.0。

　　读字节地址90H,用指令:MOV　A,90H,它等价于MOV　A,P1。

(3) 数据缓冲区

51 子系列单片机片内 30H～7FH 是数据缓冲区,即用户 RAM 区,共 80 个单元。

52 子系列单片机片内 RAM 有 256 个单元,工作寄存器区和位寻址区的单元数与地址都和 51 子系列的一致,而数据缓冲区有 208 个单元,地址范围是 30H～FFH。

(4) 特殊功能寄存器

特殊功能寄存器(SFR)也称为专用寄存器,用于控制、管理单片机内部算术逻辑部件、并行 I/O 口、串行 I/O 口、定时器/计数器、中断系统等功能模块的工作,系统初始化时针对使用的功能部件编程设定特殊功能寄存器的值。MCS-51 单片机的特殊功能寄存器如表 1-13 所示,其中 51 子系列有 21 个,52 子系列有 26 个,增加的是带☆号的 5 个。特殊功能寄存器的地址是 80H～F0H,但地址不连续。

地址能够被 8 整除的特殊功能寄存器(带▲号)可以位寻址,其最低位的位地址与字节地址相同。

表 1-13 MCS-51 单片机的特殊功能寄存器

符号	地址	功能介绍	符号	地址	功能介绍
B▲	F0H	B 寄存器	SCON▲	98H	串行口控制寄存器
ACC▲	E0H	累加器	P1▲	90H	P1 口锁存器
PSW▲	D0H	程序状态存储器	TH1	8DH	定时器/计数器 1(高 8 位)
TH2☆	CDH	定时器/计数器 2(高 8 位)	TH0	8CH	定时器/计数器 0(高 8 位)
TL2☆	CCH	定时器/计数器 2(低 8 位)	TL1	8BH	定时器/计数器 1(低 8 位)
RCAP2H☆	CBH	外部输入(P1.1)计数器/自动再装入模式时初值寄存器高 8 位	TL0	8AH	定时器/计数器 0(低 8 位)
RCAP2L☆	CAH	外部输入(P1.1)计数器/自动再装入模式时初值寄存器低 8 位	TMOD	89H	T0、T1 定时器/计数器工作方式寄存器
T2CON☆▲	C8H	T2 定时器/计数器控制寄存器	TCON▲	88H	T0、T1 定时器/计数器控制寄存器
IP▲	B8H	中断优先级控制寄存器	PCON	87H	电源控制寄存器
P3▲	B0H	P3 口锁存器	DPH	83H	数据地址指针(高 8 位)
IE▲	A8H	中断允许控制寄存器	DPL	82H	数据地址指针(低 8 位)
P2▲	A0H	P2 口锁存器	SP	81H	堆栈指针
SBUF	99H	串行口缓冲器	P0▲	80H	P0 口锁存器

52 子系列片内 RAM 高 128 B 的数据缓冲区地址与 SFR 相同,程序中采用"寄存器间接寻址"方式访问数据缓冲区,采用"直接寻址"方式访问 SFR。下面两条指令功能相同,均表示将寄存器 A 的内容写入 P1 口。

```
MOV  90H,  A
MOV  P1,  A
```

而下面的两条指令则表示将 A 的内容写入片内 RAM 的 90H 单元。

```
MOV  R0, #90H
MOV  @R0,  A
```

※ 访问特殊功能寄存器,要遵循“不扰邻”的原则。例如,将 PCON 的最高位 SMOD 置 1,使用 MOV　PCON,＃80H 原则上没有大问题,但会改变 PCON 的其他 7 位(如 IDL、PD 等),而用 ORL　PCON,＃80H 就比较好。再如,设置定时器/计数器 1 工作在方式 2,使用 MOV　TMOD,＃20H 的话,可能会影响到前面程序对定时器/计数器 0 的设置,可以使用 ANL　TMOD,＃0FH 及 ORL　TMOD,＃20H 这两条语句替代 MOV　TMOD,＃20H。

(5) 片外数据存储器

单片机的地址总线宽度是 16 位,可以扩展的片外数据存储器空间是 2^{16}＝64 KB。程序使用不同的指令访问不同的数据存储器,访问片内 RAM 用 MOV 指令,访问片外 RAM 用 MOVX 指令。

※ 片内 RAM 和片外 RAM 地址空间“独立编址”,有一部分是重叠的。这相当于同样专业的两个班级,学生的座位号可以重叠,都是 1～50 号。

※ 现代单片机,生产时可以把片外 RAM 做到芯片内部,“逻辑上是片外,但物理上是片内”。因此,用户通常不用再外加数据存储器芯片,即可拥有片外 RAM;如 STC12C5A60S2 单片机,其片内有 1024 B 的“片外”RAM。

1.2.6　输入输出接口

P0 口内部无上拉电阻,作 I/O 口使用时,必须外接上拉电阻。通常如图 1-20 所示,外接 4.7 kΩ 或者 10 kΩ 的排阻作为上拉电阻。

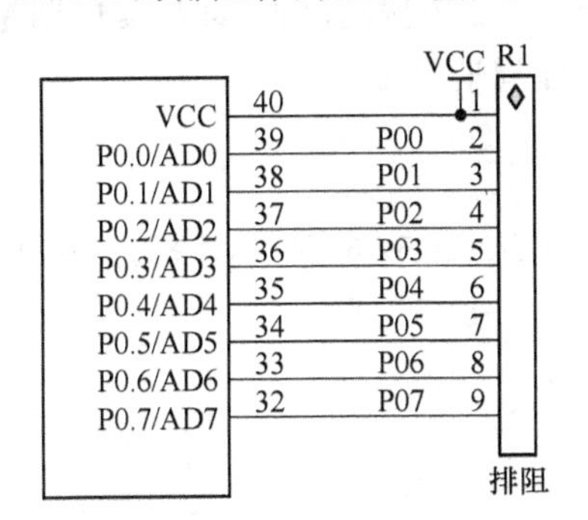

图 1-20　P0 口外接上拉电阻

P1～P3 口虽然内部带上拉电阻,但 51 单片机 P1～P3 口内置的不是简单的上拉电阻,而是上拉场效应管。例如,宏晶公司的 STC 单片机就有三个上拉三极管,一个是弱上拉,一个是强上拉,一个是辅助上拉。单片机引脚是弱上拉的情况下,如果想高电平驱动外部设备,例如 NPN 三极管或复合管,建议外接上拉电阻,加强带负载(驱动)能力。

以 AT89S51 单片机为例,P1、P2 和 P3 的每个 I/O 口能向外提供 60 μA 的电流(P0 为开漏模式,不能向外提供电流,当 P0 为总线模式的时候,即执行 MOVX 或 MOVC 指令,能提供 800 μA的电流)。每一引脚最大灌电流为 10 mA,P0 口灌电流总值不能超过 26 mA,P1、P2 和 P3 总值不能超过 15 mA,全部引脚最大不能超过 71 mA。

※ 不管是哪个 I/O 口,读引脚之前要先往该口锁存器写“1”,以免引起误读。

1.2.7　时序

CPU 执行指令的一系列动作都是在时序电路控制下进行的,由于指令的字节数不同,读取这些指令所需要的时间就不同;即使字节数相同的指令,由于执行操作有较大差别,不同的指令执行时间也不一定相同，即所需要的节拍数不同。人们按指令的执行过程规定了四种时序定时单位：时钟周期、状态周期、机器周期和指令周期。

1. 时钟周期

时钟周期也称为振荡周期，定义为时钟脉冲频率（f_{osc}）的倒数，它是单片机中最基本的、最小的时间单位。在一个时钟周期内，CPU 仅完成一个最基本的动作。为方便描述，振荡周期用 P 表示（Period）。

$$P = \frac{1}{f_{osc}} \tag{1-5}$$

2. 状态周期

时钟周期经 2 分频后成为内部的时钟信号，用作单片机内部各功能部件按序协调工作的控制信号，称为状态周期，用 S 表示（Status）。一个状态周期有两个时钟周期，前半状态周期相应的时钟周期定义为 P1，后半状态周期相应的时钟周期定义为 P2。

$$S = 2P = \frac{2}{f_{osc}} \tag{1-6}$$

3. 机器周期

完成一个基本操作所需要的时间称为机器周期。1 个机器周期有 6 个状态，分别表示为 S1～S6。而 1 个状态包含 2 个时钟周期，1 个机器周期就有 12 个时钟周期，可以表示为 S1P1、S1P2、…、S6P1、S6P2。一个机器周期共包含 12 个振荡脉冲，即机器周期是振荡脉冲的 12 分频。如果使用 12 MHz 的时钟频率，一个机器周期就是 1 μs。

$$T_{cy} = 6S = \frac{12}{f_{osc}} \tag{1-7}$$

※ 现代单片机速度越来越快，如宏晶公司的 STC12C5A60S2 单片机，Atmel 公司的 AVR 单片机，它们是 1T 单片机，即 1 个机器周期就是 1 个振荡周期。

$$T_{cy} = \frac{1}{f_{osc}} \tag{1-8}$$

4. 指令周期

执行一条指令所需要的时间，一般由若干个机器周期组成，指令不同，所需要的机器周期数也不同。MCS-51 单片机的指令周期通常为 $1T_{cy}$、$2T_{cy}$或 $4T_{cy}$，只有执行乘法和除法指令需要 $4T_{cy}$。

※ 对于 1T 单片机，同样的指令，普通单片机执行需要 $1T_{cy}$的话，它可能需要 $2T_{cy}$，具体参数须查阅芯片的手册。

1.2.8 工作方式

1. 复位方式

复位是单片机的初始化操作，在上电启动运行时，都须要先复位。其作用是使 CPU 和系统中其他部件都处于一个确定的初始状态，并从这个状态开始工作，读者重点关注下面几个特殊功能寄存器。

(1) (PC)＝0000H，复位后程序从地址为 0000H 的单元开始读取指令，并执行。

(2) (SP)＝07H，堆栈底部设置为 07H，第一个进入堆栈的数据从 08H 单元开始存放。因为复位后(PSW)＝00H，即(RS1)＝(RS0)＝0，默认采用的工作寄存器是第 0 组，R0～R7 的地址为 00H～07H，堆栈的数据不能覆盖工作寄存器的数据。

※ 通常，在单片机主程序初始化部分，将 SP 设置为 2FH，让进入堆栈的数据从 30H 开始存放；此举的目的，是让堆栈避开工作寄存器区和位寻址区，从用户数据缓冲区开始使用。

(3) (P0)＝(P1)＝(P2)＝(P3)＝FFH，并口可以直接读取引脚的数据，可以不用再往引脚锁存器写"1"。

(4) SBUF 的内容不确定。

(5) IE、IP 和 PCON 寄存器中未定义的位内容不确定。

(6) 其余特殊功能寄存器清零。

2. 程序执行方式

(1) 连续执行工作方式。单片机复位后，(PC)＝0000H，单片机从 0000H 单元开始执行程序，一般在 0000H 单元放一条跳转指令，跳转至主函数，而主函数通常放在 0030H 单元，以避开中断服务程序入口地址。

(2) 单步执行工作方式。给使用者调试程序用，一次执行一条指令。

3. 低功耗运行方式

通过设置图 1-21 的电源控制寄存器 PCON，让单片机进入不同的低功耗运行方式。

D7	D6	D5	D4	D3	D2	D1	D0
SMOD	—	—	—	GF1	GF0	PD	IDL

图 1-21 电源控制寄存器 PCON 结构

(1) 待机方式。设置 IDL(Idle，空闲的)位为 1，PD(Power Down)为 0，单片机进入待机工作方式。单片机可通过硬件复位或者中断方法退出待机方式。

(2) 掉电方式。设置 PD(Power Down)为 1，此时不管 IDL 是否为 1，单片机都进入掉电工作方式。

※ PCON 寄存器的字节地址为 87 H，不能进行位寻址。要把 IDL 置 1，用指令 ORL PCON，＃01H，不能用指令 SETB IDL；要把 PD 置 1，用指令 ORL PCON，＃02H，不能用指令 SETB PD。

※ 单片机进入掉电方式时，要把外围设备、器件处于禁止状态，系统才节能。就像电脑主机关机后，要同时把显示器、音箱、麦克风等关闭，才节约用电。

1.3 MCS-51 指令系统及汇编程序设计

指令是指计算机执行某种操作的命令；指令系统是所有指令的集合，它是表征计算机性能的重要标志。

机器语言：用二进制代码表示指令和数据。

汇编语言：用助记符表示指令操作功能，用标号表示操作对象。

高级语言：独立于机器，面向过程，接近自然语言和数学表达式。

上述三种语言间的关系如图 1-22 所示。早期，计算机程序设计采用机器码指令格式，即数字格式，如 75905B；后来，出现了汇编指令格式，即采用助记符表示指令，如：MOV P1，＃5BH；现在，常采用高级语言设计程序，如 P1＝0x5B。

※ 硬件是单片机系统的"肉体"(形)，软件是单片机系统的"灵魂"(神)；设计单片机系统除了构造躯干肢体，还要塑造灵魂，要做到肉体与灵魂的形神合一。

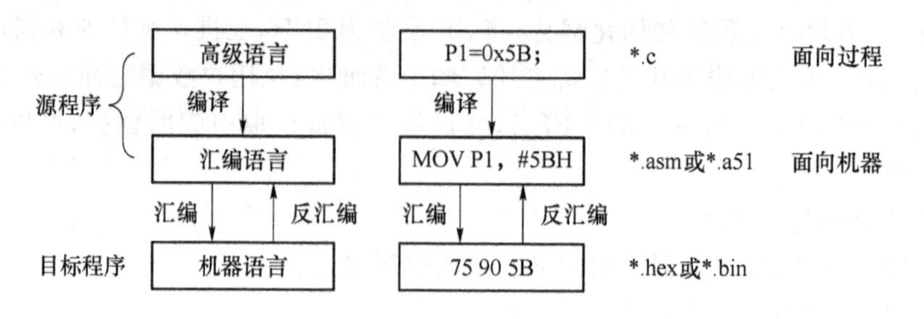

图 1-22　高级语言、汇编语言和机器语言的关系

1.3.1　学习方法

MCS-51 共有 111 条指令，它共有 44 个操作码助记符，33 种功能，其操作数有 #data、direct、Rn、@Ri 等。这里先介绍指令助记符及其相关符号的记忆方法。

1. 助记符号的记忆方法

(1) 表格列举法

把 44 个指令助记符按功能分为五类，每类列表记忆。

(2) 英文还原法

单片机的操作码助记符是该指令功能的英文缩写，将缩写还原成英语原文，再对照汉语有助于理解其含义，从而加强记忆。

(3) 功能模块记忆法

单片机的 44 个指令助记符，按所属指令功能可分为五大类，每类又可以按功能相似原则分为 2～3 组，如表 1-14 所示。这样，化整为零，各个击破，实现快速记忆。

表 1-14　指令按功能分类表

数据传送组	加减运算组	逻辑运算组	子程序调用组
MOV 内部数据传送	ADD 加法	ANL 逻辑与	LCALL 长调用
MOVC 程序存储器传送	ADDC 带进位加法	ORL 逻辑或	ACALL 绝对调用
MOVX 外部数据传送	SUBB 带借位减法	XRL 逻辑异或	RET 子程序返回

2. 指令中操作数的描述符号

指令格式中常见的操作数、注释及其描述符如表 1-15 所示。

表 1-15　指令中的操作数及其描述符

序号	操作数	描述	备注
1	Rn	工作寄存器 R0～R7	
2	Ri	间接寻址寄存器 R0、R1	
3	direct	直接地址，包括内部 128B RAM 单元地址、SFR 地址	
4	#data	8 位常数	
5	#data16	16 位常数	用于 MOV DPTR，#data16
6	addr16	16 位目的地址	只用于 LJMP addr16 或 LCALL addr16
7	addr11	11 位目的地址	只用于 AJMP addr11 或 ACALL addr11

续表

序号	操作数	描述	备注
8	rel	8 位带符号的偏移地址	
9	DPTR	16 位外部数据指针寄存器	用于 MOV DPTR，#data16 等
10	bit	可直接位寻址的位	
11	A	累加器	累加器写成 A 是寄存器寻址，写成 ACC 是直接寻址
12	B	寄存器 B	
13	C	进位、借位标志位，或位累加器	
14	@	间接寄存器或基址寄存器的前缀	
15	/	指定位求反	只用于 ANL C，/bit 或 ORL C，/bit
16	$	当前指令存放的地址	
17	(x)	x 中的内容	只用于注释
18	((x))	x 中的地址中的内容	只用于注释

3. 指令的记忆方法

(1) 指令操作数的有关符号

MCS-51 的寻址方式共有七种：立即数寻址、直接寻址、寄存器寻址、寄存器间接寻址、基址变址寻址、相对寻址及位寻址，必须掌握其表示方法。

① 立即数与直接地址

#data 表示 8 位立即数，#data16 表示 16 位立即数，direct 表示直接地址。

② Rn(n=0～7)、A、B、CY 和 DPTR 是寄存器寻址变量。

③ @R0、@R1、@DPTR、SP 表示寄存器间接寻址变量。

④ A+DPTR、A+PC 表示基址变址寻址的变量。

⑤ PC+rel(相对量)表示相对寻址变量。

记住指令的助记符，掌握不同寻址方式指令操作数的表示方法，可为记忆汇编指令打下基础。MCS-51 指令虽多，但按功能可分为五类，其中数据传送类 29 条，算术运算类 24 条，逻辑操作类 24 条，控制转移类 17 条，布尔(位)操作类 17 条。在每类指令里，根据其功能，抓住其源、目的操作数的不同组合，再辅之以下方法，是完全能记住的。

一般约定，可能的目的操作数按(#data/direct/A/Rn/@Ri)顺序表示。

对于 MOV 指令，其目的操作数按 A、Rn、direct、@Ri 的顺序书写，则可以记住 MOV 的 15 条指令。例如，以累加器 A 为目的操作数，可写出如下 4 条指令。

```
MOV A,#data/direct/Rn/@Ri
```

依此类推，写出其他指令。

```
MOV Rn,#data/direct/A
MOV direct,#data/direct/A/Rn/@Ri
MOV @Ri,#data/direct/A
```

(2) 指令图示记忆法

图示记忆法是把操作功能相同或相似，但其操作数不同的指令，用图形和箭头将目的、源操作数的关系表示出来的一种记忆方法。

(3) 相似功能归类法

在 MCS-51 指令中,部分指令其操作码不同,但功能相似,而操作数则完全一样。相似功能归类法就是把具有这样特点的指令放在一起记忆,只要记住其中的一条,其余的也就记住了。例如,加、减法的 12 条指令,与、或、非的 18 条指令,现列举如下。

```
ADD/ADDC/SUBB A,#data/direct/Rn/@Ri
ANL/ORL/XRL A,#data/direct/Rn/@Ri
ANL/ORL/XRL direct,#data/A
```

其他的指令,如自加 1(INC)、自减 1(DEC)也可照此办理。

(4) 口诀记忆法

对于有些指令,可以把相关的功能用精练的语言编成一句话来记忆,如 PUSH direct 和 POP direct 这两条指令。初学者常常分不清堆栈 SP 的变化情况,为此编成这样一句话:

(SP 的内容)加 1(direct 的内容)再入栈,(SP 的内容)弹出(到 direct 单元)SP 才减 1。

又如乘法指令中积的存放,除法指令中商及余数的存放,都可以编成口诀记忆如下:

```
MUL AB    ;高位积(存于)B,低位积(存于)A
DIV AB    ;商(存于)A 余(存于)B
```

(5) 汇编与 C51 对比法

用可读性较强的 C51 程序写出汇编指令的实现方法,通过 C51 语言理解汇编指令。

※ 有了好的方法还不够,还须要实践,即多读书上的例题和别人编写的程序,自己再结合实际编写一些程序。只有这样,才能更好更快地掌握单片机指令系统。

※ 不要尝试去背指令,理解,实践,会使用才是最主要的!

※ 成为一个优秀程序员的五个步骤:读→抄→改→写→不写,写程序的最高境界,是为了以后不写程序。

1.3.2 指令中英文注释

1. 数据传送类指令(8 种助记符)

MOV(Move):对内部数据寄存器 RAM 和特殊功能寄存器 SFR 的数据进行传送;

MOVC(Move Code):读取程序存储器的表格数据;

MOVX(Move External RAM):对外部 RAM 的数据传送;

XCH(Exchange):字节交换;

XCHD(Exchange Low-order Digit):低半字节交换;

SWAP(Swap):低 4 位与高 4 位交换;

PUSH(Push onto Stack):入栈;

POP(Pop from Stack):出栈。

2. 算术运算类指令(8 种助记符)

ADD(Addition):加法;

ADDC(Add with Carry):带进位加法;

SUBB(Subtract with Borrow):带借位减法;

DA(Decimal Adjust):十进制调整;

INC(Increment):自加 1;

DEC(Decrement):自减 1;

MUL(Multiplication、Multiply):乘法;

DIV(Division、Divide):除法。

3. 逻辑运算类指令(9 种助记符)

ANL(AND Logic):逻辑与;

ORL(OR Logic):逻辑或;

XRL(Exclusive-OR Logic):逻辑异或;

CLR(Clear):清零;

CPL(Complement):取反;

RL(Rotate Left):循环左移;

RLC(Rotate Left through the Carry flag):带进位循环左移;

RR(Rotate Right):循环右移;

RRC(Rotate Right through the Carry flag):带进位循环右移。

4. 控制转移类指令(13 种助记符)

ACALL(Absolute subroutine Call):子程序绝对调用;

LCALL(Long subroutine Call):子程序长调用;

RET(Return from subroutine):子程序返回;

RETI(Return from Interruption):中断返回;

JMP(Jump):相对长转移;

SJMP(Short Jump):短转移;

AJMP(Absolute Jump):绝对转移;

LJMP(Long Jump):长转移;

CJNE(Compare Jump if Not Equal):比较不相等则转移;

DJNZ(Decrement Jump if Not Zero):减 1 后不为 0 则转移;

JZ(Jump if Zero):结果为 0 则转移;

JNZ(Jump if Not Zero):结果不为 0 则转移;

NOP(No Operation):空操作。

5. 位操作指令(6 种助记符)

SETB(Set Bit):位单元置 1;

JC(Jump if the Carry flag is set):有进位则转移;

JNC(Jump if Not Carry):无进位则转移;

JB(Jump if the Bit is set):位为 1 则转移;

JNB(Jump if the Bit is Not set):位为 0 则转移;

JBC(Jump if the Bit is set and Clear the bit):位为 1 则转移,并清除该位。

1.3.3 指令图示及其说明

1. 数据传送类指令(Data Transfer Instructions)

片内 RAM 数据传送指令如图 1-23 所示,使用的助记符是 MOV。ROM 和片外 RAM 数据传送指令如图 1-24 所示,使用的助记符分别是 MOVC 和 MOVX,从图中可知,访问程序存储器和外部数据存储器离不开累加器 A。图 1-25 所示的交换指令数据作双向传送，涉及传送的双方互为源地址、目的地址，因此该类指令通常不区分原操作数和目的操作数。

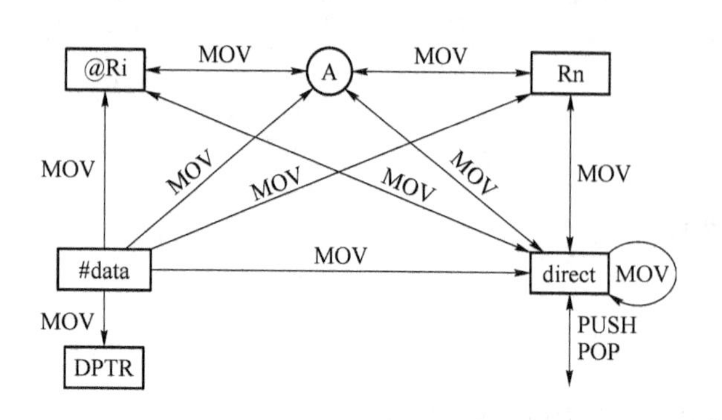

图 1-23　片内 RAM 数据传送指令

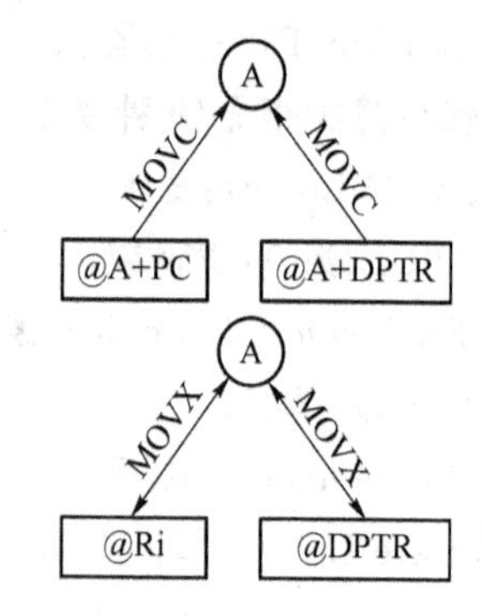

图 1-24　ROM 和片外 RAM 传送类指令

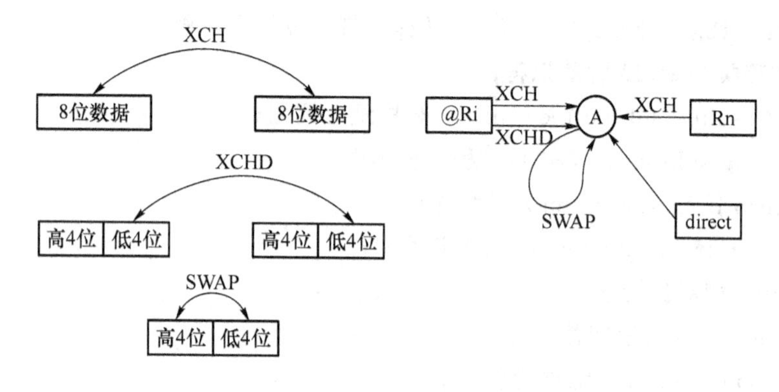

图 1-25　交换指令

关于出栈操作指令 POP　direct，一些教材采用图 1-26所示的错误注释。假设执行 POP SP 指令以前，片内 RAM 区(30H)＝58H，(SP)＝30H，如果采用错误注释，执行完 POP SP 指令，(SP)＝57H；如果采用正确注释，(SP)＝ 58H。用 Keil uVision 软件仿真，结果是(SP)＝58H。

错误注释	正确注释
(direct)←((SP)) (SP)←(SP)-1	(temp)←((SP)) (SP)←(SP)-1 (direct)←(temp)

图 1-26　POP direct 指令的注释

※ 进栈指令 PUSH 和出栈指令 POP 后面的操作数，必须采用直接寻址。所以，PUSH　A 和 POP　A 指令，在有的软件(如 Keil uVision)中编译是通不过的，必须写成 PUSH　ACC 和 POP　ACC。Wave(伟福)软件中，PUSH　A 和 POP　A 指令编译可以通过。

图 1-24 中访问程序存储器的指令常用于查表操作，其中 MOVC　A，@A＋PC 是近程查表指令，MOVC　A，@A＋DPTR 是远程查表指令。近程查表指令受偏移量 A 大小的限制，表格离 MOVC　A，@A＋PC 语句下一条指令的距离不能太远。图 1-27 所示的求平方数近程查表子程序 SQUARE1，执行 MOVC　A，@A＋PC 指令时，PC 不是指向表首，而是指向下一条指令 RET 的首地址，RET 指令机器码长度为 1 个字节，因此 RET 指令首地址距离 TAB1 表首地址为 1，所以子程序 SQUARE1 要将偏移量加 1。同理，如果在 RET 指令的上一行再加 1 条 NOP 指令，则要将偏移量加 2。近程查表子程序偏移量的计算比较复杂，一般都不使用，而改用远程查表指令。图 1-27 所示的求平方数远程查表子程序 SQUARE2，DPTR

直接指向 TAB2 的表首，偏移量的计算比较简单，且表格离指令 MOVC　A，@A+DPTR 的距离不受偏移量大小的限制。

```
SQUARE1:                  ;近程查表子程序
    MOV A, R0             ;偏移量赋值
    ADD A, #1             ;偏移量加1
    MOVC A, @A+PC         ;查表
    RET                   ;子程序返回
TAB1:                     ;平方表
    DB 0,1,4,9,16,25,36,49,64,81,100
```

```
SQUARE2:                  ;远程查表子程序
    MOV DPTR, #TAB2       ;基地址赋值
    MOV A, R0             ;偏移量赋值
    MOVC A, @A+DPTR       ;查表
    RET                   ;子程序返回
    …
TAB2:                     ;平方表
    DB 0,1,4,9,16,25,36,49,64,81,100
```

图 1-27　查表指令

2. 算术操作类指令(Arithmetic Operations Instructions)

算术操作指令如图 1-28 所示，从图中可以看出，除个别自加 1 和自减 1 指令，几乎所有的指令，目的操作数都是累加器 A。没有不带借位的减法指令，在实际应用中，如果想不带借位，在执行 SUBB 指令前，可以用 CLR　C 指令先将借位位 C 清零。

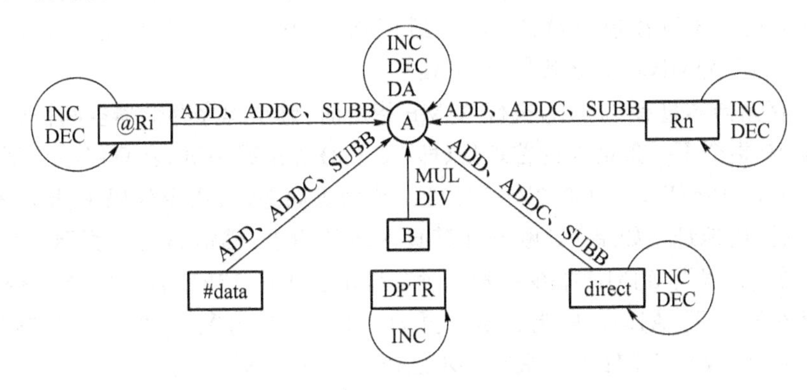

图 1-28　算术操作指令

3. 逻辑操作类指令(Logic Operations Instructions)

逻辑操作指令如图 1-29 所示，从图中可以看出，几乎所有的指令，目的操作数都是累加器 A；有 6 条指令，目的操作数是直接寻址单元，常用于端口操作。

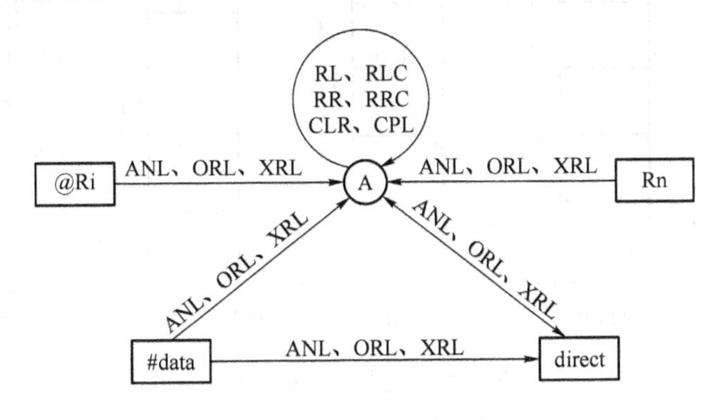

图 1-29　逻辑运算指令

与指令 ANL 常用于置 0 操作：任何数跟 0 相与，结果为 0；跟 1 相与，结果保持不变。例如：ANL　P1，＃0FH，可以让 P1 口高 4 位置 0，低 4 位保持不变。

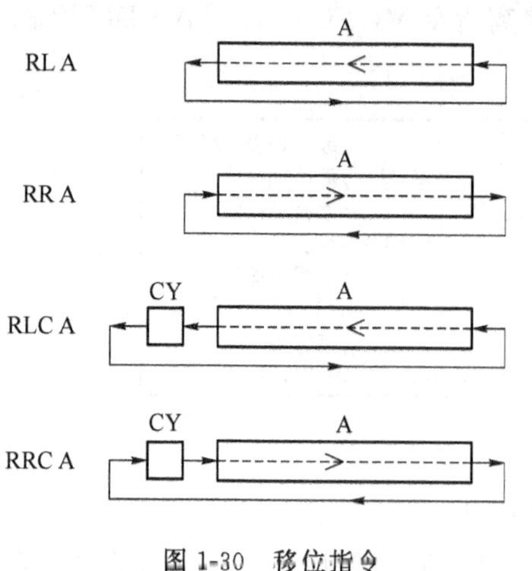

图 1-30 移位指令

或指令 ORL 常用于置 1 操作：任何数跟 1 相或，结果为 1；跟 0 相或，结果保持不变。例如：ORL P1，＃0FH，可以让 P1 口低 4 位置 1，高 4 位保持不变。

异或指令 XRL 常用于取反操作：任何数跟 1 异或，结果取反；跟 0 异或，结果保持不变。例如：XRL P1，＃0FH，可以让 P1 口低 4 位取反，高 4 位保持不变。

移位指令如图 1-30 所示，若累加器 A 的最高位不为 1，左移指令 RL A 可以让累加器 A 的内容乘以 2。若累加器 A 的最低位不为 1，右移指令 RR A 可以让累加器 A 的内容除以 2。

4. 程序转移类指令(Program Transfer Instructions)

无条件转移指令如图 1-31 所示，LJMP、AJMP 和 SJMP 的区别，在于跳转范围不一样：LJMP 跳转范围是 64 KB，AJMP 跳转范围是 2 KB，SJMP 跳转范围是 256 B(往前可跳127 B，往后可跳－128 B)。一般情况下，LJMP 可以替代 AJMP 和 SJMP；但 AJMP 不能替代所有 SJMP。

假设程序存储器容量有 64 KB，执行 AJMP 指令时，整个程序存储器空间被分成 32 页，每页 2 KB。AJMP 指令下一条语句的首地址(即 PC＋2)落在哪一页，就只能在该页的 2 KB 范围内跳转；其中，PC15～PC11(00000B～11111B)称为页面地址，指令代码中低 11 位构成目标转移地址，称为页内地址。如果 PC 刚好在某页区域的边沿，哪怕离另一页咫尺之遥，也不能越雷池半步。例如，假设 AJMP 指令在第 2 页，其首地址是 17FEH；执行该指令时，(PC)＝1800H，PC 落在第 3 页，AJMP 只能在第 3 页的 2 KB 范围内跳转，即跳转范围是 1800H～1FFFH；此时尽管它离 17FFH 单元只有一步之遥，也不能跳转至该位置。

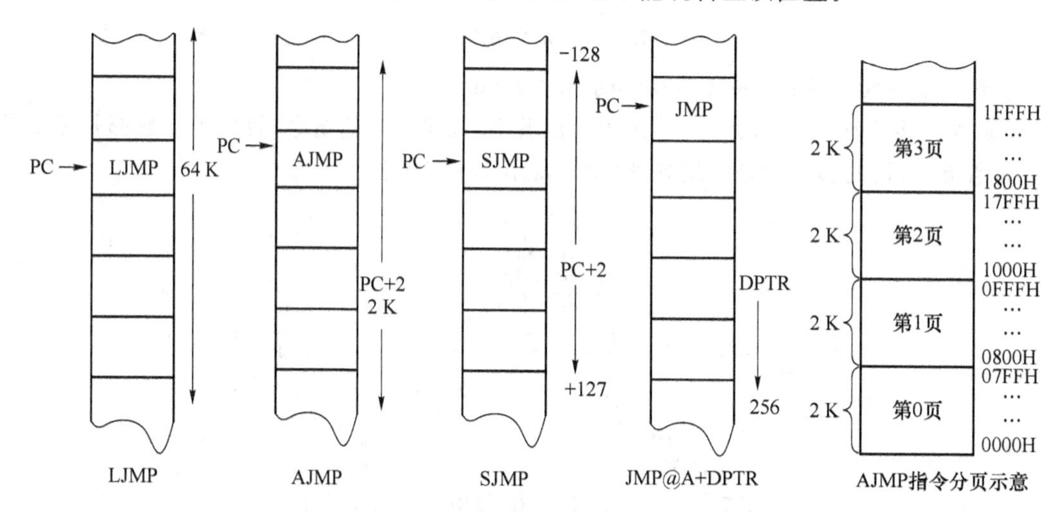

图 1-31 无条件转移指令

条件转移指令如图 1-32 所示，其中 JZ 和 JNZ 用于判断累加器 A(A 通常用于保存算术运算或逻辑运算的结果)的内容是否为 0；CJNE 用于比较两个数是否相等；DJNZ 用于实现循环结构，CJNE 指令也可用于实现循环结构。

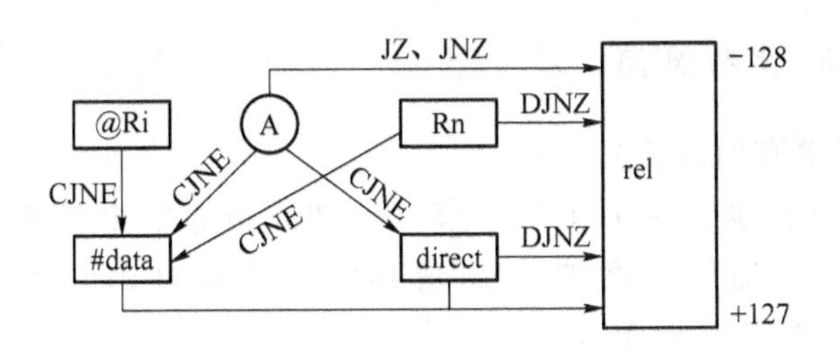

图 1-32　条件转移指令

5. 位操作类指令(Bit Manipulation Instructions)

位传送及运算指令如图 1-33(a)所示，几乎所有结果都保存在进位位 C 里面；位条件转移指令如图 1-33(b)所示。

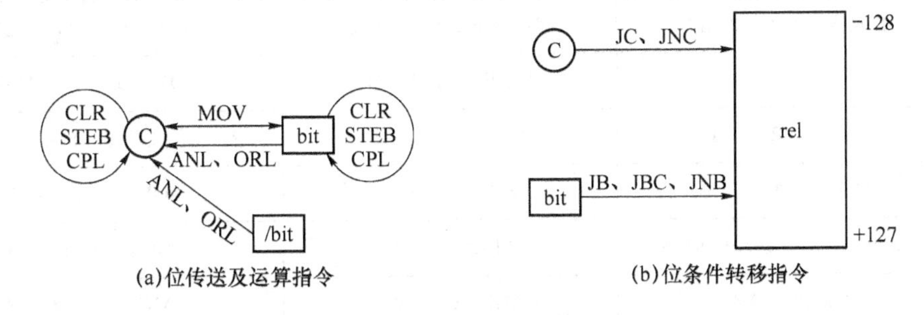

(a)位传送及运算指令　　(b)位条件转移指令

图 1-33　位操作类指令

位寻址有 5 种表示形式，如图 1-34 所示，从可读性角度考虑，建议优先采用第 1 种或第 5 种，其次是第 4 种。

序号	表示形式	示例代码	功能描述	称呼某同学的方式	备注示例
1	位名称表示法	MOV C，OV	PSW 寄存器第 2 位的位名称为 OV(不是所有的位都有名称)	姓名	肖某某
2	直接使用位地址	MOV C，0D2H	PSW 寄存器第 2 位的位地址为 D2H(所有的位都有地址)	学号	2016301009
3	单元地址加位的位置表示法	MOV C，0D0H.2	PSW 寄存器单元地址为 D0H	班级号.座位号	1601 班 9 号
4	专用寄存器名称加位的位置表示法	MOV C，PSW.2	PSW 寄存器的第 2 位(访问并口的引脚时常用此法)	班级名.座位号	通信工程 9 号
5	用户定义名方式	YICHU BIT OV MOV C，YICHU	用 YICHU 这一标号定义 OV，在指令中允许用 YICHU 来表示 OV	别名(绰号)	光头强

图 1-34　位寻址表示形式

1.3.4 指令机器码、执行时间

1. 指令机器码长度有何规律？

所有指令的机器码长度至少为 1 个字节，(1)如果指令中出现任意 1 个 # data、direct、bit、/bit、rel、addr11，则机器码长度加 1，出现其中两个则加 2；(2)如果指令中出现 1 个 # data16、addr16，则机器码长度加 2。

例如，表 1-16 第 2 列的 7 条指令，没有出现上述任何一种情况，机器码长度为 1；第 3 列的 7 条指令出现 1 次上述第一种情况，机器码长度为 2；第 4 列的 7 条指令出现上述第二种情况，或出现两次第一种情况，机器码长度为 3。

表 1-16 指令及其机器码长度示例

序号	机器码长度为 1 的指令	机器码长度为 2 的指令	机器码长度为 3 的指令
1	NOP	MOV A，#35H	MOV DPTR，#1234H
2	MOV R1， A	MOV 30H，R7	LJMP MAIN
3	MOVX A， @R0	SJMP MAIN	MOV ACC，#35H
4	MOVC A， @A+DPTR	AJMP LOOP	MOV 40H，41H
5	MUL AB	ANL C， 30H	ANL P0，#0FH
6	INC A	INC ACC	CJNE A，#30H，NEXT
7	CLR C	CLR CY	JB P，NEXT

※ 累加器写成 A 是寄存器寻址，写成 ACC 是直接寻址。对于寄存器寻址，操作数隐含在指令机器码中，不独自占有 1 个字节的存储空间。对于直接寻址，操作数在指令机器码中独自占用 1 个字节的存储空间。所以，表 1-16 中，累加器写成 A，不增加机器码长度；写成 ACC，机器码长度要加 1；进位位写成 C 和 CY 亦然。B 寄存器在 MUL AB 和 DIV AB 指令中是寄存器寻址，在其余指令(如 MOV B，#1)中是直接寻址。

2. 指令执行时间有何规律

111 条指令，只有乘法(MUL)和除法(DIV)指令执行的时间是 4 个机器周期，其余都是 1 或 2 个机器周期。

如果指令的机器码长度是 3 个字节，则其执行时间一定是 2 个机器周期。

算术运算指令，除了乘法、除法和 INC DPTR(2 个机器周期)，其余指令执行时间一定是 1 个机器周期。

逻辑运算指令，机器码长度是 3 的指令，执行时间是 2 个机器周期，其余指令执行时间一定是 1 个机器周期。

控制转移指令，除了空操作指令(NOP)，其余指令执行时间一定是 2 个机器周期。

1.3.5 汇编和 C51 对照表

常用的汇编指令与 C51 语句对比如表 1-17 所示，通过 C51 语句，可以加深对汇编指令功能、作用的理解。

表 1-17 汇编指令与 C51 语句对比

类别	汇编指令	C51 语句	功能	备注
数据传送指令	MOV 30H,#data	unsigned char data byValue _at_ 0x30; byValue = data;	将立即数传送至片内 RAM 的 30H 单元	
	MOV R0,#90H MOV @R0,#data	unsigned char idata byValue _at_ 0x90; byValue = data;	将立即数传送至 52 子系列单片机片内 RAM 的 90H 单元	访问 52 子系列单片机片内 RAM 高端 128 个字节单元只能采用寄存器间接寻址

	MOV R0,#30H
	MOVX @R0, A
	MOVX A, @R0
		unsigned char pdata byValue _at_0x30;
		byValue = ACC;
		ACC = byValue;
			写片外 RAM 的 30H 单元
			读片外 RAM 的 30H 单元
				读写片外 RAM 时,/RD 和/WR 引脚分别产生低电平脉冲

	MOV DPTR,#1234H
	MOVX @DPTR, A
	MOVX A, @DPTR
		unsigned char xdata byValue _at_ 0x1234;
		byValue = ACC;
		ACC = byValue;
			写片外 RAM 的 1234H 单元
			读片外 RAM 的 1234H 单元
				读写片外 RAM 时,/WR 和/RD 引脚分别产生低电平脉冲

	MOV DPTR,#TAB
	MOVC A,@A+DPTR
	TAB:
	DB 00H,01H,02H
		unsigned char code byTable[3] = {0x00, 0x01,0x02};
		ACC = byTable[i];
			访问 ROM,常用于查表	

	XCH A,30H	unsigned char data byValue _at_ 0x30;
		unsigned char data byTemp;
		byTemp = byValue;
		byValue = ACC;
		ACC = byTemp;
			累加器 A 的内容与片内 RAM 区 30H 单元的内容进行字节交换	

算术运算指令	ADD A,30H	unsigned char data byValue _at_ 0x30; ACC = ACC + byValue;	累加器 A 的内容与片内 RAM 区 30H 单元的内容相加	
	INC 30H	unsigned char data byValue _at_ 0x30; byValue ++ ;	片内 RAM 区 30H 单元的内容自加 1	类似于 i++或++i
	INC DPTR	sfr16 DPTR = 0x82; DPTR ++ ;	DPTR 的内容自加 1	
	CLR C SUBB A,30H	unsigned char data byValue _at_ 0x30; ACC = ACC − byValue;	累加器 A 的内容与片内 RAM 区 30H 单元的内容相减	
	DEC 30H	unsigned char data byValue _at_ 0x30; byValue -- ;	片内 RAM 区 30H 单元的内容自减 1	类似于 i--或--i
	MUL AB	unsigned int data wTemp; wTemp = ACC * B; ACC = wTemp % 256; B = wTemp/256;	A 乘以 B,高字节保存在 B,低字节保存在 A	
	DIV AB	unsigned char data byTemp; byTemp = ACC; ACC = byTemp/B; B = byTemp % B;	A 除以 B,商保存在 A,余数保存在 B	

续表

<table>
<tr><th>类别</th><th>汇编指令</th><th>C51 语句</th><th>功能</th><th>备注</th></tr>
<tr><td rowspan="10">逻辑运算指令</td><td>ANL A,30H</td><td>unsigned char data byValue _at_ 0x30;
ACC = ACC&byValue;</td><td>累加器 A 的内容与片内 RAM 区 30H 单元的内容相与</td><td>按位与，跟 0 相与可以置 0</td></tr>
<tr><td>ORL A,30H</td><td>unsigned char data byValue _at_ 0x30;
ACC = ACC|byValue;</td><td>累加器 A 的内容与片内 RAM 区 30H 单元的内容相或</td><td>按位或，跟 1 相或可以置 1</td></tr>
<tr><td>XRL A,30H</td><td>unsigned char data byValue _at_ 0x30;
ACC = ACC^byValue;</td><td>累加器 A 的内容与片内 RAM 区 30H 单元的内容相异或</td><td>按位异或，跟 1 相异或可以取反</td></tr>
<tr><td>CLR A</td><td>ACC = 0;</td><td>将累加器 A 的内容清 0</td><td></td></tr>
<tr><td>CPL A</td><td>ACC = ～ACC;</td><td>将累加器 A 的内容按位取反</td><td></td></tr>
<tr><td>RL A</td><td>ACC = _crol_(ACC,1);</td><td>将累加器 A 的内容循环左移一位</td><td>要引用头文件 intrins. h</td></tr>
<tr><td>RR A</td><td>ACC = _cror_(ACC,1);</td><td>将累加器 A 的内容循环右移一位</td><td>要引用头文件 intrins. h</td></tr>
<tr><td>CLR C
RLC A</td><td>ACC = ACC<<1;</td><td>将累加器 A 的内容乘以 2</td><td><<左移后最低补 0</td></tr>
<tr><td>CLR C
RRC A</td><td>ACC = ACC>>1;</td><td>将累加器 A 的内容除以 2</td><td>>>右移后最高位补 0</td></tr>
<tr><td colspan="4"></td></tr>
<tr><td rowspan="3">控制转移指令</td><td>SJMP rel
AJMP addr11
LJMP addr16</td><td>goto label</td><td>跳转至标号 label 处</td><td>注意汇编里面 3 个跳转指令的区别</td></tr>
<tr><td>MOV DPTR, #TAB
JMP @A + DPTR
TAB:AJMP ROUT0
AJMP ROUT1
AJMP ROUT2
AJMP ROUT3
...
ROUT0:...
ROUT1:...
ROUT2:...
ROUT3:...</td><td>switch(ACC)
{
case 0:
Function0();
break;
case 2:
Function1();
break;
case 4:
Function2();
break;
case 6:
Function3();
break;
......
}</td><td>利用间接转移指令实现散转程序结构</td><td>用于实现多分支结构</td></tr>
<tr><td>JZ rel</td><td>if(A! = 0)
{......}
else
{......}</td><td>累加器 A 为 0 则转移，不为 0 则往下继续执行</td><td>用于实现选择结构</td></tr>
</table>

续表

类别	汇编指令	C51 语句	功能	备注

控制转移指令	JNZ rel	if(A==0)
		{……}
		else
		{……}
			累加器 A 不为 0 则转移，为 0 则往下继续执行	用于实现选择结构

	CJNE A,30H,rel	unsigned char data byValue _at_ 0x30;
		if(ACC==byValue)
		{……}
		else
		{……}
			累加器 A 的内容与片内 RAM 区 30H 单元的内容不相等则转移，相等则往下继续执行	用于实现选择结构

	MOV 30H,#5
	LOOP:
	…
	…
	DJNZ 30H,LOOP
		unsigned char data i _at_ 0x30;
		i=5;
		do
		{
		……
		i--;
		}while(i!=0);
		或
		for(i=5; i>0; i--)
		{
		……
		}
			片内 RAM 区 30H 单元的内容减 1 不为 0 则转移	用于实现循环结构

	ACALL addr11 LCALL addr16	function();	子程序调用	注意两个汇编指令的区别
	RET RETI	return;	子程序返回	
	NOP	_nop_();	空操作指令	要引用头文件 intrins.h
位操作指令	MOV C,bit MOV bit,C	bit btFlag; CY=btFlag; btFlag=CY;	位单元内容送 CY CY 内容送位单元	

	SETB bit
	CLR bit
	CPL bit
		bit btFlag;
		btFlag=1;
		btFlag=0;
		btFlag=~btFlag;
			位单元内容置 1
			位单元内容置 0
			位单元内容取反	

	SETB C CLR C CPL C	CY=1; CY=0; CY=~CY;	CY 置 1 CY 置 0 CY 取反	

续 表

<table>
<tr><th>类别</th><th>汇编指令</th><th>C51 语句</th><th>功能</th><th>备注</th></tr>
<tr><td rowspan="7">位操作指令</td><td>ANL C,bit
ORL C,bit</td><td>bit btFlag;
CY = CY&btFlag;
CY = CY|btFlag;</td><td>CY 内容与位单元内容相与
CY 内容与位单元内容相或</td><td></td></tr>
<tr><td>ANL C,/bit
ORL C,/bit</td><td>bit btFlag;
CY = CY&(～btFlag);
CY = CY|(～btFlag);</td><td>位单元内容取反后与 CY 相与、相或</td><td>位地址中的值本身并不改变</td></tr>
<tr><td>JC rel</td><td>if(CY = = 0)
{……}
else
{……}</td><td>进位位 CY 的内容为 1 则转移,不为 1 则往下继续执行</td><td></td></tr>
<tr><td>JNC rel</td><td>if(CY! = 0)
{……}
else
{……}</td><td>进位位 CY 的内容不为 1 则转移,为 1 则往下继续执行</td><td></td></tr>
<tr><td>JB rel</td><td>bit btFlag;
if(btFlag = = 0)
{……}
else
{……}</td><td>位单元内容为 1 则转移,不为 1 则往下继续执行</td><td></td></tr>
<tr><td>JBC rel</td><td>bit btFlag;
if(btFlag = = 0)
{……}
else
{ btFlag = 0;
……}</td><td>位单元内容为 1 则转移,转移的同时将该位清 0;不为 1 则往下继续执行</td><td></td></tr>
<tr><td>JNB rel</td><td>bit btFlag;
if(btFlag = = 1)
{……}
else
{……}</td><td>位单元内容不为 1 则转移,为 1 则往下继续执行</td><td></td></tr>
</table>

1.3.6 结构化程序设计方法

1. 顺序结构程序

程序从上到下按顺序执行,无跳转,无比较,无等待。

2. 分支结构程序

常见的条件分支、多分支结构程序用到的汇编指令及其对应的 C51 语句,如表 1-18 所示。

※ 汇编语言中,没有直接比较两个数大小的指令。欲比较两数的大小,必须先用 CJNE,再用 JC 或 JNC 指令。执行 CJNE 指令时,如果前面的数小于后面的数,(CY)=1;否则(CY)=0。

表 1-18　分支结构程序用到的汇编指令与 C51 语句对比

序号	功能描述	汇编指令	C51 语句
1	累加器 ACC 与 0 比较	JZ　rel	if(ACC! = 0)
		JNZ rel	if(ACC = = 0)
2	一个位与 1 比较	JC rel	if(CY = = 0)
		JNC rel	if(CY! = 0)
		JB bit, rel JBC bit, rel	if(bit = = 0)
		JNB bit, rel	if(bit! = 0)
3	比较两个数是否相等	CJNE　A, #data, rel CJNE　A, direct, rel CJNE　Rn, #data, rel CJNE　@Ri, #data, rel	if(X = = Y)

4	比较前后两数的大小	第 1 步：先执行下面 4 条指令中的一条，相等则往下执行，不相等则跳转至第 2 步
		CJNE　A, #data, rel
		CJNE　A, direct, rel
		CJNE　Rn, #data, rel
		CJNE　@Ri, #data, rel
		第 2 步：再判断进位位 CY，如果前面的数大，则(CY)=0，否则(CY)=1
		JC　rel 或 JNC　rel
			if(X>Y)
			if(X<Y)
			if(X>= Y)
			if(X< = Y)

5	分支转移程序	JMP @A + DPTR	switch(x)

3. 循环结构程序

循环结构程序用于连续实现重复性的操作，用到的汇编指令及其 C51 语句对比，如表 1-19 所示。

表 1-19　循环结构程序用到的汇编指令与 C51 语句对比

序号	功能描述	汇编指令	C51 语句
1	用 DJNZ 实现	DJNZ　Rn, rel DJNZ　direct, rel	do { …… i - - ; }while(i! = 0);

			for(i = 初值; i>0; i - -)
			{
			……
			}

2	用 CJNE 实现	CJNE　A, #data, rel
		CJNE　A, direct, rel
		CJNE　Rn, #data, rel
		CJNE　@Ri, #data, rel
		在循环体里面要增加一条 INC 或 DEC 指令
			do
			{
			……
			X - - ; //或 X + +
			}while(X! = Y)

1.3.7 汇编程序结构框架

编写汇编程序，一般应遵循图 1-35 所示的框架；阅读他人编写的汇编程序，也可以按图 1-35所示框架将其进行分解。单片机复位后，(PC)＝0000H，从 0000H 单元开始执行程序；此处放一条跳转指令，跳转到主函数；在主函数前面的，是中断服务程序入口地址。普通的 8051 单片机，中断源只有 5 或 6 个，主函数可以放置在 0030H 单元处；对于高性能的单片机，中断源比较多，主函数放置的位置比 0030H 单元要靠后。主函数开始后，要先对系统进行初始化，然后执行主循环；主循环里面可以调用普通的子程序，如果主循环什么事情都不做，就可以执行空操作；为了防止程序跑飞，主循环必不可少。普通子程序和中断服务子程序放置在主循环的外面，表格通常放在所有程序的后面，最后程序以伪指令 END 结束。

※ 文似看山不喜平，写程序要注意缩进，要有层次感。一般情况，标号左对齐，指令缩进若干个字符。

```
    ;等值伪指令或位定义伪指令
    ORG 0000H
    SJMP MAIN

    ORG 8n+3        ;中断服务程序入口地址
    LJMP INT _SERVICE    ;跳转至中断服务程序

    ORG  0030H
MAIN:              ;主程序
    ;系统初始化
LOOP:              ;主循环
    LCALL  Function ;调用子程序
    LJMP  LOOP

Function:
    ;普通子程序
    RET

INT_SERVICE:
    ;中断服务子程序
    RETI

TAB:  ;表格
    DB  data0,data1,data2, …

    END ;程序结束
```

图 1-35　汇编程序结构框架

1.4 MCS-51 的 C51 程序设计

C 语言是一种通用的程序设计语言，其代码率高，数据类型及运算符丰富，位操作能力强，可读性好，可移植性高。C 语言具有调试方便，目标代码编译效率高的特点，是目前使用最广的单片机编程语言。

由 C 语言编程的单片机应用程序称为单片机 C 语言程序。可以对 51 单片机 C 语言源程序进行编译的软件称为 C51 编译器。C51 语言是一种区分大小写的高级语言。

本书只介绍 C51 与 ANSI C 的不同之处，两者相同的部分，如运算符、程序结构、结构化程序设计方法等不再赘述。

1.4.1　C51 语法基础

1. 标识符

标识符与 ANSI C 相同：用来标识源程序中某个对象的名字，由字符串、数字和下划线等组成，第一个字符必须是字母或下划线，有些库函数的标识符以下划线开头，用户一般不要以下划线开头命名自定义标识符。

2. 关键字

关键字是编程语言保留的特殊标识符，具有固定的名称和含义，在编程中不允许将关键字另做他用。C51 中的关键字除了有 ANSI C 标准的 32 个关键字外，还根据 MCS-51 单片机的特点扩展相关的关键字。在 C51 的文本编辑器中编写 C 程序，系统可以把保留关键字以不同颜色显示。

※ C51 增加的关键字，主要用于定义数据类型（bit、sbit、sfr、sfr16），存储类型（data、bdata、idata、pdata、xdata、code）及中断函数（interrupt）、再入函数（reentrant）和芯片的工作寄存器（using）。

3. 数据类型

C51 数据类型如表 1-20 所示，它具有 ANSI C 的所有标准数据类型。基本数据类型包括：char、int、short、long、float 和 double。对 C51 编译器来说，short 类型和 int 类型相同，double 类型和 float 类型相同。

表 1-20　C51 数据类型

数据类型	关键字	长度	数值范围	备注
有符号字符型	signed char	1Byte	－128～＋127	定义与 ANSI C 相同
无符号字符型	unsigned char	1 Byte	0～＋255	定义与 ANSI C 相同
有符号整型	signed int	2 Byte	－32768～＋32767	定义与 ANSI C 相同
无符号整型	unsigned int	2 Byte	0～＋65535	定义与 ANSI C 相同
有符号长整型	signed long	4 Byte	－2147483648～＋2147483647	定义与 ANSI C 相同
无符号长整型	unsigned long	4 Byte	0～＋4294967295	定义与 ANSI C 相同
浮点型	float	4Byte	±1.18E－38～±3.40E＋38	定义与 ANSI C 相同
位类型	bit	1 bit	0 或 1	C51 特有
SFR 位类型	sbit	1 bit	0 或 1	C51 特有
SFR 字节类型	sfr	1 Byte	0～＋255	C51 特有
SFR 字类型	sfr16	2 Byte	0～＋65535	C51 特有

定义变量时，尽量使用长度较短的数据类型，以节省存储空间；能够使用无符号数，就尽量不要使用有符号数。

对于 char、int 和 long 数据类型，不声明是有符号数还是无符号数时，默认是有符号数，如 char i；与 signed char i；作用相同。

整型 int 可写成 short int 或 short，如 unsigned int i；与 unsigned short int i；和 unsigned short i;作用相同。

长整型 long 可写成 long int,如 unsigned long i;与 unsigned long int i;作用相同。

1.4.2 C51 对 MCS-51 单片机的访问

1. 存储类型

存储类型,指定义变量时,将变量保存在存储器的哪块区域,C51 数据的存储类型如表 1-21所示。表 1-21 中的关键字对应存储位置,单片机访问变量速度最快的是前面的 data,然后是 idata,其次是 pdata,最后是 xdata,code 只读不能写。定义变量时,优先考虑使用 data,然后是 pdata,最后才是 xdata。

存储类型关键字可以放置在数据类型关键字的前面,也可以放置在其后面,如 data unsigned char i;与 unsigned char data i;作用相同。

不表明存储类型时,默认的存储类型由存储模式决定,一般是 data,也就是将变量保存在片内 RAM,如 unsigned char i;与 unsigned char data i;作用相同。

表 1-21 C51 数据的存储类型

关键字	存储位置	范围	编译后的汇编语言
data	直接寻址片内 RAM	00H～7FH	助记符是 MOV,用直接寻址
bdata	位寻址片内 RAM	20H～2FH	助记符是 MOV,用直接寻址
idata	寄存器间接寻址片内 RAM	00H～FFH	助记符是 MOV 用 R0 或 R1 作间接寻址寄存器
pdata	分页寻址片外 RAM	00H～FFH	助记符是 MOVX, 用 R0 或 R1 作间接寻址寄存器
xdata	寄存器间接寻址片外 RAM	0000H～FFFFH	助记符是 MOVX, 用 DPTR 作间接寻址寄存器
code	程序存储器	0000H～FFFFH	助记符是 MOVC, 用@A+DPTR,基址加变址寻址

2. 存储模式

存储模式决定变量默认的存储类型和参数传递区域,定义变量不指明存储类型时,使用默认值。C51 有 3 种存储模式,如表 1-22 所示。

表 1-22 C51 数据的存储模式

存储模式	局部变量及参数存放区域	默认存储类型
小编译模式 Small	直接寻址片内 RAM	data
紧凑编译模式 Compact	分页寻址片外 RAM	pdata
大编译模式 Large	寄存器间接寻址片外 RAM	xdata

设置存储模式有如下两种方法。

(1) 使用预处理命令

在 C51 文件的最前面加入预处理命令,如图 1-36 所示。

注意:必须加在"最前面",要放置在所有头文件引用语句(如:＃include ＜reg51.h＞)的前面。

```
#pragma small      //设定数据存储模式为小编译模式
#pragma compact    //设定数据存储模式为紧凑编译模式
#pragma large      //设定数据存储模式为大编译模式
```

图 1-36　设定数据存储器编译模式的预处理命令

(2) 在 Keil uVision 软件中设置工程属性

如图 1-37 所示，打开工程属性窗口，在【Target】（目标）选项卡里的【Memory Model】（存储模式）下拉列表框中，可以选择 3 种存储模式。选择后，整个工程的所有 C51 文件都采用默认的存储模式；新建工程时，采用小编译模式。

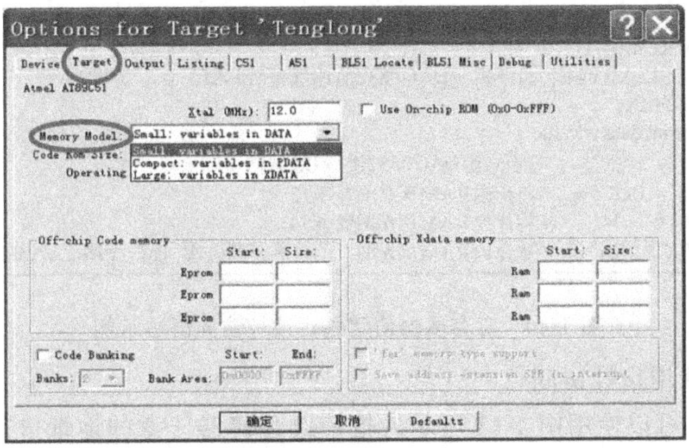

图 1-37　设置存储模式

3. 对特殊功能寄存器的访问

(1) 用 sfr 数据类型访问特殊功能寄存器

定义特殊功能寄存器名称的语法是：sfr 特殊功能寄存器名称＝特殊功能寄存器地址；在 reg51.h 和 reg52.h 头文件里面，对分散在片内 RAM 区 80H～FFH 地址范围内的标准特殊功能寄存器作了定义（如：sfr TMOD＝0x89；），编程时，只要引用 reg51.h 或 reg52.h 头文件，就可以在程序中直接访问特殊功能寄存器（如：TMOD＝0x20；）。

(2) 用 sbit 数据类型访问可位寻址特殊功能寄存器中的位

定义特殊功能寄存器位名称的语法有 3 种，如图 1-38 所示。

在 reg51.h 和 reg52.h 头文件里面，对有名称的可位寻址特殊功能寄存器位名称作了定义（如：sbit ET0＝0xA9；），编程时，只要引用 reg51.h 或 reg52.h 头文件，就可以在程序中直接访问特殊功能寄存器可寻址位（如：ET0＝1；）。

但要注意，一些特殊功能寄存器的位（如：P0～P3 口的 8 个位）虽然可以进行位寻址，但 reg51.h 和 reg52.h 头文件里面没有对它们进行定义，使用时要用户先定义。设 P0.3～P0.1 接了 3 个 LED 灯，可以用图 1-38 所示 3 种方法进行定义，具体语句如图 1-39 所示。

```
sbit 特殊功能寄存器位名称=特殊功能寄存器名称^位的位置;
sbit 特殊功能寄存器位名称=特殊功能寄存器地址^位的位置;
sbit 特殊功能寄存器位名称=可位寻址特殊功能寄存器的绝对位地址;
```

图 1-38　定义特殊功能寄存器位名称的 3 种语法

```
sbit LED1=P0^1;
sbit LED2=0x80^2;
sbit LED3=0x83;
```

图 1-39　定义特殊功能寄存器位名称的 3 种语法示例

4. 对存储器的访问

(1) 对存储器使用绝对地址访问

使用 absacc. h 头文件(Absolute Memory Accesses)定义的函数原型 CBYTE、DBYTE、PBYTE、XBYTE、CWORD、DWORD、PWORD、XWORD 可对存储器使用绝对地址访问,C 指访问程序存储器,D 指访问片内数据存储器,P 指访问分页寻址的片外数据存储器,X 指访问整个片外数据存储器;BYTE 以字节形式访问,WORD 以字形式访问,应用示例如图 1-40 所示。

须要注意的是,以字形式访问存储器时,其地址是以字节形式访问存储器时的 2 倍。所以,图 1-40 中,DWORD[0x30],表示访问片内 RAM 区的 60H 和 61H 单元。

```
#include <absacc.h>
#define DAC0832 XBYTE[0x7FF8]  //DAC0832的地址是7FF8H
unsigned char data i ;
unsigned short int data wValue ;
DAC0832 = i;                 //将i送给DAC0832进行DA转换
DBYTE[0x60] = 0x12;          //将片内RAM区60H置0x12
DBYTE[0x61] = 0x34;          //将片内RAM区61H置0x34
wValue = DWORD[0x30]; //读片内RAM区60H、61H单元的内容,执行完毕，wValue=0x1234
```

图 1-40　对存储器使用绝对地址访问语法示例

(2) 对存储器使用指针访问

在 C51 程序中,可以使用图 1-41 所示的指针对存储器任意的地址进行访问;此方法适合对连续的存储单元进行操作,切换存储单元时,将指针自加 1 或者自减 1 即可。

```
unsigned char data  *dp;    //定义一个指向片内RAM区的指针
unsigned char xdata  *xdp; //定义一个指向片外RAM区的指针
dp = 0x30;                 //给指针赋值，指向片内RAM区30H单元
*dp = 5;                   //将5赋值到片内RAM区30H单元
xdp = 0x300;               //给指针赋值，指向片外RAM区300H单元
*xdp = 6;                  //将6赋值到片外RAM区300H单元
```

图 1-41　对存储器使用指针访问语法示例

(3) 对存储器使用_at_关键字访问

直接在数据定义后加上_at_ const 即可对存储器使用_at_关键字访问,其中 const 为数据存放的单元地址。但是要注意,绝对变量不能被初始化,bit 型函数及变量不能用_at_指定,其应用示例如图 1-42 所示。

```
unsigned char data byValue  _at_ 0x30;        //byValue 变量存放在片内RAM的30H单元
unsigned char code byTable[10] _at_ 0x300; //byTable 数组存放在ROM的300H~309H单元
byValue = byTable[0];                       //将byTable 数组第0个单元的内容赋值给 byValue
```

图 1-42　对存储器使用_at_关键字访问语法示例

5. 可位寻址存储区的位变量定义

单片机片内 RAM 的 20H～2FH 单元可进行位寻址,可先定义变量的数据类型(char、short int、long int)和存储类型(bdata),然后使用 sbit 定义位变量,其示例如图 1-43 所示。

图 1-43 指令中,^ 操作符后的数字是位在变量中的位置,对于 char 而言,取值范围是 0～7;对于 short int 而言,取值范围是 0～15;对于 long int 而言,取值范围是 0～31。

```
unsigned char bdata byResult  _at_ 0x20;           //定义字节变量，存放在片内RAM区20H单元
unsigned short int bdata wMyValue  _at_ 0x21; //定义短整型变量，存放在片内RAM区21H、22H单元
unsigned long int bdata lgTemp  _at_ 0x23;      //定义长整型变量，存放在片内RAM区23H~26H单元
sbit btFlag1 = byResult^1;        //位变量定义在字节变量的第1位，即字节地址20H的第1位，位地址01H单元
sbit btFlag2 = wMyValue^14; //位变量定义在短整型变量的第14位，即字节地址22H的第6位，位地址16H单元
sbit btFlag3 = lgTemp^31;       //位变量定义在长整型变量的第31位，即字节地址26H的第7位，位地址37H单元
btFlag1 = 1;                          //位地址01H单元的内容置1
btFlag2 = 1;                          //位地址16H单元的内容置1
btFlag3 = 1;                          //位地址37H单元的内容置1
```

图1-43　可位寻址存储区的位变量定义及访问语法示例

6. 中断函数

C51程序里面,中断函数的格式如图1-44所示。

```
void 函数名称(void) interrupt n using m
{
    函数体语句
}
```

图1-44　中断函数的格式

其中,interrupt是中断函数的关键字,其后面的n是中断号,/INT0、T0、/INT1、T1、Serial和T2的中断号依次为0～5,对于一些高性能的单片机,其中断源较多,则中断号从6开始依次增加。

using是制定中断函数选用工作寄存器组的关键字,其后面的m取值范围是0～3。编程时,using m可以省略,编译器会自动选择默认的第0组工作寄存器。

中断函数使用注意事项:

(1) 中断函数不能传递参数,传递值类型定义为void;

(2) 中断函数不能返回参数,返回值类型定义为void;

(3) 禁止在主程序或其他子程序中对中断函数直接调用;

(4) 中断函数最好写在程序尾部;

(5) 若中断函数调用了其他函数,被调用函数与中断函数使用相同的工作寄存器组。

7. 可重入函数

在C51里面,如果不特别设计函数,它就是不可重入的。其原因是:一般的C编译器将局部变量放入堆栈中,而C51是将其放入片内RAM区,开辟一块存储空间,多个函数共享该区域。该区域在编译链接时已定位,各函数之间没有直接或间接的调用关系,则其局部变量空间便可覆盖。如果一个函数同时被多个函数调用,可能造成某些变量被冲掉。

对于不可重入的函数通过加reentrant来声明为可重入。例如,图1-45所示的程序,Delay子函数在主程序中被调用,同时又在外部中断服务程序中被调用。有可能在主程序运行Delay子函数的过程中发生外部中断,此时中断又要调用Delay子函数,使得调用过程嵌套,因此要把Delay函数定义为再入函数,编译才可能通过。

8. C51的库函数

C51的库函数提供了可以给用户使用的调令,直接对应汇编指令,它们都是再入函数,可以在程序的任何地方调用它们。编程时引用表1-23所示的C51头文件,就可以调用内部库函数。其中intrins.h是本征库函数,其他都是非本征库函数。C51提供的本征库函数是指编译时直接将固定的代码插入当前行,而不是用ACALL和LCALL语句来实现,可提高访问函数的效率;而非本征库函数则必须由ACALL和LCALL调用。

```
#include <reg51.h>
void Delay(void) reentrant  //右括号后面加关键字 reentrant
{
  unsigned long int data i;
  for(i=0;i<10000;i++)
  {
    ;
  }
}

void InitInt0(void)
{
  IT0  = 1;
  EX0 = 1;
  EA   = 1;
}

void main(void)
{
  InitInt0();
  for(;;)
  {
    Delay(); //主函数调用了 Delay()子函数
  }
}

void Int0Service(void) interrupt 0
{
  Delay(); //中断服务程序也调用了 Delay()子函数
}
```

图 1-45　可重入函数应用举例

表 1-23　C51 的库函数

头文件	可调用的函数	示例
intrins. h	包含 9 个本征库函数，如空操作、左右循环移位等	_nop_,_crol_,_cror_,_testbit_等
stdio. h	流输入输出，默认通过串口读写数据，可以修改为用户定义的 I/O 读写数据	putchar,printf,getchar,scanf 等
string. h	字符串操作，如复制、比较、移动等	strcat,strcmp,strcpy 等
math. h	数学函数	cabs,sqrt,log10,sin 等
ctype. h	字符测试	isalpha,isalnum,iscntrl,isdigit 等
setjmp. h	跳转	setjmp 和 longjmp
stdlib. h	字符串转数字，随机数，存储池管理	atoi,rand,strtol 等
stdarg. h	可变参数	va_arg,va_end 和 va_start

9. C51 中嵌入汇编程序

C51 高级语言一般用来编写主程序和运算程序，用汇编语言编写与硬件有关的子程序更直接且速度快。如果在 C51 语句中嵌入汇编语句，可充分发挥二者的优点。图 1-46 是在 C51 程序中嵌入汇编的例子，其操作步骤如下。

（1）右击工程中要嵌入汇编语句的 C51 文件，在弹出的子菜单中选择【Options for File' * . c'】；

（2）在弹出的【Options for File' * . c'】子窗口中，单击【Properties】选项卡；

（3）将“Generate Assembler SRC File”和“Assemble SRC File”前面的复选框从灰色变为

选中状态，“Link Publics Only”前面的复选框从灰色变为未选中状态，“Include in Target Build”和“Always Build”前面的复选框仍保持灰色状态；

(4) 单击【Options for File '*.c'】子窗口的【OK】按钮，此时可以看到：工程(Project)串口的 IO.c 文件图标与 main.c 文件不同，左边多了 3 个红点；

(5) 在 C51 文件中添加“#pragma ASM”和“#pragma ENDASM”编译预处理命令，要加入的汇编语句则放置在这两条命令中间。

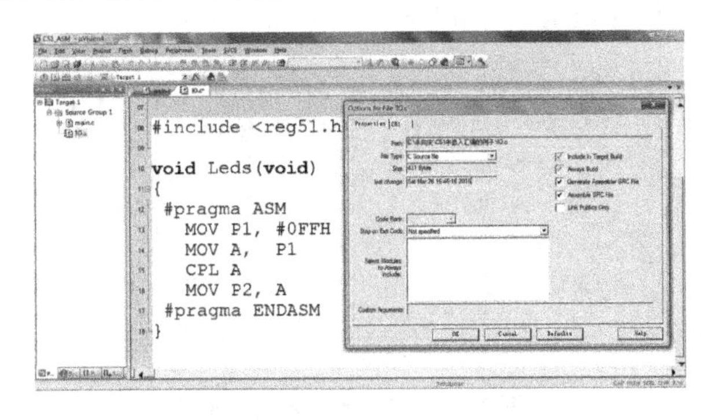

图 1-46　C51 程序中嵌入汇编的示例

10. 生成库函数和调用库函数

如果企业的软件工程师们辛苦编写了能够实现某种特殊功能的程序，该程序要跟其他商品一起卖给客户使用，但企业又想保护自己的知识产权，不想把源程序给客户。除了去申请软件著作权，还可以将源程序生成库文件 *.LIB，把库文件给客户，同时告诉客户调用方法。这样，客户可以调用库函数里面的子程序，即使他将生成的机器码文件 *.hex 进行反汇编，也只能得到该库函数子程序的汇编程序，得不到 C51 源程序，而从汇编推导算法复杂的 C51 源程序往往是不大可能的。

(1) 生成库函数的方法

Keil uVision 中生成库函数的示例如图 1-47 所示。首先，新建一个名称是 Sum 的工程，在里面添加 C51 源程序，源程序中不能有 main 函数；图 1-47 中的是 Sum 函数。然后，打开工程属性设置窗口，选中【Output】选项卡中的【Create Library】，默认生成的库文件名称与工程名称一致；如果要修改生成的库文件名称，则在“Name of Executable”栏修改。接着，单击【OK】按钮。最后，编译整个工程，生成 Sum.LIB 的库文件。

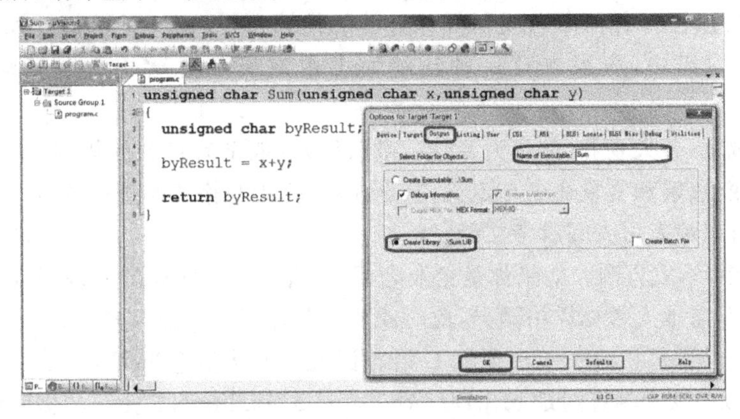

图 1-47　生成库函数的示例

(2) 调用库函数的方法

如图 1-48 所示，使用时要将库文件 Sum. LIB 添加至工程中，与工程中的 C51 文件放置在一起；调用库文件的子程序前要先声明，然后就可以跟调用普通的子程序一样调用库函数。

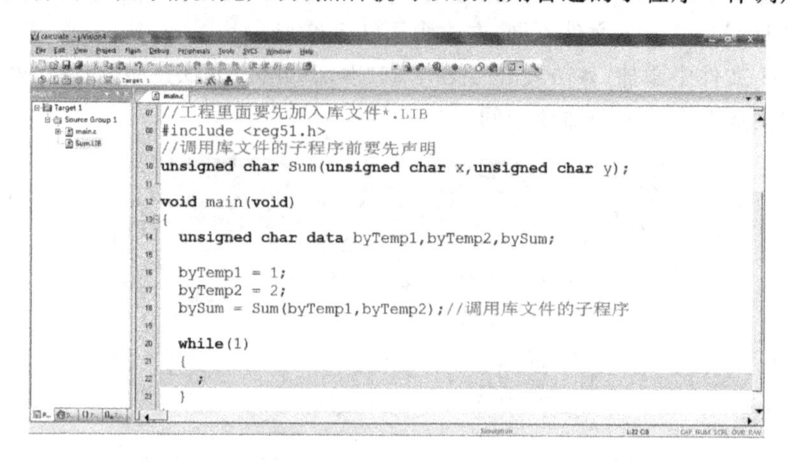

图 1-48　使用库函数的示例

1.4.3　C51 程序框架结构

编写 C51 程序时，与 ANSI C 程序一样，要遵循一定的格式，其框架结构如图 1-49 所示。最前面的是头文件引用，首先引用与使用单片机有关的头文件；然后是宏定义、全局变量声明、函数声明等。C51 程序是一个函数定义的集合，可以由任意个函数构成，其中必定有一个主函数 main()，程序从主函数 main()开始执行，主函数可以调用其他函数，不能返回任何参数；主函数里面必须有一个死循环，让程序保持在预期的运行状态，否则程序会结束，使单片机系统出现不确定的状态。普通子程序与中断服务子程序通常放置在主函数后面。一个 C51 的工程通常可以包含若干个 C51 文件，编程时最好将功能不同的 C51 程序归类，放置在不同的 C51 文件里面，如 main. c、Timer. c、Serial. c、Key. c、Led. c 等，可分别放置主函数、定时器/计数器程序、串行通信程序、键盘识别程序、LED 显示程序。

※ 设计 C51 程序时，要养成良好的变量命名及编程规范。

关于变量的命名规则，有兴趣者可参考匈牙利命名法(Hungarian)、驼峰式命名法(Camel，又称小驼峰式命名法)和帕斯卡命名法(Pascal，又称大驼峰式命名法)。命名的最终目的是增加易读性。各种命名规则都有自己的优缺点，没有一种可以让所有的程序员都赞同；但同一项目组中，应当制订一种让绝大多数成员都满意的命名规则，并严格贯彻实施。

关于编程规范，各大企业(如华为、谷歌、微软等)一般都有自己的规则，主要是对头文件、函数、标识符、变量、宏和常量命名与定义，甚至注释、排版与格式等进行规范，以保证程序的可读性及效率。有兴趣者可查阅参考文献[22]。

※ 无以规矩，不成方圆。如果你是企业老板，发现公司里面有员工编程能力很强，但其编程不按常规出牌，与他人常见风格迥异，此时就要对其编程行为加以规范。

从 1984 年开始，每年举办一次国际 C 语言混乱代码大赛(The International Obfuscated C Code Contest)。该赛事官网是 http://ioccc. org/index. html，它是一项国际编程赛事，目的是让程序员写出最有创意的最让人难以理解的 C 语言代码。

```
#include <reg51.h>
#include <stdio.h>
//宏定义
//全局变量声明
//函数声明
void main(void)
{
  //局部变量声明
  //系统初始化
  for(;;)
  {  //主循环
    function(); //子程序调用
  }
}

void function(void)
{  //普通子程序
   ;
}

void int_ser(void) interrupt n  using m
{ //中断服务子程序
   ;
}
```

图 1-49　C51 程序框架

1.4.4　C51 编程优化的方法

高效的单片机 C51 程序，可以减少程序存储空间，缩短运行时间。要编写高效率的 C51 程序，通常应注意以下问题。

(1) 选择小存储模式。设置数据存储模式时，优先选择小编译模式(Small)，其次是紧凑编译模式(Compact)，最后是大编译模式(Large)。如果是自定义存储类型，则依次选择 data、idata、pdata 和 xdata；常量放置在 code 里面。

(2) 尽可能使用最小数据类型，避免使用浮点型变量。依次选择 bit、char、short int、long int 和 float。

(3) 尽量使用无符号(unsigned)数据类型。运算结果如果不会出现负数，就不要使用有符号(signed)数据类型。

(4) 尽量使用局部变量。局部变量在调用子程序时才给其分配存储空间，子程序结束后自动释放存储空间。

(5) 尽量使用 C51 的库函数，特别是本征库函数。

(6) 选择效率高的编译器。如图 1-50 所示，打开工程属性对话框，选择【C51】选项卡，在代码优化(Code Optimization)的级别(Level)下拉列表框中选择编译效率，数值越大，编译生成的机器码文件越短。系统默认采用第 8 级：公共尾部合并，当一个函数有多个调用，一些设置代码可以复用，因此减少程序大小。

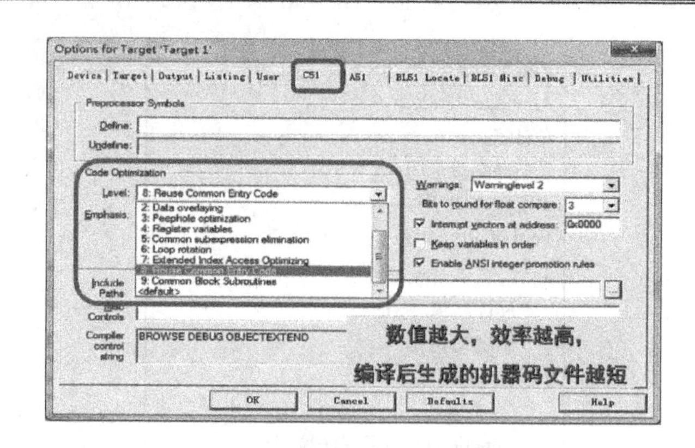

图 1-50　设置代码优化等级的方法

1.4.5　查看 C51 语言编译后生成的汇编程序

在编写 C51 程序的过程中，可以通过下述两种方法查看 C51 语句对应的汇编程序，深入理解程序的运行状况，以及对系统资源的占用情况。

方法 1：首先，单击【Debug】(调试)菜单下面的子菜单【Start/Stop Debug Session】(开始/停止调试)，或按 Ctrl+F5 键，进入调试状态。然后，单击【View】(视图)菜单下的【Disassembly Window】(反汇编窗口)子菜单，即可在反汇编窗口看到 C51 语句对应的汇编语句及机器码。

方法 2：如图 1-51 所示，首先，打开工程属性设置窗口，单击【Listing】(列表)选项卡，选中【Assembly Code】前面的复选框，单击【OK】(确定)按钮；然后，编译工程；最后，打开与 C51 源程序文件 *.c 同名的列表文件 *.lst，即可看到该 C51 程序对应的汇编语句。

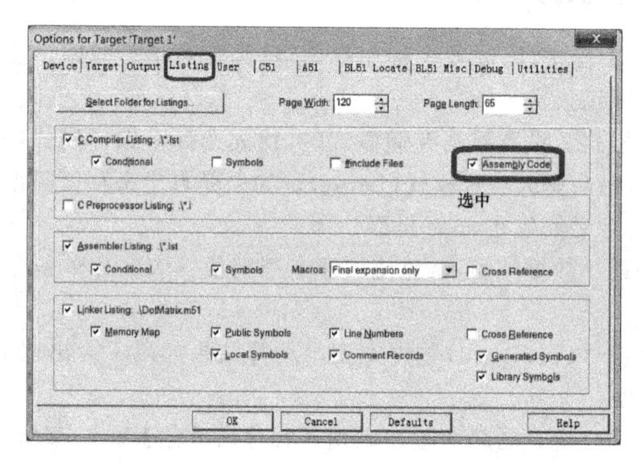

图 1-51　在列表文件中包含汇编代码

1.5　MCS-51 中断、定时器/计数器及串行接口

1.5.1　中断系统

CPU 与外部设备交换信息，其数据传输的方式主要有 4 种，如表 1-24 所示。

表 1-24　CPU 与外部设备交换信息的方式

序号	传输方式	特点
1	无条件传送方式	速度快,但不可靠
2	查询传送方式	可靠,但速度慢
3	中断传送方式	速度快,效率高
4	直接存储器存取(DMA)方式	速度快,适合大批量数据传输

1. 中断的基本概念

(1) 中断:如图 1-52 所示,指计算机在执行某一程序的过程中,由于系统内、外的某种原因而必须终止原程序的执行,转去完成相应的处理程序,待处理结束之后再返回继续执行被终止程序的过程。例如,读书的过程中,电话响了,通常要暂停读书转而去接电话,接完电话后再继续读书。

(2) 现行程序:CPU 正常情况下运行的程序。例如,读书。

(3) 中断源:向 CPU 提出中断申请的设备。例如,电话机。

(4) 中断请求:由中断源向 CPU 所发出请求中断的信号。例如,电话铃声。

(5) 中断响应:CPU 在满足条件下接受中断申请,终止现行程序执行转而为申请中断的对象服务。例如,暂停读书,按下电话接听按钮。

(6) 中断服务程序:为服务对象服务的程序。例如,接电话的过程。

(7) 断点:现行程序被中断的地址。例如,读书至第 37 页第 2 段(假设该段已读完),则断点是第 37 页第 3 段。

(8) 中断返回:中断服务程序结束后返回到原来程序。例如,按下挂机按钮,准备继续读书。

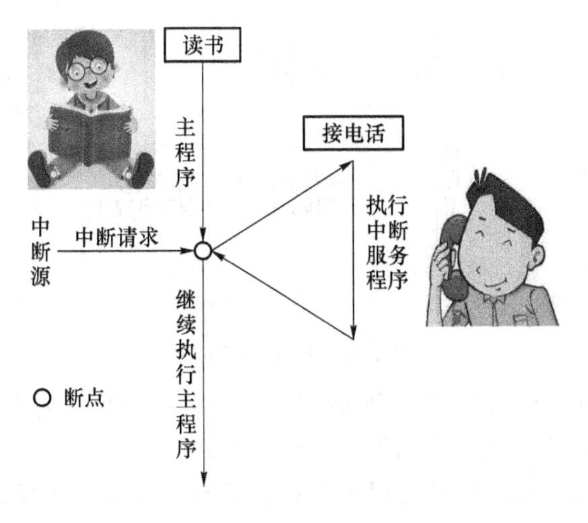

图 1-52　中断响应过程

2. 中断响应过程

(1) 检测中断:单片机硬件会在每个机器周期的 S5P2 期间自动检测中断请求信号,如果有中断请求且系统允许响应的中断,则响应该中断。

(2) 保护断点:CPU 响应中断后,会自动将 PC 内容(断点地址)送入堆栈,保存起来;也可以想象成系统自动在断点处插入一条长调用指令 LCALL addr16(addr16 为中断服务程序入口地址),单片机执行 LCALL 指令时,会自动将 PC 内容(断点地址)送入堆栈保护,然后将 addr16 送入 PC,转而去响应中断。

(3) 保护现场:在中断服务程序起始处,要将中断服务程序和主程序同时使用了的关键寄存器、标志位、存储器单元数据(如 ACC、PSW、DPTR 等)用压栈(PUSH)指令保护。

(4) 中断服务:为中断服务的程序。

(5) 清除中断标志位:响应中断后,要清除相应的中断标志位,防止 CPU 再次触发中断。除串行通信的 RI 和 TI 标志位外,外部中断的 IE0、IE1,定时器/计数器的 TF0、TF1 这 4 个中断标志位,硬件会自动清除。

(6) 恢复现场:中断返回前,将刚才保护的关键寄存器、标志位、存储器单元数据(如 ACC、PSW、DPTR 等)用出栈(POP)指令恢复。

(7) 中断返回与恢复断点:单片机执行中断返回指令(RETI)时,会自动将堆栈里面保存的断点地址弹出至 PC。

3. 中断嵌套

中断嵌套,是指 CPU 在执行低优先级中断(接电话)的过程中,如果产生了高优先级中断(开水壶响了),则要暂停低优先级中断服务程序(接电话),转而为高优先级的中断服务(打开水),处理完毕再继续执行低优先级的中断服务程序(接电话),如图 1-53 所示。

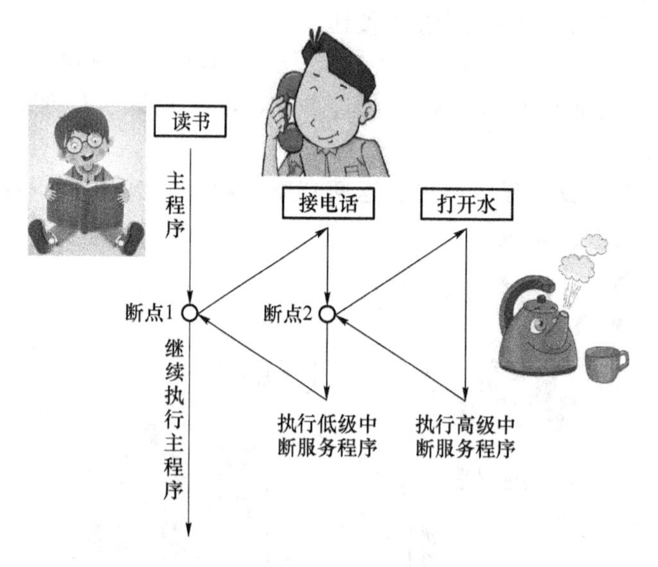

图 1-53　中断嵌套过程

8051 有 2 个中断优先级,每一个中断请求源均可编程为高优先级中断或低优先级中断,从而实现 2 级中断嵌套,中断嵌套有以下三条基本原则。

(1) 高不理低:正在进行的中断过程不能被新的同级或低优先级的中断请求所中断。例如,打开水(高优先级)的过程中,电话响了(产生低优先级中断),要继续打开水(执行高优先级中断服务程序),不能去接电话(执行低优先级中断服务程序)。

(2) 高打断低:正在进行的低优先级中断服务程序能被高优先级中断请求所中断,实现两级中断嵌套。高打断低的示例如图 1-53 所示。

(3) 先高后低:CPU 同时接收到几个中断请求时,首先响应优先级最高的中断请求。例如,电话铃(低优先级)和开水壶(高优先级)同时响了,要先去打开水(执行高优先级中断服务程序)。

4. 单片机的内部结构

51 子系列单片机有 5 个中断源，中断系统的内部结构如图 1-54 所示，其相关信息如表 1-25所示。52 子系列单片机比 51 子系列多了一个中断源：定时器/计数器 2，其中断号是 5，中断服务程序入口地址是 002BH。

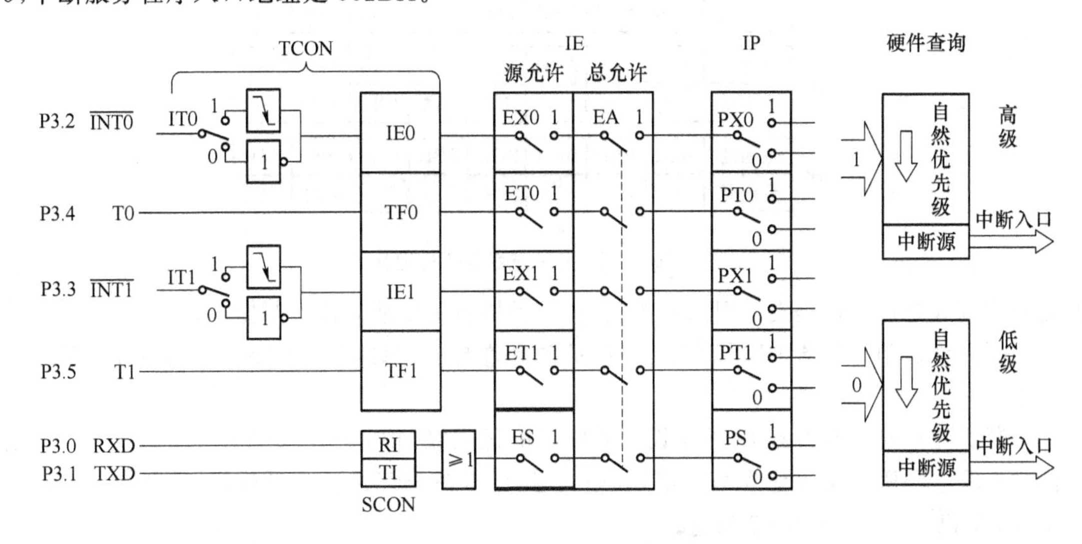

图 1-54　51 子系列单片机中断系统的内部结构

表 1-25　51 子系列单片机中断系统的中断源

中断名称	中断号	中断服务程序入口地址	内部/外部中断	中断标志位	中断标志位所在寄存器	中断标志位的清除	触发方式
$\overline{INT0}$	0	0003H	外	IE0	TCON	硬件自动清除	下降沿触发(IT0=1)或低电平触发(IT0=0)
T0	1	000BH	内	TF0	TCON	硬件自动清除	计数至最大值
$\overline{INT1}$	2	0013H	外	IE1	TCON	硬件自动清除	下降沿触发(IT1=1)或低电平触发(IT1=0)
T1	3	001BH	内	TF1	TCON	硬件自动清除	计数至最大值
Serial	4	0023H	内	RI	SCON	软件清除	串口接收到 1 帧数据
				TI	SCON	软件清除	串口发送出 1 帧数据

5. 与中断相关的 4 个寄存器

控制中断的寄存器主要有定时器/计数器控制寄存器 TCON、串口控制寄存器 SCON、中断允许控制寄存器 IE 和中断优先级控制寄存器 IP，它们的字节地址分别是 88H、98H、A8H 和 B8H，都可以进行位寻址，如图 1-55 所示。

定时器/计数器控制寄存器 TCON 的低 4 位与外部中断相关，外部中断有下降沿触发(ITx=1)和低电平触发(ITx=0)两种方式，一般情况下采用下降沿触发而不采用低电平触发，以防止外部设备产生的低电平反复触发外部中断。TCON 寄存器的高四位与定时器/计数器相关，TF0 和 TF1 是溢出中断标志位。

串口控制寄存器 SCON 的最低两位与串行通信中断相关。因为串口的接收中断(RI)与发送中断(TI)共用一个中断源，所以单片机响应中断时，不能硬件自动清除中断，而必须由软

TCON	位地址	8FH	8EH	8DH	8CH	8BH	8AH	89H	88H
	位定义	TF1	TR1	TF0	TR0	IE1	IT1	IE0	IT0
SCON	位地址	9FH	9EH	9DH	9CH	9BH	9AH	99H	98H
	位定义	SM0	SM1	SM2	REN	TB8	RB8	TI	RI
IE	位地址	AFH	AEH	ADH	ACH	ABH	AAH	A9H	A8H
	位定义	EA	—	ET2	ES	ET1	EX1	ET0	EX0
IP	位地址	BFH	BEH	BDH	BCH	BBH	BAH	B9H	B8H
	位定义	—	—	PT2	PS	PT1	PX1	PT0	PX0

图 1-55　中断相关寄存器的位定义

件先查询到底是接收还是发送引起的中断，查询完毕再程序清除该中断标志位。

中断允许控制寄存器 IE 用于设置中断的源允许与总允许，相应位为 1 表示允许；反之表示禁止。

中断优先级控制寄存器 IP 用于设置中断源的优先级，相应位为 1 表示高优先级；反之表示低优先级。同级内第二优先级次序，按中断号 0～5 的顺序进行高低排序，即$\overline{\text{INT0}}$最高，其次是 T0、$\overline{\text{INT1}}$、T1、Serial，T2 最低。

※ 如果只有 1 个中断源，程序初始化时可以不用设置其优先级。

IE 和 IP 寄存器从最低位往高位的定义，与中断号的定义相同，依次是$\overline{\text{INT0}}$、T0、$\overline{\text{INT1}}$、T1、Serial 和 T2。

6. 中断响应

(1) 中断响应的条件

中断响应的前提：①中断源有请求；②源允许打开(EXn、ETn 或 ES＝1)；③ CPU 开中断(即 EA＝1)。同时要满足以下三个条件：①无同级或高级中断正在处理；②现行指令执行到最后 1 个机器周期且已结束；③若现行指令为 RETI 或访问特殊功能寄存器 IE、IP 的指令时，执行完该指令且紧随其后的另一条指令也已执行完毕。

(2) 中断响应过程

CPU 响应中断后，由硬件自动执行如下的功能操作：

① 根据请求源的优先级高低，对相应的优先级状态触发器置 1，自动生成长调用指令 LCALL addr16；

② 保护断点，把程序计数器 PC 的内容压入堆栈；

③ 清除相应的中断请求标志位；

④ 把被响应的中断源对应的中断服务程序入口地址(中断矢量)送入 PC，转入相应的中断服务程序。

(3) 中断响应时间

最短 3 个机器周期，最长 8 个机器周期。

7. 中断服务程序的设计

(1) 编写初始化程序

①设置 IE，允许中断源请求中断；②设置 IP，确定中断源的优先级；③若是外部中断，还要设置 IT1 或 IT0。

(2) 编写中断服务程序,处理中断请求

中断服务程序流程及汇编语言和 C51 语言中断服务程序框架如图 1-56 所示。因为各中断服务程序入口地址间距离只有 8 个字节,而中断服务程序长度往往大于 8 个字节;所以汇编语言编程,通常在中断服务程序入口地址处放置一条长跳转指令,跳转至中断服务函数。C51 语言编写中断服务程序比较简单,进入中断、保护现场、恢复现场和中断返回的操作由编译器帮忙完成,用户只要编写好中断服务程序即可。

```
  ORG 8n+3 ;中断服务程序入口
  LJMP INT_SERVICE
  ……
INT_SERVICE:
  PUSH ACC ;保护现场
  PUSH PSW
  ……        ;中断服务
  ……        ;中断服务
  POP PSW   ;恢复现场
  POP ACC
  RETI      ;中断返回
```

```
void IntService(void)interrupt n using m
{
 …… //中断服务
 …… //中断服务
}
```

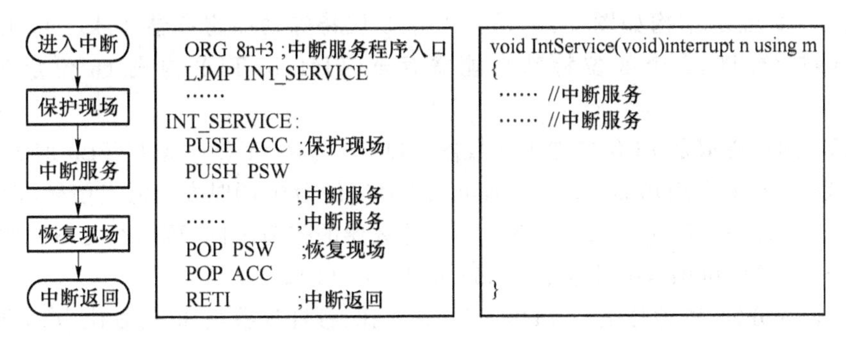

图 1-56　中断服务程序流程及汇编语言和 C51 语言中断服务程序框架

※ 编写中断服务程序要求做到快进快出,为什么?

如果不做到快进快出,在某个高优先级中断上花费过多时间,可能会使得系统不能及时响应同级或低优先级的中断。

※ 如何做到快进快出?

如果中断服务处理的事情比较多,须要花较长时间,而其处理的事情又不是特别紧急的话,最好将花时间的工作在中断外面(主程序)完成,以便系统抓紧退出中断,让系统可以响应其他中断。编程的技巧如图 1-57 所示,设立一个标志位 btIntFlag,中断到来时将 btIntFlag 置位;主程序中检查到 btIntFlag 置位了,就将其清除,同时执行中断服务。

```
#include <reg51.h>
#define TRUE 1
#define FALSE 0
bit btIntFlag= FALSE; //中断标志

void main(void)
{
  while(1)
  {
    if(btIntFlag == TRUE)
    {
      btIntFlag= FALSE;
      ……//花时较长的中断服务工作
    }
  }
}

void IntService(void) interrupt n
{
  ……//花时较短的中断服务工作
  btIntFlag= TRUE;
}
```

图 1-57　做到快进快出的中断服务程序框架

1.5.2 定时器/计数器

MCS-51单片机内部有2个16位可编程的定时器/计数器，即定时器0(T0)和定时器1(T1)。两个定时/计数器都有定时或事件计数的功能，可用于定时控制、延时、对外部事件计数和检测等。

1. 定时器/计数器的结构及工作原理

定时器/计数器的结构如图1-58所示，2个8位特殊功能寄存器TH0和TL0构成16位定时器/计数器T0，2个8位特殊功能寄存器TH1和TL1构成16位定时器/计数器T1。

T0和T1的核心都是16位的加1计数器。以T0为例，工作时先对TL0加1，TL0加至256时复位为0，同时将TH0加1；TH0加至256时复位为0，同时发出溢出信号，将TCON寄存器的TF0置1，向CPU申请T0中断。加1计数器的初值不同，可以获得不同的定时时间或计数值；若初值为0000H，则计数值为65536(256×256)。

※ 将手表的分钟、秒钟分别与TH0、TL0作对比，秒钟计数至60时复位为0，同时将分钟加1，分钟计数至60时复位为0，同时发出小时加1的信号。1小时有3600秒(60×60)。

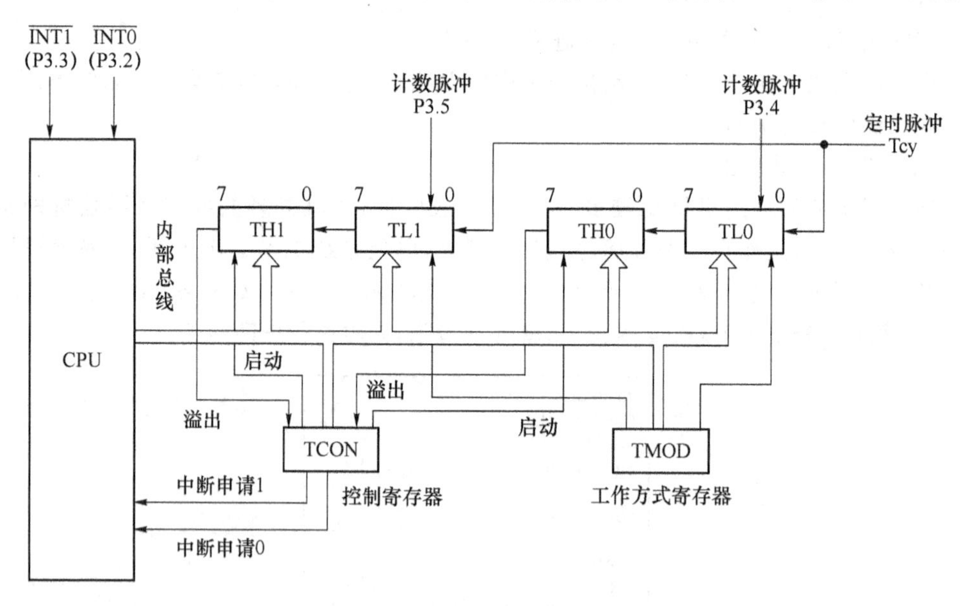

图1-58 定时器/计数器的结构

2. TCON寄存器与TMOD寄存器

定时器/计数器控制寄存器TCON和工作方式寄存器TMOD的定义如图1-59所示，两个寄存器的核心工作都是控制T0和T1的工作。

TCON寄存器的字节地址是88H，可位寻址，其高4位与定时器/计数器相关，TRx(x=0或1)是定时器/计数器启停控制位，该位设置为1时定时器/计数器启动工作，设置为0时定时器/计数器停止工作。TFx(x=0或1)是溢出中断标志位，为1时表示计数溢出，为0时表示计数未满。

TMOD寄存器的字节地址是89H，不可位寻址，其高4位用于设置定时器/计数器1的工作方式，低4位用于设置定时器/计数器0的工作方式。

GATE 是门控位，GATE＝1 时定时器/计数器工作于门控方式。

C/$\overline{\text{T}}$ 是定时器/计数器选择位，C/$\overline{\text{T}}$＝1 时为计数器功能，C/$\overline{\text{T}}$＝0 时为定时器功能。

M1 和 M0 是定时器/计数器工作方式选择位，可设置定时器/计数器的 4 种工作方式。

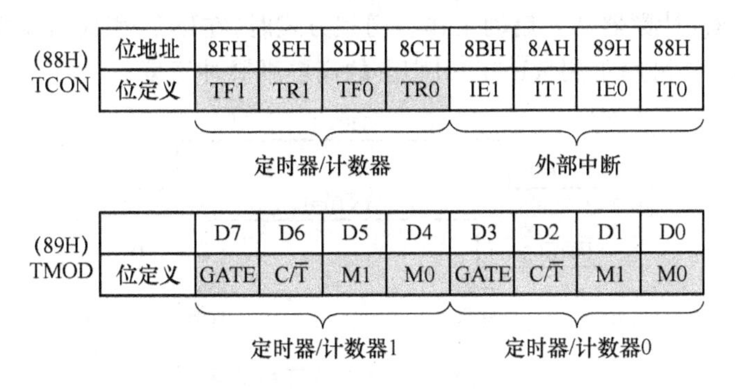

图 1-59　TCON 和 TMOD 寄存器

※ 因为 TMOD 寄存器不能进行位操作，只能进行字节操作，所以设置 T0 的工作方式时，不能影响到 T1；反之亦然，其操作指令如图 1-60 所示。

```
;设置T0工作于定时器方式1
;汇编语句              //C51语句
ANL TMOD, #0F0H        TMOD=(TMOD&0xF0)|0x01;
ORL TMOD, #01H

;设置T1工作于定时器方式2
;汇编语句              //C51语句
ANL TMOD, #0FH         TMOD=(TMOD&0x0F)|0x20;
ORL TMOD, #20H
```

图 1-60　设置 TMOD 寄存器的汇编和 C51 语句

3. 定时器/计数器的内部逻辑结构

定时器/计数器 0 的内部逻辑结构如图 1-61 所示，T1 与 T0 相同，不再赘述。

(1) 定时/计数功能的选择

① C/$\overline{\text{T}}$＝0 时为定时器功能，对内部机器周期脉冲（晶振频率进行 12 分频）进行计数，即每个机器周期 T_{cy}，计数器自动加 1。

② C/$\overline{\text{T}}$＝1 时为计数器功能，对外部引脚 P3.4 的脉冲进行计数，系统检测到 P3.4 引脚产生负跳变时，计数器自动加 1。

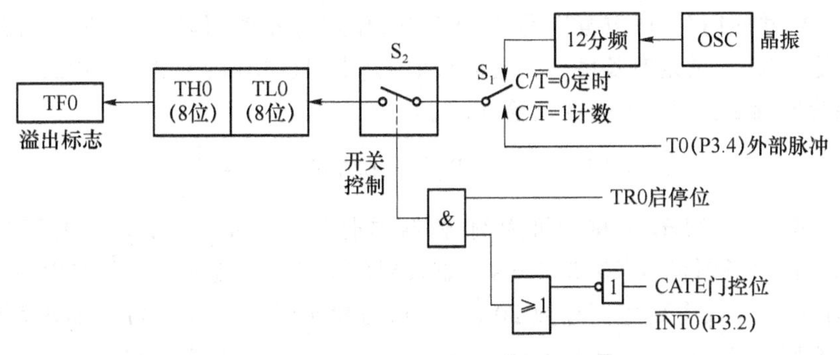

图 1-61　定时器/计数器的内部逻辑结构

(2) 启停控制开关 $S2=TR0\times(\overline{GATE}+\overline{INT0})$

① GATE=0 时，只要 TR0=1，定时器/计数器 0 就启动工作。

② GATE=1 时，定时器/计数器工作于门控方式，如图 1-62 所示，必须同时满足 TR0=1 和$\overline{INT0}$=1，定时器/计数器 0 才启动工作。门控方式时，在$\overline{INT0}$引脚(P3.2)上的高电平脉冲到来之前，启动 TR0，可用于测量$\overline{INT0}$引脚上的高电平脉冲宽度。

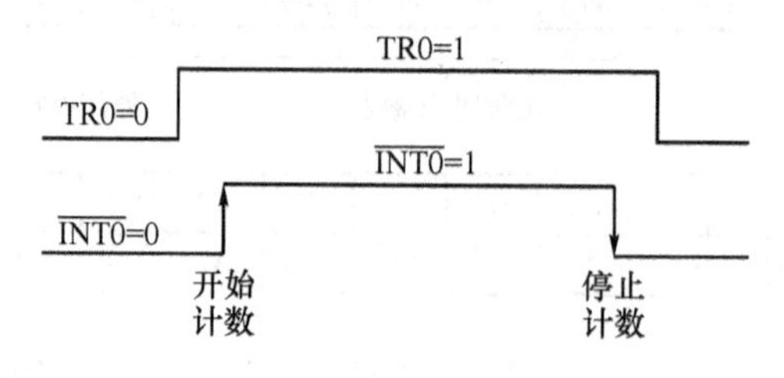

图 1-62　门控方式工作示意

4. 定时器/计数器的工作方式

定时器/计数器有 4 种工作方式，如表 1-26 所示，同时设置 TMOD 寄存器的 M1 和 M0 两位实现。其中方式 0 是早期单片机为了节约存储器资源而设立的，现在单片机存储器资源日益丰富，相对于方式 1 而言，方式 0 也没有什么优势。方式 3 可以扩展定时器/计数器，但其使用较复杂。现在很多高性能的单片机，除了有 T0、T1 和 T2，还有可编程计数器阵列(Programmable Counter Array，PCA)，它可提供增强的定时器功能，与标准 8051 计数器/定时器相比，它需要较少的 CPU 干预。现在方式 0 和方式 3 一般不再使用，只要重点掌握方式 1 和方式 2 即可。

表 1-26　定时器/计数器的 4 种工作方式

M1	M0	工作方式	备注
0	0	方式 0	13 位定时器/计数器(由 THx 的 8 位和 TLx 的低 5 位构成)
0	1	方式 1	16 位定时器/计数器
1	0	方式 2	8 位定时器/计数器(可自动重装载初值)
1	1	方式 3	T0 分成两个独立的 8 位定时器/计数器，T1 没有此方式

(1) 方式 1

以定时器/计数器 0 为例，工作方式 1 内部逻辑结构如图 1-61 所示，它是 16 位的定时器/计数器。作计数器使用时，计数范围是 1～65536；作定时器使用时，定时长度由公式(1-9)决定。其中 x 是初值，根据定时长度 t_d和晶振频率 f_{osc}求得。初值 $x=256\cdot TH0+TL0$，把 x 除以 256，初始化时商赋给 TH0，余数赋给 TL0。

$$t_d=(2^{16}-x)\cdot T_{cy}=(65536-x)\cdot\frac{12}{f_{osc}}\tag{1-9}$$

以晶振频率为 12 MHz 的单片机为例，机器周期 $T_{cy}=1\ \mu s$，由公式(1-9)可知：定时范围是 1～65536 μs，最长时间为 65.536 ms。如果要实现 1 s 的定时，要用多次中断的方法实现，每次定时 50 ms，在中断里面计数 20 次；也可每次定时 62.5 ms，在中断里面计数 16 次。

若晶振频率是 12 MHz，定时 50 ms，可知：50 ms=$(65536-x)\cdot 1\ \mu s$，$x=15536=$ 3CB0H，TH0=3CH，TL0=B0H。

若晶振频率是 11.0592 MHz，定时 50 ms，同样可求得 x＝4C00H，TH0＝4CH，TL0＝00H。

(2) 方式 2

以定时器/计数器 0 为例，工作方式 2 内部逻辑结构如图 1-63 所示。工作方式 2 与方式 1 的不同点有两处：①它是 8 位的定时器/计数器，只对 TL0 进行计数。作计数器使用时，计数范围是 1～256；作定时器使用时，定时长度由公式(1-10)决定。其中 x 是初值，根据定时长度 t_d 和晶振频率 f_{osc} 求得，初始化时将 x 同时赋给 TH0 和 TL0。②每次 TL0 计满，将溢出标志位 TF0 置 1 的同时，发出一个重装载信号，系统自动将 TH0 的初值装载进 TL0。所以，产生周期性的定时，方式 2 不用像方式 1 那样在中断里面重新赋初值。

※ 在串行通信中，通常设置定时器/计数器 1 工作在方式 2，作波特率发生器。

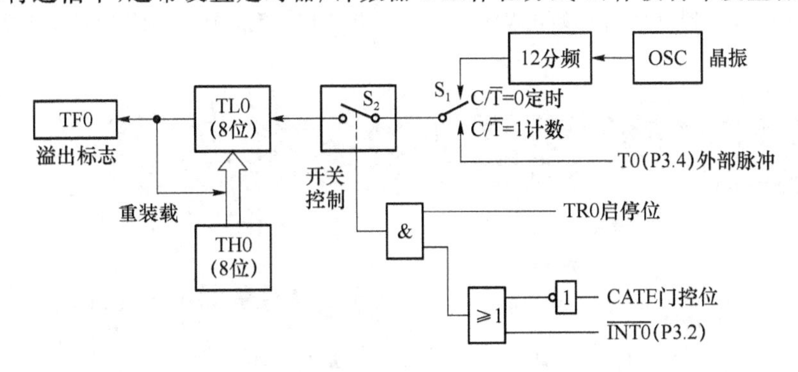

图 1-63　定时器/计数器工作方式 2 的内部逻辑结构

$$t_d = (2^8 - x) \cdot T_{cy} = (256 - x) \cdot \frac{12}{f_{osc}} \tag{1-10}$$

5. 定时器/计数器的初始化程序设计

定时器/计数器初始化程序流程如图 1-64 所示，主要包括以下 4 个步骤：

(1) 设置工作方式寄存器 TMOD；

(2) 计算加 1 计数器的计数初值，并将计数初值送入 THx 和 TLx，x＝0 或 1，下同；

(3) 启动计数器工作，即把 TRx 置 1；

(4) 若采用中断方式，则应设置 IE 寄存器中的 ETx 及 EA。

6. 定时器/计数器的中断服务程序设计

定时器/计数器中断服务程序流程如图 1-65 所示，进入中断后，在保护现场之前，要抓紧给 TLx 和 THx 重新赋初值；否则它们会从 0 开始计数。最好先给 TLx 赋初值，然后再给 THx 赋初值，因为加 1 计数器是先对 TLx 进行加 1 计数的。

7. 运用单片机小精灵设计程序

编程时，运用单片机小精灵，可以加快程序设计速度。如图 1-66 所示，打开单片机小精灵软件后，(1)单击左边的“定时器/计数器”；(2)在“晶振”处选择晶振频率，如果普通的 51 单片机，选择 12T(1 个机器周期等于 12 个时钟周期)；(3)在“定时方式”中选择使用 T0 还是 T1，并设置是否用门控方式，是否作为计数器，及工作方式；(4)在“定时时间”处输入定时长度，此时软件会自动更新计算出的初值；(5)在“示例代码”处选择生成“汇编代码”或“C 代码”，选择是否“启用定时中断”，单击“生成”按钮，即可产生所需的初始化程序和中断服务程序模板。

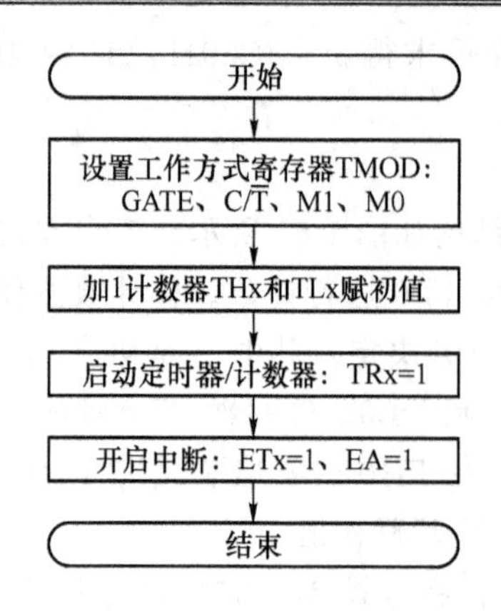

图 1-64　定时器/计数器初始化程序流程

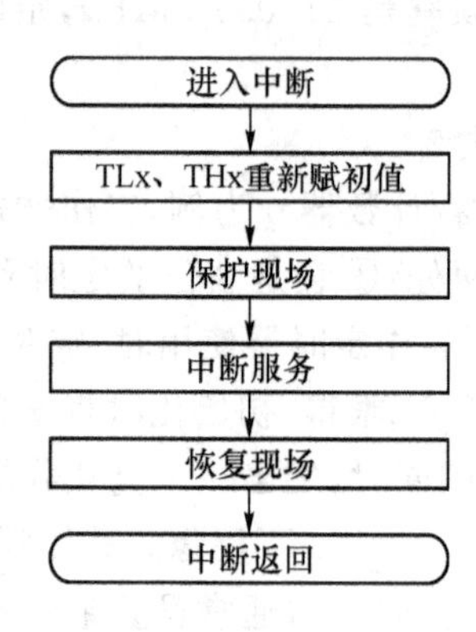

图 1-65　定时器/计数器中断服务程序流程

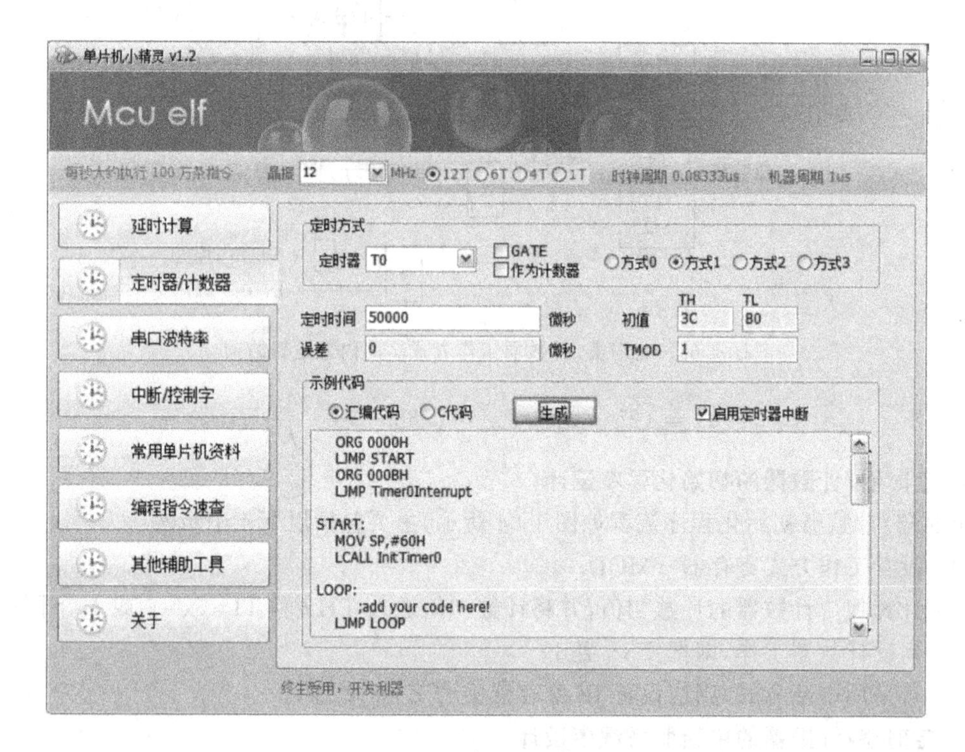

图 1-66　单片机小精灵

1.5.3　串行通信接口

1. 串行通信基础知识

(1) 数据通信的传输方式

数据通信的传输方式有单工、半双工和全双工 3 种,如图 1-67 所示。

① 单工:数据仅按一个固定方向传送,如广播、遥控等。特点:单向。

② 半双工:数据可实现双向传送,但不能同时进行,如使用同一载频工作的无线电对讲机。特点:双向,不同时。

③ 全双工:允许同时进行数据双向传送,如普通电话。特点:双向,同时。

※ 单片机的串口收发分别使用 RXD 和 TXD 引脚,有线通信,不会互相干扰,故其属于全双工。

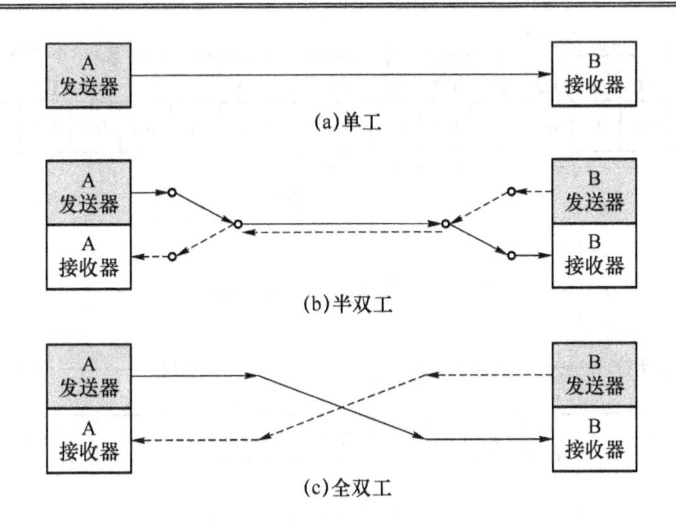

图 1-67　单工、半双工和全双工示意图

(2) 并行通信和串行通信

① 并行通信:如图 1-68(a)所示,一组数据的各数据位在多条线上同时被传输。优点:速度快,效率高。缺点:通信距离短,传输线多。

② 串行通信:如图 1-68(b)所示,使用一条数据线,将数据一位一位地依次传输,每一位数据占据一个固定的时间长度。优点:通信距离长,传输线少。缺点:速度慢,效率低。

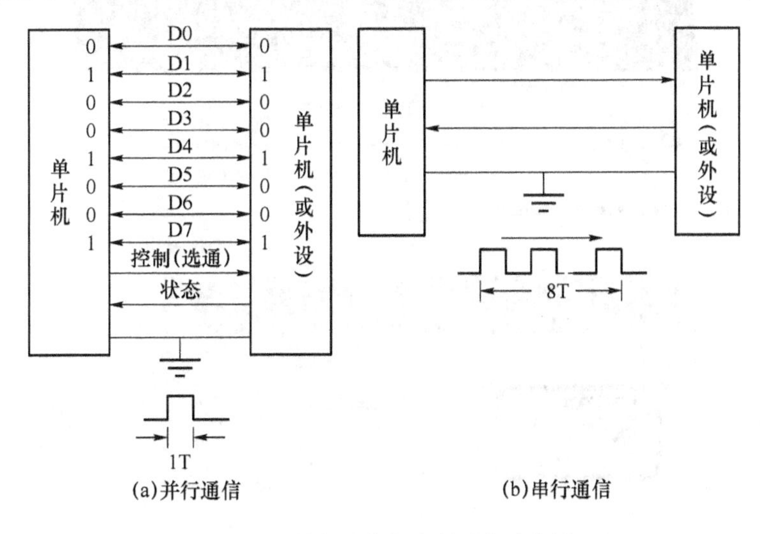

图 1-68　并行通信与串行通信示意图

(3) 异步串行通信和同步串行通信

异步串行通信:简称异步通信,接收器和发送器有各自的时钟,它们的工作是非同步的。

异步串行通信的数据帧格式如图 1-69 所示,通常由 1 个起始位、7 或 8 个数据位、1 个校验位和 1～2 个停止位(含 1.5 个停止位)组成,其特点是通信设备简单、便宜,但通信效率稍低。

同步串行通信:简称同步通信,发送器和接收器由同一个时钟源控制。

同步传输方式如图 1-70 所示,它去掉异步传输的起始位和停止位,只在传输数据块时先送出 1～2 个同步头(字符)标志,结束处加适当的错误校验数据即可,其特点是速度快、效率高,但通信设备较复杂。

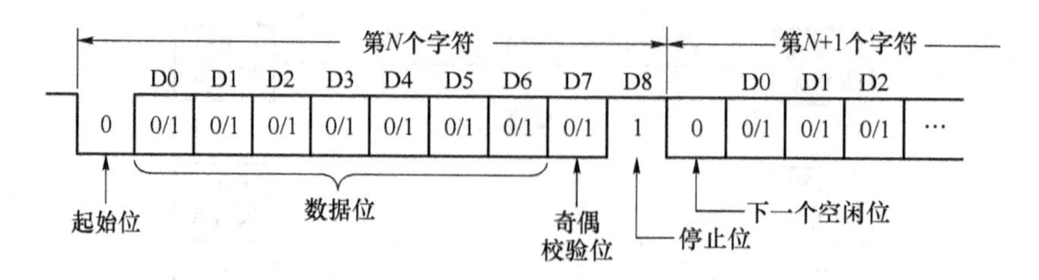

图 1-69 异步串行通信示意图

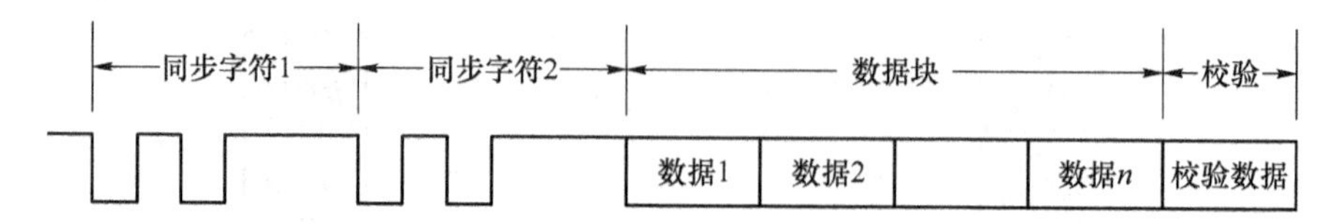

图 1-70 同步串行通信示意图

(4) 波特率

波特率指单位时间传输的数据位数(信息速率),波特率＝1 帧的二进制编码位数×帧/秒,其单位是 bit/s。须要注意的是,如图 1-71 所示,人们与各种网络提供商签约手机或计算机上网带宽,指的就是波特率,但下载文件时通常显示 KB/s 或 MB/s 等,其中的 B 指字节(Byte),不是比特(bit)。

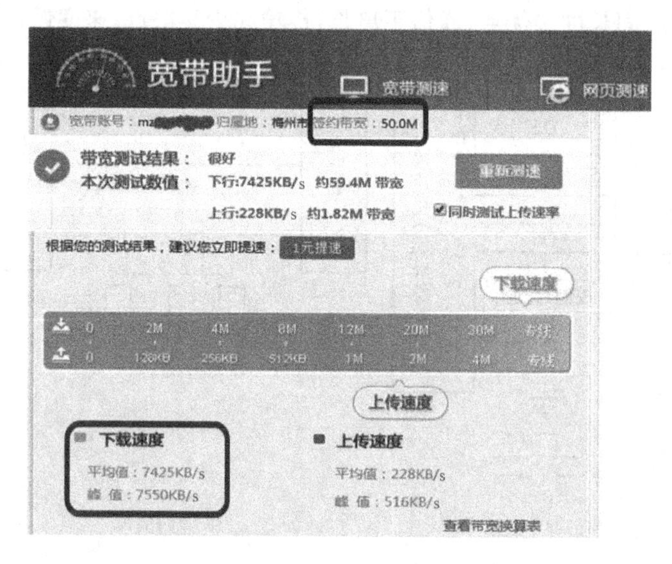

图 1-71 宽带测速示意图

单片机串行通信常用的波特率是 9600 bit/s,以发送 1 个字节为例,除了 8 位数据,还有 1 位起始位和 1 位停止位,1 帧共 10 位,发送时间为 10÷9600≈1 ms;如果发送的数据比较多,须要花的时间更长。所以,为了提高程序运行效率,一般不用查询方式收发数据,而是采用中断方式。

(5) 串行通信的校验

通信时,因为信号衰减,受到电磁干扰等,可能会出现传输错误。应考虑在通信过程中对数据差错进行校验,以保证通信的正确性。常用差错校验方法有:奇偶校验、和校验、循环冗余码校验。51 单片机常用奇偶校验或和校验,循环冗余码校验常用于计算机通信。

奇偶校验,指在发送数据时,数据位前面或者后面增加一位奇偶校验位(1 或 0)。如图 1-72所示,当设置为奇校验时,数据中 1 的个数与校验位 1 的个数之和应为奇数。

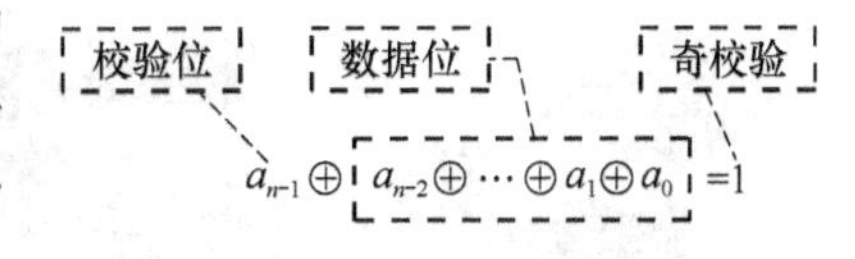

图 1-72　奇校验示意图

和校验,发送方将所发送的数据块求和(字节数求和),见公式(1-11),并产生一个字节的校验字符(校验和)附加到数据块末尾。接收方接收数据时也是先对数据块求和,将所得结果与发送方的校验和进行比较,相符则无差错;否则将出现差错。和校验的特点是无法检验出字节位序的错误。

$$\text{CheckSum} = \sum_{i=0}^{n-1} \text{Data}[i] \tag{1-11}$$

(6) RS-232 标准

RS-232 是美国电子工业协会(Electronic Industries Association,EIA)1969 年所制订的异步传输接口标准,电缆传输最大物理距离为 15 m。该标准有 25 线插件和 9 线插件两种,图 1-73 是应用较多的 9 线插件。使用时重点关注第 2 脚 RXD(接收),第 3 脚 TXD(发送),第 5 脚 SG(Signal Ground,信号地);其余引脚为联络控制信号引脚,现在一般不用。为了增加通信距离,RS-232 标准采用双极性波形传输信号,并且使用负逻辑,数字“1”电压为−15～−3 V,数字“0”电压为+3～+15 V。

※ 图 1-73 是正视 9 针串口时的引脚定义,“公头”串口第 1 脚在左边,下起一行后,第 6 脚在左边;“母头”串口与“公头”串口相反,第 1 脚和第 6 脚在右边;使用者只要记住起始引脚“男左女右”就行。

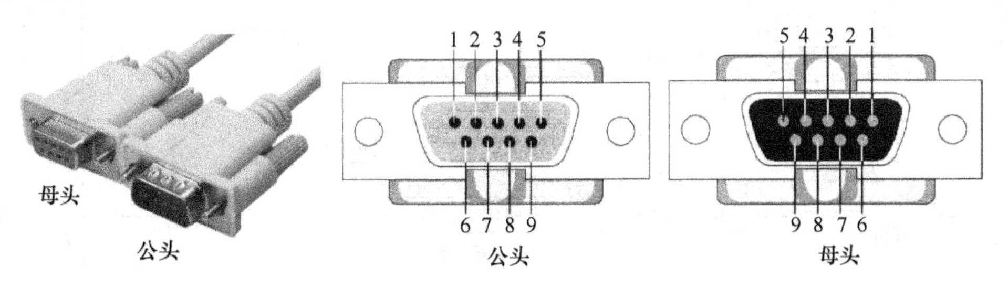

图 1-73　计算机 9 针串口

如今,不管是台式计算机还是便携式计算机,一般都没有并口和串口,须要使用并口或串口时可以外接如图 1-74(a)所示的 USB(Universal Serial Bus,通用串行总线)转并口或图 1-74(b)所示的 USB 转串口。

常用的 USB 转串口芯片有 CH340/CH341、CP2102、PL2303、FT232 等。CH340/CH341 是江苏沁恒股份有限公司生产的芯片,其他的是进口芯片。CH341 提供异步串口、打印口、并口以及常用的 2 线和 4 线等同步串行接口;CH340 是 CH341 的简化版,不支持并口、打印口、I^{2}C,专为串口应用设计。CH340/CH341 价格较低,一般应用方面,性能已经足够。PL2303 仿制品较多,使用时有一定风险。CP2102 价格较 CH340/CH341 高一些,它是方形扁平无引脚封装(Quad Flat No-lead Package,QFN 封装),不易手工焊接。FT232 价格最高,一般用在工业级环境。上述 USB 转串口芯片,串口都是 TTL 电平,图 1-74(b)所示的 9 针串口,其结构框架如图 1-74(c)所示,内部还有电平转换电路将 TTL 电平转换为 RS-232-C 电平。

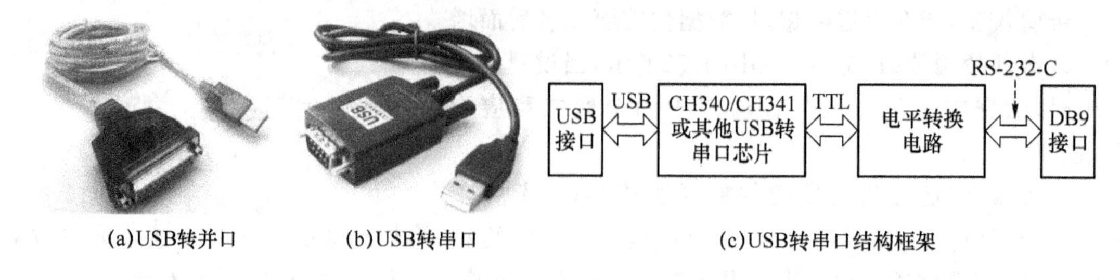

图 1-74　USB 转并口和 USB 转串口

为延长 RS-232 串口的通信距离，工业上常将 RS-232 接口转换成 RS-485/422 接口，使用 RS-485/422 总线通信可实现联网功能，最大通信距离为 1219 m，多采用屏蔽双绞线，使用两线制差分方式传输信号，为半双工通信。

2. 串行口逻辑结构

串行口内部逻辑结构如图 1-75 所示，它主要由波特率发生器、发送缓冲寄存器（SBUF）、发送控制器、发送控制门、接收缓冲寄存器（SBUF）、接收控制寄存器、移位寄存器及中断等构成。

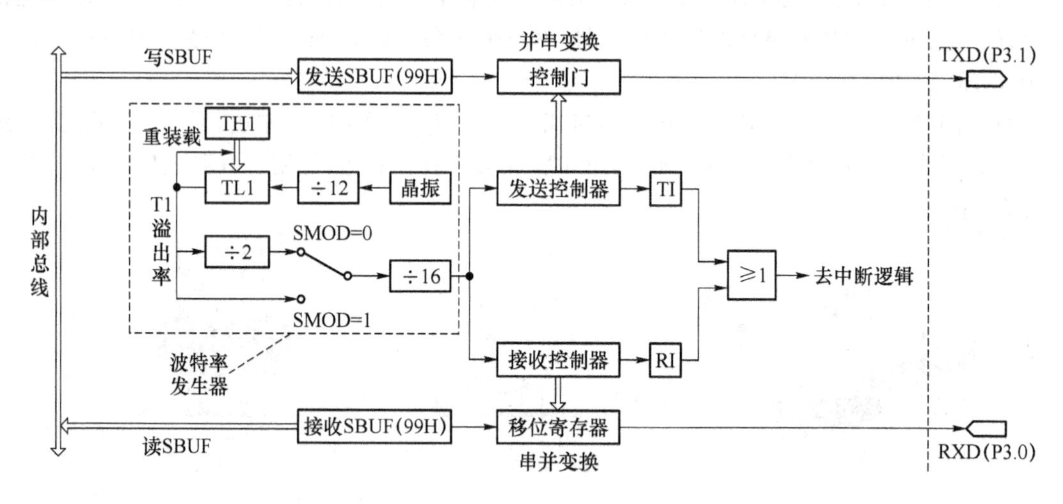

图 1-75　串口内部逻辑结构

3. 与串行通信有关的 4 个控制寄存器

与串行通信相关的 4 个寄存器主要有串口缓冲器 SBUF、串口控制寄存器 SCON、电源控制寄存器 PCON 和中断允许控制寄存器 IE。

（1）串口缓冲器 SBUF

在逻辑上，SBUF 只有一个，具有同一个单元地址 99H；在物理上，SBUF 有两个。单片机通过指令区别对哪个 SBUF 进行操作。如果执行写 SBUF 操作，如“MOV　SBUF，　A”，代表发送数据；如果执行读 SBUF 操作，如“MOV　A，　SBUF”，代表接收数据。

（2）串口控制寄存器 SCON

串口控制寄存器 SCON 的字节地址是 98H，可以进行位寻址，各位的定义如图 1-76 所示。

① SM0、SM1：串口工作方式选择位，可设置串口的 4 种工作方式。

② SM2：多机通信控制位，该位置 1 时串口工作在多机通信方式，一般情况下置 0。因为随着无线通信技术的日益成熟，现在基本不使用有线方式进行多机通信。

③ REN:接收允许位,该位置 1 时允许串口接收数据。

④ TB8:发送的第 9 位数据,在多机通信中,可以作为发送地址/数据帧的标志位,1 为地址帧,0 为数据帧;在非多机通信中,可以作为发送的奇偶校验位。

⑤ RB8:接收的第 9 位数据,在多机通信中,可以作为接收地址/数据帧的标志位,1 为地址帧,0 为数据帧;在非多机通信中,可以作为接收的奇偶校验位。

⑥ TI:发送中断标志位,串口发送完一帧数据,硬件会自动将其置 1,该位必须软件清除。

⑦ RI:接收中断标志位,串口接收到一帧数据,硬件会自动将其置 1,该位必须软件清除。

(98H) SCON	位地址	9FH	9EH	9DH	9CH	9BH	9AH	99H	98H
	位定义	SM0	SM1	SM2	REN	TB8	RB8	TI	RI
	功能	工作方式选择		多机通信控制	接收允许/禁止	发送的第9位	接收的第9位	有/无发送中断	有/无接收中断

图 1-76　串口控制寄存器的定义

(3) 电源控制寄存器 PCON

PCON 寄存器字节地址为 87H,不可进行位寻址,其定义见 1.2.8 小节的图 1-21。该寄存器的最高位 SMOD 为 1 时,波特率增加 1 倍。

(4) 中断允许控制寄存器 IE

如果采用中断方式收发数据,要设置 IE 寄存器中的串行通信中断源允许 ES 及中断总允许 EA 位。

4. 串行通信工作方式

串口有 4 种工作方式,如表 1-27 所示。

表 1-27　串口的 4 种工作方式

SM0	SM1	工作方式	功能	波特率
0	0	方式 0	移位寄存器方式,用于扩展 I/O 口	$f_{osc}/12$
0	1	方式 1	8 位通用异步收发器	可变
1	0	方式 2	9 位通用异步收发器	$f_{osc}/32$ 或 $f_{osc}/64$
1	1	方式 3	9 位通用异步收发器	可变

(1) 工作方式 0

串口工作方式 0 作移位寄存器使用,通常用于扩展输入输出接口。此时 RXD 引脚(P3.0)作为数据移位的输入和输出接口,TXD 引脚(P3.1)提供频率为 $f_{osc}/12$ 的移位脉冲。移位寄存器方式的时序如图 1-77 所示,去掉了异步通信中的起始位和停止位,发送或接收的数据 8 位 1 帧,低位(D0)在前,高位(D7)在后。发送时,将数据写入 SBUF,启动发送,一帧发送结束,TI 硬件自动置 1。接收时,将 REN 置 1,启动接收,一帧接收完毕,RI 硬件自动置 1。

用方式 0 扩展输出口时,要外接“串入并出”的移位寄存器 74HC595、CD4094 或 74HC164;扩展输入口时,要外接“并入串出”的移位寄存器 CD4014 或 74HC165。如果要扩展的输入输出口比较多,可以采用多片移位寄存器级联的方式。串口工作方式 0 扩展输出口如图 1-78 所示,控制 16 个 LED 灯的 Proteus 仿真电路,采用 2 片 CD4094 级联,左边 CD4094 的移位输出 QS 连接至右边 CD4094 的数据输入 D 端,两片 CD4094 采用统一的移位时钟和选通信号，排阻 1 和排阻 2 是阻值为几百 Ω 至 1 kΩ 的限流电阻。图 1-78 同样可以驱动数码管，采用静态扫描的方法，无须经常调用显示子程序，使用起来非常方便。

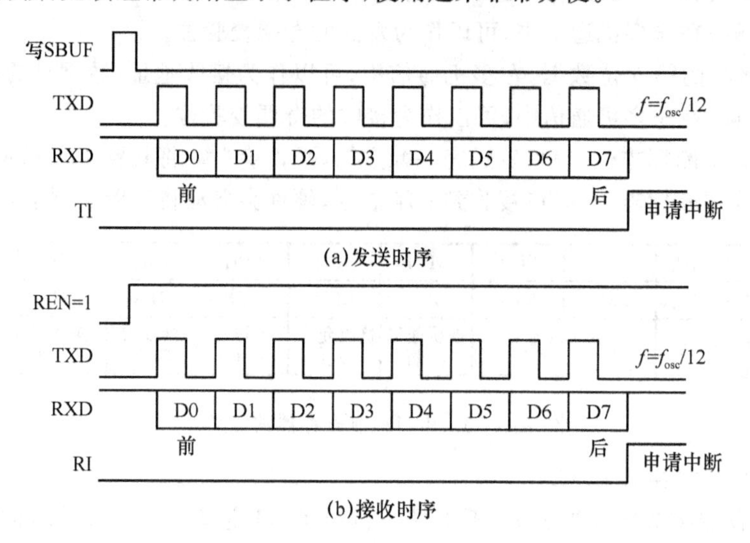

图 1-77 串口工作方式 0 时序

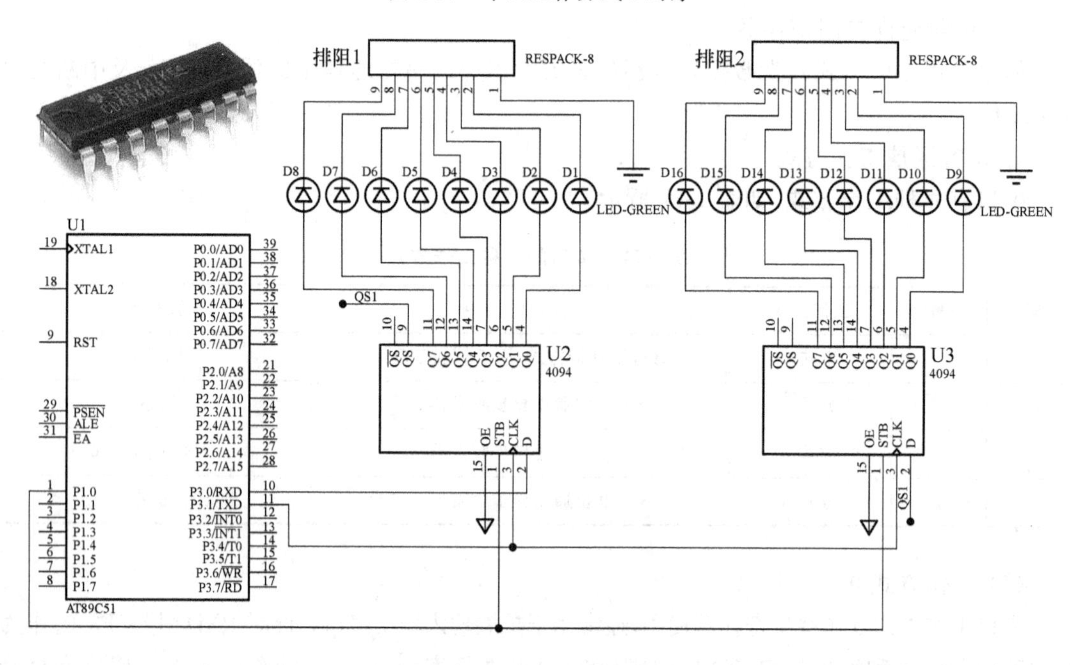

图 1-78 串口工作方式 0 扩展输出口 Proteus 仿真电路

74HC164 内部不带锁存器，在移位过程中直接按时钟信号上升沿读取串行信号，同时依次把读到的电平从 Q0 移到 Q7，即在并行输出时会输出移位过程中的电平变化。虽然时间很短，但可能会导致后续电路的逻辑出问题，不过作为功率输出驱动没什么影响，对逻辑时序要求不高的后续电路也可以用。

74HC595 和 CD4094 都拥有锁存功能，8 位数据传输到芯片移位寄存器的过程中输出引脚 Q0～Q7 不会改变，而是保持上一个状态；它们比 74HC164 多了一个“更新输出”的控制引脚(图 1-78 中 CD4094 的 STB)，使用过程中，可以一个字节或多个字节的数据从串口输出后，再统一“更新输出”。所以,74HC595 和 CD4094 移位的过程不在输出中体现,能有效避免后续电路逻辑混乱。

(2) 工作方式 1

工作方式 1 是异步串行通信方式,1 帧有 10 位,其中包括 1 位起始位(低电平)、8 位数据位和 1 位停止位(高电平),TXD 是数据发送端,RXD 是数据接收端,其工作时序如图 1-79 所示。

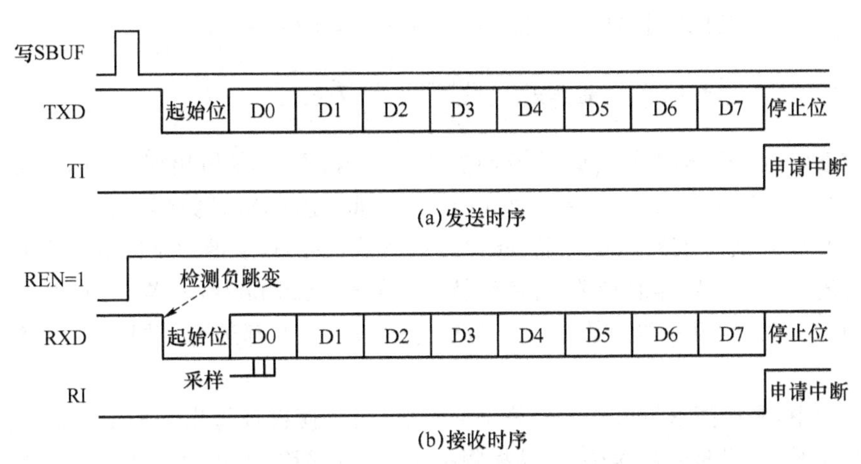

图 1-79　串口工作方式 1 时序

(3) 工作方式 2、3

工作方式 2、3 是异步串行通信方式,1 帧有 11 位,其中包括 1 位起始位(低电平)、9 位数据位和 1 位停止位(高电平),其工作时序如图 1-80 所示。它与工作方式 1 的区别,就是发送时多了第 9 位数据 TB8,接收时多了第 9 位数据 RB8。方式 2 和方式 3 的区别,就是前者波特率只有 2 种选择,而后者是可变的。

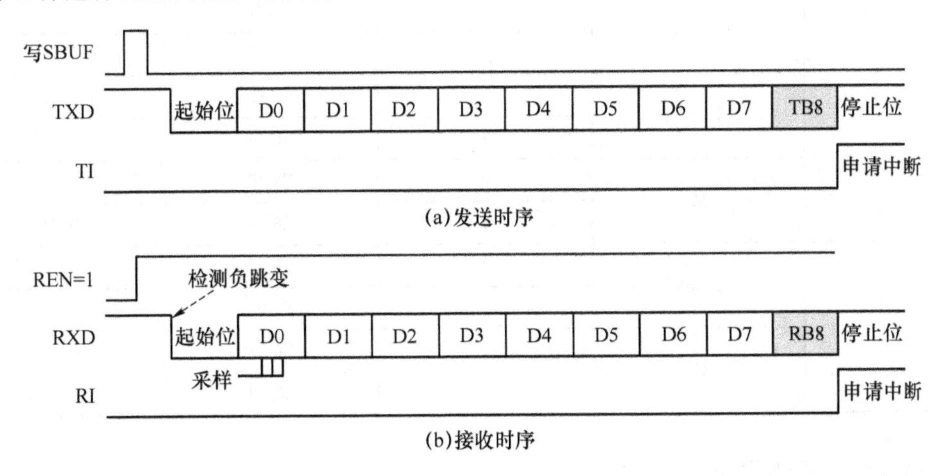

图 1-80　串口工作方式 2 或 3 的时序

5. 串行通信的波特率

串口工作方式 1 和 3 常用的波特率如表 1-28 所示,方式 0 的波特率是固定的,为 $f_{osc}/12$;方式 2 的波特率为 $2^{SMOD}\times f_{osc}/64$;方式 1 和方式 3 的波特率由式(1-12)决定,其中 T1 溢出率由式(1-13)求得,T1 作波特率发生器使用时,工作在定时器方式 2:8 位自动重装载模式,其定时时间由式(1-14)确定。联合式(1-12)、式(1-13)和式(1-14),可求得波特率如式(1-15),其中x是定时器/计数器1重装载的初值TH1。

$$\text{波特率} = \frac{2^{SMOD}}{32} \cdot \text{T1溢出率} \tag{1-12}$$

$$\text{T1溢出率} = \frac{1}{\text{T1定时时间}} \tag{1-13}$$

$$\text{T1定时时间} = (256 - x) \cdot T_{cy} = (256 - x) \cdot \frac{12}{f_{osc}} \tag{1-14}$$

$$\text{波特率} = \frac{2^{SMOD}}{384} \cdot \frac{f_{osc}}{(256 - x)} \tag{1-15}$$

串行通信时,波特率的误差最好控制在5%以内;否则容易出错。例如,若波特率=9600 bit/s,f_{osc}=12 MHz,SMOD=0,由式(1-15)求得,定时器/计数器1初值x=252.74,实际编程中x只能取整数253(FDH),将x=253代入式(1-15),求得的波特率误差为8.51%,会影响到通信的正确性。同样的参数,若将波特率降低至2400 bit/s,求得x=F3H,此时波特率误差为0.16%,对通信几乎没有影响。因为串行通信每一帧都进行了同步,所以波特率误差不会积累。

实际工程中,晶振频率不可能完全等于标称值,为了使得计算出来的定时器/计数器1初值x刚好是整数,以尽量降低误码率,晶振频率f_{osc}通常采用11.0592 MHz或22.1184 MHz。

表1-28 工作方式1和3常用的波特率

波特率	晶振频率/MHz	SMOD	重装载初值	理论误差
19200	11.0592	1	FDH	0%
9600	11.0592	0	FDH	0%
		1	FAH	0%
4800	11.0592	0	FAH	0%
		1	F4H	0%
2400	11.0592	0	F4H	0%
		1	E8 H	0%
	12	0	F3 H	0.16%
		1	E6 H	0.16%
1200	11.0592	0	E8 H	0%
		1	D0H	0%
	12	0	E6 H	0.16%
		1	CC H	0.16%

6. 串口的初始化程序

串口的初始化程序流程如图1-81所示,主要包括以下4个步骤。

第1步,设置串口控制寄存器SCON,主要设置其高4位:SM0、SM1、SM2和REN。

第2步,设置电源控制寄存器PCON,设置其最高位SMOD。设置SMOD时,不要影响到PCON的其他位。将SMOD置1,用逻辑或指令“ORL PCON, #80H”或“PCON=PCON|0x80;”;将SMOD置0,用逻辑与指令“ANL PCON, #7FH”或“PCON=PCON&0x7F;”。

第 3 步,设置定时器/计数器工作方式寄存器 TMOD,使 T1 工作在方式 2;给 TH1 和 TL1 赋初值,置位 TR1 以启动 T1 工作。

第 4 步,打开串口中断源允许 ES 及总中断允许 EA。

注意: T1 作波特率发生器使用时,不用打开其中断。

7. 串口的中断服务程序

串口的中断服务程序流程如图 1-82 所示,进入中断后,首先保护现场,然后判断是接收还是发送引起的中断。如果是接收引起的中断,则清除 RI 标志位,再读 SBUF,然后处理接收到的数据;如果是发送引起的中断,则清除 TI 标志位,如果还要再发送数据,则继续发送。最后,恢复现场,退出中断。

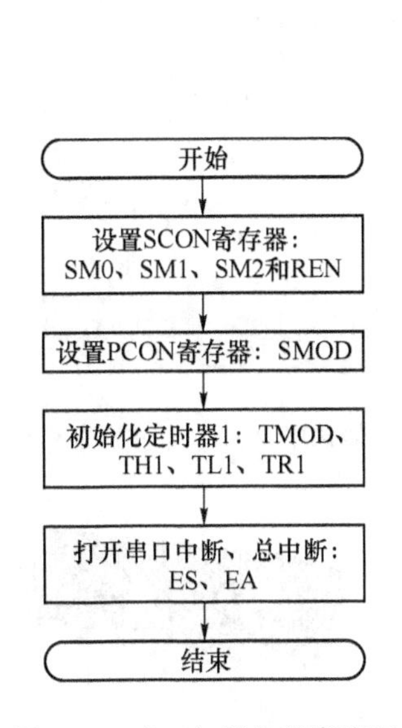

图 1-81　串口初始化程序流程

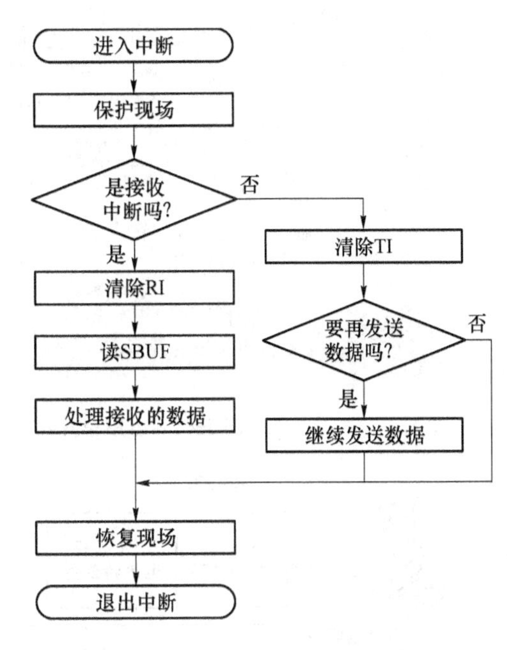

图 1-82　串口中断服务程序流程

8. 运用单片机小精灵设计程序

图 1-83 是运用单片机小精灵软件设计串行通信程序的示例,打开软件后,按下述步骤操作。

(1) 在“晶振”处选择系统使用的晶振频率,如 11.0592 MHz。

(2) 单击软件左边的“串口波特率”。

(3) 选择通信的波特率,如 9600 bit/s,并确认波特率倍加位 SMOD 是否为 1,是否允许接收数据。此时,系统会自动计算定时器初值,并显示实际波特率及误差。

(4) 在“示例代码”处,选择汇编或者 C51 代码,并选择是否启用串口中断。

(5) 单击“生成”按钮,生成所需的示例源程序框架,将所需的部分复制后即可采用。

9. 单片机与计算机串行通信

(1) 硬件设计

单片机与计算机串行通信时,硬件设计要考虑接口标准。方案 1,如图 1-84 所示,如果计算机端有 DB9 串口,可以通过双头串口线缆与用户板连接。但要注意,单片机端是正逻辑、TTL 电平,而计算机端是负逻辑、RS-232-C 电平,两端电压大小、正负逻辑特性都不一致,常用美信(Maxim)公司的 MAX232 芯片进行电平转换。MAX232 芯片是为 RS-232 标准串口设计的电平转换器件，使用+5V单电源供电，具体应用电路可参考本书第3章的实验4。如果计算机端没有串口，可以使用图1-74的USB转串口线缆。

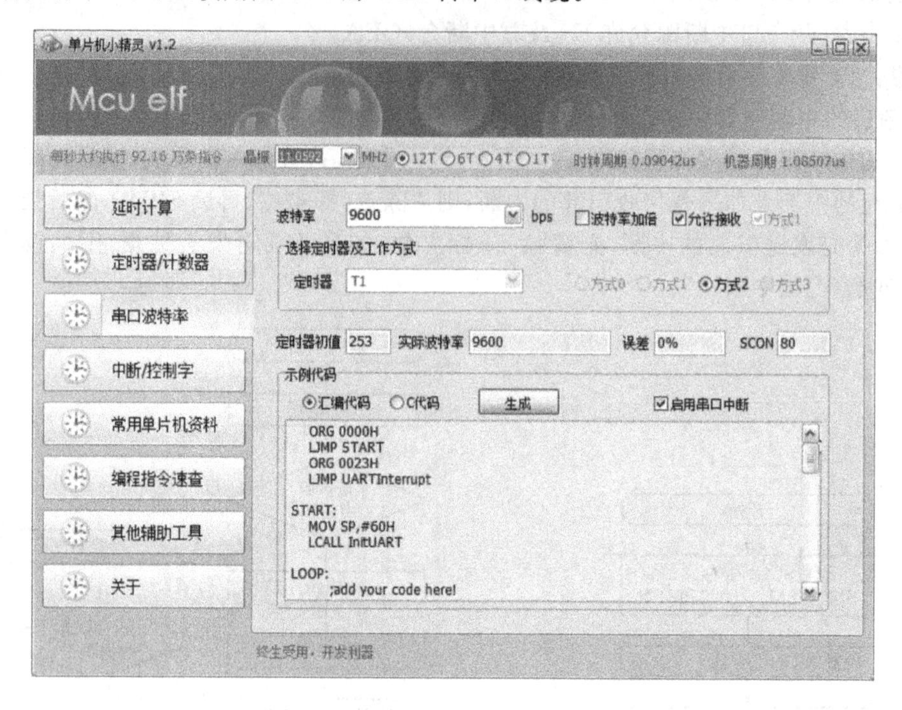

图1-83　运用单片机小精灵设计串行通信程序

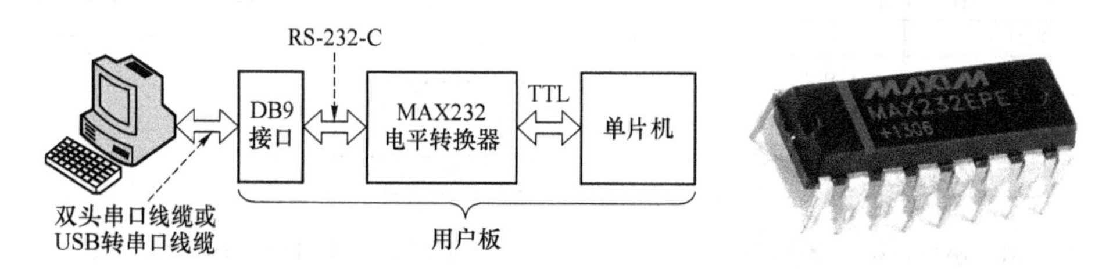

图1-84　单片机与计算机串行通信方案1框图

方案1的缺陷，就是用户板有体积较大的DB9接口，且进口的原装MAX232芯片价格较高。而一些仿制的MAX232芯片，虽然价格较低，但内部没有过流保护电路，性能较差。特别是使用购置的USB转串口线缆，其里面也有电平转换电路，整个通信系统稳定性没法保障。因此，硬件设计上，可以采用改进后的方案2，如图1-85所示。整个系统没有电平转换器，用户板只需体积较小的USB接口及USB转串口芯片，且USB线缆还可以给用户板供电。方案2没有一个RS-232-C与TTL的电平转换过程，通信更加稳定。

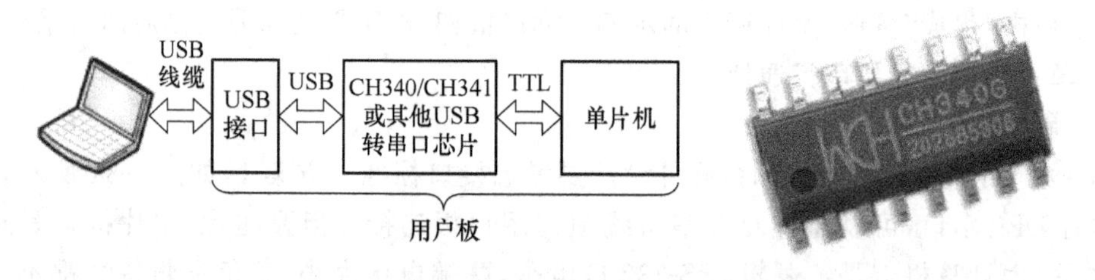

图1-85　单片机与计算机串行通信方案2框图

采用 CH340G 型芯片的 USB 转 TTL 串口电路如图 1-86 所示，设计时注意以下 9 点。

① USB 数据＋(D＋)和数据－(D－)的接线不要搞错，两根数据线周围加铺铜接地，起屏蔽作用。

② 晶振边上的电容 C4、C5 采用 22～30 pF 都行。

③ V3 引脚接的 C3 是退耦电容，用 0.01 μF，不能用 0.1 μF。

④ 退耦电容 C1、C2、C3 应尽量靠近 VCC 和 V3 引脚。

⑤ 如果电源 VCC 采用 3.3 V 供电，V3 引脚要连接 VCC，此时退耦电容 C3 可以省去，接上也无妨。

⑥ 将 CH340G 的 TXD、RXD 引脚分别连接单片机的 RXD、TXD 引脚，不要搞反。

⑦ 某些 CH340G 的引脚给单片机供电可能导致单片机断电不彻底，若给 STC 单片机下载程序，要断电重启，可能导致程序没法下载。此时可在 CH340G 的 TXD 引脚反向串联一个二极管(推荐使用肖特基二极管 1N5817)，在 CH340G 的 RXD 引脚串联一个约 300 Ω 的电阻，保障单片机彻底断电。但此种情况不适用于 STM32 等芯片，如果连接 STM32 单片机，应将 D1 和 R1 去掉。

⑧图 1-86 采用的是 5 脚的 Mini 型 USB 接口；如果采用 4 脚的 A 型或 B 型 USB 接口，第 4 脚定义为 GND。

⑨CH340G 第 9～15 引脚用于控制 Modem，计算机与单片机串行通信时，可以悬空。

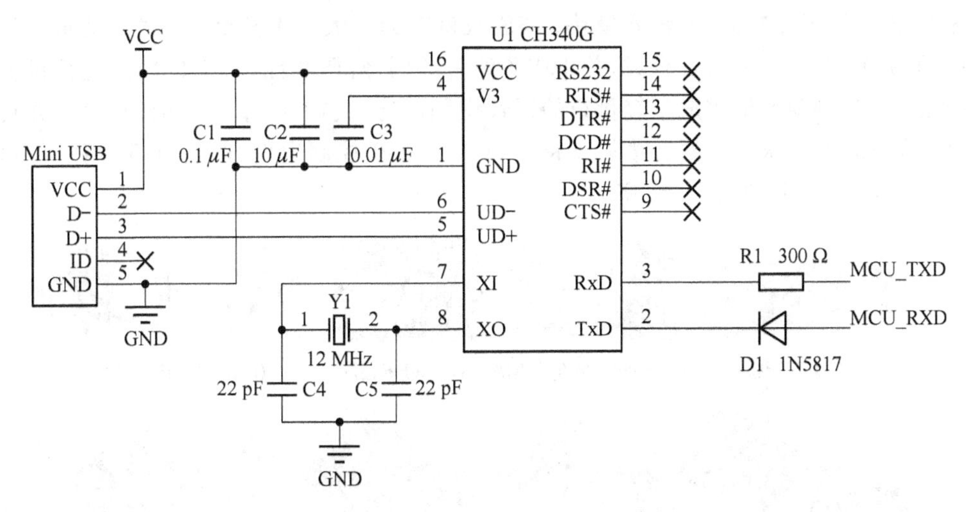

图 1-86　CH340G USB 转 TTL 串口电路

(2) 软件设计

计算机端的程序，可采用易语言、VB、VC＋＋、Dephi 或 LabVIEW 等软件设计。使用 VB 软件编程的入门门槛较低，主要使用如图 1-87 所示 Mscomm 控件编写串口通信服务程序。

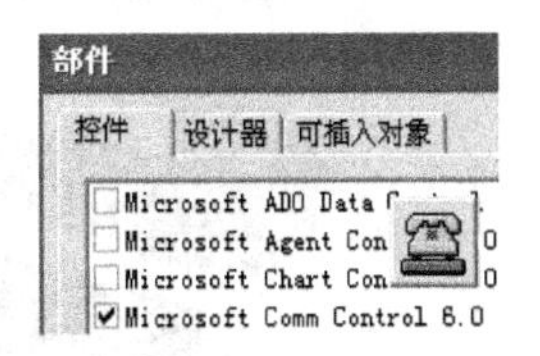

图 1-87　VB 的 Mscomm 控件

10. 单片机串行接口转其他网络的通信模块

现在，各种有线网络逐步被无线网络取代，市场上有许多串口转其他网络的通信模块，如图 1-88 所示。

图 1-88(a)是 HC-05 主从一体蓝牙(Bluetooth)模块，具有传统蓝牙技术的功能，在室内通信距离可达 10 m。

图 1-88(b)是 ESP8266 Wi-Fi 模块，串口 Wi-Fi 模块有两种模式，一种是 STA(Station，站点)模式，一种是 AP(Wireless Access Point，无线访问接入点)模式，Wi-Fi 模块处于 AP 模式时，可以自建热点，不依赖外网与手机直接通信。

图 1-88(c)是 ZigBee 串口模块，采用 TI 公司的 CC2530 芯片设计，支持命令设置与数据透明传输。

图 1-88(d)是 RS-232 转 RS-485 模块，能够将单端的 RS-232 信号转换为平衡差分的 RS-485 信号，将 RS-232 通信距离延长至 1.2 km。

图 1-88(e)是 TTL 转 RS-485 模块，5 V 或 3.3 V 单片机可通过该模块接入 RS-485 网络。

图 1-88(f)是 GPRS/GSM 模块，单片机可通过该模块接入 GPRS 网络，从而连通以太网，或者通过 GSM 网络收发短消息。

图 1-88(g)是 GPS 定位模块，其定位信息数据可通过串口实时发送给微处理器。北斗定位导航模块与 GPS 模块相似，通常也是通过串口发送数据。

图 1-88(h)是 NNZN-TCP232-E-IO18 以太网模块，它是一款性能稳定、高性价比的工业级嵌入式联网终端，采用 8 位处理器，具有丰富的存储和管理能力，提供 TTL 串口到 TCP/IP 网络的双向畅通物理传输通道，可轻松对原有设备进行联网升级。

图 1-88(i)是 3.2 寸 USART HMI 串口触摸彩屏，分辨率是 400×240，单片机可通过串口控制该屏，完成人机交互。

图 1-88(j)是 XFS5152CE 语音模块，XFS5152CE 是科大讯飞推出的一款高集成度语音合成芯片，可实现中文、英文语音合成；并集成了语音编码、解码功能，可支持用户进行录音和播放；除此之外，还创新性地集成了轻量级的语音识别功能，支持 30 个命令词的识别，并且支持用户的命令词定制需求。该语音模块支持串口、I^2C、SPI 控制通信方式，具备 5 种人声切换，80 种提示音，能自动识别时间、数字。

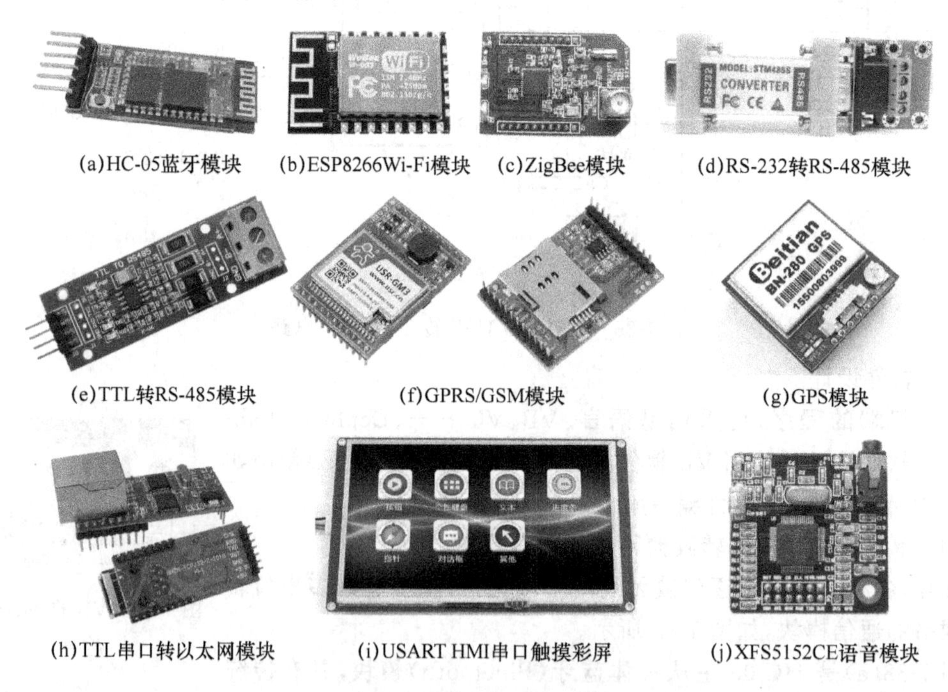

(a)HC-05蓝牙模块　(b)ESP8266Wi-Fi模块　(c)ZigBee模块　(d)RS-232转RS-485模块

(e)TTL转RS-485模块　(f)GPRS/GSM模块　(g)GPS模块

(h)TTL串口转以太网模块　(i)USART HMI串口触摸彩屏　(j)XFS5152CE语音模块

图 1-88　各种串口网络模块

※ 上述串口模块，相当于"软硬件外包"，可以加快开发单片机系统的速度，提高系统的稳定性。特别是涉及射频、模电、天线的模块，没有较深厚的硬件功底，短期内设计不出稳定的硬件。

※ "拿来主义"不是坏事，别人做出来的东西，要善于使用，这样可以把更多的时间用来学习他人没有掌握的技能，研发他人没有制造的产品。

1.6　单片机系统扩展技术

早期的单片机，片内程序存储器、数据存储器容量小，定时器/计数器、中断、串口等资源有限，不仅要外扩程序存储器和数据存储器，还要外接键盘、显示器及其他输入输出设备，或者外接 A/D 和 D/A 转换器等，所以要对单片机进行扩展。

而今，随着芯片制造工艺的飞速发展，单片机片内程序存储器容量日益增加，外部的数据存储器、AD 转换器、DA 转换器等也可集成在芯片内部，芯片内部的定时器、串口、外部中断等数量不断增加，并且串行总线器件日新月异，基本不须要对单片机进行并行扩展。作为单片机发展史上的一个过程，读者朋友们对并行扩展技术有个简要了解即可，重点要掌握的是串行扩展技术。

1.6.1　并行扩展概述

单片机对外提供 16 条地址线(P2 口为地址总线高 8 位，P0 口为地址总线低 8 位)，程序存储器可扩展至 64 KB(包括片内 ROM)，外部数据存储器也可扩展至 64 KB(不包括片内 RAM)。

单片机外部总线扩展方法如图 1-89 所示。P0 口要作地址总线和数据总线分时复用，工作时先送地址后送数据，送出的地址用锁存器锁存起来，锁存时要使用 ALE 信号，常用的地址锁存器有 74LS373、74LS273、74HC573 和 8282 等。P2 口作地址总线的高位使用，P2 口的 8 个引脚不一定都要使用，如果只使用了其中 m 位，通常从 P2 口低位往高位使用，剩余的高位($8-m$ 位)可用于选通各存储器或外设。

图 1-89(a)所示的是"译码法"，常用的译码器有 2-4 译码器 74LS139、3-8 译码器 74LS138。P2 口未使用的 n 位送去译码，译码输出连接各芯片的片选引脚($\overline{CS}$或 $\overline{CE}$)，用于选通各芯片。如果单片机外扩的存储器、I/O 设备不多时，为了降低硬件的复杂程度，可以不使用译码器，如图 1-89(b)所示，直接将 P2 口未使用的高 n 位去控制各芯片片选，此方法称为"线选法"。线选法硬件简单，但会浪费地址空间。图 1-89 中，$m+n=8$。

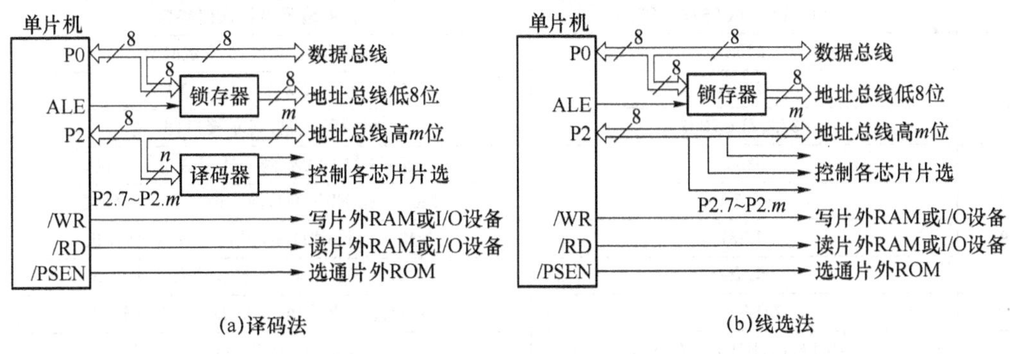

图 1-89　单片机外部总线扩展示意图

操作程序存储器时，单片机$\overline{PSEN}$连接存储器输出使能 $\overline{OE}$(Output Enable)引脚。而操作数据存储器时，$\overline{WR}$和 $\overline{RD}$分别连接存储器的 $\overline{WE}$(Write Enable)和 $\overline{OE}$引脚。须要注意的是，单片机片外 I/O 口与片外 RAM 地址空间是重叠的，访问时都使用 MOVX 指令。

1.6.2 程序存储器与数据存储器扩展

1. 程序存储器的扩展

常用来扩展 EPROM 程序存储器的有 27 系列芯片，如 2764、27128、27256 等；常用来扩展 EEPROM 程序存储器的有 28 系列芯片，如 2864、28128、28256 等；用于扩展 Flash ROM 的有 Atmel 公司的 AT29 系列芯片 AT29C010、AT29C256，SST 公司的大容量闪速存储器 28SF040A 等。

以 27 系列为例，前缀“27”表示该芯片是 EPROM，低位的数字 n 代表容量有多少 K 位，即 $(n\div8)$ KB，其地址线有 $10+\log_2(n\div8)$根。如 27128 的容量为 128 K 位，即 $128\div8=16$ KB，其地址线有 $10+\log_2(n\div8)=10+\log_2 16=14$ 根，其中低 8 位由 P0 口控制，高 6 位由 P2.5～P2.0 控制。P2 口剩余的 P2.7 和 P2.6 不能再作 I/O 口使用，可用于控制多片存储器的片选。

2. 数据存储器的扩展

常用来扩展数据存储器的有 Intel 的 61 系列芯片 6116，62 系列芯片 6264、62128 和 62256 等静态 RAM(SRAM)，“61”及“62”后面的数字含义与程序存储器一样，用于表示容量；28 系列的 EEPROM 程序存储器也可用于扩展外部 RAM。

现在单片机一般不再外扩存储器，所以关于片外 ROM 和 RAM 外扩电路图，本书不再赘述。单片机外扩片外 I/O 时，与外扩片外 RAM 一样，占用片外 RAM 的地址，1.8 节介绍 A/D 和 D/A 接口时再详述地址推导及访问方法。

1.6.3 输入/输出口扩展

可以用不同的芯片构成不同的电路，扩展单片机输入/输出口。常用的芯片及其功能简介如表 1-29 所示。

表 1-29 常用的芯片及其功能

序号	芯片型号	功能简介
1	8155/8156	256×8 位 RAM，可编程两个 8 位 I/O 接口，可编程一个 6 位 I/O 接口，14 位定时器
2	8212	8 位 I/O 接口
3	8250/8251A、16C554/16C550	可编程串行通信接口
4	8253	可编程 3 个 16 位定时器
5	8255A	可编程 3 个 8 位 I/O 接口
6	8279、ZLG7289	可编程键盘/显示接口(64 键)
7	8355	2K×8 位 ROM，两个通用 8 位 I/O 接口
8	8755A	2K×8 位 EPROM，两个通用 8 位 I/O 接口
9	74LS377	带输入允许端的 8D 触发器，可扩展输出口
10	74LS244	单向总线驱动器，可扩展输入口或输出口
11	74LS245	双向总线驱动器，可扩展输入口或输出口
12	CD4014、74HC165、74LS165	并入串出，用串口扩展输入口
13	74HC595、CD4094、74HC164、74LS164	串入并出，用串口扩展输出口

1.6.4　串行扩展技术

串行总线技术是器件发展的一个趋势，它可以简化系统的硬件设计，减小系统的体积，提高其可靠性，为系统后续扩充和升级提供方便，常用的串行扩展技术有 I²C 总线、SPI 总线、单总线。

1. I²C 总线

I²C 总线(Inter-Integrated Circuit Bus)是 Philips(飞利浦)公司开发的一种两线双向同步串行总线接口标准，它称作“集成电路间总线”或“内部集成电路总线”，具备多主机系统所需的总线裁决和高低速器件同步功能，只需使用两条信号线就可以完成信息交互。多个芯片可以连接到同一总线上，每个芯片都可以作为实时数据传输的控制源。单片机用 I²C 总线扩展外设的方法如图 1-90 所示，单片机通过数据线 SDA 和时钟线 SCL 连接 I²C 总线器件，每个连接到 I²C 总线的器件都有唯一的地址，单片机可通过 I²C 总线与其他器件进行数据收发。常用的 I²C 总线器件有 EEPROM 存储器 AT24C64，实时时钟 DS1307 等。

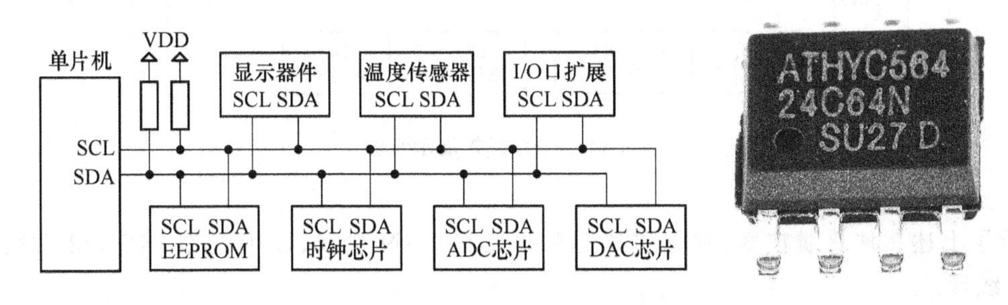

图 1-90　I²C 总线扩展示意图

2. SPI 总线

串行外设接口(Serial Peripheral Interface，SPI)总线由 Motorola(摩托罗拉)公司提出，它是一种高速全双工同步通信总线，最高数据传输速率可达几 Mbit/s，并且在芯片的引脚上只占用四根线：MOSI(Master 数据输出，Slave 数据输入)、MISO(Master 数据输入，Slave 数据输出)、SCLK(时钟信号，由 Master 产生)、$\overline{\text{SS}}$(Slave 使能信号，由 Master 产生)。SPI 总线扩展外设的方法如图 1-91 所示，它以主从方式工作，这种模式通常有一个主设备和一个或多个从设备，需要至少 4 根线(单向传输时 3 根也可以)。常用的 SPI 总线器件有实时时钟 DS1302，无线收发器 nRF24L01 等。

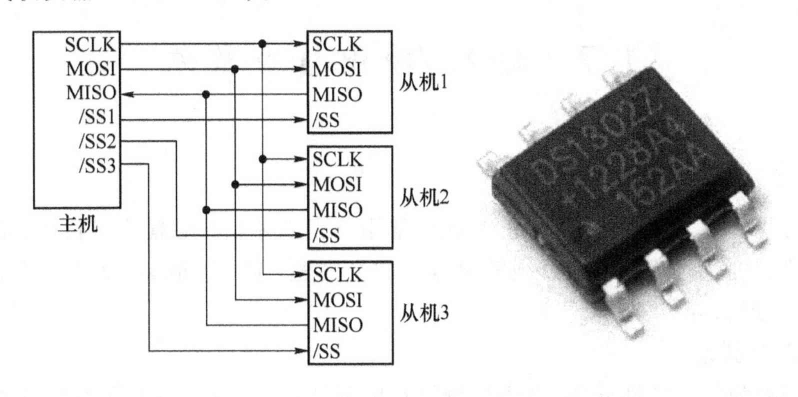

图 1-91　SPI 总线扩展示意图

3. 单总线

单总线(1-wire),又称单线总线,它是 Maxim(美信)全资子公司——美国达拉斯(Dallas)半导体公司推出的一项特有的总线技术。该技术与其他总线不同,它采用单根信号线,既能传输时钟,又可传输数据,而且数据传输是双向的,具有线路简单,硬件开销少,成本低廉,便于总线扩展和维护等优点。

单总线适用于单主机系统,能够控制一个或多个从机设备。主机可以是微控制器(如单片机),从机可以是单总线器件(如 DS18B20 数字温度传感器)。当只有一个从机设备时,可按单节点系统操作;当有多个从机设备时,则按多节点系统操作。单片机控制多个 DS18B20 的连接方式如图 1-92 所示,常用的单总线器件还有温湿度传感器 DHT11、AM2303 等。

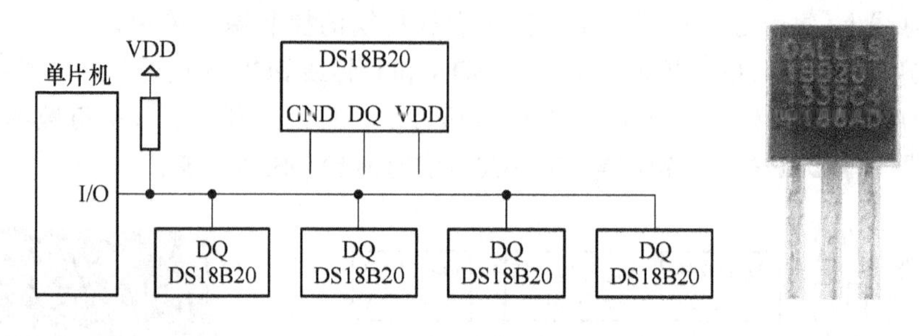

图 1-92　单总线扩展示意图

4. 其他总线

除了上述 3 种总线技术,常见的其他总线还有 CAN 总线、USB 总线、RS-422 总线、RS-485 总线等。

控制器局域网(Controller Area Network,CAN)总线是以研发和生产汽车电子产品著称的德国 BOSCH(奔驰)公司开发的总线标准,并最终成为国际标准(ISO 11898)。其作用是将整车中各种不同的控制器用一条总线连接起来,实现信息的共享,并减少整车线束数量。整车上所有的用电设备都是一个独立的 CAN 总线节点,每一个节点都向外发送自己当前的状态,并且接收来自外部的信息。CAN 总线采用差分信号传输,有很强的错误检测能力,通信距离远,因此被用到一些特殊的场合,例如汽车、厂矿等干扰较强的地方。

USB 总线是由 Intel、Compaq、Digital、IBM、Microsoft、NEC、Northern Telecom 等 7 家世界著名的计算机和通信公司共同推出的一种接口标准。USB 总线允许外设在开机状态下热插拔,最多可串接 127 个外设,传输速率可达 480 Mbit/s,可以向低压设备提供 5 V 电源。

1.7　输入/输出接口技术

1.7.1　键盘

键盘是常见的输入设备,在单片机系统中常用于完成控制参数输入及修改,是人工干预系统的重要手段。确认键盘输入信息须解决以下四个问题:①按键确认;②去抖动;③持续按键处理;④多键处理。

1. 键盘的消抖动

通常的按键为机械弹性开关,由于机械触点的弹性作用,一个按键开关在闭合时不会一下子稳定地接通,在断开时也不会马上分离。因而在闭合及断开的瞬间均伴随一连串的抖动,如

图 1-93 所示，抖动时间的长短由按键的机械特性决定，一般为 5～10 ms。为了不让图 1-93 所示波形影响单片机工作而采取的措施就是按键消抖动，常用两种方法：一是采用硬件消抖动（见图 1-94 至图 1-97）；二是采用软件延迟消抖动（见图 1-100）。为了降低硬件系统的复杂性，节省空间，单片机应用系统通常采用软件延迟消抖动。

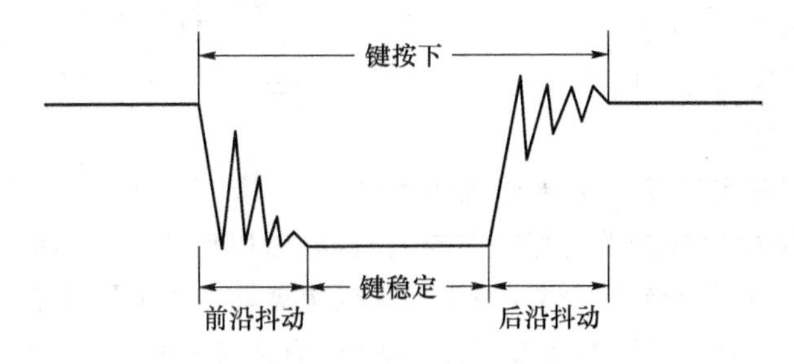

图 1-93　按键时产生的抖动

硬件消抖动常见的有/RS 触发器、电容、施密特触发器等。/RS 触发器消抖动电路如图 1-94 所示，开关 SW1 未按下时输出高电平，按下时输出低电平，开关 SW1 在离开上端触点时如果有抖动，只要还没有接触到下端触点，输出保持高电平不变；同理，开关 SW1 在离开下端触点时如果有抖动，只要还没有接触到上端触点，输出保持低电平不变。

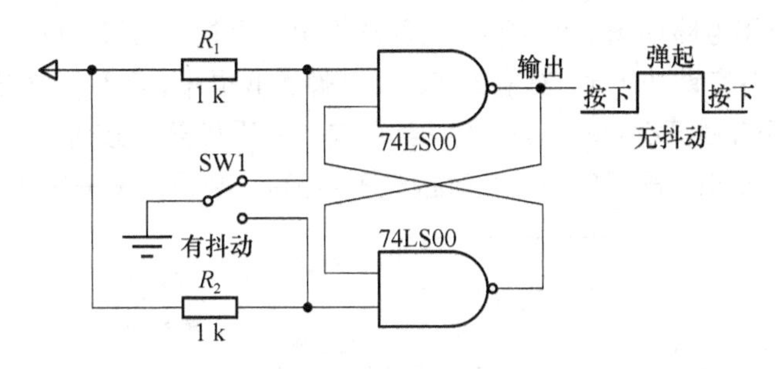

图 1-94　/RS 触发器消抖动电路

电容消抖动电路如图 1-95 所示，利用电容两端电压不能突变的特性，将其并联在按键机械触点两端，消除接触抖动产生的毛刺电压。上拉电阻 R_1 和电容 C_1 组成充放电电路，其时间常数 $\tau = R_1C_1$ 应大于抖动时间，小了没作用，大了反应慢。

RC 加施密特触发器消抖动电路如图 1-96 所示，施密特触发器 74HC14 的正向阈值电压是 1.6 V，反向阈值电压是 0.8 V，只要电阻 R_1 和电容 C_1 组成充放电电路时间常数设置合适，利用施密特触发器正向和发向阈值电压不同的特点，输出可以达到整形效果，消除按键抖动。这种电路只适用于输入阻抗高的 CMOS 数字电路，不建议在输入阻抗低的 TTL 电路中使用。

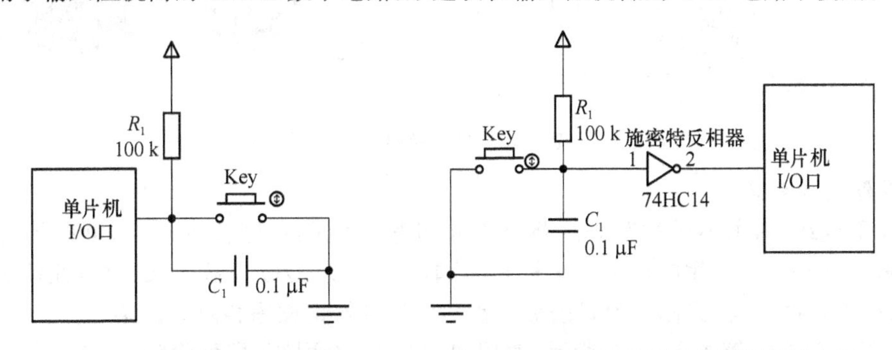

图 1-95　电容消抖动电路　　图 1-96　RC 加施密特触发器消抖动电路

采用Maxim公司开关去抖动芯片MAX6816构成的消抖动电路如图1-97所示，MAX6816可以用MAX6817或MAX6818替代，它们都是4脚封装，电源电压为2.7～5.5 V，静态功耗仅为5 μA。

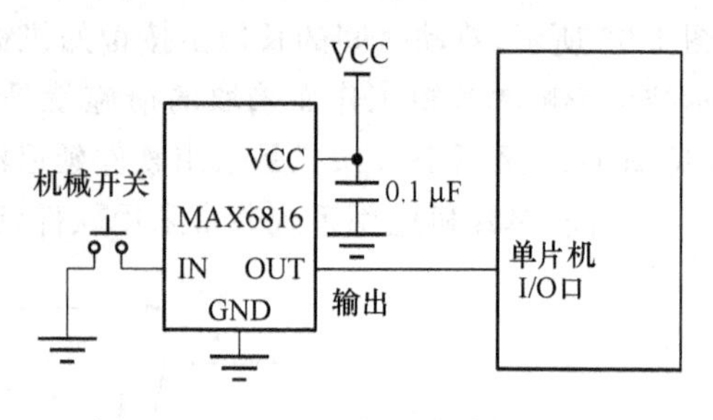

图1-97 MAX6816芯片消抖动电路

2. 编码键盘与非编码键盘

按键值编码方式分，键盘可分为(硬件)编码键盘与非(硬件)编码键盘。

编码键盘本身带有实现接口主要功能所需的硬件电路，不仅能自动检测被按下的键并完成去抖动、防串键等功能，而且能提供与被按键功能对应的键码(如ASCII码)送往CPU，例如计算机键盘就属于编码键盘。

非编码键盘只简单地提供按键开关的行列矩阵，有关按键的识别，键码的输入与确定，以及去抖动等功能全由软件完成，单片机应用系统通常采用非编码键盘。

3. 独立按键键盘

独立按键键盘的特点是“一个萝卜一个坑”，每个按键独自占用一个I/O口，使用端口资源较多，但识别按键程序简单。如果须要使用的按键数量较少，而单片机剩余I/O口数量又较多，此情况下可以使用独立按键键盘。

独立按键键盘应用电路如图1-98所示，全部按键都没有按下时，P0口8个引脚均为高电平，读入的数据是8个“1”；有键按下时，对应的P0口引脚为低电平，读入的数据是“0”。图1-98中P0口所接的按键称作轻触开关(button)，其特点是按下后手松开时按键会弹起。另一种常见的按键称作自锁开关(switch)，按下后手松开时按键不会弹起，必须再按一次才会弹起。

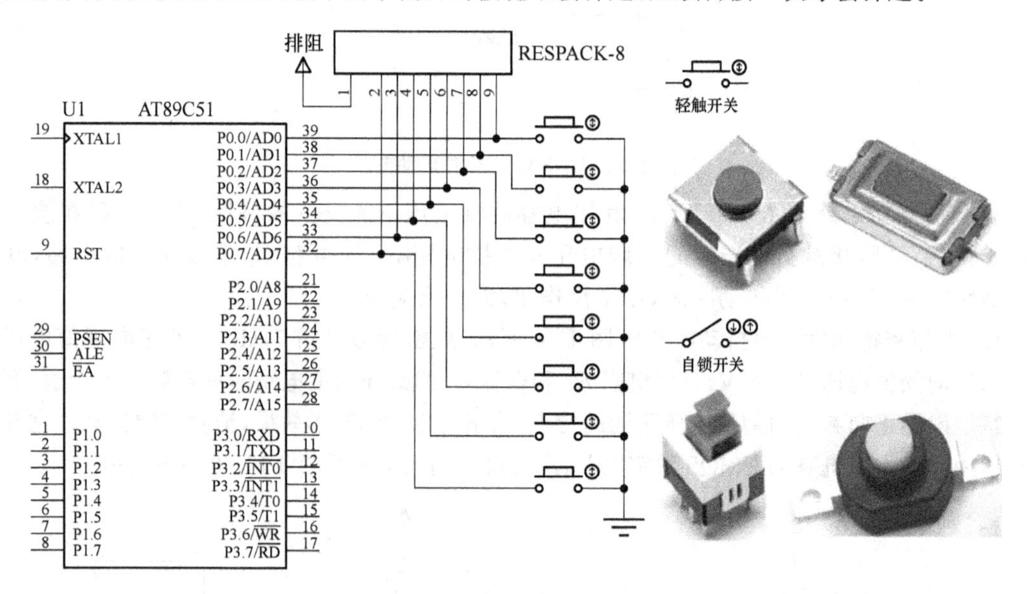

图1-98 独立按键键盘

4. 矩阵按键键盘

“单丝不成线，孤木不成林”，如果将多个按键按一定的规则排列组合，可以节约单片机I/O口资源。如果需要使用的按键数量较多，而单片机剩余I/O口数量又较少，此情况下通常只能使用矩阵按键键盘(又称行列式按键键盘)，但识别按键程序相对较复杂。

4×4矩阵键盘电路如图1-99所示，使用P0口的8个引脚，即可设计出16个按键。识别有无键按下时，通常的做法是在行引脚 P0.3～P0.0 送出 4 个低电平（“0000”），再读列引脚 P0.7～P0.4。如果读入的是 4 个高电平（“1111”），说明没有键被按下；如果读入有低电平（“0”），就说明对应列有键被按下，但无法判断哪个键被按下，必须进一步扫描识别。

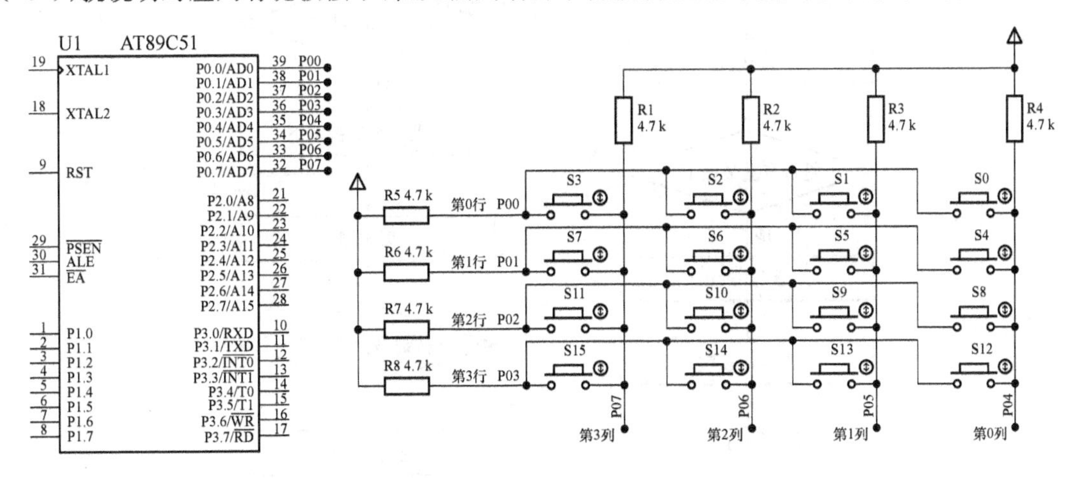

图 1-99　矩阵按键键盘

识别哪个键被按下，可以采用行扫描法、列扫描法或线反转法。

(1) 行扫描法。以图 1-99 所示电路为例，首先扫描第 0 行：在第 0 行送出低电平，其余 3 行送出高电平，即 P0.3～P0.0 写“1110”；然后读列引脚 P0.7～P0.4，如果读入的是 4 个高电平（“1111”），说明第 0 行没有键被按下；如果读入有低电平（“0”），就说明第 0 行与该列交叉处的键被按下。若第 0 行无键被按下，则继续扫描第 1 行，P0.3～P0.0 写“1101”，再读列引脚 P0.7～P0.4，依此类推，直到 4 行都扫描完毕。

(2) 列扫描法。与行扫描法相似，不再赘述。

(3) 线反转法。首先在行引脚 P0.3～P0.0 送出 4 个低电平（“0000”），再读列引脚P0.7～P0.4。假设读入有低电平，是“1011”，就说明第 2 列 S2、S6、S10 和 S14 中有键被按下。然后在列引脚 P0.7～P0.4 送出刚才读入的值“1011”，再读行引脚 P0.3～P0.0。假设读入的是“1110”，就说明第 0 行与第 2 列交叉的 S2 键被按下。显然，按键数量较多时，线反转法比上述两种方法扫描速度要快点。

5. 按键识别扫描子程序流程

按键识别扫描子程序流程如图 1-100 所示，进入子程序后，首先读取按键，判断是否有键被按下。无则退出子程序，有则延迟 10 ms 消抖动。然后再次读取按键，继续判断是否有键被按下。无则退出子程序，有则用上文介绍的方法识别哪个键被按下。识别完毕，等待按键松开后，退出子程序。图 1-100 程序实现方法，请参考本书第 3 章实验 6。

图 1-100 所示程序流程最大的缺陷，就是等待按键松开部分。按下按键后，如果手没有马上松开，则程序一直在等待，不会退出子程序，有可能会影响到其他子程序的运行。采用图 1-101所示流程，可改进图 1-100 中的缺陷。图 1-101 子程序设立一个全局变量或者静态局部变量 LastValue，进入子程序，判断到有键被按下时，如果其键值 Value 与上次保留的变量 LastValue 一致，则说明手没有松开，退出子程序。只要手一松开，进入子程序时，读到的没有键被按下的键值 Value 就赋值给 LastValue，即使下次按下的键与上次相同，也会进入软件延迟消抖动。

如果要继续改进图 1-101 程序流程，使其更加完美的话，就是延迟 10 ms 部分，不要采用循环等待的方法，而是用定时器/计数器实现。改进版 2 的流程如图 1-102 所示，在键盘处理

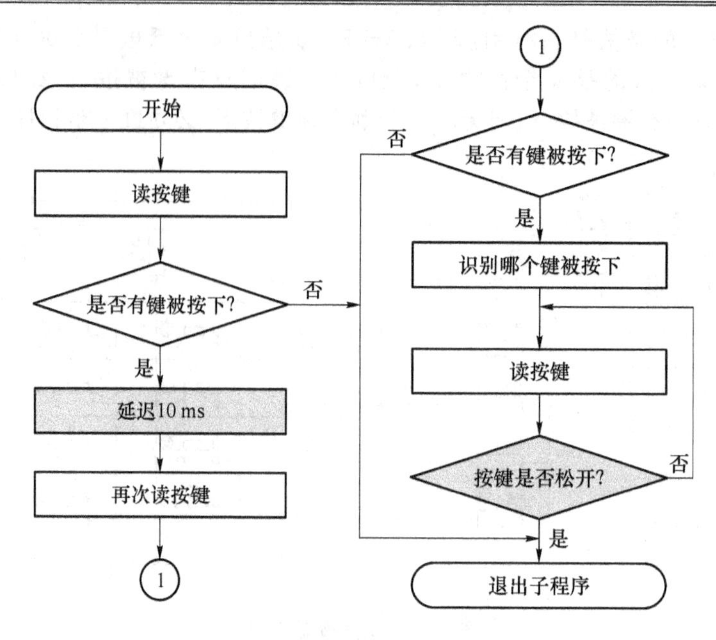

图 1-100 按键识别扫描子程序流程

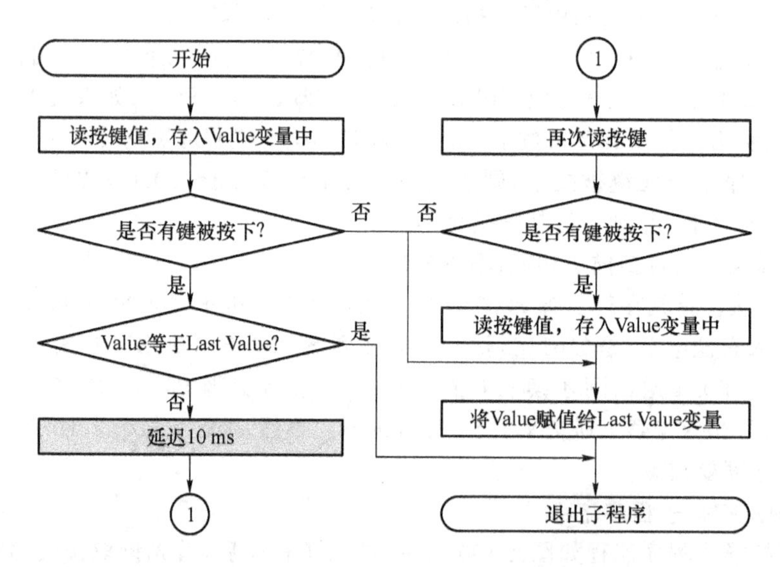

图 1-101 按键识别扫描子程序改进版 1 流程

子程序中设计一个状态机，子程序有 4 种状态，系统初始化时为状态 1：等待键盘被按下。进入键盘处理程序后，可以做到“快出”，软件延迟消抖动和等待按键释放都不占用系统时间。图 1-101和图 1-102 的程序实现方法，请参考本书第 3 章实验 7。

6. A/D 键盘

现在很多单片机片内集成高速的模数转换器（ADC），如果需要的按键数量不多时，只须使用 1 个 AD 引脚就可以扩展若干个按键。图 1-103(a)为 6 个电阻串联分压按键键盘，无键被按下时，AD 引脚通过 R1 电阻接 VDD，AD 转换值为最大值 max；S1 被按下时，AD 引脚接地，AD 转换值为 0；S2 被按下时，电阻 R2 下端接地，AD 引脚电压是 R2 上分得的电压 0.5VDD，AD 转换值为 0.5max；其他按键被按下时的理论值依此类推。设置的判决门限为各按键值之间的中点，如图 1-103(a)中虚线所示，AD 值在 0～0.25 max 范围内判决为 S1 被按下，在 0.25 max～7/12 max 范围内判决为 S2 被按下，其他依此类推。图 1-103(a)中各电阻阻值相等，造成分压不均匀，判决区间长度不一，有的相对过小，可能造成串键。为了改善图 1-103(a)，可以合理设置 R1～R6 的比例，使得各判决区间长度差距不要过大；但不建议采用可调电阻，因为长时间使用后，可调电阻的阻值可能会变化。扩展的按键数量要控制好，按键数量多了，会使得判决区间长度减小，有可能造成串键。

实际应用中，也可采用图 1-103(b)所示电路，用特性一致的开关二极管 1N4148W 取代分压电阻。图 1-103(b)扩展出 7 个按键，各按键被按下时，AD 引脚产生的电压分布均匀，有利于判决。

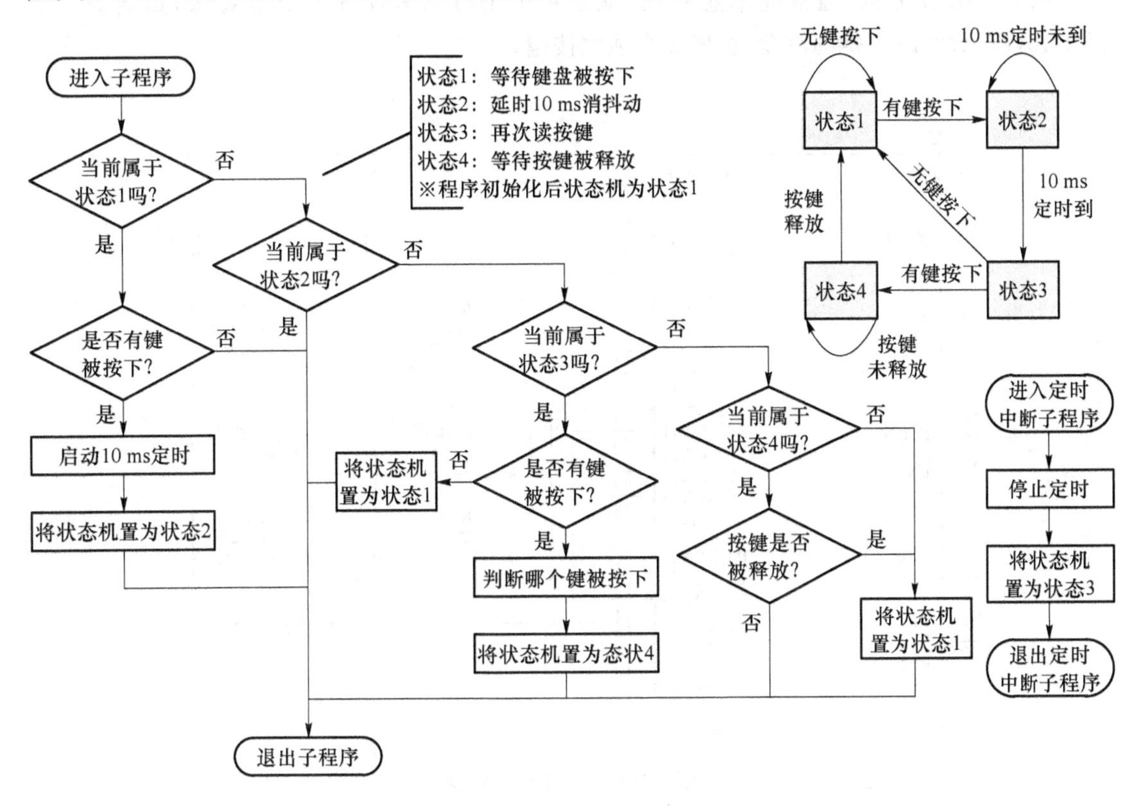

图 1-102　按键识别扫描子程序改进版 2 流程

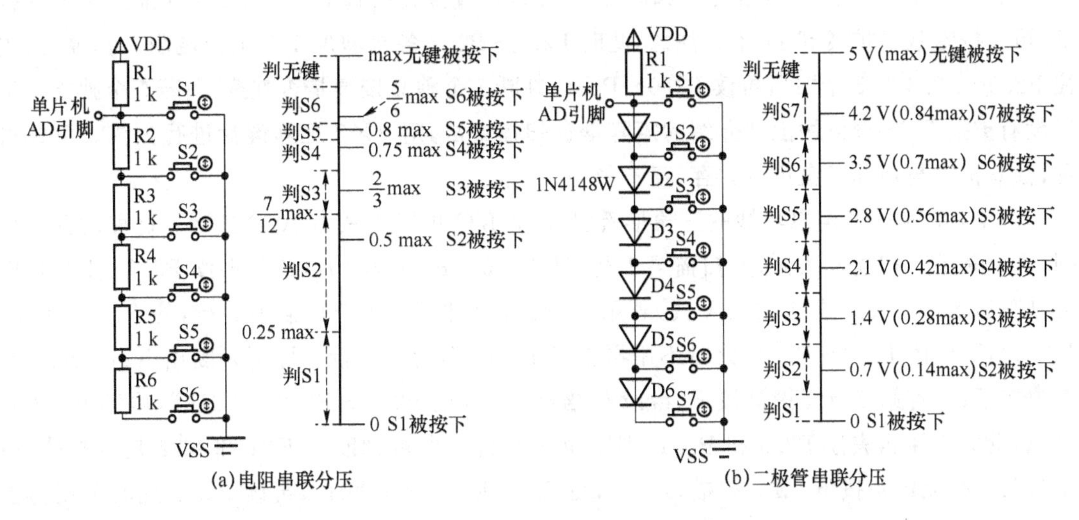

图 1-103　AD 键盘及其判决规则

7. 不外接 I/O 口扩展芯片扩展键盘的方法

实际应用中,如果需要扩展的键盘数量比较多,可以采用并入串出芯片 74HC165、CD4014 等芯片扩展输入接口。购置芯片会引起产品采购成本的上升,同时增加 PCB 板的面积,提高电子产品的功耗,对于要严格控制各种成本,"锱铢必较"的生产厂家而言并非最优选择。下文介绍一种构思巧妙,无须外接任何 I/O 口扩展芯片进行键盘扩展的方法。

以 5 个 I/O 为例,通常能够想到的,就是每个 I/O 口外接 1 个独立按键,或者设计如图 1-104所示的 3×2 矩阵键盘,扩展 6 个独立按键。

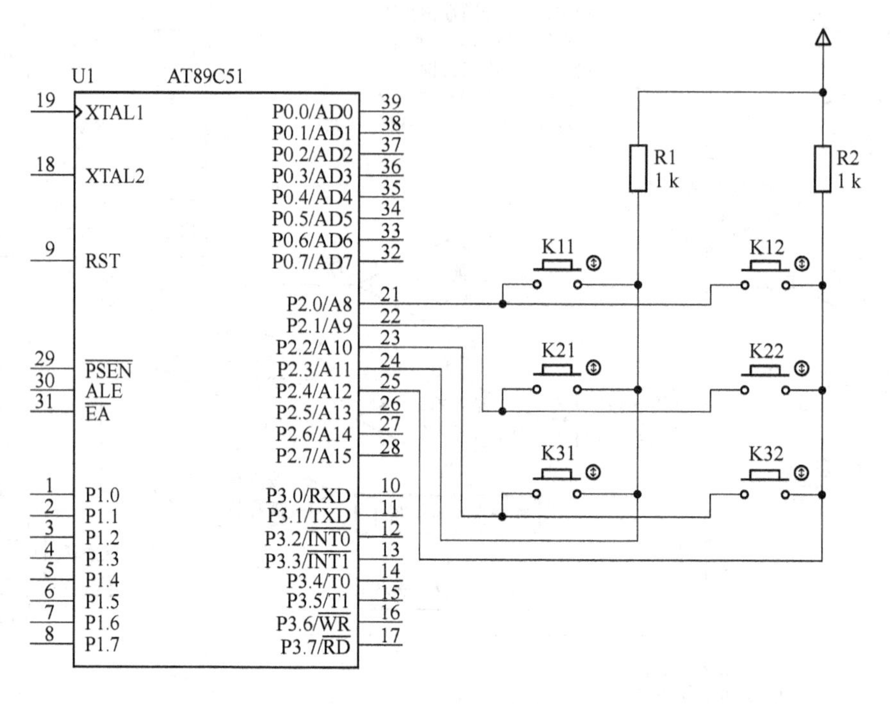

图 1-104　3×2 矩阵键盘

图 1-104 能否再进行改进呢?如图 1-105 所示,直接在引脚 P2.0～P2.4 增加 5 个独立按键,可将按键数量扩展到 11 个。注意,此时 P2.0～P2.2 各要增加 1 个上拉电阻。扫描时,先往 P2.0～P2.4 写 5 个"1",再读 P2.0～P2.4,判断 5 个独立按键是否被按下;若 5 个独立按键都没有被按下,接着再用上文介绍的矩阵键盘扫描方法,对 3×2 矩阵键盘进行扫描。由此可见,独立按键与矩阵键盘可以共存,互不影响。

图 1-106 是一种构思巧妙的三角形键盘,5 个 I/O 可以扩展出 10 个按键。这种键盘的识别,可以采用行扫描方法:①先扫描第 1 行,往 P2.0～P2.4 写"01111",再读 P2.1～P2.4,即可判断出 K11～K14 是否被按下;②若第 1 行无键被按下,接着扫描第 2 行,往 P2.1～P2.4 写"0111",再读 P2.2～P2.4(此时不用再去读 P2.0,判断第 1 行),即可判断出 K21～K23 是否被按下;③若第 2 行无键被按下,继续扫描第 3 行,往 P2.2～P2.4 写"011",再读 P2.3 和 P2.4(此时不用再去读 P2.0 和 P2.1,判断第 1、2 行),即可判断出 K31 和 K32 是否被按下;④若第 3 行无键被按下,最后扫描第 4 行,往 P2.3 和 P2.4 写"01",再读 P2.4(此时不用再去读P2.0～P2.2,判断第 1～3 行),即可判断出 K41 是否被按下。

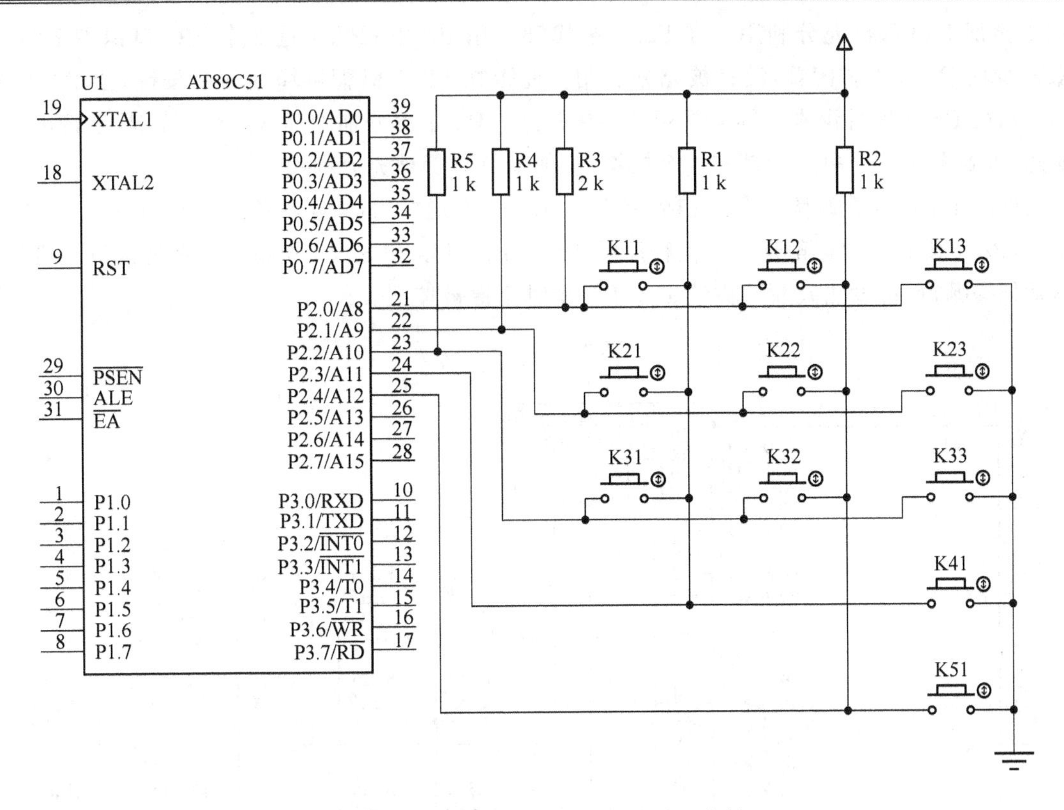

图 1-105　3×2 矩阵键盘加 5 个独立按键

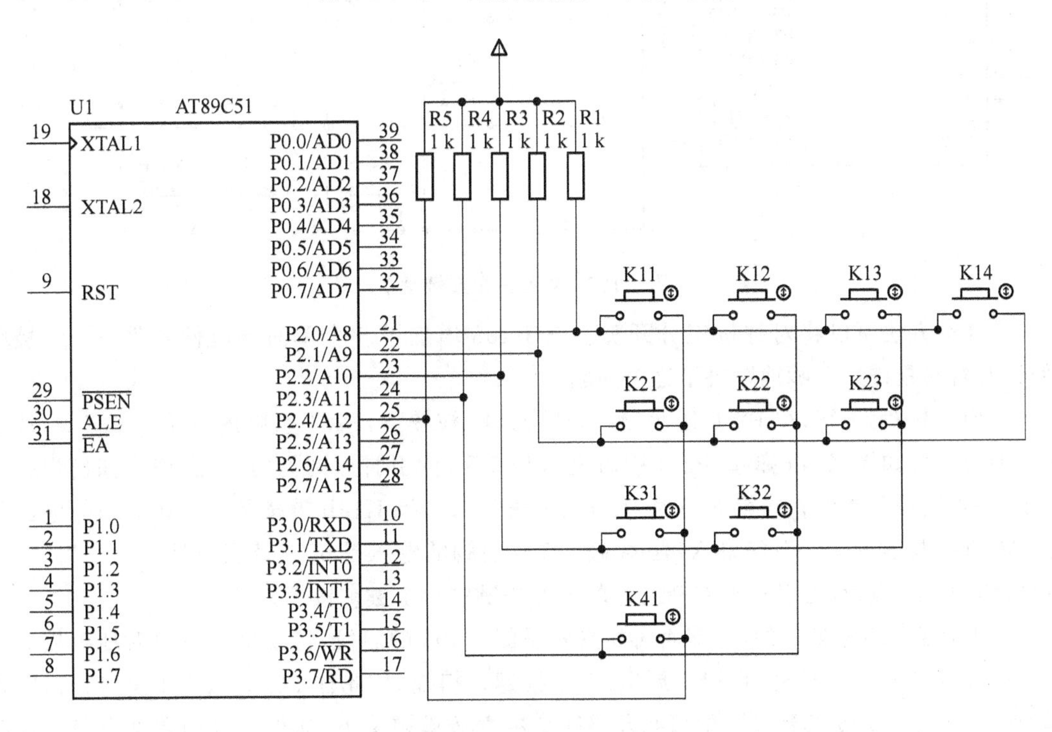

图 1-106　三角形键盘

别小看图 1-106 的三角形键盘，在不扩展独立按键的情况下，它只比图 1-105 少 1 个按键而已。再研究一下图 1-106 键盘的扫描方法，在 P2.0 送“0”时，用其他 4 个 I/O 口识别 K11～

K14，全部I/O都被充分利用。在P2.1送“0”时，用P2.2～P2.4这3个I/O口识别K21～K23，此时P2.0引脚闲置，没有被充分利用。能否在P2.1引脚再增加一个按键，让P2.1送“0”时，由P2.0进行识别？同样的想法，在P2.2～P2.4行分别增加2～4个按键，是否可以？据此，得到图1-107，每一行都有4个按键，全部I/O口都被充分利用。

但图1-107存在缺陷，例如，扫描第1行，往P2.0送“0”时，如果K14a和K14b有一个被按下，P2.1读到的数据都是“0”，但程序没法判断出K14a和K14b到底哪个键被按下。可见，不管扫描哪行，都没法判断对称的a、b按键中哪个键被按下。

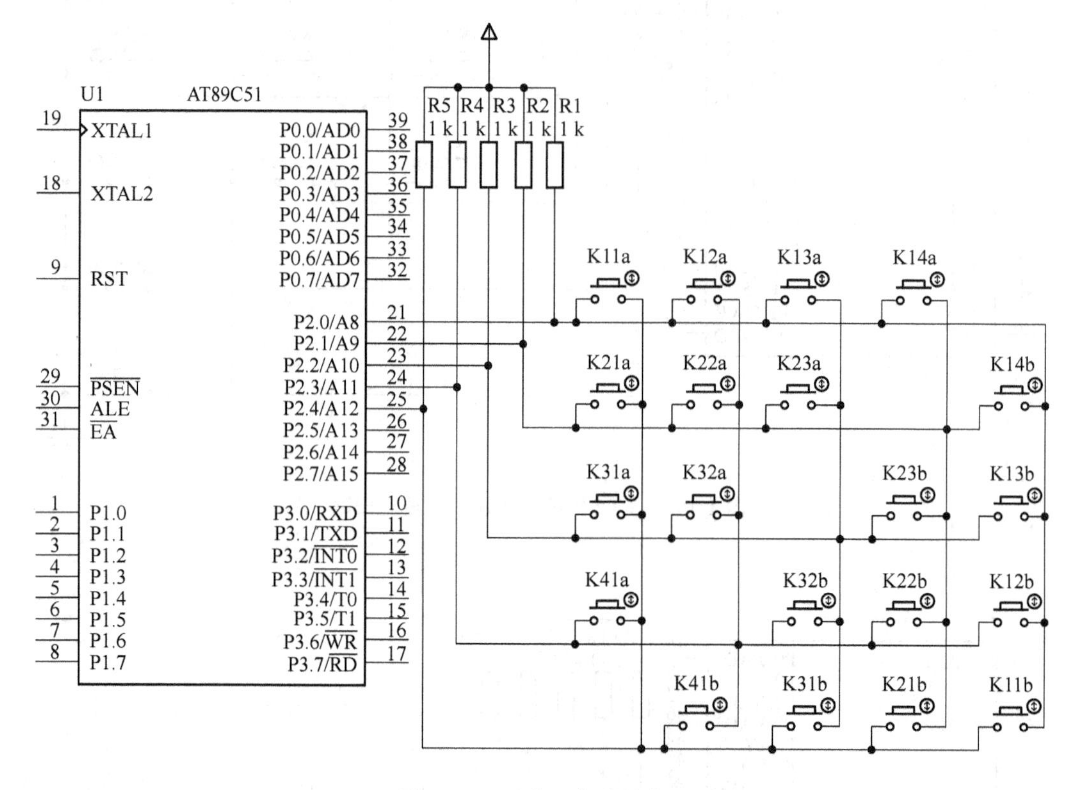

图1-107　对称三角形键盘1

有什么方法可以将对称按键分开呢？图1-108增加了5个单向导电性器件——二极管（假设其材料是硅），巧妙地解决了这个问题。

例如，扫描第1行，往P2.0送“0”时，如果K14a被按下，P2.1引脚的电压是0.7 V，读引脚后判为“0”；如果K14a弹起，P2.1引脚电压是5 V，读引脚后判为“1”。那程序如何识别出K14b是否被按下呢？扫描第2行时，往P2.1送“0”，如果K14b被按下，P2.0引脚的电压是0.7 V，读引脚后判为“0”；如果K14b弹起，P2.0引脚的电压是5 V，读引脚后判为“1”。由此可见，增加了二极管，可以正确判断对称的a、b按键中哪个键被按下。

图1-108是不是最多的，还能否再扩展？受图1-105的启发，将5个I/O口对地再接5个独立按键K51～K55，此时，可以扩展出25个按键。扫描时，先往P2.0～P2.4写“11111”，再读P2.0～P2.4，只要读到“0”，即可判断出哪个独立按键被按下；如果读进的数据全“1”，说明5个独立按键都没有被按下，接着再用上述介绍的方法扫描对称三角形键盘。

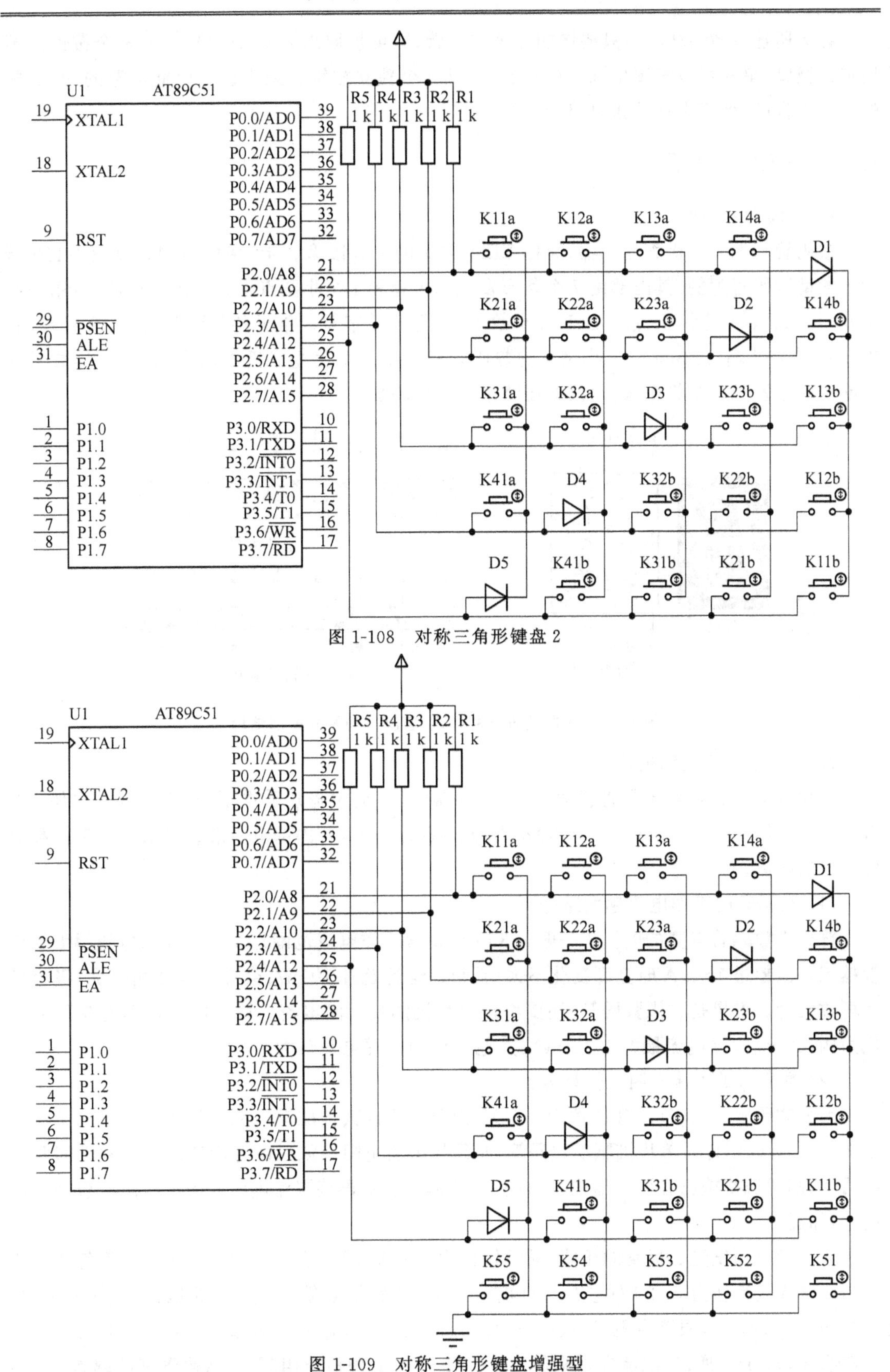

图 1-108　对称三角形键盘 2

图 1-109　对称三角形键盘增强型

综上所述，n 个 I/O 口，只要增加 n 个二极管，即可扩展出 $n\times(n-1)+n=n^2$ 个按键。不增加二极管，最多可以扩展出$[n\times(n-1)/2]+n$ 个独立按键。最先设计出此电路的，是美国的一个工程师，他还申请了该电路的专利。

1.7.2 LED数码管

1. 数码管的结构

数码管是发光二极管显示器，简称 LED，常见的有 8 段型、“米”字型结构。以图 1-110 所示 8 段型数码管为例，其内部由 7 个条形发光二极管和 1 个小圆点发光二极管组成，可用来显示 0～9、A、b、C(或小写 c)、d、E、F 及小数点“.”等简单字符。常见的数码管有 10 个管脚，其中 com 是公共端(common)。小尺寸的数码管每段由 1 个发光二极管构成，大尺寸的数码管可能由多个发光二极管串联，每段的压降也相应要增加。

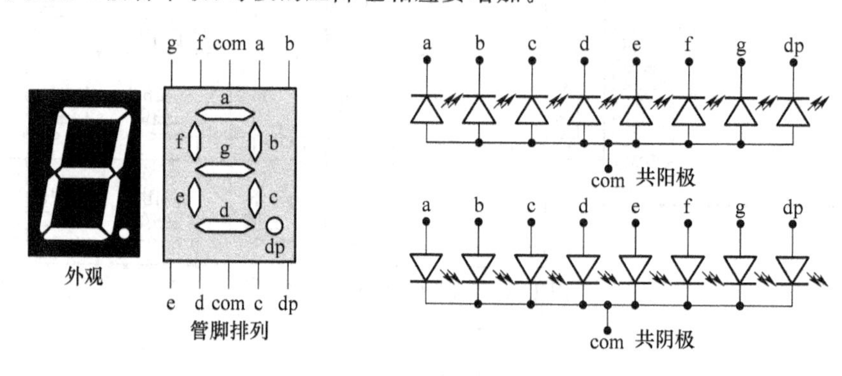

图 1-110　8 段数码管的外观、管脚排列及其内部结构

2. 限流电阻与驱动电路

单片机 I/O 口最好不要直接驱动 LED 等器件，一是太暗几乎看不到，二是容易损伤 I/O 口。一般采用一个小电阻(上拉电阻)从 I/O 口接到 VCC，与内部电阻形成并联关系来提高对外输出的电流。

(1) 数码管的工作电流越大越好吗?

普通小数码管点亮的电流 I 一般为 3 mA，正常工作电流范围是 3～10 mA，电流越大数码管越亮。但超过 10 mA 时亮度变化不大，且长期运行超过 10 mA 会缩短其使用寿命，极容易烧坏数码管。如果是共阳数码管，还要考虑单片机的最大灌电流。以 STC89C52 的 5 V 单片机为例，其 P0 口灌电流最大为 12 mA，其他 I/O 口的灌电流最大为 6 mA。

(2) 数码管的限流电阻如何计算?

因为数码管内 LED 压降通常为 1.7 V，而单片机或其他驱动电路的输出电压通常为 5 V 或 3.3 V，所以用普通单片机驱动数码管，必须接限流电阻。如果由专用的数码管驱动器驱动数码管，则限流措施已在驱动器内部解决了，外部可以不再接限流电阻。限流电阻一般加在段选上，如图 1-111(a)所示。

数码管里面发光二极管的压降，通常红色为 1.6 V，绿色有 2 V 和 3 V 两种，黄色和橙色约为 2.2 V，蓝色为 3.2 V 左右。目前大多用的都是硅管，点亮时的压降值为 1.7 V，外接 +5 V 的 V_{CC}，限流电阻 $R=(V_{CC}-1.7)/I$。若 $I=3$ mA，R 大概为 1 kΩ；若 $I=10$ mA，R 就选择 330 Ω。所以，限流电阻阻值为 330 Ω～1 kΩ，限流电阻越小，数码管亮度越高。

(3) 数码管的限流电阻可以加在公共端吗?

为什么不像图1-111(b)所示,在公共端加1个限流电阻,取代段选端的8个限流电阻,从而简化硬件设计?

因为数码管在点亮时,点亮的段数是变化的,电流也在变化,点亮1段时电流比较小,点亮8段时电流比较大。图1-111(b)流经限流电阻R1的电流不稳定,使得限流电阻R1两端的压降不稳定,即数码管公共端的电压也不稳定,从而数码管内部二极管两端电压也不稳定,此时会造成数码管出现忽亮忽暗的现象。

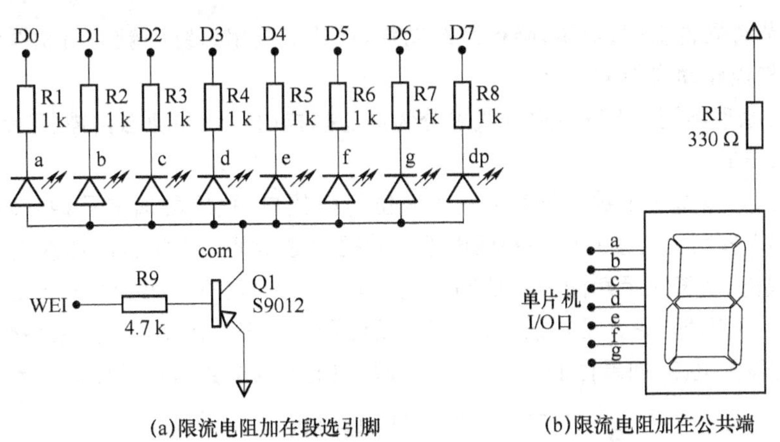

(a)限流电阻加在段选引脚　　(b)限流电阻加在公共端

图1-111　数码管的限流电阻

(4) 三极管驱动电路的基极电阻如何计算?

如上所述,普通的小数码管点亮电流范围是3～10 mA,如果数码管多段同时点亮,电流可达几十mA,而普通单片机I/O口的输出电流达不到这个数量级。对于图1-110所示共阳数码管,不能直接将I/O口接在公共端com驱动数码管,通常要像图1-111所示,接PNP三极管S9012或其他驱动器,如复合管驱动器ULN2008、锁存器74HC573、驱动器74LS244等。

以图1-111(a)三极驱动电路为例,设数码管每段的电流为I_0,则集电极的电流最大为$I_{Cmax}=8I_0$。设三极管电流放大倍数为β,由式(1-16)可求得基极电流的最大值,再将其代入式(1-17),即可求得图1-111(a)基极电阻R_9的大小。

$$I_{Bmax}=\frac{I_{Cmax}}{\beta} \tag{1-16}$$

$$R_9=\frac{V_{CC}-U_{BEQ}}{I_{Bmax}} \tag{1-17}$$

3. 硬件译码和软件译码

译码,是指将要显示的数字及其他字符转换为数码管的笔画信息。通常有两种方法:硬件译码和软件译码。

(1) 硬件译码

硬件译码由硬件将输入的BCD码转换成0～9的字型,常见的有CD4511、CD14547、MC4495、CD14513、CD14543/4、74LS74、74LS274、74LS48、74LS248和74LS249等。

(2) 软件译码

软件译码是在程序存储器中保存一张段码表,根据要显示的数字或字符去查表取得相应的段码，并输出到LED显示器。8段数码管的字形码如表1-30所示，从中可知，共阴极和共阳极的字形码互为反码。

表1-30　8段数码管的字型码表

	0	1	2	3	4	5	6	7	8	9	A	b	C	d	E	F	—	灭
共阴极	3FH	06H	5BH	4FH	66H	6DH	7DH	07H	7FH	6FH	77H	7CH	39H	5EH	79H	71H	40H	00H
共阳极	C0H	F9H	A4H	B0H	99H	92H	82H	F8H	80H	90H	88H	83H	C6H	A1H	86H	8EH	BFH	FFH

※ 为了节省硬件空间、成本，降低系统功耗，单片机应用系统一般采用软件译码。

4. 静态扫描和动态扫描

根据控制原理不同，LED显示方式可分为静态扫描（显示）和动态扫描（显示）。

（1）静态扫描

静态扫描，是指每一个数码管对应一个8位I/O接口，独用段选信号，共阳和共阴数码管的公共端COM分别恒定接高电平和低电平。数码管显示某一个字符时相应的发光二极管恒定地导通或截止，字符显示期间加在数码管上的段码不变，所有数码管同时点亮。静态扫描的优点是亮度高，无闪烁；缺点是功耗大，占用的硬件资源较多。图1-112是采用硬件译码，静态扫描的数码管显示电路，如果往P0口写21H，即可在上下两个数码管同时显示字符“1”和“2”。

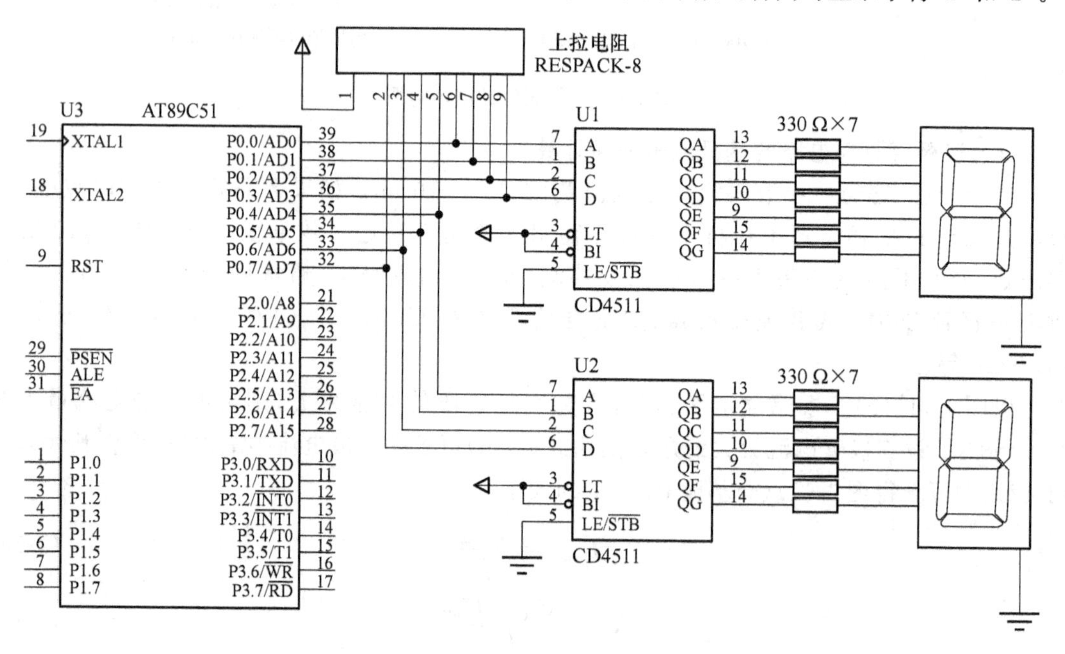

图1-112　硬件译码静态扫描电路

（2）动态扫描

动态扫描，是指轮流点亮各数码管，对显示器进行扫描。任何时刻只给一个数码管通电，通电一定时间后再给下一个数码管通电。数码管动态扫描时，利用了人眼的视觉暂停性，只要刷新率足够高，动态扫描同样可以实现稳定显示。

采用软件译码，动态扫描的数码管显示电路如图1-113所示。其接口电路把四位一体共阳数码管的8个笔划段a～g和dp同名端连在一起，而每一个数码管的公共端COM各自独立地受I/O线控制。动态扫描共用段选信号，最大优点是节约I/O口，功耗低，但亮度不如静态扫描。

※ 为了节省 I/O 口资源、降低功耗，单片机应用系统一般采用动态扫描。

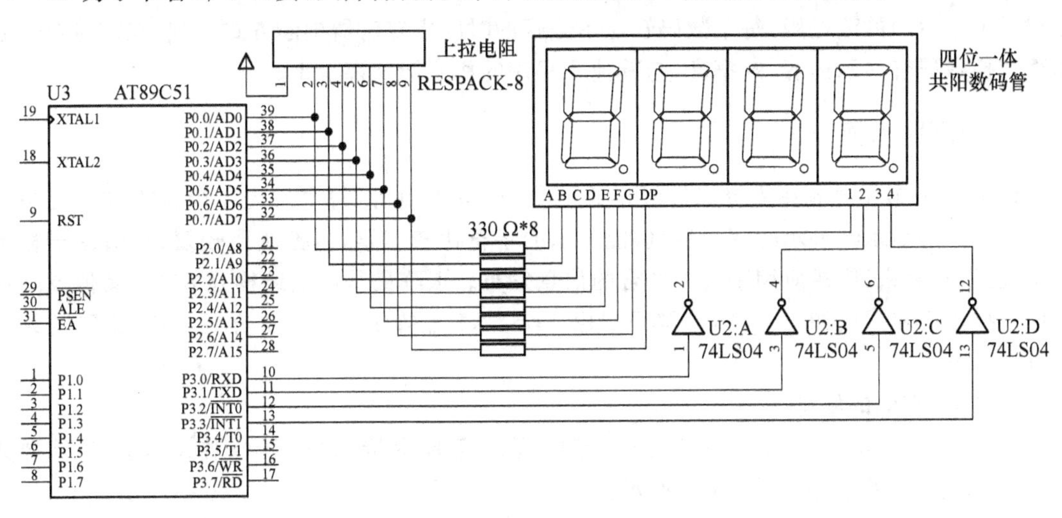

图 1-113　软件译码动态扫描电路

5. 数码管动态扫描子程序流程

采用动态扫描，轮流点亮各数码管的子程序流程如图 1-114 所示。图 1-114(a)是常规流程，每个数码管点亮后的延迟时间 $t=T/n$，其中 T 是扫描周期，n 是数码管个数，t 一般不低于 1 ms。为了不产生闪烁效果，扫描频率 $f=1/T$ 要大于 24 Hz，通常取 $f=50$ Hz，求得 $T=$ 20 ms。对于图 1-113 所示电路，1 ms$\leqslant t \leqslant$5 ms。另外要注意，在切换显示的数码管时可能会出现鬼影，要进行消隐，其方法是关闭所有数码管。

※ 数码管动态扫描的时候相邻数码管总会有同步显示的阴影，这叫作鬼影。

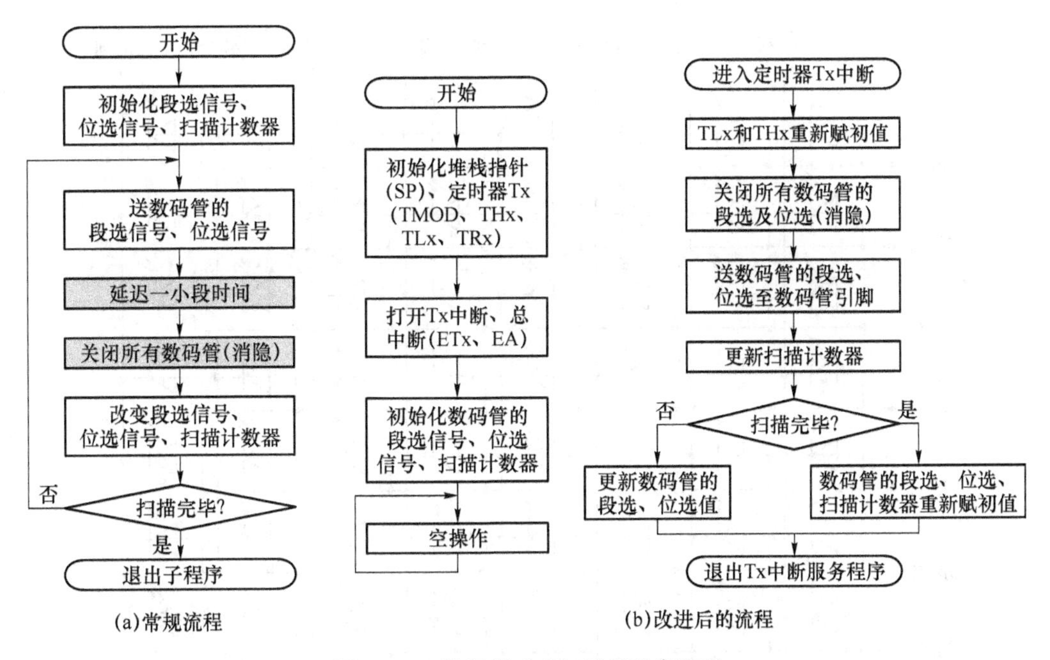

图 1-114　数码管动态扫描子程序流程

图 1-114(a)中，如果扫描周期过长(如 $T=20$ ms)，在显示期间，单片机不能再执行其他子程序，有可能会影响到系统运行效率。单片机要不停地反复调用扫描子程序，如果其他子程序

执行时间过长，也可能会造成扫描子程序不能被及时调用，从而影响显示效果。图 1-114(b)是对图 1-114(a)的改进版，每个数码管显示停顿的时间由定时器中断方式实现，在定时器中断里面切换数码管显示内容，效率高，与其他子程序的相互影响都很小。

1.7.3 LED 点阵

LED 点阵显示器指由发光二极管排成一个 $m\times n$ 的点阵，每个发光二极管构成点阵中的一个点。这种显示器显示的字形逼真，能显示的字符比较丰富，但控制比较复杂，适用于显示汉字、图形和表格，广泛应用于公共场合的信息发布。点阵最基本的结构是 8×8，其他点阵可以由它拼接而成。例如，16×16 点阵可以由 4 个 8×8 点阵组装。下文介绍 8×8 点阵的结构及其显示方式。

1. 8×8 点阵的结构

8×8 点阵由 64 个发光二极管按一定的规律组装拼接而成，其外观及焊接面引脚如图 1-115所示，等效电路如图 1-116 所示。

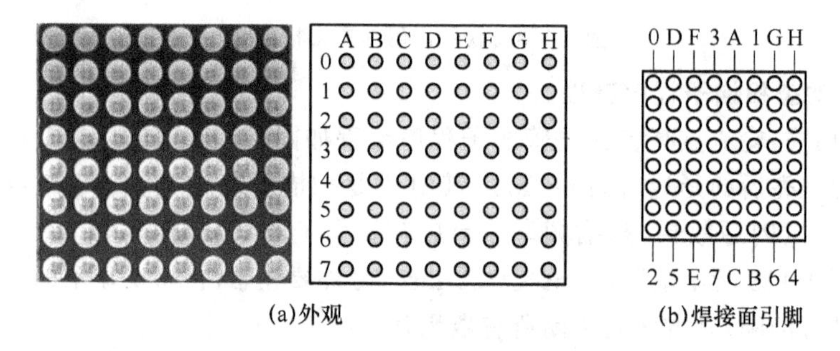

(a)外观　　(b)焊接面引脚

图 1-115　8×8 点阵的外观及焊接面引脚

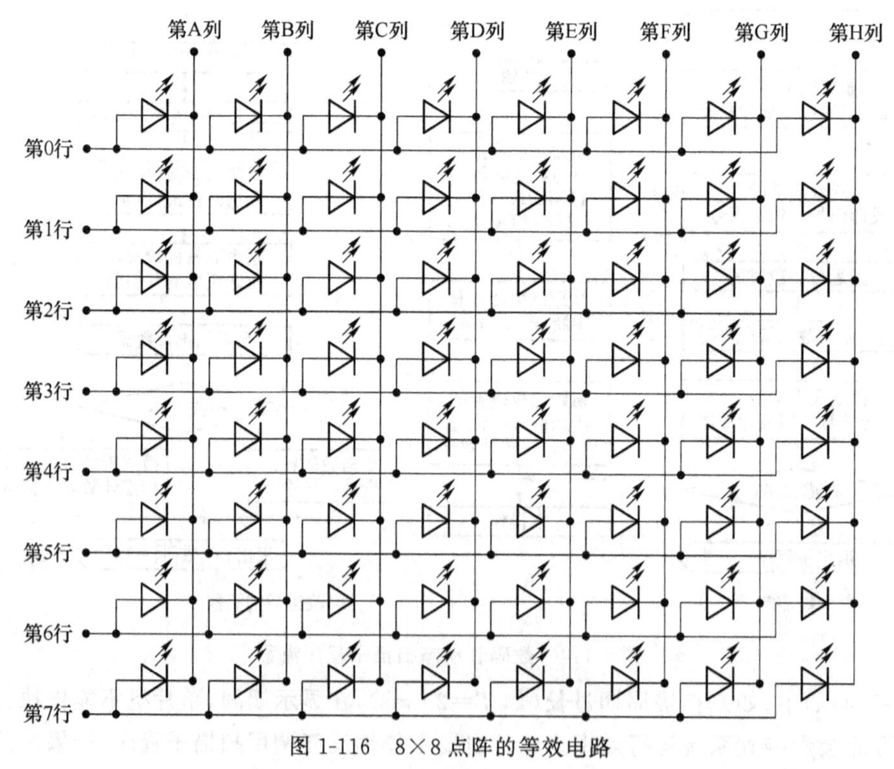

图 1-116　8×8 点阵的等效电路

2. 点阵的显示方式

由图 1-116 可知，如果只想点亮左上角的那个发光二极管(第 0 行、第 A 列)，要在第 0 行送高电平，第 1～7 行送低电平，第 A 列送低电平，第 B～H 列送高电平。但不能直接将＋5 V 电压加在发光二极管上，必须在行或者列接限流电阻。点阵有 3 种显示方式：点扫描、行扫描及列扫描。

(1) 点扫描

点扫描时，依次点亮要发光的二极管，每个二极管停顿一段时间。以显示图 1-117 所示“大”字为例，依次点亮 D_{0D}(第 0 行第 D 列的发光二极管)、D_{1D}、D_{2D}、D_{3A}、D_{3B}、…、D_{7A}、D_{7H} 这 19 个发光二极管。扫描频率必须大于 16×64＝1024 Hz，周期小于 1 ms 即可。点扫描没有充分利用点阵的结构，算法复杂，要显示动态内容时，存储的码表比较复杂，一般不采用。

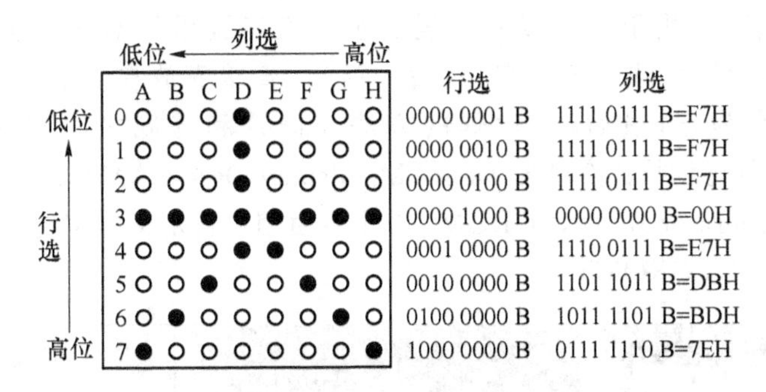

图 1-117　显示“大”字

(2) 行扫描

对比图 1-116 与图 1-110，可以发现：点阵同一行的 8 个发光二极管采用共阳接法。因此，可以把同一行的 8 个发光二极管看成 1 个共阳数码管进行控制，整个点阵看成 8 个共阳数码管，对其进行动态扫描，此方法称为行扫描。

以显示“大”字为例，扫描第 0 行时，在第 0 行送高电平，第 1～7 行送低电平；在第 D 列送低电平，其余 7 列送高电平。扫描第 1 行、第 2 行与第 0 行相同。扫描第 3 行时，在第 3 行送高电平，其余 7 行送低电平，8 列均送低电平。扫描其余 4 行的方法依此类推。行选不用存储码表，赋初值为 01H，换行时只要将其循环左移一位即可。

行扫描时，跟数码管一样，采用软件译码，在程序中储存一个控制列引脚(段选)的码表。如图 1-117 所示，假设第 H 列接并口的最高位，第 A 列接并口的最低位，以显示“大”字为例，存储的码表为：F7H、F7H、F7H、00H、E7H、DBH、BDH、7EH。

行扫描频率必须大于 16×8＝128 Hz，周期小于 7.8 ms，1 行停顿时间约为 1 ms，即可符合视觉暂停性要求。此外，一次驱动一行(8 个 LED)时须外加驱动电路提高电流，否则 LED 亮度会不足。

须要注意的是，行扫描时同一行的 8 个发光二极管看成 1 个共阳数码管，驱动电路要加在“数码管”的公共端，即行选择端；限流电阻要加在“数码管”的段选引脚，即列选择端。驱动电路、限流电阻及扫描程序的设计方法，可参考 LED 数码管显示技术。

(3) 列扫描

列扫描时，把同一列的 8 个发光二极管看成 1 个共阴数码管进行控制；整个点阵看成 8 个共阴数码管，对其进行动态扫描。列扫描的驱动电路、限流电阻及显示方法与行扫描相似。

1.7.4 LCD显示器

液晶是一种被动式的显示器，具有体积小、功耗低、抗干扰能力强等优点，通常有七段式液晶、点阵式字符液晶和点阵式图形液晶。

1. 1602字符液晶

1602是点阵式字符型液晶显示器(Liquid Crystal Display，LCD)，它可显示2行，每行16个字符(字母、数字、符号等)，每个字符由5×7的点阵组成。1602字符液晶外观及引脚如图1-118所示，图1-118(b)中，液晶背面两个黑色的是板上芯片(Chip On Board，COB)，俗称“牛屎芯片”，它通常是HITACHI(日立)公司的DH44780及其他公司的兼容芯片(如SEIKO EPSON公司的SED1278，SAMSUNG公司的KS0066，NER JAPAN RADIO公司的NJU6408)，用于控制液晶。板上芯片工艺过程包括三个步骤：首先，在基底表面用导热环氧树脂覆盖硅片安放点；然后，将硅片直接安放在基底表面，热处理至硅片可靠地固定在基底为止；最后，用丝焊的方法在硅片和基底之间直接建立电气连接。1602液晶有80字节显示数据存储器DDRAM(Display Data RAM)，192个常用字符发生器ROM(Character Generator ROM，CGROM)，8个可由用户自定义的字符发生器RAM(Character Generator RAM，CGROM)。

(a)正面照片

(b)背面照片

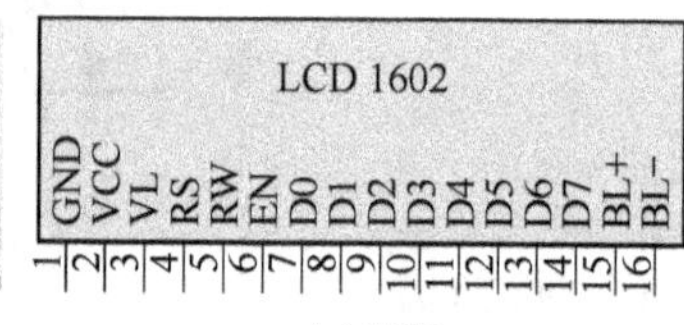

(c)引脚

图1-118 1602字符液晶外观及引脚

使用1602液晶时重点关注下面几个引脚。

第3脚：VL，液晶显示对比度调节端，此引脚接地时对比度最强，接正电源时对比度最弱，一般外接电位器用以调整对比度。

第4脚：RS，寄存器选择端，此引脚为高电平时，选择数据寄存器，对1602液晶进行数据字节的传输操作；为低电平时，选择指令寄存器，对1602液晶进行命令字节的传输操作。命令字节，指对1602液晶的一些工作方式作设置的字节；数据字节，指用以在1602液晶上显示的字节。

第5脚：R/W，读写选择端。此引脚为高电平可对1602液晶进行读数据操作；反之进行写数据操作。

第6脚：EN，使能(Enable)端，写操作时下降沿使能，读操作时高电平有效。

第7～14脚：8位并行数据口，D0是最低位，D7是最高位。

第15、16脚：背光正极和负极。第15脚接高电平，第16脚接低电平，1602液晶背光就亮。只要断开第15、16脚中的一个，1602液晶背光就不亮；无背光时，可以降低液晶的能耗。

1602液晶与单片机的接口电路如图1-119所示，单片机P0口接液晶的并行数据口，P2.0～P2.2分别接液晶的寄存器选择端、读写选择端和使能端，电位器R1输出的电压连接液晶的对比度调节端。当跳线J1的1、2脚短接时，液晶背光亮；断开跳线J1的1、2脚，背光受单片机P2.7引脚控制，P2.7输出低电平时，三极管Q1导通，液晶背光亮；反之无背光。

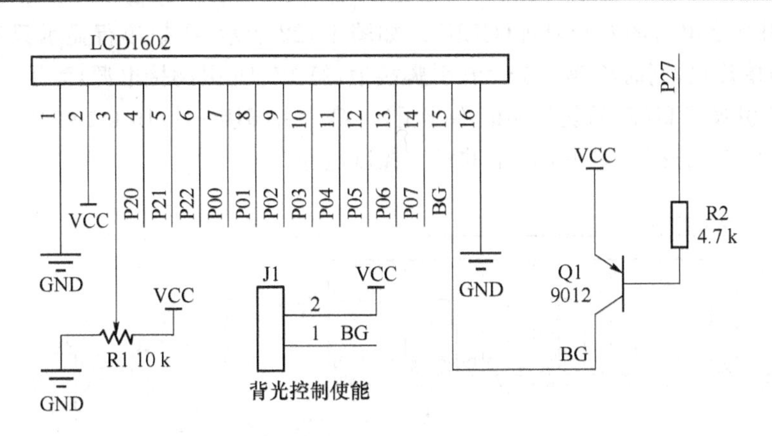

图 1-119　1602 字符液晶与单片机接口电路

2. 12864 液晶

1602 液晶只能显示简单的字符，如果要显示汉字及复杂图案，可以采用图 1-120 所示的 12864 液晶，12864 是 128×64 点阵液晶模块的点阵数简称。带中文字库的 12864 液晶是一种低电压、低功耗的点阵图形液晶显示模块，具有 4 位/8 位并行、2 线或 3 线串行多种接口方式，内部含有国标一级、二级简体中文字库；内置 8192 个 16×16 点汉字和 128 个 16×8 点 ASCII 字符集。利用该模块灵活的接口方式和简单、方便的操作指令，可构成全中文人机交互图形界面。根据写入内容的不同，可分别在液晶屏上显示 CGROM（中文字库）、HCGROM（Half size Character ROM、ASCII 码字库）及 CGRAM（自定义字库）的内容。

如图 1-120 所示，12864 液晶的第 1～14 引脚、第 19 和 20 引脚功能定义与 1602 液晶第 1～16 引脚一致，不再赘述，读者重点关注下面几个引脚。

第 15 引脚：PSB，通信模式选择引脚，输入高电平时，采用 8 位或 4 位并口方式；输入低电平时，采用串口方式。如果实际应用中仅适用并口通信方式，可将该引脚固定高电平。

第 16 引脚：NC，悬空。

第 17 引脚：RST，复位端，低电平有效。这里所说的低电平有效，并不是将第 17 引脚接地复位功能就可以使用，而是须要软件置低。模块内部接有上电复位电路，在不须要经常复位的场合可将该引脚悬空。

第 18 引脚：VOUT，液晶驱动电压输出端。

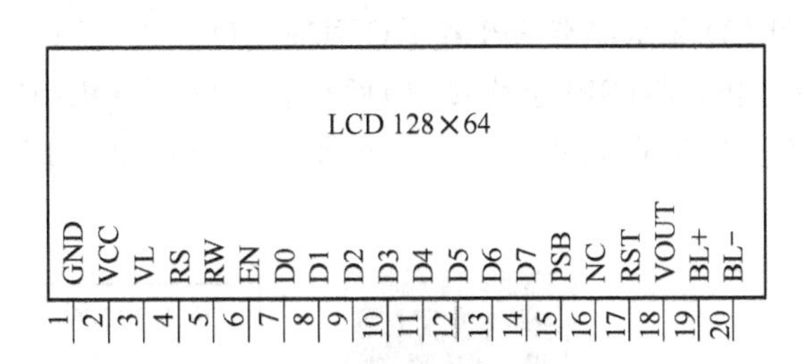

图 1-120　12864 中文字符液晶外观及引脚

12864 液晶与单片机接口的电路如图 1-121 所示，与图 1-119 的区别之处，就是单片机 P2.3～P2.5 接液晶的第 15～17 引脚。

12864 液晶串行显示时，第 4 引脚是串行的片选信号（CS），第 5 引脚是串行的数据口

(SID),第 6 引脚是串行的同步时钟(CLK)。如图 1-122 所示,要想串行显示只须将液晶第 4、5、6 引脚接到单片机,同时将第 1、15、20 引脚接地,第 17、19 引脚接电源,为了节省单片机 I/O 口,可将第 17 引脚置高(液晶复位功能不使用)。第 3 引脚接一个 10 kΩ 可调电阻以调节液晶的对比度,图 1-122 省掉了图 1-121 中的背光控制电路。

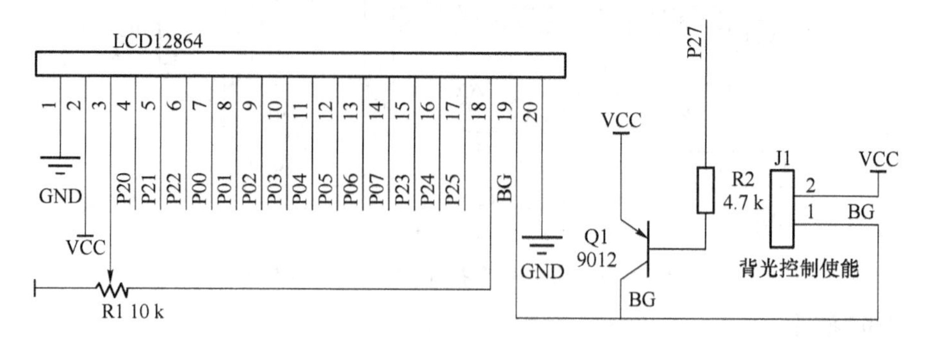

图 1-121　12864 液晶与单片机并行接口电路

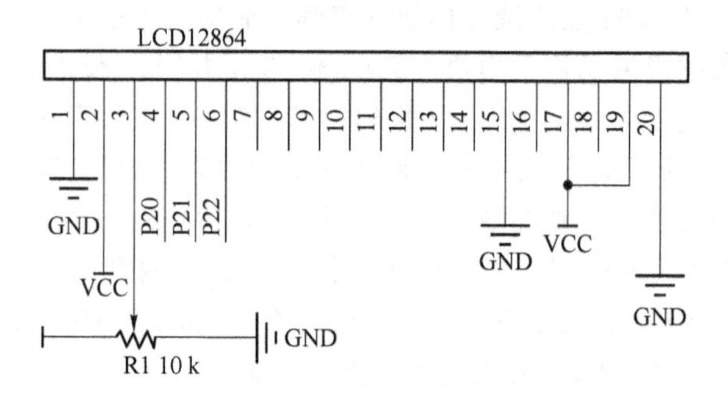

图 1-122　12864 液晶与单片机串行接口电路

1.7.5　OLED 显示器

有机发光二极管(Organic Light-Emitting Diode,OLED),又称有机电激光显示(Organic Electroluminesence Display),其最大优点是:速度快、温度宽、视角大、功耗低。OLED 具有自发光的特性,采用非常薄的有机材料涂层和玻璃基板,当电流通过时,有机材料就会发光。OLED 显示屏幕可视角度大,并且能够显著节省电能,具备许多 LCD 不可比拟的优势。

OLED 显示屏有 SPI 和 I^2C 两种接口方式,以 0.96 寸 OLED 为例,常见的有 4 脚(I^2C 总线接口)和 6 脚(SPI 总线接口)两种。0.96 寸 OLED 外观及引脚定义如图 1-123 所示,兼容 3.3 V 和 5 V 控制芯片的 I/O 电平,4 脚 OLED 的引脚定义与 6 脚 OLED 的前 4 引脚定义一致。

(a)正面照片　(b)SPI总线接口的引脚　(c)I^2C总线接口的引脚

图 1-123　0.96 寸 OLED 显示器外观及引脚

6 脚 OLED 的引脚定义如下。

第 1 脚:GND,电源地。

第 2 脚:VCC,电源正端,2.2～5.5 V。

第 3 脚:SCL(D0),CLK,串行时钟引脚。

第 4 脚:SDA(D1),MOSI,串行数据引脚。SPI 总线接口时,数据只能从主机(单片机)发向从机(OLED),从机不发送数据给主机,所以无 MISO 引脚。

第 5 脚:RES,复位端,低电平复位。

第 6 脚:D/C,数据/命令控制引脚。高电平时主机向 OLED 写数据,反之写命令。

1.8　模拟电路接口技术

单片机与模拟电路连接,通常离不开“对内翻译官”——模数转换器(ADC)及“对外翻译官”——数模转换器(DAC)。

1.8.1　模数转换器

A/D 转换器是进行数据采集的重要器件,它可将连续的模拟信号转换成二进制数。

从工作原理上看,常用 A/D 器件有双积分型和逐次逼近型等。双积分型的特点是速度慢,但抗干扰能力强;逐次逼近型的特点是速度较快,功耗低,在低分辨率(<12 位)时价格便宜,但高精度(>12 位)时价格很高。目前单片机片内集成的 A/D 通常是逐次逼近型的,以 10 位和 12 位为主。

※ 为了克服逐次逼近型 A/D 转换精度低的缺陷,可以利用其速度快的特点,在短时间内多次进行 A/D 转换,然后“掐头去尾”删除若干个最大值、最小值,再将剩余数据取平均,利用算术平均滤波法提高精度。

1. A/D 转换技术的质量指标

(1) 转换时间:完成一次转换所需的时间,它反映转换过程的快慢。对转换时间的要求并非越快越好,只要能满足整个微机系统的工作速度就可以。逐次逼近型 A/D 转换用时一般为 μs 级;双积分型 A/D 转换用时一般为 ms 级。

(2) 分辨率:数字输出量变化一个相邻数码所需的模拟输入量的变化值,采用式(1-18)求解。例如,假设参考电压 V_{REF} 为 5 V,输入的模拟电压转换后输出 8 位二进制数,则其分辨率为19.6 mV。分辨率也可以用输入二进制数的位数表示。

$$\Delta = \frac{V_{REF}}{2^n - 1} \tag{1-18}$$

注意,式(1-18)中的分母是 2^n-1,而不是 2^n。如图 1-124 所示,在总长度为 50 m 的路上,等距离种植 5 棵树,每棵树的间隔 Δ=总长度/(树的总量－1),即:Δ=50/(5－1)=12.5 m,每隔 12.5 m 有 1 棵树。如果认为 Δ=总长度/树的总量,即:Δ=50/5=10 m,每隔 10 m 有 1 棵树,显然是不对的。

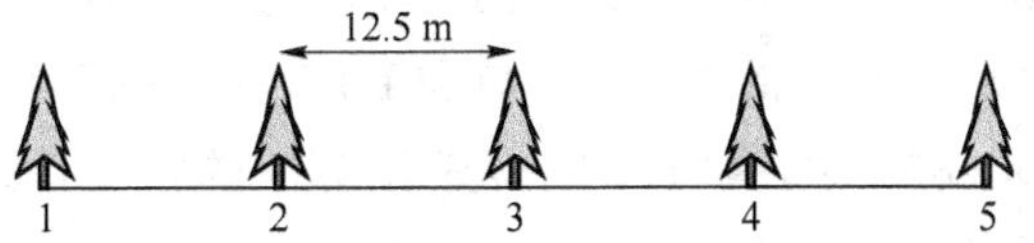

图 1-124　A/D 转换分辨率

※ 可以把转换时间看成是“翻译速度”，分辨率看成是“翻译准确度”。

2. 8位A/D转换器ADC0809

(1) ADC0809的主要性能指标

ADC0809是美国国家半导体公司(National Semiconductor，NS)生产的CMOS工艺8通道、8位逐次逼近式A/D转换器。其内部有一个8通道多路开关，它可以根据地址码锁存译码后的信号，只选通8路模拟输入信号中的一路进行A/D转换。转换时间为100 μs，工作温度范围是－40～＋85 ℃，功耗为15 mW，采用＋5 V单电源供电，转换的模拟电压范围是0～5 V。

(2) ADC0809与单片机的接口电路

ADC0809与单片机的接口电路如图1-125所示，设单片机系统的晶振频率为6 MHz，其地址锁存允许引脚ALE输出频率为1 MHz的信号经过D触发器2分频后送给ADC0809作时钟信号CLK。ADC0809的工作频率要求不高于640 kHz，通常采用500 kHz。单片机P0口输出的地址信号，经74LS373所存后，送给ADC0809的地址输入端，ADC0809在ALE引脚的下降沿锁存地址，START引脚的下降沿启动AD转换。AD转换结束，EOC(End of Convertion)引脚输出高电平，经非门反相后用于触发$\overline{\text{INT0}}$外部中断，让单片机可以在$\overline{\text{INT0}}$中断服务程序中读取AD转换结果。给ADC0809的OE(Output Enable)引脚输入高电平，D0～D7引脚即可输出模拟电压转换后的数字量。

假设要启动ADC0809，对IN0通道输入的模拟电压进行转换，ADDC、ADDB、ADDA应为000，即74LS373的A2、A1、A0为000，P0.2～P0.0应输出000。启动AD转换，START和ALE引脚要输入高电平脉冲，或非门两个输入端都应输入低电平脉冲，$\overline{\text{WR}}$=0，P2.7=0。因此，可以推导出IN0～IN7的地址是7FF8H～7FFFH。

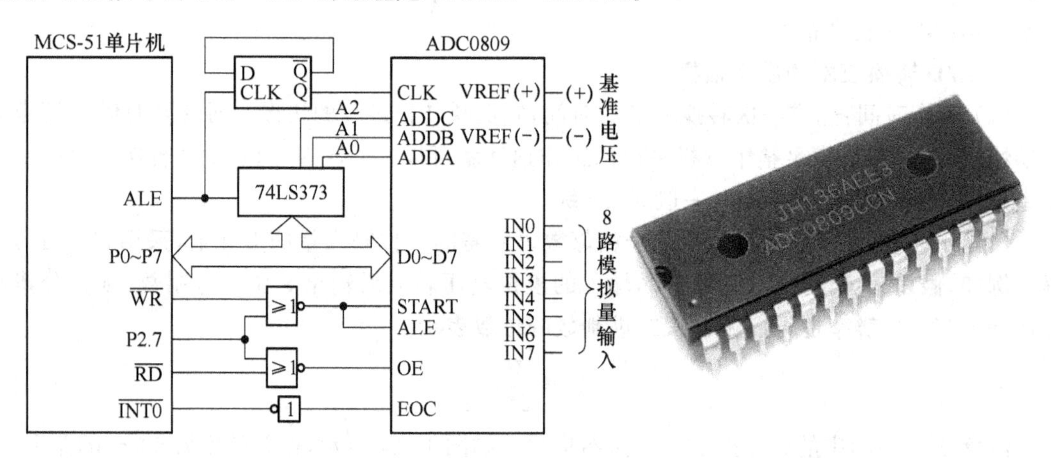

图1-125　ADC0809与单片机的接口电路

(3) 启动AD及读AD结果的核心程序代码

单片机启动ADC0809与读ADC0809转换结果的核心代码如图1-126所示。启动ADC0809时，执行一条写片外I/O的指令，P2口和P0口送出赋值给DPTR的地址，$\overline{\text{WR}}$引脚送出低电平脉冲。读ADC0809时，执行一条读片外I/O的指令，P2口和P0口送出赋值给DPTR的地址，$\overline{\text{RD}}$引脚送出低电平脉冲。

```
;启动AD
MOV DPTR, #7FF8H ;IN0的地址是7FF8H，P2.7=0，P0.2~P0.0=000
MOVX @DPTR, A ;写片外I/O，/WR引脚送出低电平脉冲，启动AD

;读AD转换结果
MOV DPTR, #7FF8H;读AD时ADC0809的地址，只要保证P2.7=0即可
MOVX A, @DPTR ;读片外I/O，/RD引脚送出低电平脉冲，读AD

unsigned char xdata byADC0809 _at_ 0x7FF8; //IN0的地址
unsigned char data byValue; //保存AD结果的变量
byADC0809=0;           //启动AD
byValue=byADC0809; //读AD转换结果
```

图1-126 单片机启动AD与读AD转换结果的核心代码

(4) 串行接口AD芯片

串行接口AD芯片可以节约微处理器的I/O口资源，简化硬件设计，因而被广泛采用。常见的12位串行A/D转换器有TLC2543(TI公司，三线制SPI总线)、MAX187/MAX189(三线制SPI总线)、MAX1202(SPI总线)和ADS10xx系列(I^2C总线)等。

ADS10xx系列的A/D转换器是由美国德州仪器(TI)公司推出的微型封装12位Σ－Δ型模数转换器，图1-127(a)是ADS1013/4/5引脚，它采用I^2C总线与CPU连接。与该系列相对应的有ADS11xx系列，其分辨率为16位。

图1-127(b)是美国国家半导体(NS)公司生产的一种8位分辨率、双通道逐次逼近型A/D转换芯片ADC0832，它具有体积小，兼容性强，性价比高的特点。

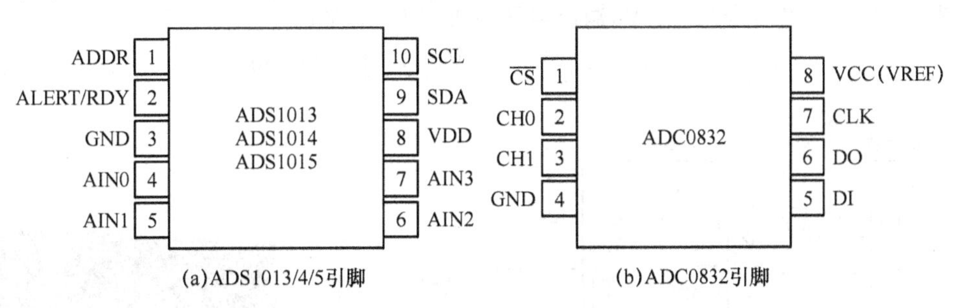

图1-127 串行接口AD芯片

(5) 片内带AD的单片机

而今，越来越多的制造商在生产的单片机中集成A/D转换器，以方便用户简化硬件设计，节约成本。例如，①宏晶公司生产的STC12C5A60S2单片机，片内带8路10位ADC，转换速度达到250 Kbit/s；②Atmel公司生产的AVR单片机Atmega128片内有8路10位ADC；③意法半导体公司生产的STM32F103VCT6片内有3路12位ADC；④AD公司推出的ADμC812片内集成8路12位高性能自校准ADC和2路12位DAC，ADμC816和ADμC824除了有12位DAC外，还分别包含16位和24位ADC。

1.8.2 数模转换器

(1) DAC0832的主要性能指标

DAC0832是美国NS公司生产的8位CMOS数模转换器，是DAC0830系列(DAC0830/

32)产品中的一种。其特点如下:①8 位并行 D/A 转换;②片内两级数据锁存,提供数据输入双缓冲、单缓冲和直通三种工作方式;③电流输出型,转换成电压须外接运放;④DIP20 封装,CMOS 低功耗器件,单电源(+5～+15 V,典型值+5 V)供电;⑤具有双缓冲控制输出;⑥参考电压 V_{REF}:-10～+10 V;⑦电流建立时间:1 μs。

(2) DAC0832 输出电流与输入数字量间的关系

DAC0832 输出电流 I_{OUT1} 与输入的数字量 $DI_{7\sim0}$ 之间的关系如式(1-19),数字量越大,输出电流越大。输出电流的具体值见式(1-20),其数值由参考电压 V_{REF} 和输入数字量 Digital Input 共同决定,与之成正比关系。DAC0832 输出电流 I_{OUT2} 由式(1-21)确定,它与 I_{OUT1} 之和为常数。

$$I_{OUT1}=\begin{cases}\text{max imum} & DI_{7\sim0}=\text{FFH}\\ 0 & DI_{7\sim0}=\text{00H}\end{cases} \tag{1-19}$$

$$I_{OUT1}=\frac{V_{REF}}{15\ \text{k}\Omega}\times\frac{(\text{Digital Input})_{10}}{256}\quad (R_{fb}=15\ \text{k}\Omega) \tag{1-20}$$

$$I_{OUT2}=\frac{V_{REF}}{15\ \text{k}\Omega}\times\frac{255-(\text{Digital Input})_{10}}{256}\quad (R_{fb}=15\ \text{k}\Omega) \tag{1-21}$$

$$I_{OUT1}+I_{OUT2}=\text{constant} \tag{1-22}$$

(3) DAC0832 与单片机的接口电路

DAC0832 需要电压输出时,可以简单地使用一个运算放大器连接成单极性输出形式。DAC0832 与单片机的接口电路如图 1-128 所示,采用单缓冲连接方式,输出部分运用电压并联负反馈,将 DAC0832 输出电流转换成电压。由式(1-23)可知,输出电压的极性与参考电压相反,图 1-128 参考电压采用-5 V,输出电压范围是 0～5 V。

$$V_{OUT}=-(I_{OUT1}\times R_{fb})=-\frac{V_{REF}\times(\text{Digital Input})_{10}}{256} \tag{1-23}$$

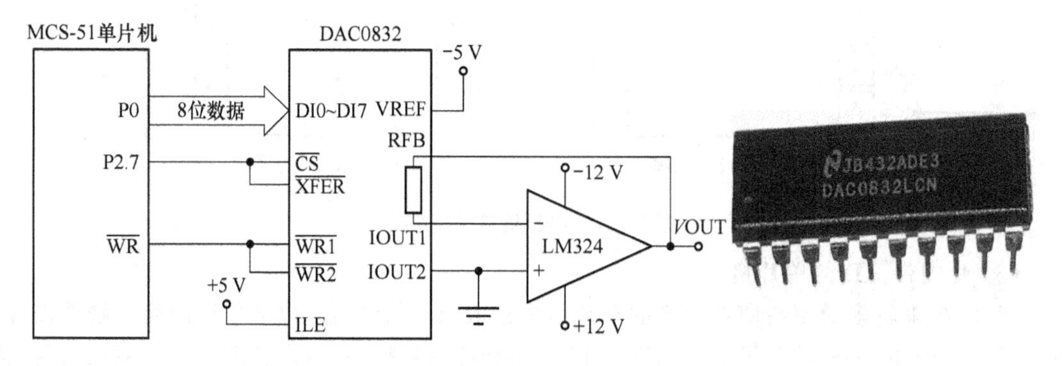

图 1-128 DAC0832 与单片机的接口电路

(4) DA 转换的核心代码

以图 1-128 电路为例,如图 1-129 所示,进行 DA 转换时,执行一条写片外 I/O 的指令,P2 口和 P0 口送出赋值给 DPTR 的地址,$\overline{WR}$和 P2.7 引脚送出低电平脉冲。此时 DAC0832 的 $\overline{CS}$、$\overline{XFER}$、$\overline{WR1}$和$\overline{WR2}$均输入低电平脉冲,即可将 P0 口输出数字量转换成电流,再由运放 LM324 变换成电压。

(5) 利用 DA 转换输出不同的波形

设利用图 1-128 所示电路,输出频率为 f,周期为 T 的下述几种波形。

① 方波:A=00H 和 FFH 交替变化,每次 DA 转换的间隔时间 $\Delta t=T/2$。

```
;启动DA的汇编指令
MOV DPTR, #7FFFH ;DAC0832的地址是7FFFH，P2.7=0，无关引脚为1
MOVX @DPTR, A ;写片外I/O，启动DA，将数字量A转换成输出电流

//启动DA的C51指令
unsigned char  xdata  byDAC0832 _at_ 0x7FFF; //DAC0832的地址
unsigned char data byValue;       //声明待DA转换的数字量
byDCA0832=byValue;               //启动DA
```

图 1-129　单片机启动 DA 的核心代码

② 锯齿波：A 初始化为 00H，每次 DA 转换后将其自加 1，转换间隔时间 $\Delta t=T/256$。

③ 三角波：A 初始化为 00H，DA 转换后先将其自加 1，加至 FFH 后，再自减 1，减至 00H 后，再自加 1，依此类推，转换间隔时间 $\Delta t=T/511$。

④ 正弦波：在程序中储存正弦波 AD 转换后的码表，设一个正弦波周期有 n 个点，定期将码表的值送去 DA 转换即可，转换间隔时间 $\Delta t=T/n$。

(6) 串行接口 DA 芯片

美国德州仪器(TI)公司生产的 TLV5616 是一个 12 位电压输出数模转换器(DAC)，带有灵活的 4 线串行接口，可以无缝连接 TMS320、SPI、QSPI 和 Microwire 串行口。

模拟器件(AD)公司生产的 AD5320 是单片 12 位电压输出 D/A 转换器，利用一个 3 线串行接口，时钟频率可高达 30 MHz，能与标准的 SPI、QSPI、MICROWIRE 和 DSP 接口标准兼容。

(7) 片内带 DA 的单片机

意法半导体公司生产的 STM32F103VCT6 片内有 2 路 12 位 D/A。

(8) 参考电压

不管是模数转换还是数模转换，其参考电压 V_{REF} 都很重要，它相当于秤杆的“秤砣”、天平的“砝码”。在精度要求高的场合，参考电压最好不要用电源直接提供，因为电源电压可能会有波动，特别是电池供电时；参考电压最好也不要通过电位器分压获得，哪怕是精密多圈电位器，其内部金属丝耐磨系数不高，容易坏，时间久了，也会松动，这都可能造成分压不准确。

参考电压最好采用基准电压源芯片，表 1-31 是 ADR42x 系列基准电压源芯片，它们为超精密、第二代外加离子注入场效应管(XFET)基准电压源，具有低噪声、高精度和出色的长期稳定特性，采用 SOIC 和 MSOP 封装。

表 1-31　ADR42x 系列基准电压源芯片

型号	输出电压 V_{OUT}(V)	初始精度		温度系数 (ppm/℃)
		mV	%	
ADR420	2.048	1，3	0.05，0.15	3，10
ADR421	2.50	1，3	0.04，0.12	3，10
ADR423	3.00	1.5，4	0.04，0.13	3，10
ADR425	5.00	2，6	0.04，0.12	3，10

第2章　开发单片机系统常用软硬件工具

本章介绍设计单片机系统常用的软硬件工具，包括Proteus仿真软件，Keil uVision编译软件，STC-ISP烧录软件，定时器/计数器软件，串口仿真、调试、分析软件，LED数码管、点阵、光立方字型码生成软件，单片机小精灵，反汇编工具，单片机仿真器及编程器等。

※ 学习单片机要“虚实结合，软硬兼施”。俗话说，“工欲善其事，必先利其器”，“好马配好鞍”，“什么样的师傅配什么样的工具”，好的软硬件工具能够帮助使用者加快开发速度。

2.1　Proteus仿真软件

1. Proteus软件简介

Proteus软件是英国Labcenter Electronics公司出版的电子设计自动化(Electronic Design Automation，EDA)工具软件，是目前最好的仿真单片机及外围器件的工具。它不仅具有其他EDA工具软件的仿真功能，还能仿真单片机及外围器件，将电路仿真和微处理器仿真进行协同。

Proteus的主要应用程序有两个：(1) ISIS(Intelligent Schematic Input System)——智能原理图输入系统，系统设计与仿真的基本平台；(2) ARES(Advanced Routing and Editing Software)——高级PCB布线编辑软件，PCB设计平台。

Proteus具有以下四个鲜明的特点：

(1) 互动的电路仿真

可以采用诸如LED/LCD、键盘、RS232终端等动态外设模型对设计进行交互仿真。

(2) 仿真处理器

可以仿真51系列、AVR、PIC、MSP430等常用主流单片机，ARM7 LPC系列嵌入式系统和8086微处理器，Cortex和DSP系列处理器。

(3) 仿真外围电路

可直接在基于原理图的虚拟原型上编程，再配合显示及输出，看到运行后输入输出的效果。配合系统配置的虚拟逻辑分析仪、示波器等，建立完备的电子设计开发环境。

(4) 支持的编译器

Keil uVision、IAR和MPLAB等。

2. Proteus软件应用举例

下文以图2-1所示的应用电路，并编写数码管显示程序为例，简要介绍Proteus 8.3软件的操作使用过程。

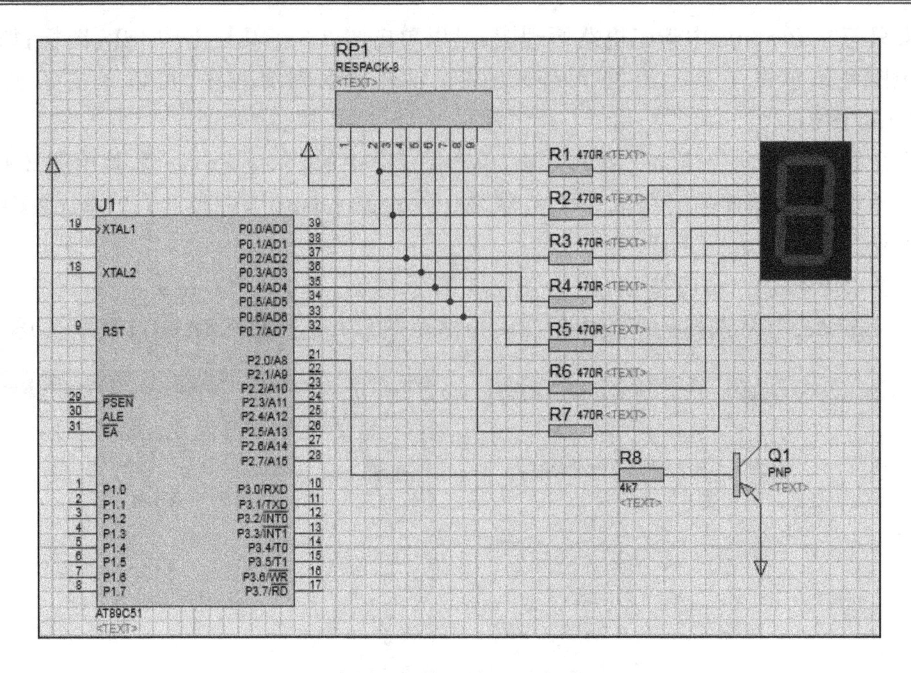

图 2-1　数码管显示电路

（1）打开 Proteus 软件，保存新建工程

双击计算机桌面如图 2-2 所示的 Proteus 8 Professional 图标或者单击屏幕左下方的【开始】|【所有程序】|【Proteus 8 Professional】|【ISIS 8 Professional】，进入如图 2-3 所示 Proteus 8 Professional 主页界面。

图 2-2　Proteus 8 Professional 可执行文件图标

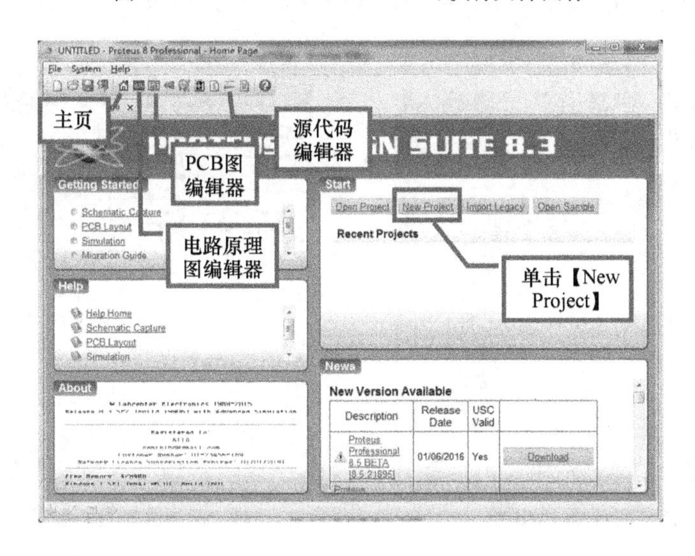

图 2-3　Proteus 主页界面

如果只想在 Proteus 中新建电路原理图，可以单击图 2-3 工具栏上的 ISIS 图标；如果想编辑 PCB 图，可以单击工具栏上的 ARES 图标；如果想编辑源程序，可以单击工具栏上的 Source Code 图标。

下面介绍用新建向导建立工程的方法，单击图 2-3 中的【New Project】，弹出图 2-4 所示新建工程向导窗口，给新建的工程取一个名称“MyProject. pdsprj”，并单击【Browse】按钮，选择其保存目录“D:\Destop\Test”。

单击图 2-4 中的【Next】按钮，进入图 2-5 所示界面，选择“Create a schematic from the selected template.”(从选择的模板中创建一个电路图)，并选择【DEFAULT】(默认)模板。

图 2-4　给新建工程取名称及保存路径

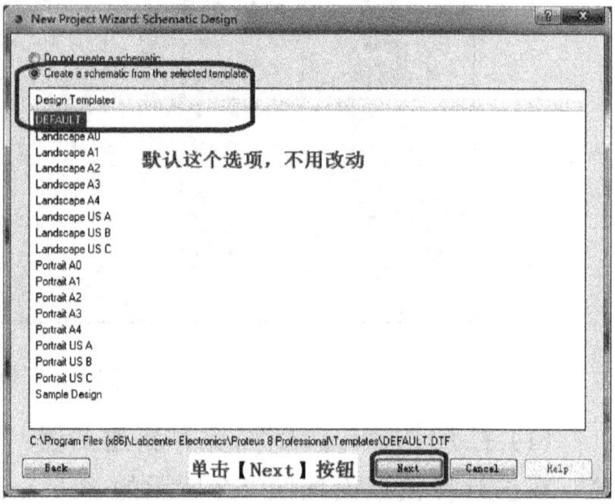

图 2-5　选择是否要画电路图

单击图 2-5 中的【Next】按钮，进入图 2-6 所示界面。如果不画 PCB 图，选择“Do not create a PCB layout.”；反之选择“Create a PCB layout from the selected template.”

单击图 2-6 中的【Next】按钮，进入图 2-7 所示界面。如果不想在 Proteus 中编写源程序，选择“No Firmware Project”；反之选择“Create Firmware Project”。本例中选择后者，在随后的 3 个下拉列表框中依次选择“8051”家族，“AT89C51”单片机及“Keil for 8051”编译器，并创建快速启动文件。

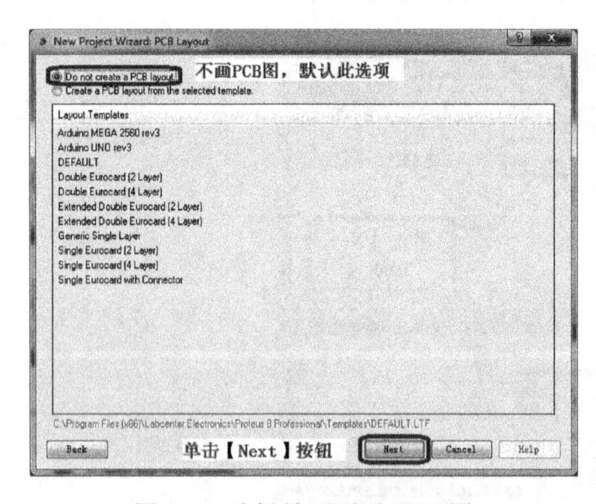

图 2-6　选择是否要画 PCB 图

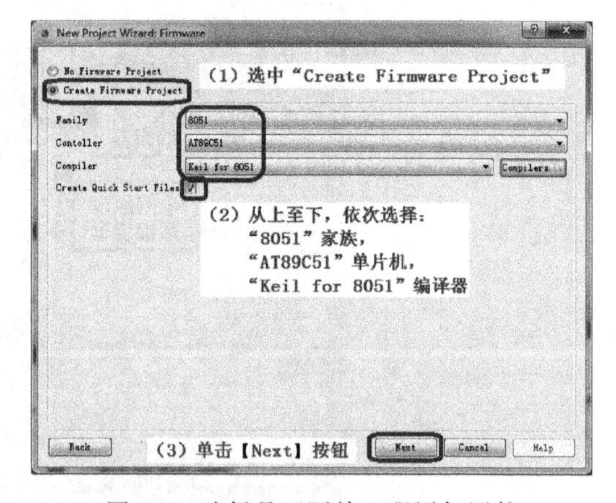

图 2-7　选择是否要给工程添加固件

单击图 2-7 中的【Next】按钮，可以看到图 2-8 所示的总结界面，显示：工程保存的路径及文件名称，要在工程中添加电路原理图和固件，但不画 PCB 图。

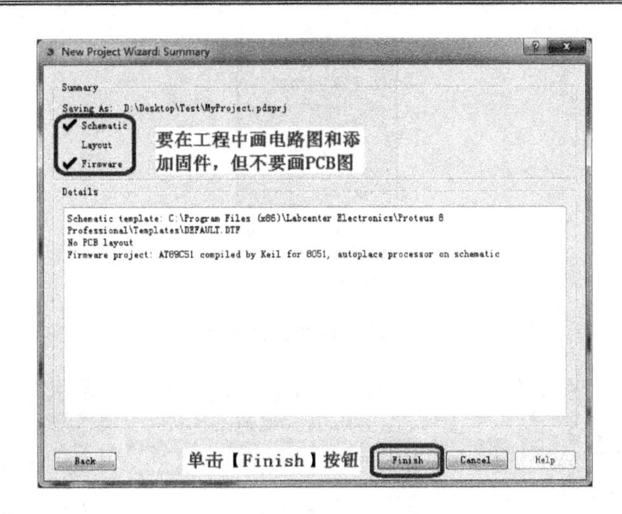

图 2-8 新建工程总结

单击图 2-8 中的【Finish】按钮，进入图 2-9 所示 Proteus ISIS 的工作界面。它是一种标准的 Windows 界面，包括：标题栏、主菜单、标准工具栏、绘图工具栏、状态栏、编辑窗口选项卡、对象选择按钮、预览对象方位控制按钮、仿真进程控制按钮、预览窗口、对象选择器窗口及图形编辑窗口。

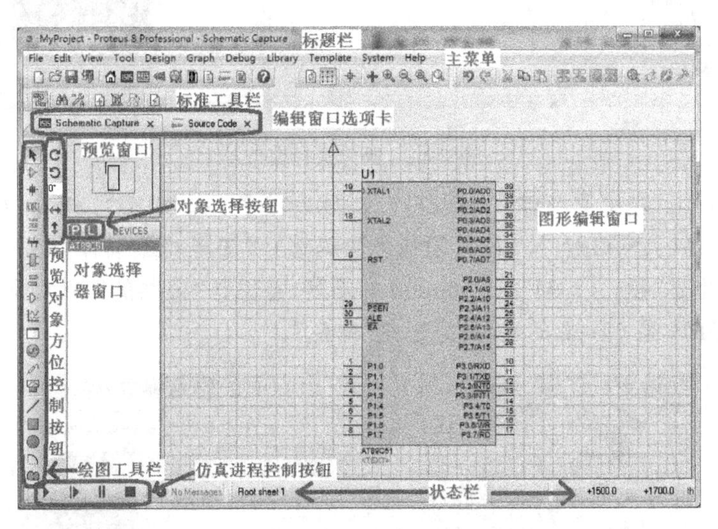

图 2-9 Proteus 的工作界面

(2) 将所需元器件加入到对象选择器窗口

① 单击图 2-9 左边“绘图工具栏”的元件模式按钮 ，进入器件选择状态。

② 如图 2-10 所示，单击对象选择器【P】按钮(P 是英文 Pick 的首字母)。

③ 弹出图 2-11 所示【Pick Devices】窗口，在“Keywords”栏输入关键字，例如“AT89C51”，系统在对象库中进行搜索查找，并将搜索结果显示在“Results”中。

在“Results”栏中的列表项中，单击“AT89C51”，右边器件预览区域会显示其仿真模型、PCB 封装；如果器件预览区域出现文字“No Simulator Model”，表示该器件无法进行仿真。

在“Results”栏中的列表项中，双击“AT89C51”，则可将“AT89C51”添加至对象选择器窗口(见图 2-9 或图 2-10)。上述新建工程时如果已经添加了 AT89C51，则可以不用再添加。

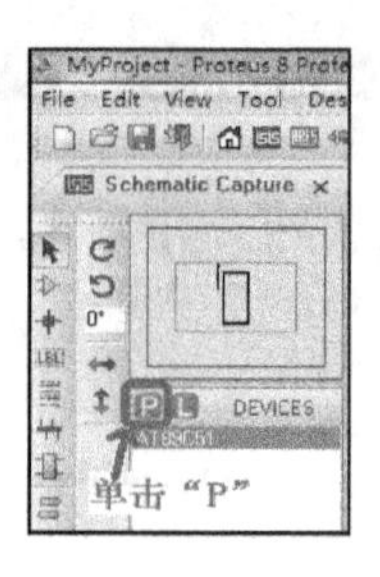

图 2-10　选择器件按钮

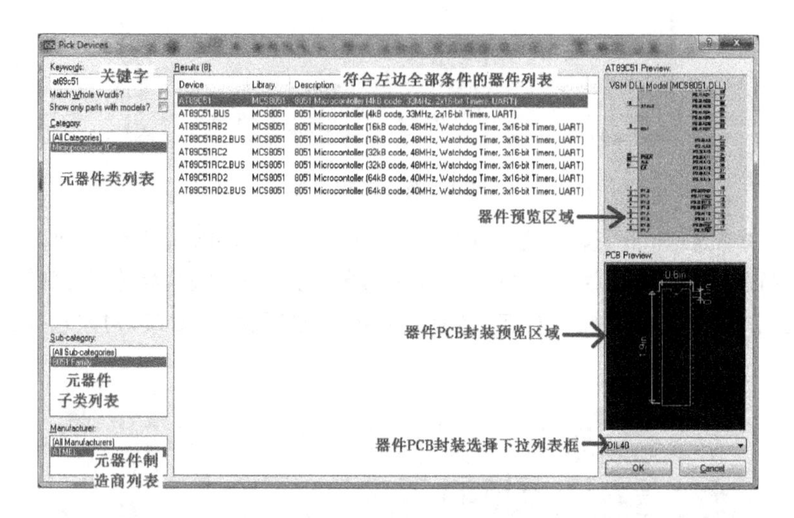

图 2-11　器件选择窗口

④在"Keywords"栏中重新输入"7SEG",如图 2-12 所示。双击"7SEG-COM-AN-GRN",则可将"7SEG-COM-AN-GRN"(7 段共阳绿色数码管)添加至对象选择器窗口。SEG 是 Segment 的缩写,意思是"段";COM 是 Common 的缩写,意思是"公共的";AN 是 Anode 的缩写,意思是"阳极";GRN 是 Green 的缩写,意思是"绿色"。

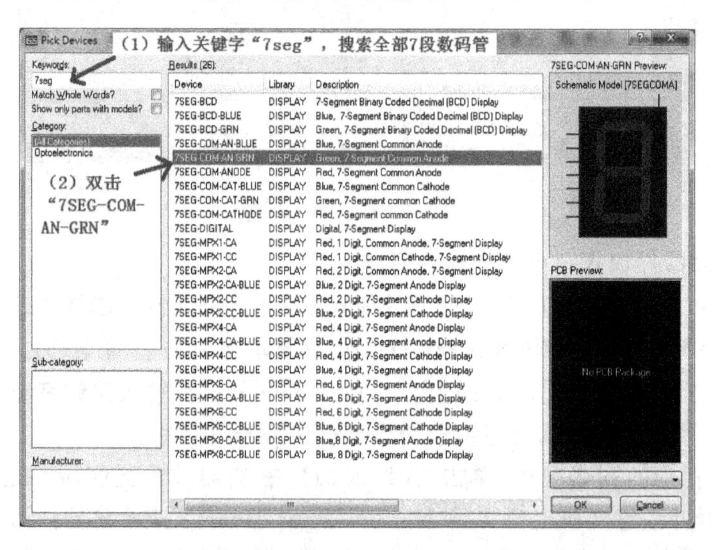

图 2-12　选取数码管

⑤图 2-11 和图 2-12 介绍的是通过关键字挑选元器件，在不知道元器件名称的情况下也可通过图 2-13 所示的方式选择。如要挑选 470 Ω 的电阻，先清空“关键字”输入框，单击“类别”中的“Resistors”，再单击子类别中的“0.6W Metal Film”，在右边的结果中手动搜索 470 Ω 的电阻“MINRES470R”，并双击添加至对象选择器窗口。

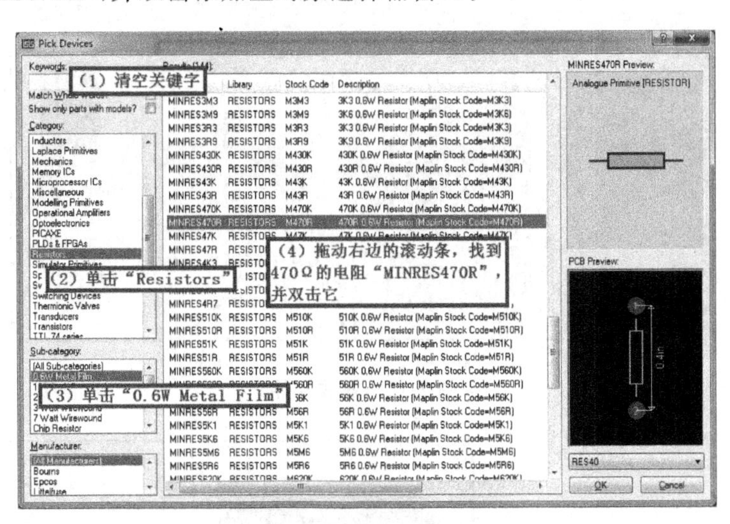

图 2-13　选取 470 Ω 电阻

按上述方法，继续在【Pick Devices】窗口添加另外 3 个器件：4.7 kΩ 电阻“MINRES4K7”、排阻“RESPACK-8”、PNP 三极管“PNP”。在对象选择器窗口中，已有了实验所需的 6 个元器件对象。如图 2-14 所示，分别单击 7SEG-COM-AN-GRN 和 PNP，在预览窗口中，可见到各自对应的器件电路符号。

(3) 放置元器件至图形编辑窗口

在对象选择器窗口中，选中 AT89C51，将鼠标置于图形编辑窗口该对象摆放位置，单击，该对象被完成放置。同理，将 7SEG-COM-AN-GRN、7 个 MINRES470R、MINRES4K7、RESPACK-8 和 PNP 放置到图形编辑窗口中，得到如图 2-15 所示界面。

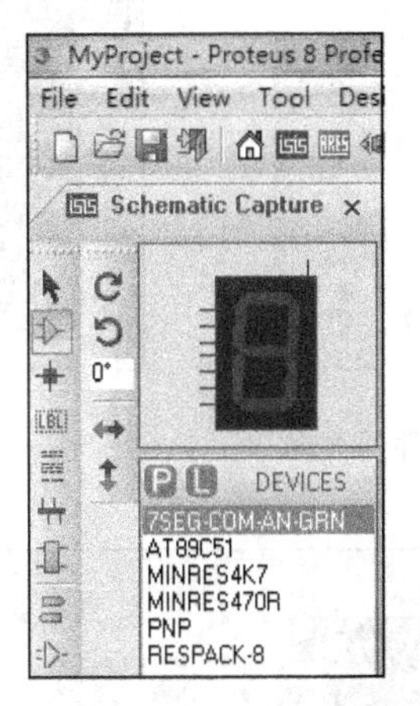

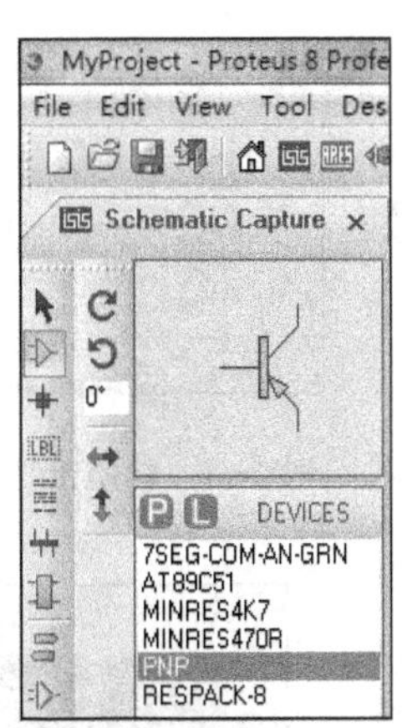

图 2-14　预览元器件

如果要转动元器件的方向，如图 2-16 所示，右击要转动方向的器件，在弹出的子菜单中选择转动方式即可。

若须要移动对象位置，将鼠标移到该对象上，单击鼠标左键，该对象的颜色会变至红色，如图 2-17 所示，表明该对象已被选中。按下鼠标左键，拖动鼠标，将对象移至新位置后，松开鼠标，完成移动操作。

移动元器件的另一种方法，如图 2-18 所示，右击元器件，在弹出的菜单中选择“Drag Object”，此时鼠标变成右边所示形状，移动鼠标至新位置，再单击鼠标左键。

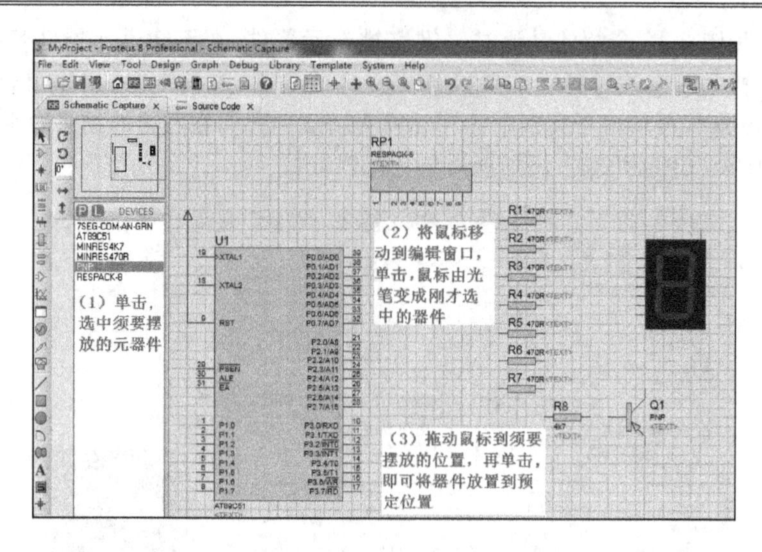

图 2-15　摆放器件

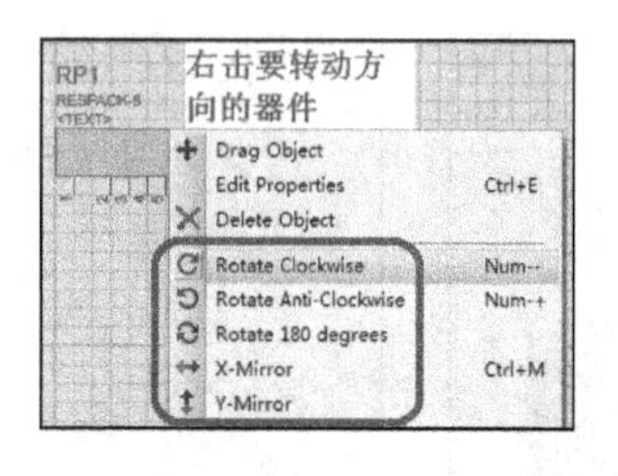

图 2-16　转动元器件的方向

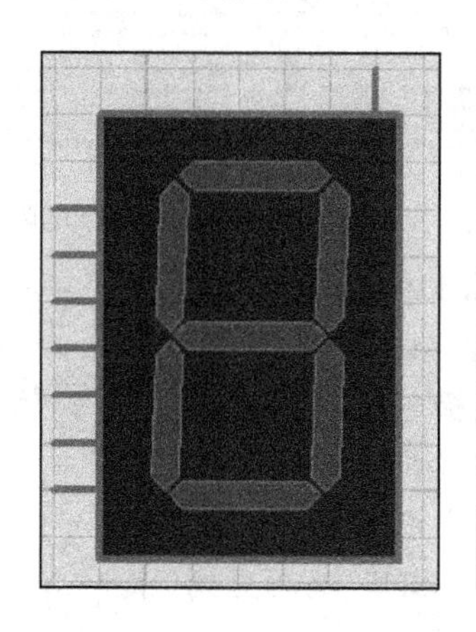

图 2-17　移动元器件

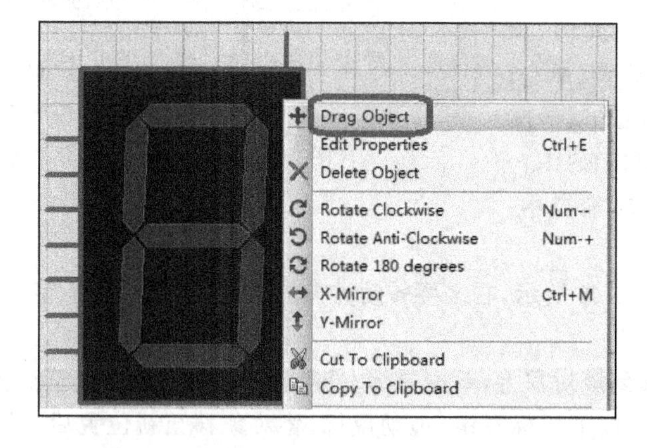

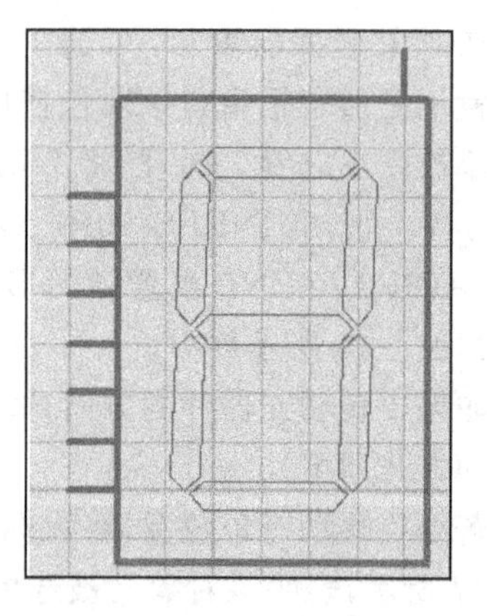

图 2-18　移动元器件的另一种方法

(4) 元器件与电源的连线

如图 2-19 所示，单击左边绘图工具栏上的【Terminal Mode】(终端模式)按钮，在对象选择器窗口中，单击 POWER 器件。跟摆放上述器件一样，把电源器件放置到电路图中。

注意：不要将电源直接触碰排阻公共端或 PNP 三极管发射极，此时两者虽然靠在一起，但实际仿真时并没有连接。

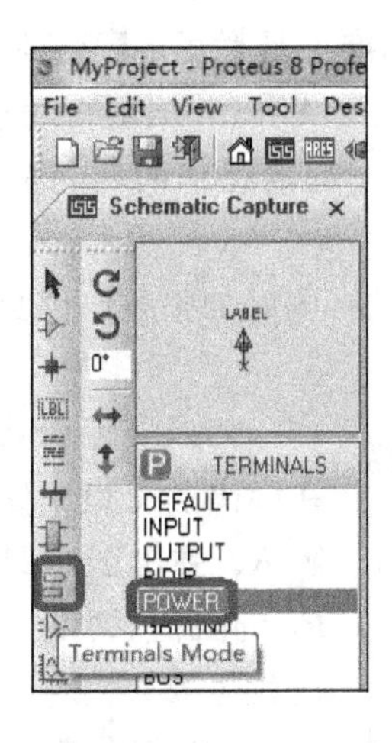

图 2-19　添加电源

至此，如图 2-20 所示，全部元器件已添加、摆放完毕，并为连线方便调整了方向。

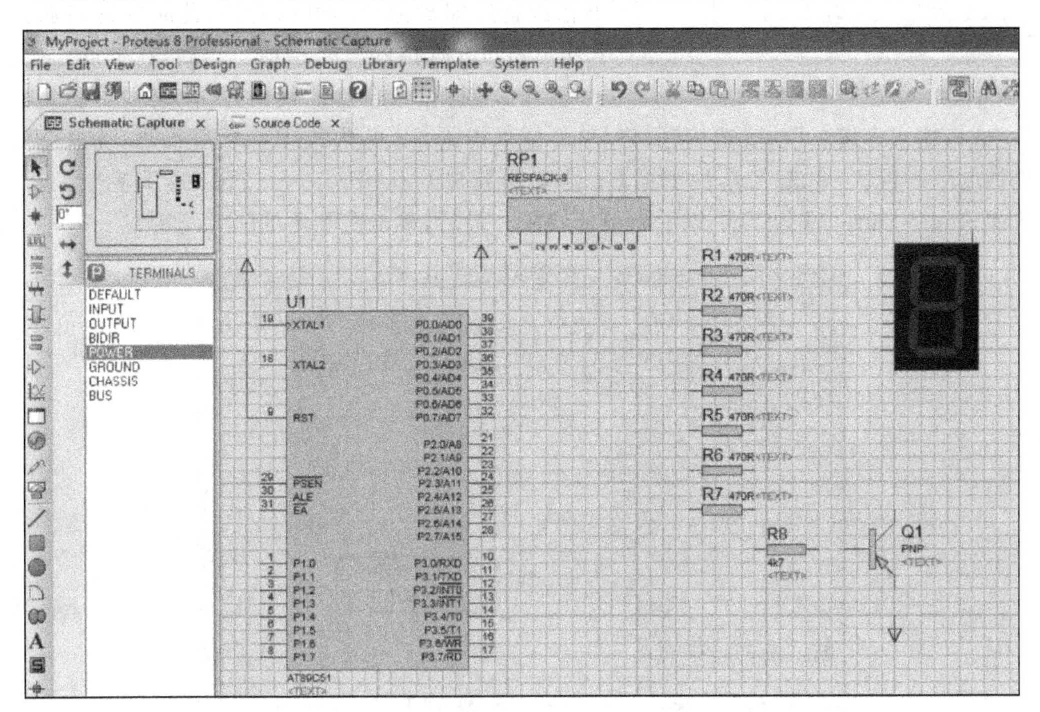

图 2-20　添加、摆放完毕全部元器件

(5) 元器件之间的连线

Proteus 的智能化可以在操作者想要画线的时候进行自动检测。当鼠标指针靠近排阻 RESPACK-8 的第 2 脚时，跟着鼠标的指针变成一支绿色的笔，表明找到了 RESPACK-8 第 2 脚的连接点。单击鼠标左键，移动(不是拖动)鼠标，此时笔的颜色由绿变白，将鼠标指针靠近 AT89C51 的第 39 脚，即 P0.0 时，跟着鼠标的指针又会变成一支绿色的笔，表明找到了 AT89C51 的连接点，同时屏幕上出现粉红色的连接线。单击鼠标左键，粉红色的连接线变成深绿色，同时，线形由直线自动变成90°的折线，这是因为系统默认选中线路自动路径功能。

Proteus具有线路自动路径功能（简称WAR），当选中两个连接点后，WAR将选择一个合适的路径连线。WAR可通过使用标准工具栏里的【WAR】命令按钮来关闭或打开，也可以在菜单栏的【Tool】（工具）下找到Wire Autorouter（自动连线）这个图标。

同理，可以完成其他连线。在此过程的任何时刻，都可以按ESC键或者单击鼠标的右键来放弃画线。

至此，便完成了整个电路图的绘制，画好的整机电路见图2-1。

（6）编辑元件属性

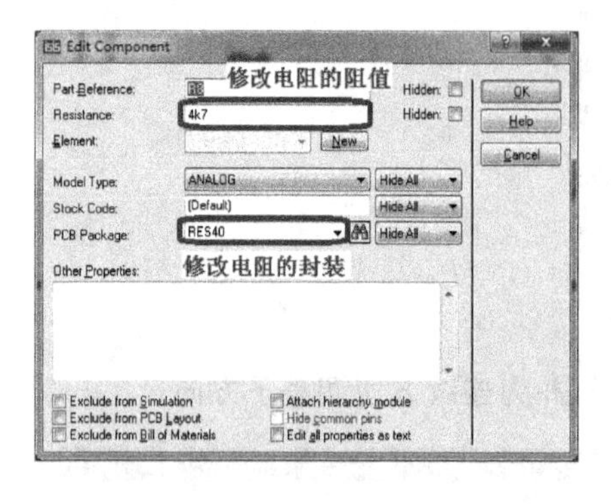

图2-21 修改电阻的参数

如果要编辑某一元件的属性，只须双击该元器件，在弹出的窗口中修改参数。例如，双击图2-20中的电阻R_8，弹出图2-21所示窗口，在该窗口中可修改电阻R_8的阻值、封装等主要参数，修改完毕，单击【OK】按钮就生效。

（7）编写单片机程序

如图2-22所示，首先，单击【Source Code】选项卡，激活源程序编辑窗口。可以看到，此时的窗口布局与Keil uVision软件的风格相似。然后，在main.c文件的第15、16行加入自己的代码，此代码的功能是在单片机P0口输出字符“0”的段选信号，将P2.0置低电平，以使得PNP三极管导通，为共阳数码管提供电流。再次，单击工具栏上的【重建工程】（Rebuild Project）按钮，编译整个工程，在【VSM Studio Output】窗口，可以看到编译结果。最后，单击左下角的【运行】按钮。

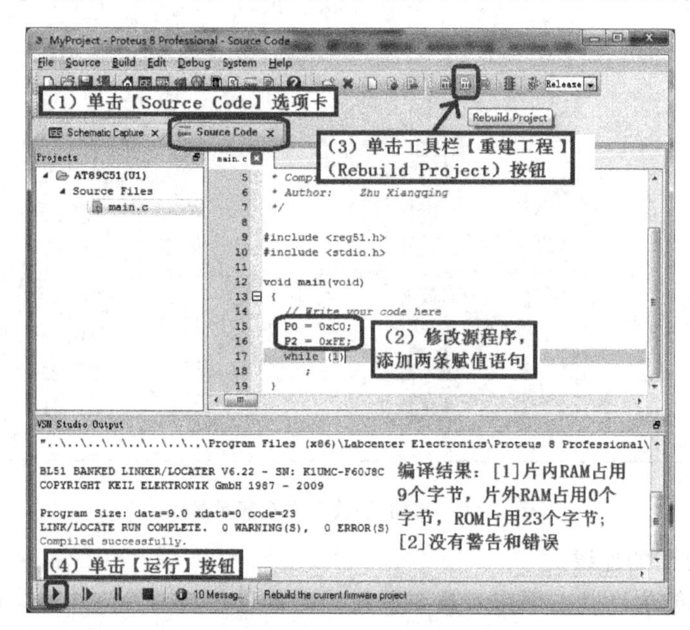

图2-22 编辑单片机源程序

此时，如图2-23所示，系统会自动将【Schematic Capture】窗口切换为主窗口，显示程序运行效果：数码管显示字符“0”。出现蓝色小方块的引脚，意为低电平；出现红色小方块的引脚，意为高电平；出现灰色的小方块（如P0.7引脚），意为高阻态。

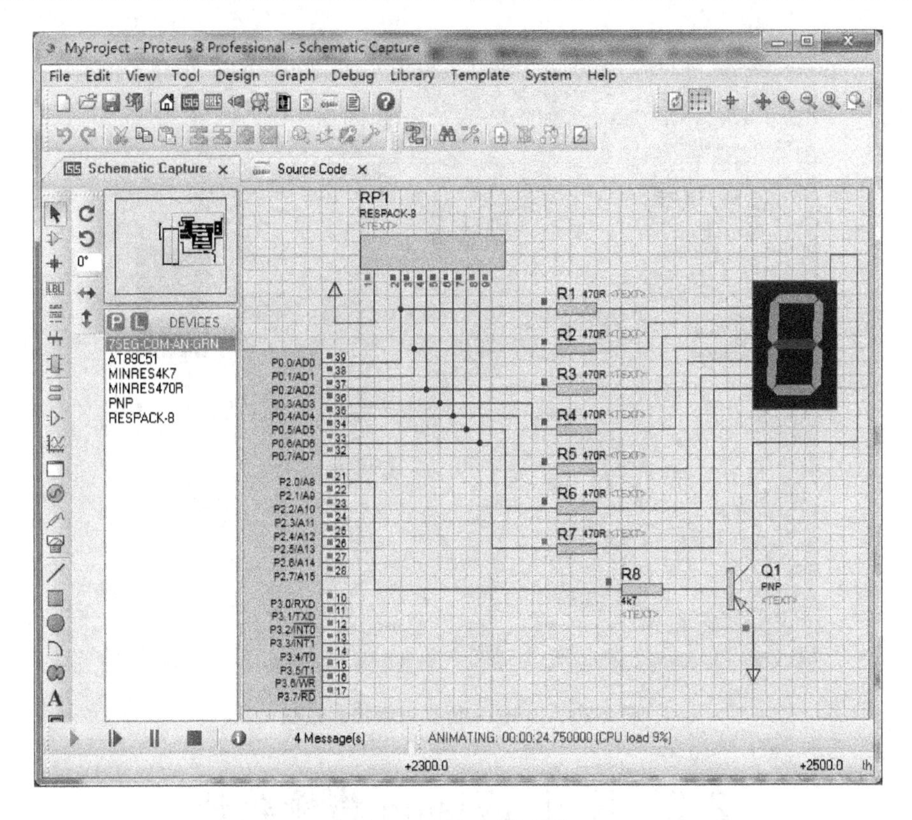

图 2-23　仿真效果图

(8) 将 Keil uVision 编译生成的机器码下载到 Proteus 中的单片机

习惯使用 Keil uVision 软件编程的使用者，仍然可以用它编写单片机程序，编译生成单片机的可执行文件 *. hex，然后将其加载至 Proteus 工程的单片机，观察仿真效果。

其方法是：在 Proteus 工程里面，双击单片机，弹出图 2-24 所示的【Edit Component】窗口，在“Program File”中选择 Keil uVision 软件编译生成的机器码文件“MyProject. hex”，再单击【OK】按钮。

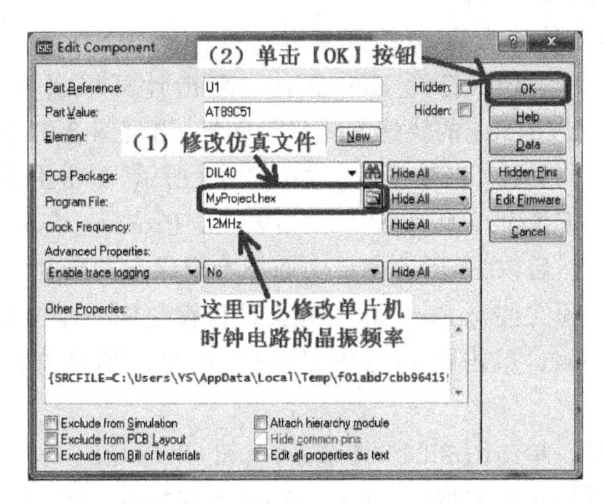

图 2-24　Proteus 中加载 Hex 文件的方法

然后再单击图 2-25 中 Proteus 里的【运行】按钮，即可让单片机执行 Keil uVision 软件编译的机器码文件“MyProject. hex”，使单片机显示字符“1”。

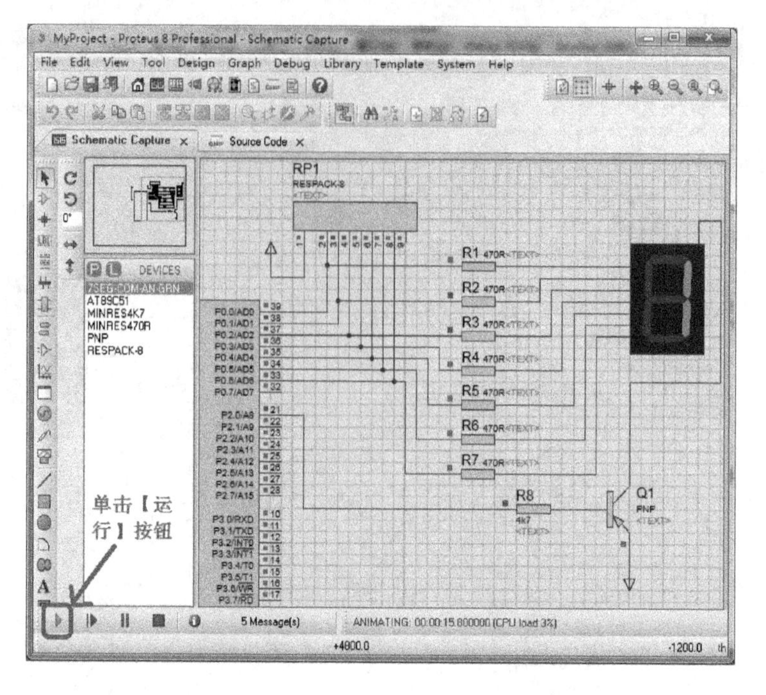

图 2-25 Proteus 仿真进程控制按钮

2.2 Keil uVision 编译软件

1. Keil uVision 软件简介

Keil uVision 是德国知名软件公司 Keil 开发的基于 80C51 内核的微处理器软件开发平台，是目前最流行的 51 单片机开发工具软件，各仿真器厂商都宣称全面支持 Keil uVision 的使用。Keil uVision 集成开发环境包括：C51 编译器、宏汇编、连接器、库管理和一个功能强大的仿真调试器。

2. Keil uVision 软件应用举例

下文以 Keil uVision4 软件为例，介绍其使用过程。

图 2-26 Keil uVision4 启动图标

（1）打开 Keil 软件。双击计算机桌面上如图 2-26 所示 Keil uVision4 的快捷方式启动图标，出现图 2-27 所示主界面。

（2）新建工程。如图 2-28 所示，单击主菜单【Project】，在出现的下拉菜单中选择“New uVision Project…”，弹出图 2-29 所示的窗口。然后，在弹出的窗口中选择希望保存的路径（建议将 Keil uVisron 工程文件与 Proteus 工程文件保存在同一个文件夹中），在“文件名”中输入项目名称，如 MyProject，单击【保存】按钮，则会在自己所选择的路径上建立项目文件“MyProject. uvproj”。

（3）选择单片机型号。单击图 2-29 的【保存】按钮，出现如图 2-30 所示界面，这个对话框要求选择目标 CPU（即所用芯片的型号），Keil uVision 支持的 CPU 很多，选择 Atmel 公司的 AT89C51 芯片，与 Proteus 中的单片机一致。

单击图 2-30 中 Atmel 前面的“＋”号，展开该层，选择图 2-31 中的 AT89C51，然后再单击

【OK】按钮。此时会弹出图 2-32 所示提示框，询问是否复制标准的 8051 启动代码到工程文件夹并添加进工程，一般情况下选择【否】。

(4) 输入源程序。回到如图 2-33 所示主界面，此时，在工程窗口的文件页面中，出现了“Target 1”，前面有“+”号，单击“+”号展开，可以看到下一层的“Source Group1”，这时的工程还是空的，里面什么文件也没有。

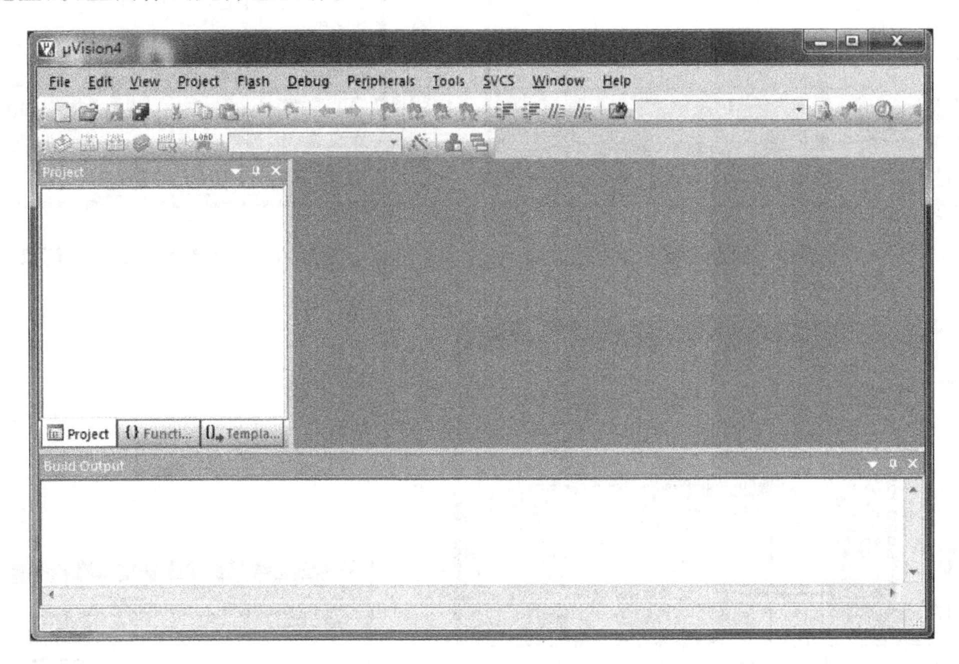

图 2-27　Keil uVision 主界面

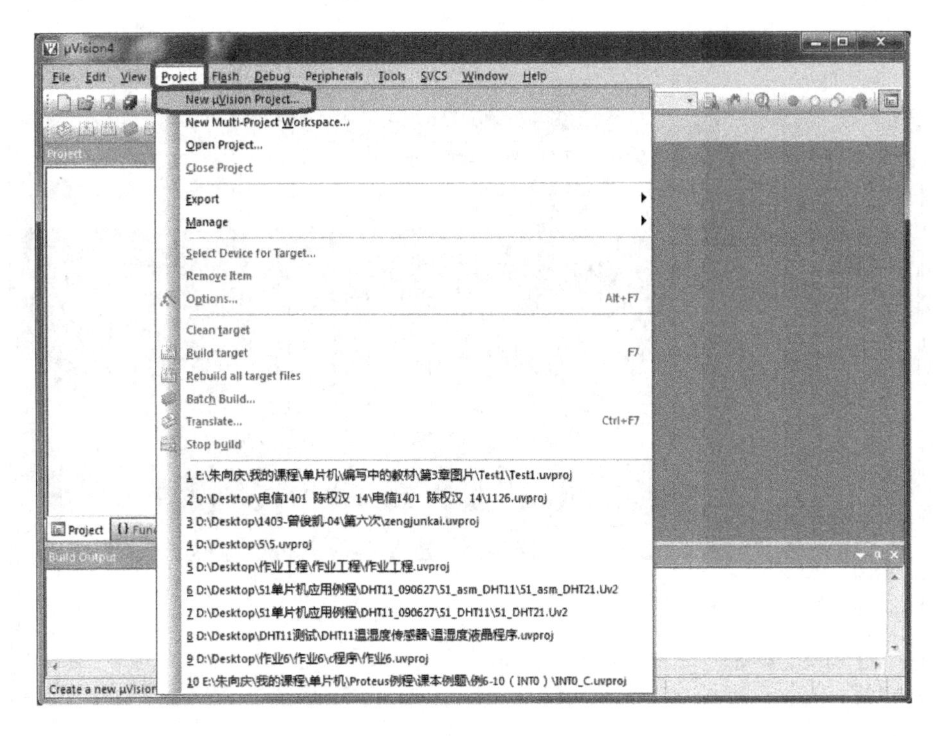

图 2-28　新建工程

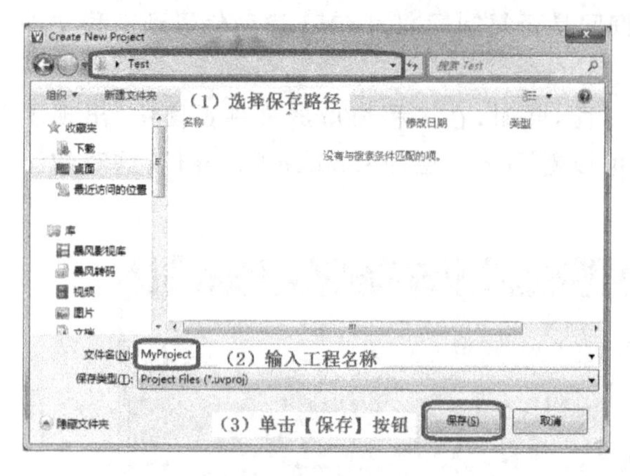

图 2-29　保存工程

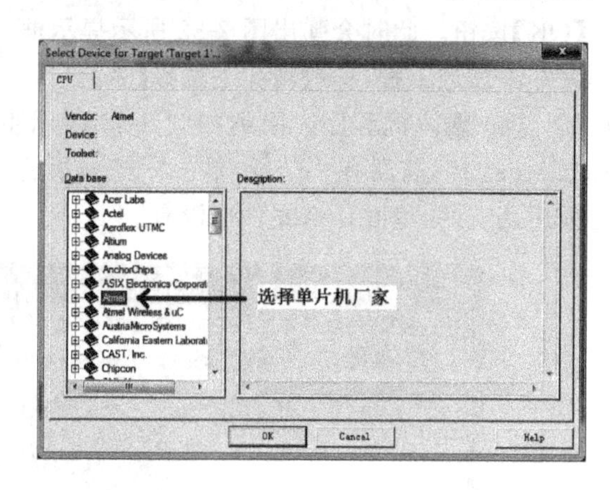

图 2-30　选择单片机的生产厂家

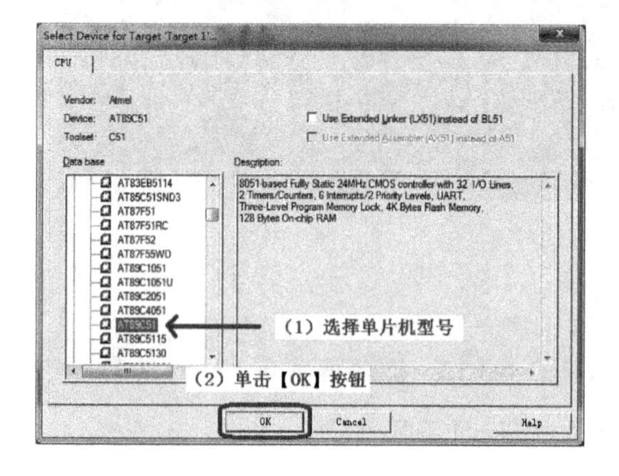

图 2-31　选择单片机的具体型号

图 2-32　添加启动代码

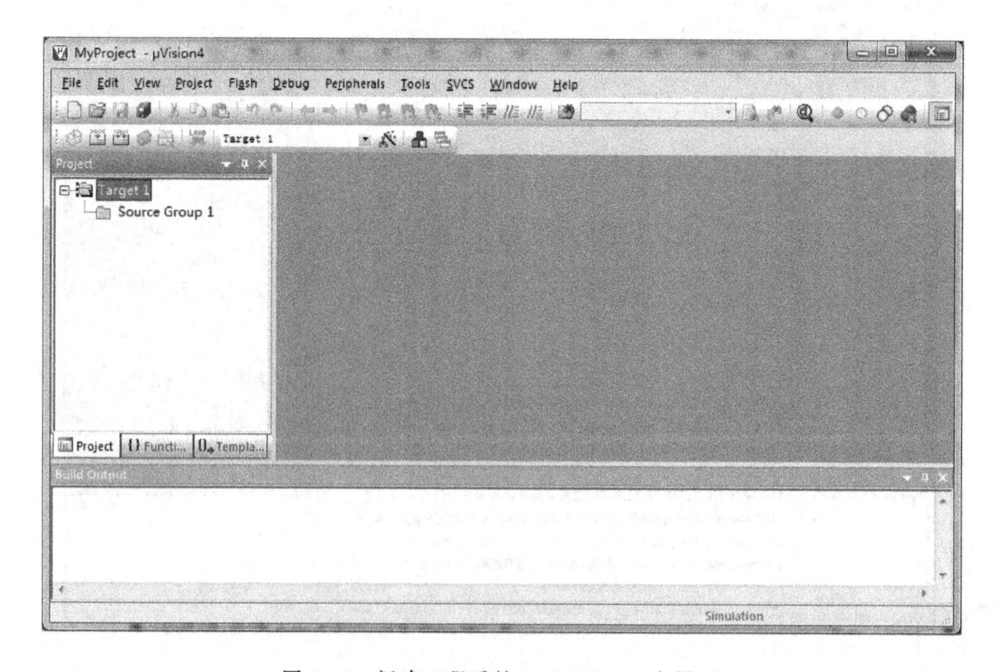

图 2-33　新建工程后的 Keil uVision 主界面

如图 2-34 所示，单击工具栏左上角的新建文件图标（也可以单击主菜单【File】，在出现的子菜单中选择“New”），在其中输入 C51 或汇编程序。然后，单击工具栏左上角的保存图标，弹出图 2-35 所示对话框，将文件保存到自己所选择路径下的文件夹。如果是 C51 语言设计的程序，将文件保存为“ *. c”；如果是汇编语言设计的程序，则将文件保存为“ *. asm”

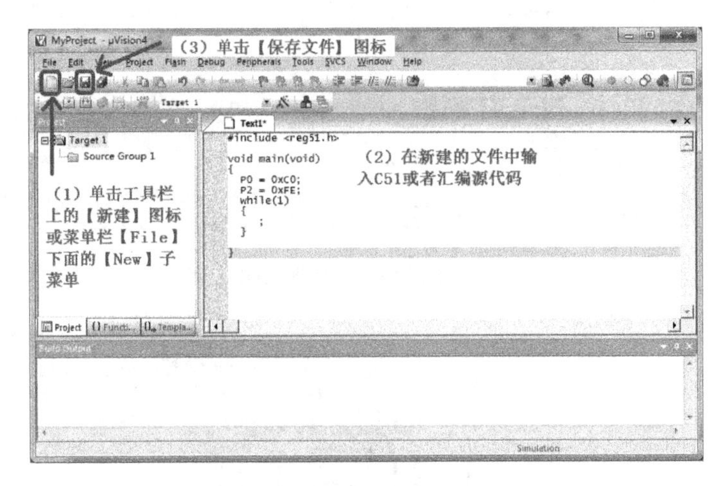

图 2-34　输入源程序

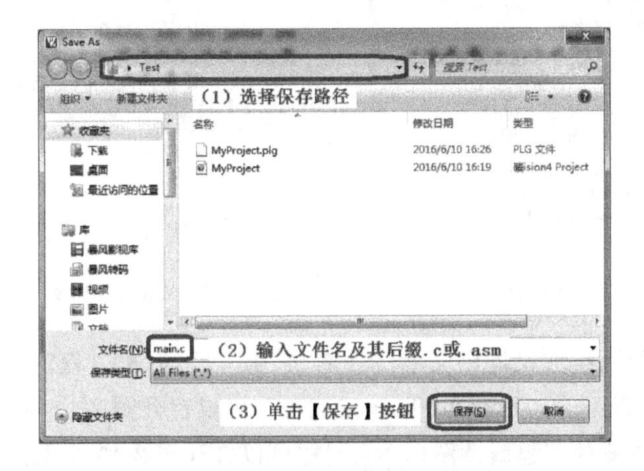

图 2-35　保存源程序文件

（5）将源程序文件加入工程。如图 2-36 所示，首先，右击“Source Group 1”，在弹出的菜单中选择“Add Files to Group‘Source Group 1’…”，出现图 2-37 所示对话框，选择要添加的源文件；然后，在图 2-37 找到刚才编写的源程序文件 main. c，双击它或单击【Add】按钮，把其加到工程里；最后，单击【Close】按钮，关闭图 2-37 对话框。

注意：*该对话框下面的“文件类型”默认为“C Source file（ *. c）”，也就是以 c 为扩展名的文件；如果源文件以 asm 为扩展名，此时在列表框中找不到 *. asm 文件，要单击对话框中“文件类型”后的下拉列表，找到“Asm Source file（ *. s *； *. src； *. a *）”并选中。*

添加文件完毕，注意观察图 2-38 所示的工程窗口，在“Source Group 1”左边出现原来没有的“＋”号，单击“＋”号，它变成“—”号，在其下方出现新添加的文件 main. c。

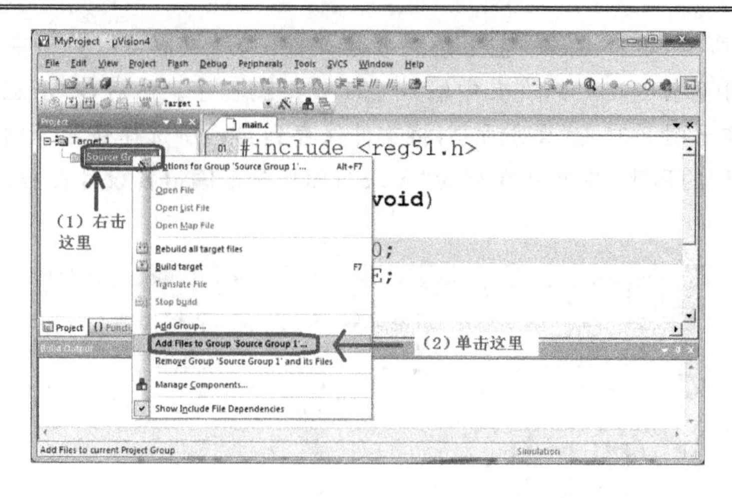

图 2-36 准备添加文件到 Keil 工程

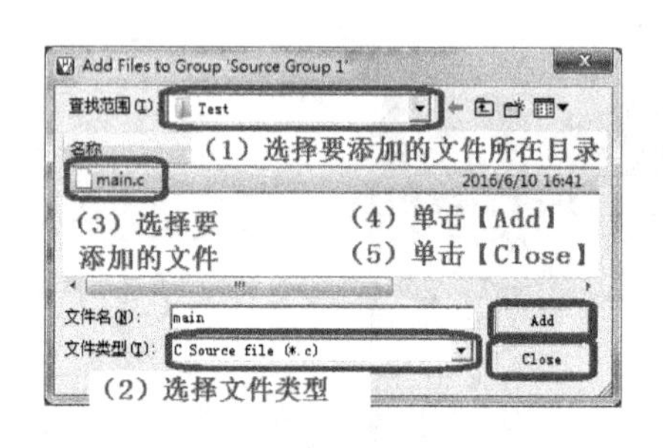

图 2-37 选择要添加的文件

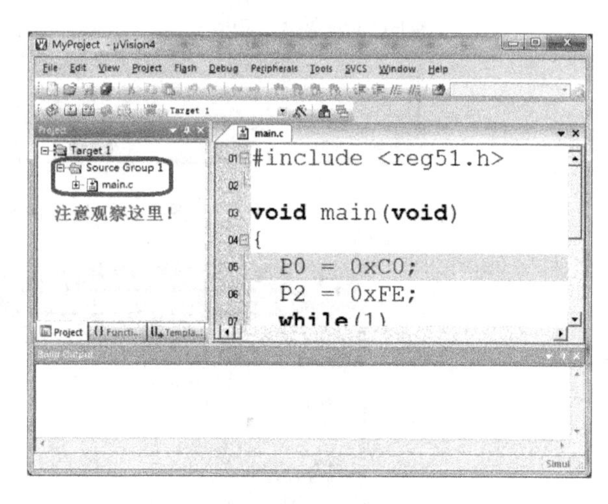

图 2-38 添加文件完毕

(6) 修改工程属性,生成机器码文件。如图 2-39 所示,右击工程窗口的“Target 1”,在弹出的菜单中选择“Options for Target ‘Target 1’…”,可以打开图 2-40 所示窗口。单击图 2-39 中工具栏 Target 1 右侧的工程属性图标,同样可以打开图 2-40 所示窗口。

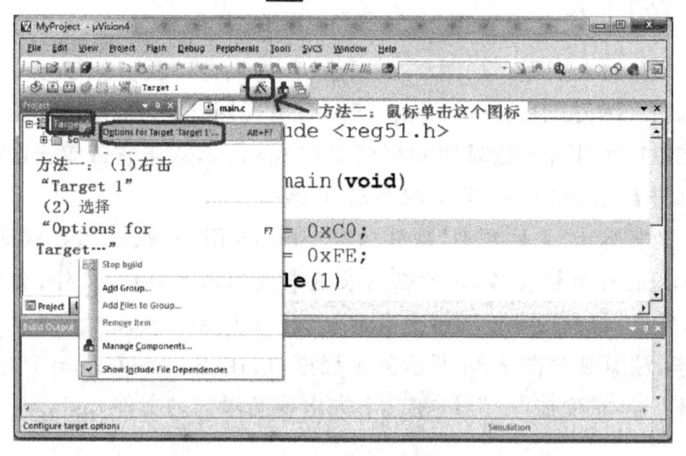

图 2-39 打开工程属性窗口

在弹出的图2-40所示工程属性对话框中，选择【Target】选项卡，将单片机晶振频率修改为自己须要仿真的频率，系统默认是24 MHz。

如图2-41所示，打开工程属性窗口，单击【Output】选项卡，并在“Name of Executable”中输入要生成的hex文件名(默认是工程名称)，将“Create HEX File”前面的复选框选中，然后单击【OK】按钮。

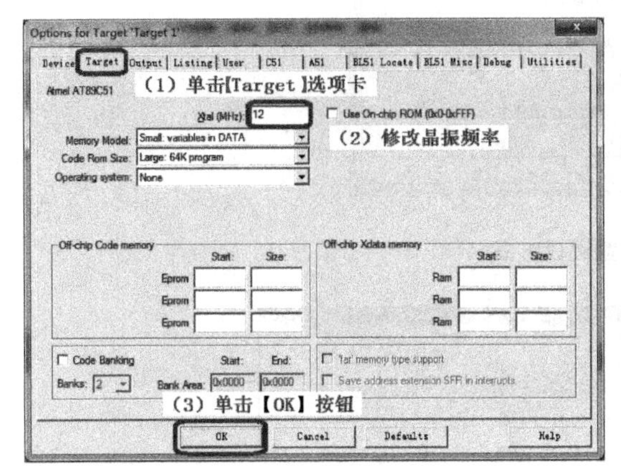

图2-40 修改晶振频率

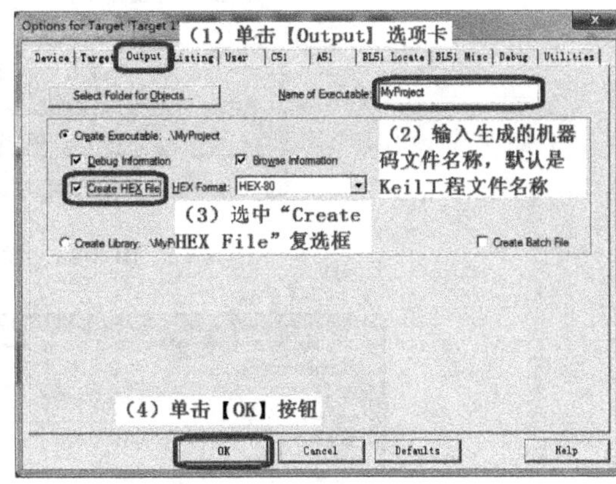

图2-41 生成hex文件的操作方法

※ 工程属性窗口中的【Device】选项卡可以修改单片机的生产厂家及型号，【Debug】选项卡可以选择使用模拟器还是硬件调试程序。

如图2-42所示，单击工具栏中的“重建”图标，再进行编译、连接，在编译输出窗口提示：从工程MyProject生成了hex文件。

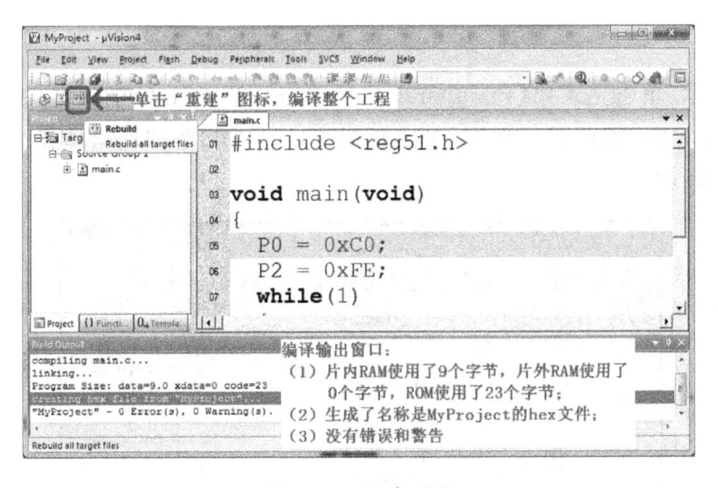

图2-42 重建工程

(7) 调试程序，查找错误。

上述编译结果，说明程序没有语法错误，但是否有逻辑错误，能否实现预定功能，必须经过软件仿真或者硬件检验，才能判断其正确性。在没有硬件的情况下，可以使用Keil uVision的软件仿真功能。如图2-43所示，打开工程属性窗口，在【Debug】选项卡中将调试方式选为“Use Simulator”，选中图示6个复选框，再单击【OK】按钮。

如图2-44所示，单击工具栏上的调试按钮，或者单击主菜单【Debug】，再选中子菜单【Start/Stop Debug Session】，进入调试状态。

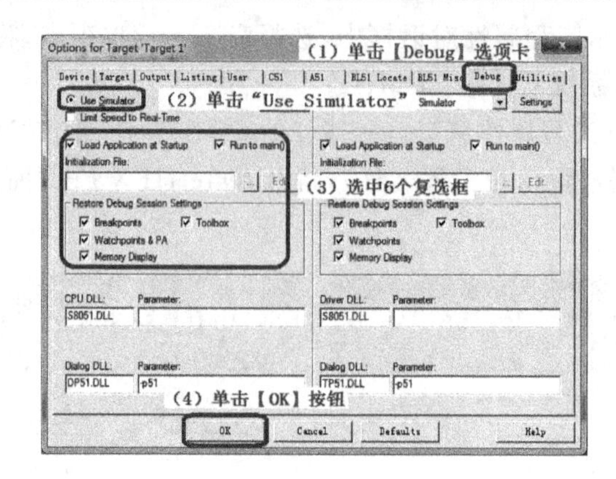

图 2-43　设置调试方式

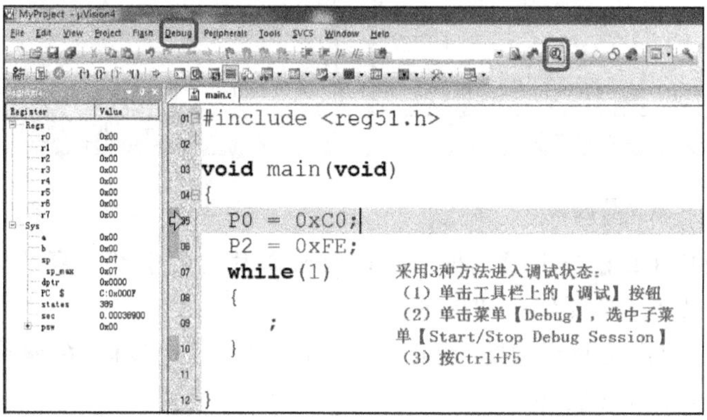

采用3种方法进入调试状态：
(1) 单击工具栏上的【调试】按钮
(2) 单击菜单【Debug】，选中子菜单【Start/Stop Debug Session】
(3) 按Ctrl+F5

图 2-44　进入调试状态

如图 2-45 所示，单击主菜单【Peripherals】，再单击子菜单【I/O-Ports】，在弹出的级联菜单中依次选中“Port 0”和“Port 2”。此时，可以看到并口 P0 和 P2 的窗口已弹出，单片机复位后，它们的初值均为 0xFF。

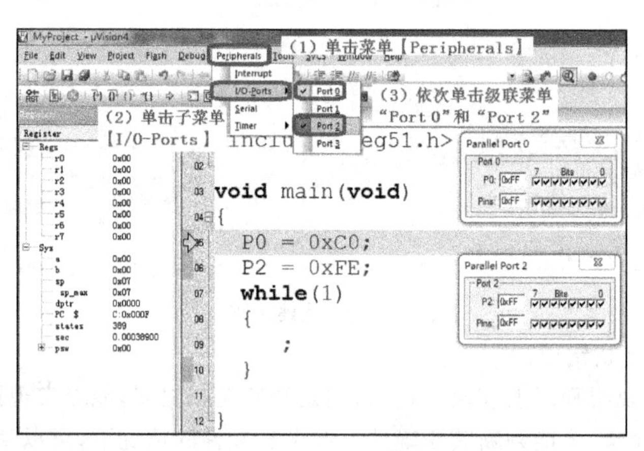

图 2-45　打开周边设备

如图 2-46 所示，单击工具栏上的【步越】按钮，或者按 F10 快捷键，即可单步执行程序，让程序运行到第 10 行，可以看到 P0 口和 P2 口均被赋值。

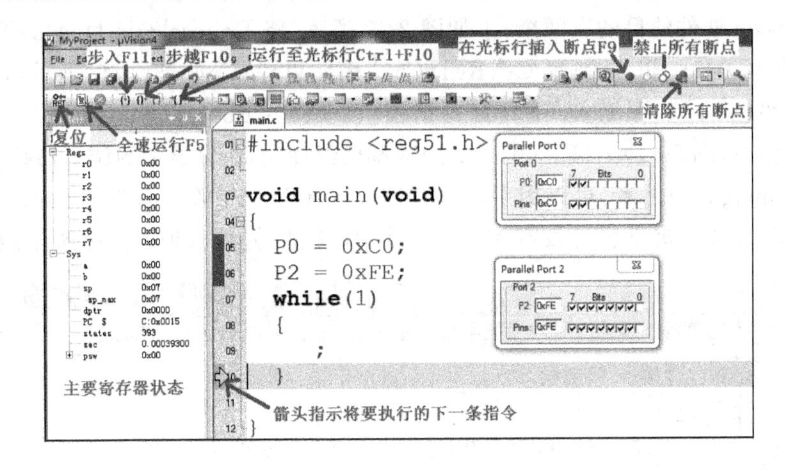

图 2-46　调试程序

※ 注意 step over 与 step into 的区别。

step over(步越,F10)的功能:如果当前语句为函数调用,则执行完该函数并返回到下一条语句;即把函数当作一条语句执行,不进入该函数。

step into(步入,F11)的功能:如果当前语句为函数调用,则进入该函数。

3. Keil uVision 与 Proteus 软件联机调试

要想实现 Keil uVision 与 Proteus 软件的联机调试,安装好上述两个软件后,必须到 Lab-Center Electronics 公司(http://downloads.labcenter.co.uk/vdmagdi.exe)下载并正确安装如图 2-47 所示的 vdmagdi 插件。安装 vdmagdi 插件的过程中,会出现图 2-48 所示的选择组件对话框,在"8051 AGDI Driver(VDM51.DLL)"前面的复选框打"√",完成后续步骤,即可在 Keil uVision 里面实现对 Proteus 中 8051 单片机的联调。

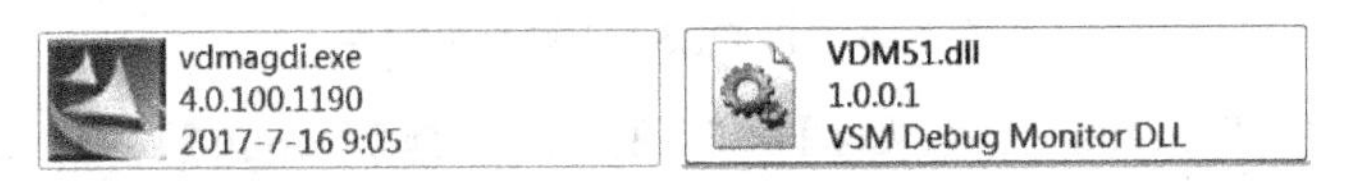

图 2-47　vdmagdi 插件与 VDM51.dll 库文件

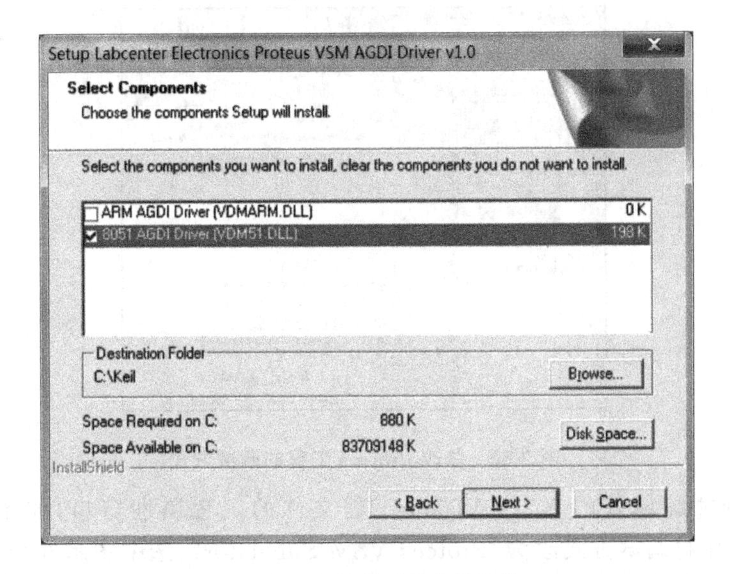

图 2-48　选择须要安装的组件

安装 vdmagdi 插件的目的有两个：①如图 2-47 所示，将 Proteus 安装目录 MODELS 文件夹里面的库文件 VDM51. dll 复制到 C:\Keil\C51\BIN 目录；②如图 2-49 所示，在 C:\Keil 的 TOOLS. ini 文件[C51]节下增加 Proteus 调试器 TDRV5＝BIN\VDM51. DLL（“Proteus VSM Simulator”）。注意，图 2-49 中 TDRV0～TDRV4 都已经使用，所以添加的调试器编号是 TDRV5。

找不到 vdmagdi 插件者，可以用手动方式完成上述两个步骤。新版的 Proteus 软件，其安装目录 MODELS 文件夹下已经没有 VDM51. dll 库文件，但可以到网上搜索下载。

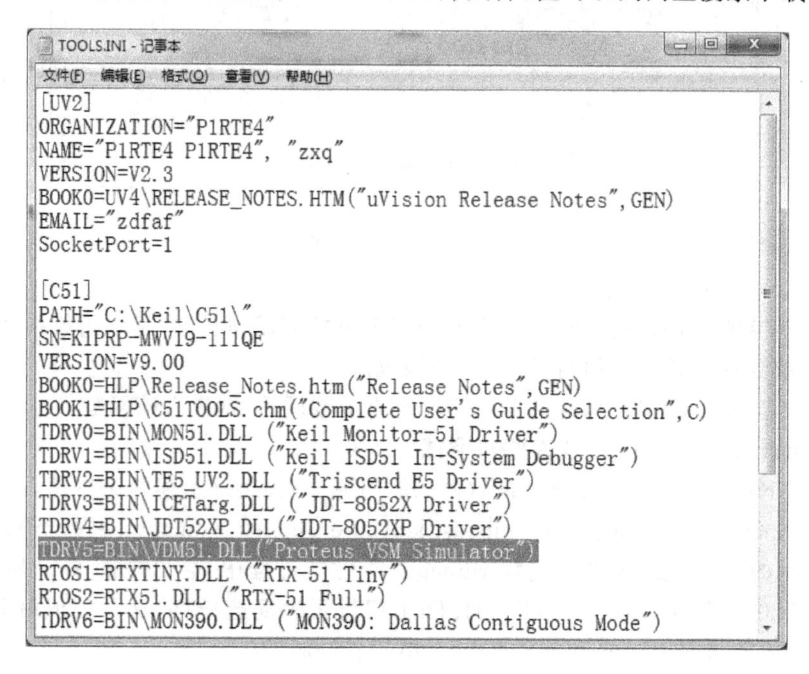


```
[UV2]
ORGANIZATION="P1RTE4"
NAME="P1RTE4 P1RTE4", "zxq"
VERSION=V2.3
BOOK0=UV4\RELEASE_NOTES.HTM("uVision Release Notes",GEN)
EMAIL="zdfaf"
SocketPort=1

[C51]
PATH="C:\Keil\C51\"
SN=K1PRP-MWVI9-111QE
VERSION=V9.00
BOOK0=HLP\Release_Notes.htm("Release Notes",GEN)
BOOK1=HLP\C51TOOLS.chm("Complete User's Guide Selection",C)
TDRV0=BIN\MON51.DLL ("Keil Monitor-51 Driver")
TDRV1=BIN\ISD51.DLL ("Keil ISD51 In-System Debugger")
TDRV2=BIN\TE5_UV2.DLL ("Triscend E5 Driver")
TDRV3=BIN\ICETarg.DLL ("JDT-8052X Driver")
TDRV4=BIN\JDT52XP.DLL("JDT-8052XP Driver")
TDRV5=BIN\VDM51.DLL("Proteus VSM Simulator")
RTOS1=RTXTINY.DLL ("RTX-51 Tiny")
RTOS2=RTX51.DLL ("RTX-51 Full")
TDRV6=BIN\MON390.DLL ("MON390: Dallas Contiguous Mode")
```

图 2-49　TOOLS. ini 初始化文件

(1) 打开设计的 Proteus 工程，如图 2-50 所示，选择【Debug】|【Enable Remote Debug Monitor】菜单，使用远程调试监控。

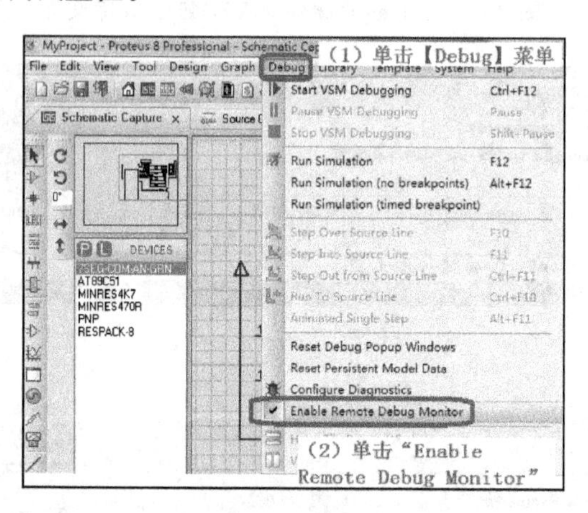

图 2-50　修改 Proteus 工程的调试方式

(2) 打开刚才编译好的 Keil uVision 工程文件的工程属性窗口，如图 2-51 所示，在【Debug】选项卡中将调试方式改为“Proteus VSM Simulator”，选中图示 6 个复选框，再单击【OK】按钮。

(3) 如图 2-52 所示，单击 Keil uVision 软件工具栏的【调试】(Debug)按钮，开始调试，单击工具栏的【步越】(Step Over)按钮，将程序运行至光标所在行，此时可以在【Proteus】窗口看到程序运行结果：数码管显示字符"2"。

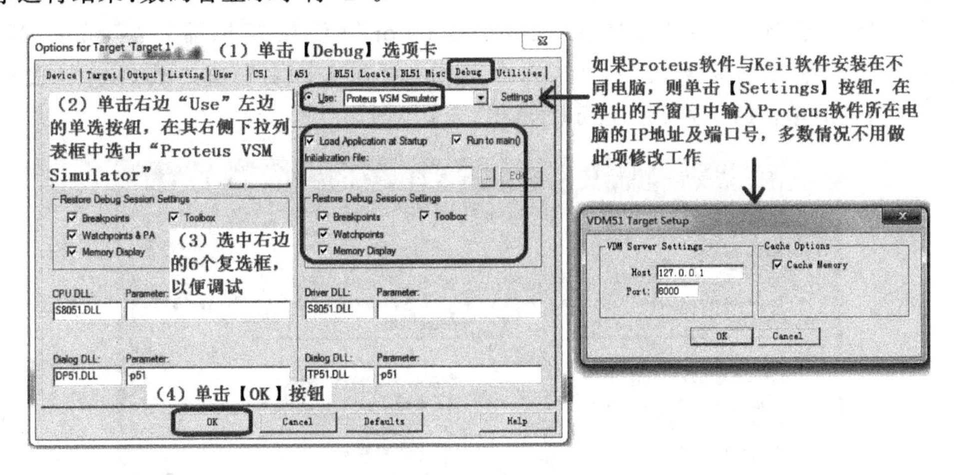

图 2-51　修改 Keil uVision 工程的调试方式

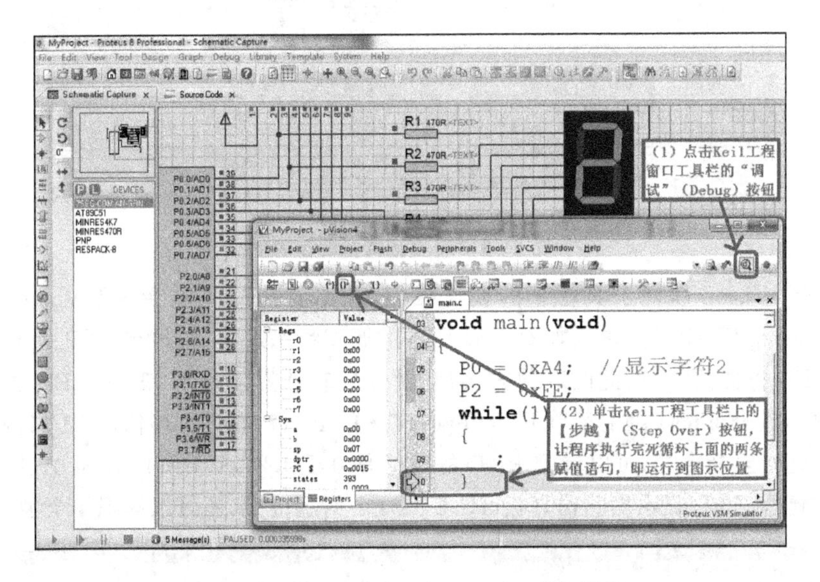

图 2-52　Keil uVision 与 Proteus 联机调试

4. 基于 Keil uVision 的实验仿真板

Keil uVision 软件虽然功能强大，但对初学者而言，如果不结合硬件实验系统或 Proteus 软件的话，还是不够直观。尤其是调试程序的过程中只能看到一些数值，看不到这些数值所引起外围电路的变化，如 LED 的亮灭，数码管显示字符等情况，也没法仿真按键，将参数输入给单片机。为此，平凡单片机工作室利用 Keil uVision 软件提供的先进通用仿真器接口(Advanced Generic Simulator Interface, AGSI)，开发出多款仿真实验板——由 VC 编写的 DLL，将枯燥无味的数字用形象的图形表达出来，让初学者在没有硬件或 Proteus 软件的条件下感受真实的学习环境，提升学习兴趣，加快学习进度。

(1) 实验仿真板的安装

到网络下载实验板的 DLL 文件，如 ledkey. dll、simboard. dll、dpj2. dll 或 dpj8. dll，将其复

制到 Keil uVision 软件安装目录下的 C51\BIN 文件夹中，即可完成安装工作。

(2) 实验仿真板的使用

使用仿真板时，要先设置工程属性。如图 2-53 所示，首先，打开工程属性修改窗口，选中【Debug】（调试）选项卡；然后，选中“Use Simulator”（使用模拟器）；“Dialog DLL”中“Parameter”下的编辑框原来是“-p51”，在后面增加“-d 文件名”，如“-dledkey”，表示调试“ledkey. dll”；最后单击【OK】按钮，确定后退出。

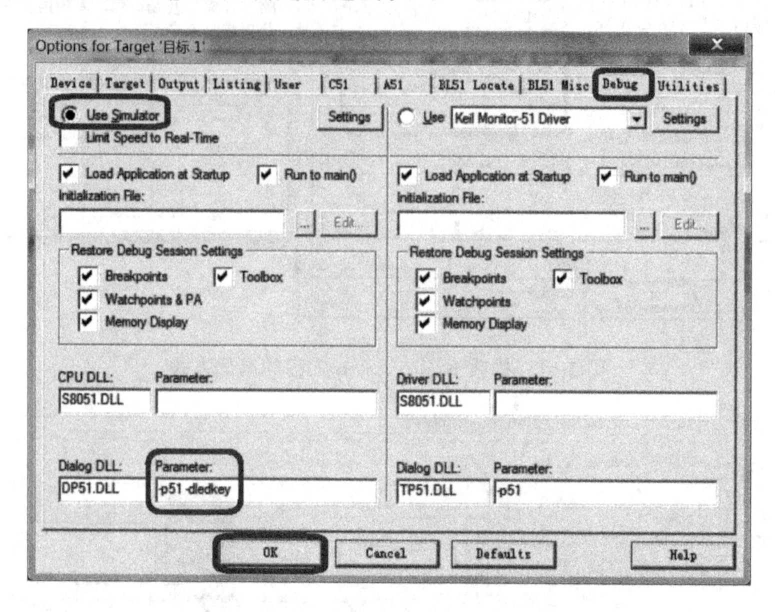

图 2-53　实验仿真板的设置

单击 Keil uVision 软件工具栏上的调试按钮（按 Ctrl＋F5 键或单击【Debug】主菜单下的“Start/Stop Debug Session”），进入如图 2-54 所示的调试状态。然后，再单击【Peripherals】主菜单下的“键盘 LED 仿真板(K)”，此时其前方会出现“√”，软件界面显示“键盘、LED 显示实验仿真板”。最后，打开【Peripherals】主菜单下“I/O-ports”中的 P1 口，在源程序修改 P1 口内容的位置打断点，将程序运行至断点处，可以看到 P1 口的数值是 0xFD，P1. 1 引脚内容为 0，其接的 LED 灯点亮。按下“键盘、LED 显示实验仿真板”P3. 5～P3. 2 所示按键，还可以模拟 4 个独立按键。

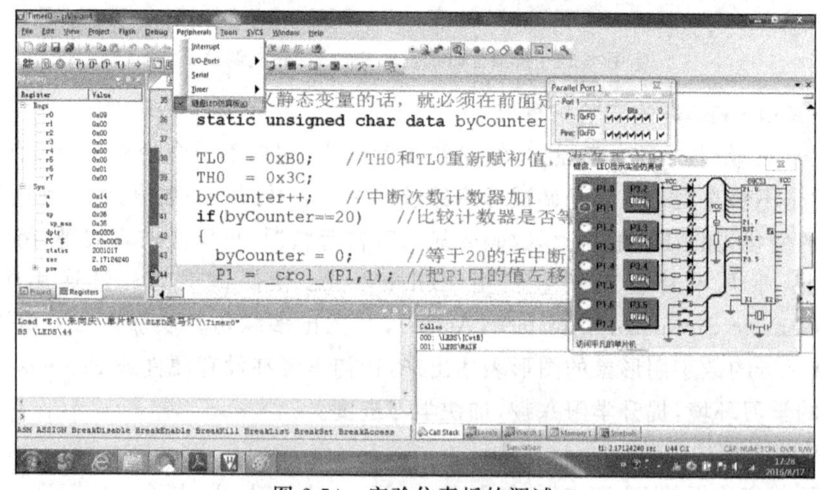

图 2-54　实验仿真板的调试

2.3　编程/烧录软件

将机器码文件 *.hex 或 *.bin 烧录至单片机，一般需要专用的编程器及与之配套的软件。购置专用的编程器需要额外的经济开销，为了节约成本，初学者可以使用宏晶公司的单片机，它能够直接通过计算机串口给单片机烧录机器码文件，而不需要特定的编程器，即可实现在系统编程(In System Programming，ISP)，因此被广泛采用。

下面以给宏晶公司的 STC 单片机烧录机器码文件为例，介绍 STC-ISP 软件使用方法。关闭单片机硬件系统的总电源，打开如图 2-55 所示的 STC-ISP 下载软件。

第 1 步，选择单片机型号，如 STC12C5A60S2。

第 2 步，选择与单片机硬件系统连接的计算机串口号，使用者要确保串口号的正确性。如果计算机只有一个串口，启动软件时，会自动搜索到该串口；如果有多个串口，会自动显示号数较小的串口(不一定就是与单片机系统连接的串口)。

第 3 步，单击“打开程序文件”，选择要下载的机器码文件 *.hex。

第 4 步，单击“下载/编程”按钮，给单片机系统上电，即可在右下角的“下载/编程”状态信息输出窗口看到烧录结果。

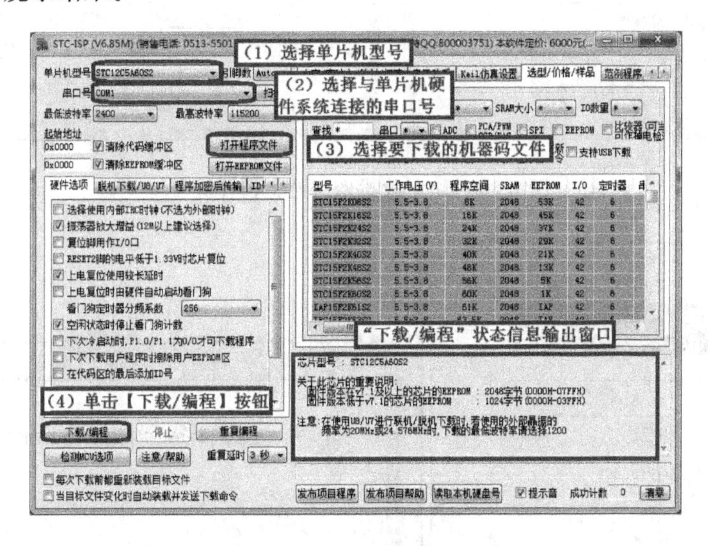

图 2-55　STC-ISP 软件界面

注意： 下载时，一定要先彻底断电，接着单击【下载/编程】按钮，然后再给单片机上电复位，而不要先给单片机上电。如果先给单片机上电，它检测不到合法的下载命令流，就直接运行用户程序。

如果修改了机器码文件，要下载编译的机器码文件，有两种方法。①重复上述第 3 步，第 4 步；②将图 2-55 界面左下角的“每次下载前都重新装载目标文件”前面的复选框选中，直接执行上述第 4 步。

STC-ISP(V6.85M)软件，除了可以烧录机器码文件外，其右侧选项卡，还有“串口助手”，宏晶公司单片机的“范例程序”“波特率计算器”“定时器计算器”“软件延时计算器”，它们可产生 C51 或汇编代码；另外，还有“头文件”“指令表”“封装脚位”等选项卡。

2.4 定时器初值计算器

如果单片机系统时钟电路使用的晶振频率不是 12 MHz，而是其他频率，如11.0592 MHz 或 22.1184 MHz，计算定时器初值，有一定的工作量，容易出错。使用图 2-56所示的两款 51 单片机定时器初值计算器，可以快捷地计算定时器的初值。例如，单片机定时器采用工作方式 1，晶振频率为 11.0592 MHz，定时长度为 50 ms，可以计算出：THx 的初值为 4CH，TLx 的初值为 00H。如果输入的定时长度为 100 ms，超过了最大定时时间，则会出现如图 2-57 所示错误提示。

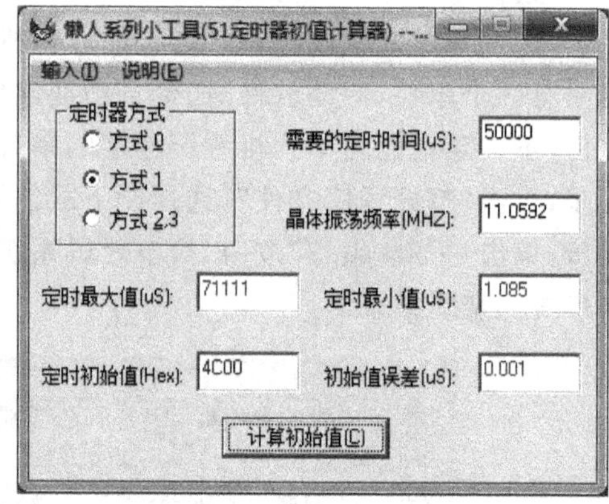

图 2-56　51 单片机定时器初值计算器

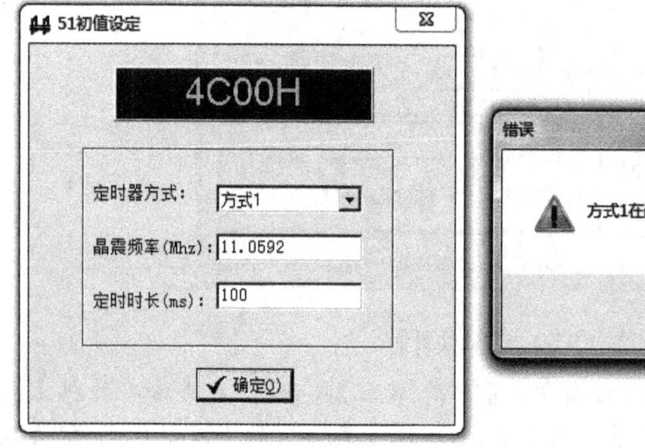

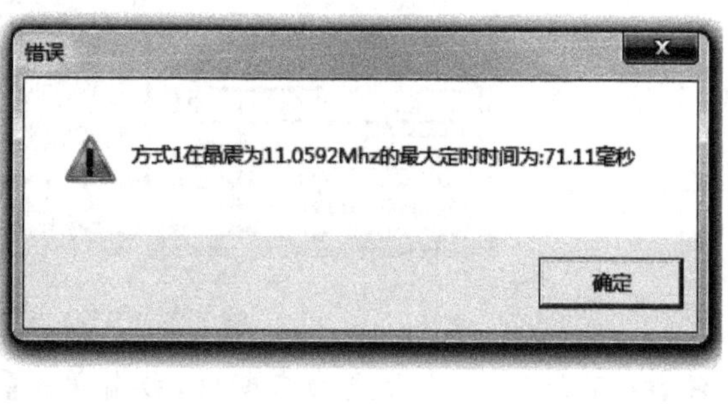

图 2-57　定时长度超过最大时间

2.5 串口类工具软件

2.5.1 波特率计算器

如果要设计单片机串行通信程序，须要计算定时器初值，其工作量比上述纯粹计算定时时间更大,更容易出错。如果使用图 2-58 所示的 51 单片机波特率初值计算器,可以快捷地计算定时器的初值。

如图 2-58(a)所示,单片机串口采用工作方式 1,定时器采用工作方式 2,通信波特率设置为 9600 bit/s,单片机时钟电路晶振频率为 11.0592 MHz,波特率倍增位 SMOD 为 0,可以计算出 TH1 和 TL1 的初值为 FDH。此时,波特率误差为 0。

如图 2-58(b)所示,如果晶振频率改为 12 MHz,计算出 TH1 和 TL1 的初值同样为 FDH,但此时波特率会有 8.51%的误差。实际上计算出的 TH1 和 TL1 是有小数点的,但编程时不可能输入小数点,去掉小数点会使得波特率产生误差。一般情况下,波特率误差在 5%以内可以正常通信。根据接收器件采样点的不同,误差必须控制在 3%或 2%以内。因为串口是异步通信,只要能传 1 帧的数据,后面就没问题。因为每一帧传输完成后都会重新同步,所以波特率误差不会产生累积效应。

对于 12 MHz 的晶振,必须降低串行通信的波特率,如图 2-58(c)所示,采用4800 bit/s后,波特率误差有所降低,但还是比较大;只有降低至图 2-58(d)所示的 2400 bit/s,通信才有保障。波特率降低,会使得数据传输时间加长。所以,为了节省通信时间,通常采用11.0592 MHz或22.1184 MHz 的晶振,在 SMOD 为 1 时,其最高速率可达 19200 bit/s 或38400 bit/s。

注意: 即使单片机系统的晶振标称值为 11.0592 MHz,但实际上不可能刚好是标称值,晶振频率有偏差同样会引起波特率有误差。

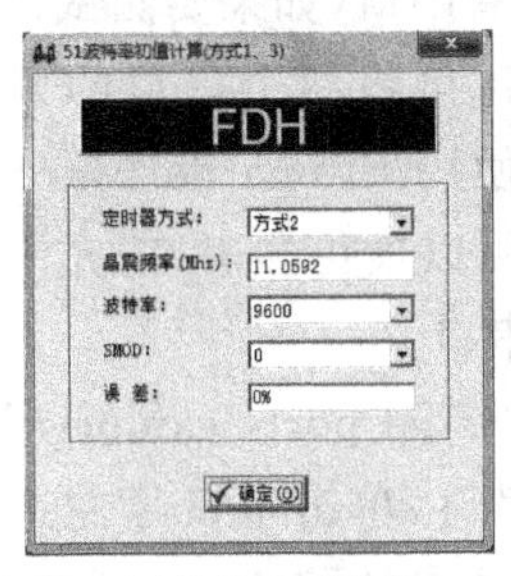

(a)波特率无误差

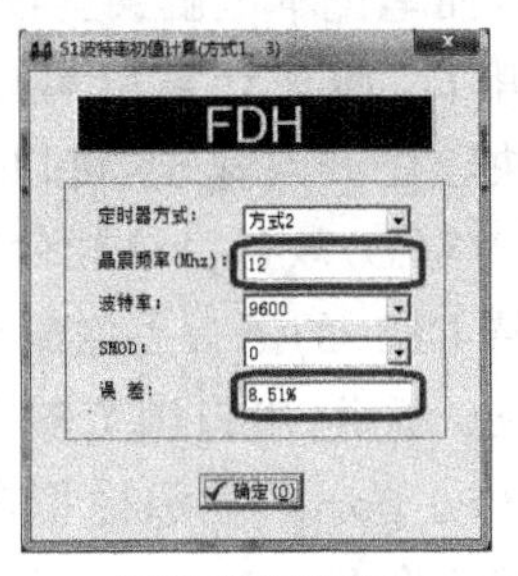

(b)波特率误差大

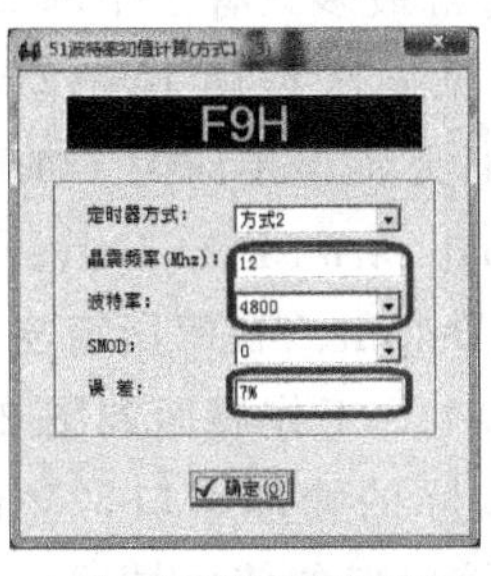

(c)波特率误差有所降低

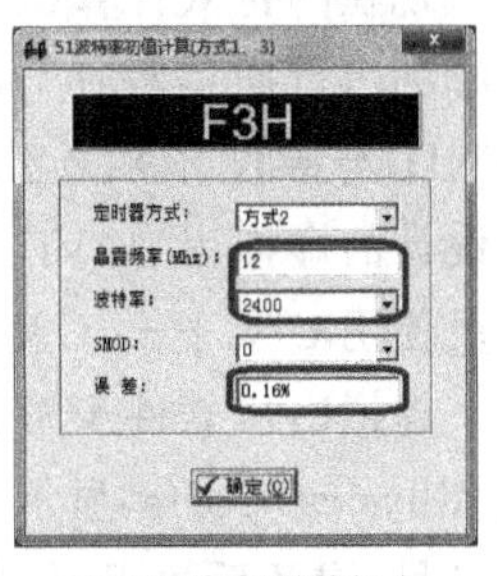

(d)波特率误差很小

图 2-58　51 单片机波特率初值计算器

2.5.2　串口调试助手

调试单片机与计算机串行通信的程序时,可以用串口调试助手来检验单片机程序的正确性。利用计算机串口调试助手给单片机发送数据,可以校正单片机的接收程序;利用单片机给计算机串口调试助手发送数据,可以校正单片机的发送程序。将串口调试助手与下文介绍的虚拟串口配合,还可以用来检验用户设计的其他计算机串行通信程序是否正确。

宏晶公司下载软件 STC-ISP 自带的串口调试助手工作界面如图 2-59 所示。上面部分是接收区域,使用者可以选择采用“文本模式”或“HEX 模式”显示接收到的数据。中间部分是发送区域,使用者可以选择采用“文本模式”或“HEX 模式”发送数据;并且可以让它每隔一定周期自动发送数据。将 GPS 数据复制到发送窗口,让它每隔 1000 ms 发送一次,即可用串口调试助手模拟 GPS 给单片机发送定位信息数据。下面部分是串口工作参数设置、启停设置及收发统计区域,用于设置串口号、通信波特率、校验方式、停止位长度,打开/关闭串口,显示统计到的收发数据长度。

※ 俗话说,“下棋找高手”,串口调试助手就是编写串行通信程序可以找到的高手。

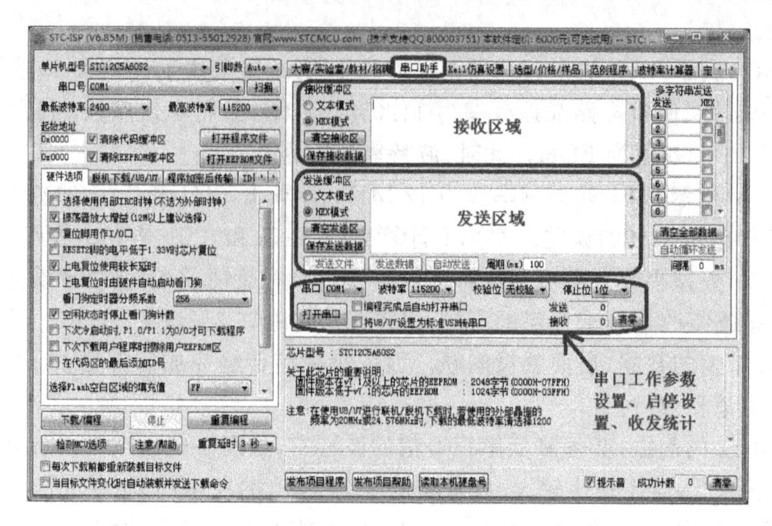

图 2-59　串口调试助手

2.5.3　虚拟串口

现在的台式计算机通常最多只有 1 个串口,而笔记本电脑甚至没有串口,如果要测试计算机端的串行通信程序,常见做法是用 USB 转串口,增加计算机串口,再将两个串口的发送(TXD)与接收(RXD)引脚交叉连接。为了加快程序开发速度,可以使用 Eltima Software 公司设计的虚拟串口(Virtual Serial Port Driver,VSPD)软件。该软件可以模仿多串口,允许程序员使用 C/C++、C#、Delphi、VB 等所有支持 DLL 的语言去控制串口。

虚拟串口软件 VSPD 7.2 工作界面如图 2-60 所示,串口浏览器“Serial ports explorer”中的“Physical ports”显示实际的物理串口,“Virtual ports”显示虚拟串口,单击串口号左边的“+”号,展开后可以看到该串口的使用情况。单击【Manage ports】选项卡的【Add pair】按钮,可以增加虚拟串口对;单击【Delete pair】按钮,可以删除串口浏览器中选择的虚拟串口对;单击【Delete all】按钮,可以删除全部虚拟串口。

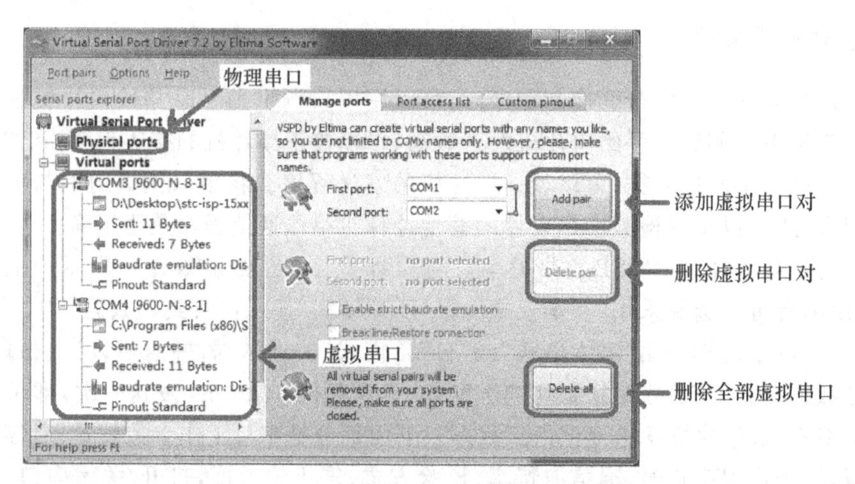

图 2-60　虚拟串口

图 2-60 中,添加了一对虚拟串口 COM3 和 COM4,在计算机的设备管理器窗口(见图 2-61)的“端口(COM 和 LPT)”中,可以看到有两个“ELTIMA Virtual Serial Port”,说明 VSPD 软件添加的虚拟串口可以使用。

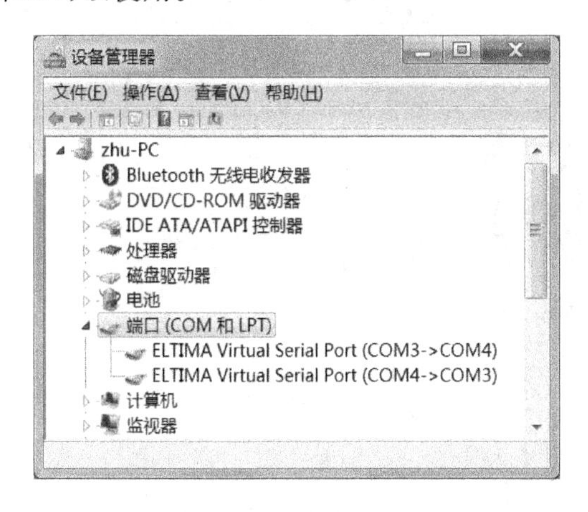

图 2-61　计算机设备管理器查看到的串口

如图 2-62 和图 2-63 所示,分别打开 STC-ISP 软件的串口调试助手和友善串口调试助手,前者使用 COM3,后者使用 COM4,通信波特率为 9600 bit/s,数据位是 8 位,无校验位,停止位是 1 位。STC-ISP 软件给友善串口调试助手发送字符串“I love MCU.”,后者给前者发送字符串“Me too.”,两者的通信状况在图 2-60 的虚拟串口软件 Virtual ports 中实时显示出来。

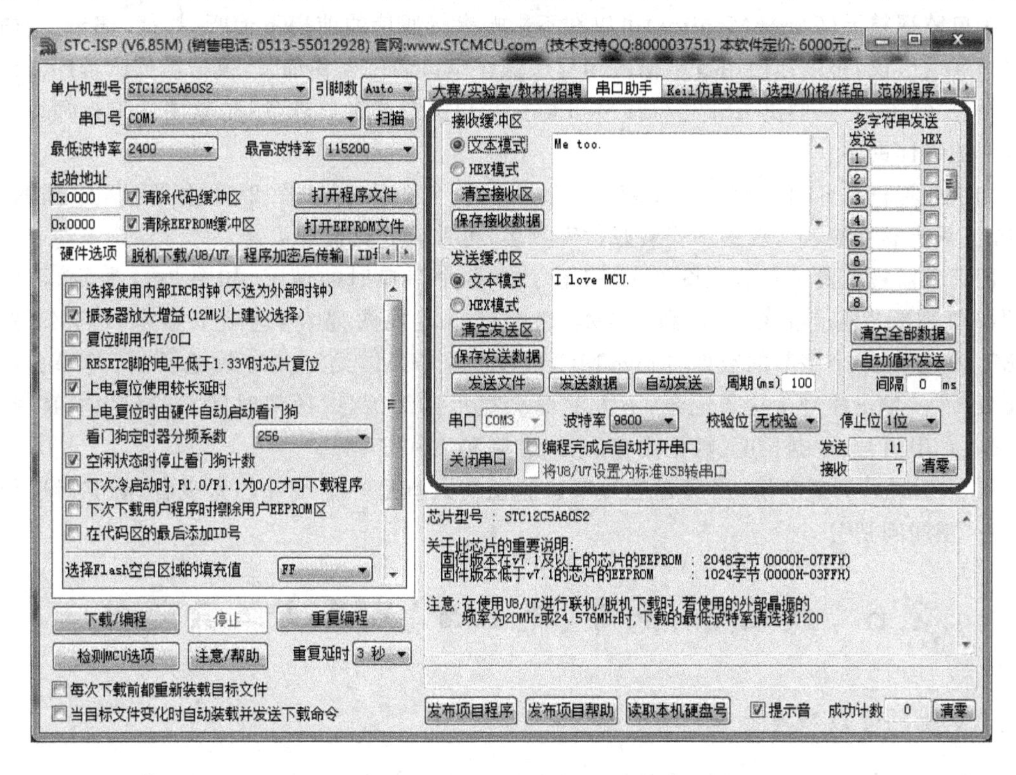

图 2-62　STC-ISP 软件串口调试助手

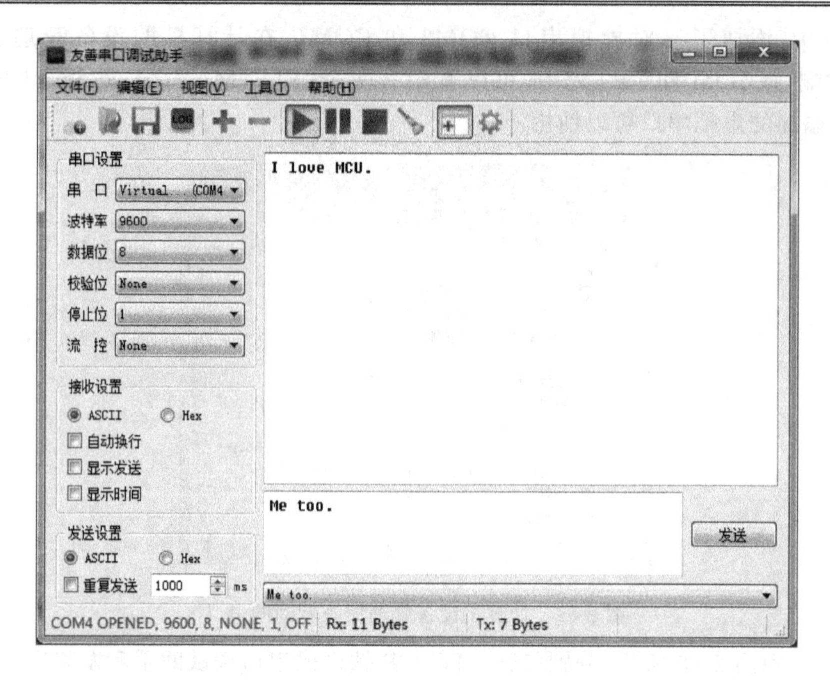

图 2-63 友善串口调试助手

2.5.4 串口监视精灵

串口监视精灵(CommMonitor)可以在不影响串行通信的前提下侦听、拦截、记录、逆向分析串口通信协议,可以让使用者掌握应用程序操作串口的过程和细节,模拟被侦听程序或设备的数据、控制流,它是侦测 RS232/422/485 串行端口的专业工具软件,是软硬件工程师提高工作效率的最佳助手。

如果计算机是 64 位的系统,安装串口监视精灵 7.0 后,单击图 2-64 主界面左下角的“启用 64 位系统驱动签名”,按提示安装好数字签名,再重启计算机即可。

用串口监视精灵 7.0 监控图 2-62 和图 2-63 两个串口时的情况,如图 2-64 所示,可以看出,“串口列表”显示有 COM3 和 COM4 两个串口,【视图列表】选项卡显示,COM3 先给 COM4 发送了 11 个字节的数据“I love MCU.”,然后 COM4 给 COM3 发送了 7 个字节的数据“Me too.”。单击序号 1 这条记录,下方的框会显示详细信息:通信时间、进程名称、IO 类型(发或收)、串口号、数据长度、数据内容(十六进制和 ASCII 码)。

※ 俗话说,“旁观者清,当局者迷”,串口监视精灵就是一个很好的旁观者,能够对串行通信进行“望闻问切”。

2.6 数码管、点阵、光立方、液晶类工具软件

2.6.1 数码管段码生成器

单片机外接数码管时,通常采用软件译码的方法,根据要显示的数字或字符去查表取得相应的段码,并输出到数码管段选引脚。具体显示时,采用逐位扫描的方法控制哪一位数码管被点亮。为了提高代码编写速度,使用数码管段码生成器,可以快速获得数码管的段码。

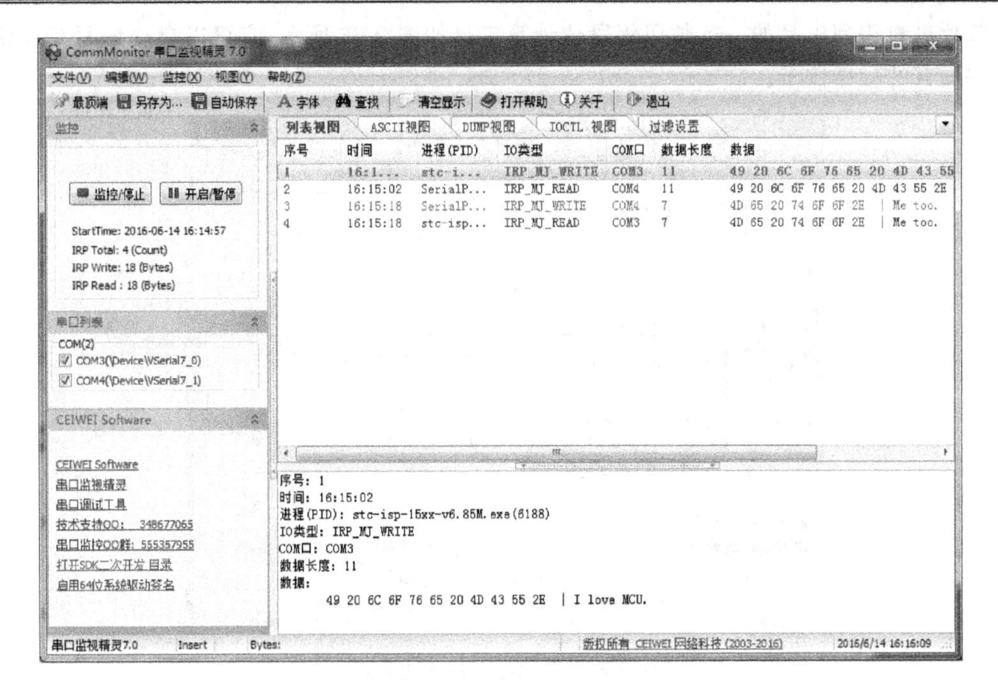

图 2-64　串口监视精灵

图 2-65 为一款 LED 段码数据生成器，它可以生成 8 段数码管的段码。“对应关系”中，默认 a 段是数据最低位，h 段是数据最高位。首先选择数码管的结构：共阴还是共阳。再选择生成哪种格式（PIC、EMC、A51、C51 或数组）的数据。“生成数据”中，可以选择 0～9、A、b、C 等英文字符，也可以手动单击“LED 图示”中的管脚，自定义符号。最后，单击“自动”，生成左下角“生成数据”复选框选中数据对应的段码；单击“手动”，则生成“LED 图示”符号对应的段码。使用者可以将生成的数据复制到单片机程序中。

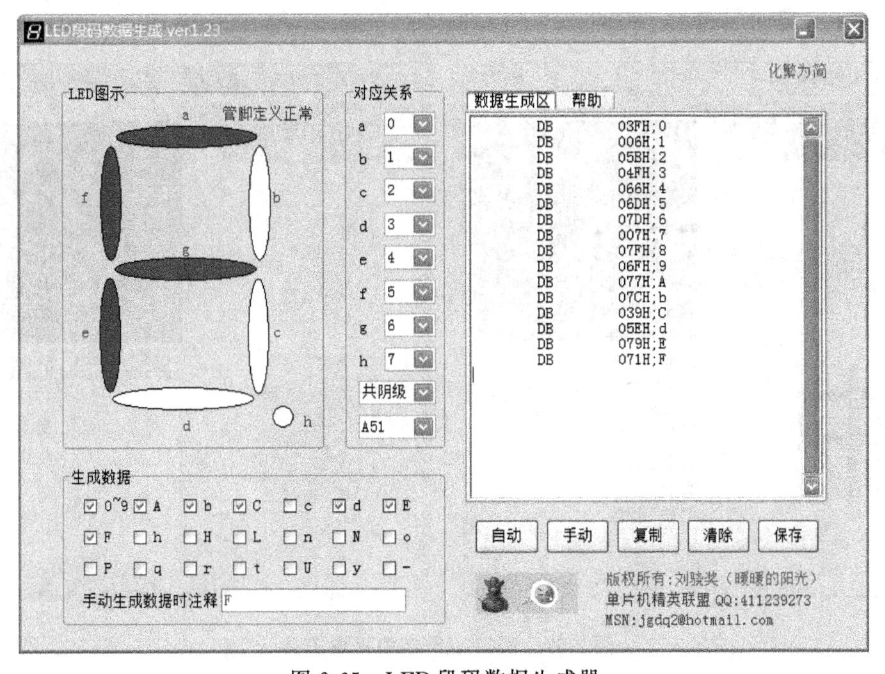

图 2-65　LED 段码数据生成器

单片机教程网出品的一款数码管段位计算工具如图 2-66 所示，它可以自动编写 C51 语言和汇编语言的程序例子。

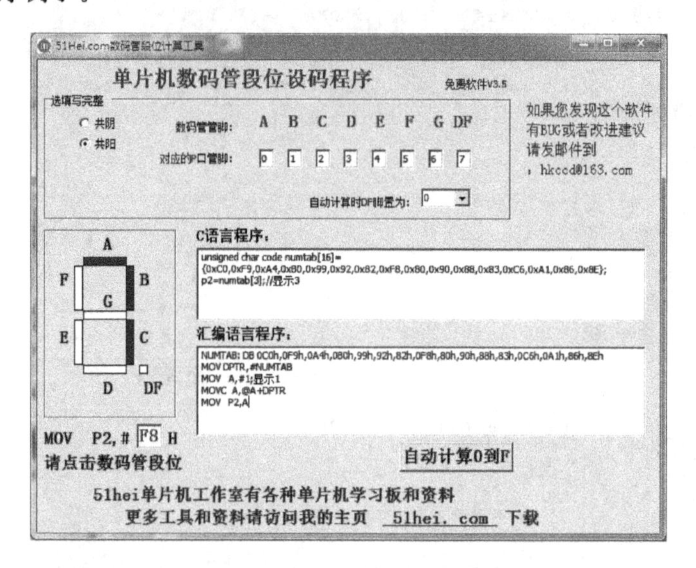

图 2-66　数码管段位计算工具

2.6.2　点阵图文代码生成器

点阵能够显示的图案比较丰富，但其字模提取随着 LED 数量的增加而变得复杂，借助点阵显示屏字模提取软件，同样可以降低编程的复杂度。

图 2-67 是一款 8×8 点阵字模提取工具，在左上角文本输入框填写字符“中”，它可按行扫描（主菜单“设置”中可改为列扫描）方式生成汇编语言编程所需的码表。清空左上角文本输入框，单击右上角 LED，让其显示心形，在主菜单“设置”中选择“字模提取格式”为“C51”，可输出 C51 语言编程所需的码表。

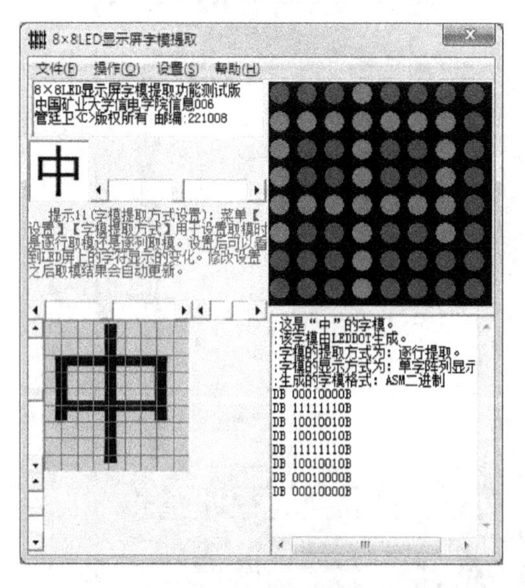

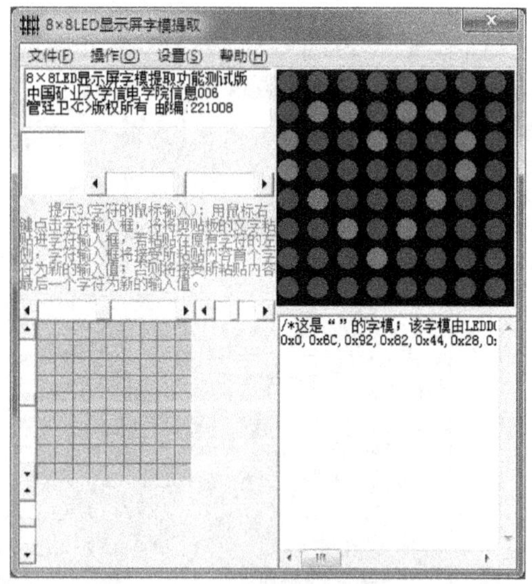

图 2-67　8×8 点阵字模提取工具

16×16 点阵可以显示较复杂的字符和图形，图 2-68 所示 16×16 点阵字模提取工具可以按不同的取模顺序输出用户编辑的任何图形对应的汇编或者 C51 字模，还可以将图案进行旋转后再取字模，以达到期望的动画效果。如果点阵行列的发光二极管更多，则可以使用图 2-71 介绍的液晶字模提取软件，任意设置行列发光二极管数量。

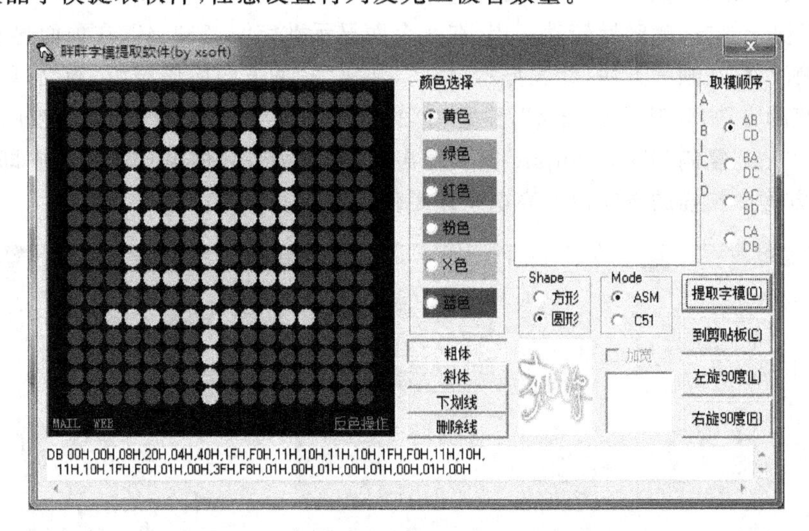

图 2-68　16×16 点阵字模提取软件

2.6.3　光立方取模软件

点阵是由 LED 组成的二维显示系统，光立方则是由 LED 组成的三维显示系统。10×10×10 光立方如图 2-69 所示，其电路结构及驱动、显示原理与点阵大同小异，不再赘述。

图 2-69　8×8×8 光立方

要在 8×8×8 光立方显示图案，通常定义一个字符型的 8×8 二维数组，用于储存光立方每一点的数据。图 2-70 是古作坊设计的一款光立方控制软件：3D8S Alpha，计算机可通过串口控制光立方显示所需的图案，或者让图案实现移动。使用者也可以用该软件提取字模，在软件的正视、侧视及俯视图中单击小方块(LED)设计图案,左下角自动生成图案对应的字模,将其复制到C51程序中即可。以第一行的正视图为例,可以看成8个8×8点阵;在左数第一个8×8点阵上画的图案,就是光立方正视图第7帧画面;在左数第二个8×8点阵上画的图案,就是光立方正视图第6帧画面,依此类推。

例如,正视光立方,顺时针转动一周,在4个面显示数字“1、2、3、4”,在顶面显示“0”。单击正视图第7帧和第0帧的方块,让其显示“1、3”,注意“3”的方向应该与“1”相反;单击侧视图第7帧和第0帧的方块,让其显示“2、4”,注意“4”的方向应该与“2”相反;单击俯视图第7帧的方块,让其显示“0”。复制“Text Output”窗口输出的64个字节数据至C51文件中即可。使用时要注意光立方程序扫描的方向以及高电平还是低电平点亮LED。

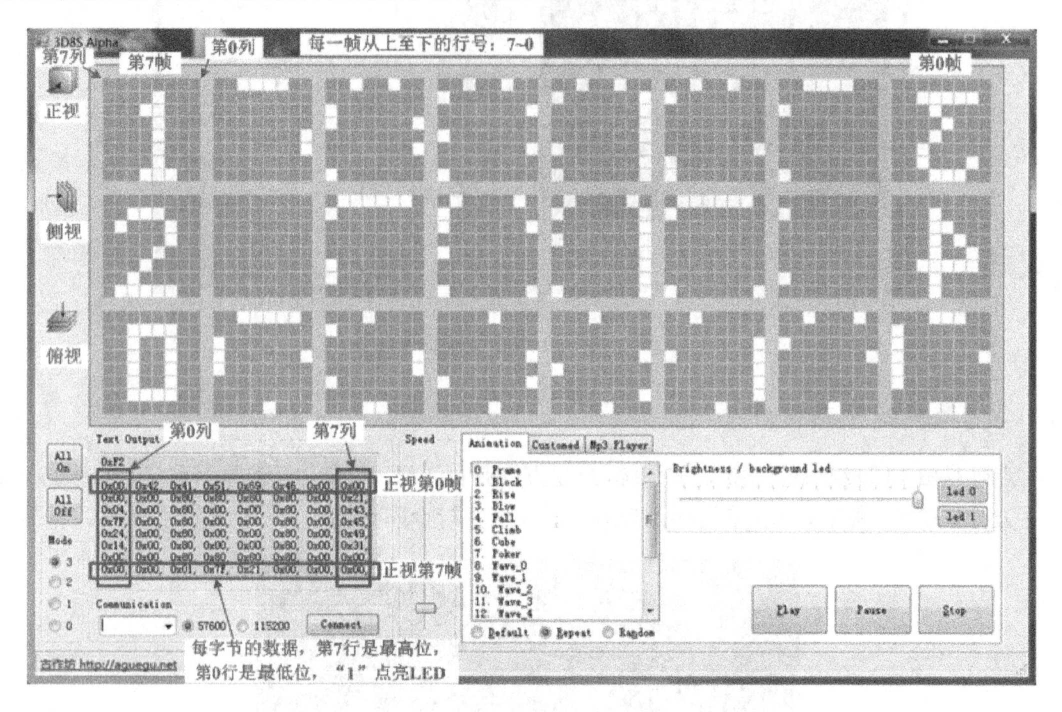

图2-70　光立方字模提取软件

2.6.4　液晶图片代码生成器

如今,有很多液晶和有机发光二极管显示器,它们可以显示丰富的图形及汉字。如果要显示图形,可以使用图2-71所示晓奇工作室设计的一款液晶汉字字模提取软件,使用步骤如下。

(1)“输出格式”中,选择“数据排列顺序”,生成“C51语言”或者“汇编语言”码表。

(2)“取模方式”中,根据程序代码选择4种方式中的一种。

(3)“图片截取范围”,设置输出大小;例如,128×64中文字符液晶,X设置为128,Y设置为64,选择是否“黑白取反”。

(4)单击【参数确认】按钮。

(5)单击【载入图片】按钮,选择大小为128×64的位图文件*.bmp;单击“缩小”或“放大”,可以调整软件中的图片大小。

(6)单击【图片保存】按钮,可以将字模保存成C51语言编程使用的*.h或给汇编语言编程使用的*.inc文件。

(7) 单击【退出】按钮，关闭本软件。

图 2-71　液晶字模提取软件

2.7　单片机小精灵

图 2-72 所示的单片机小精灵是一款单片机辅助开发工具，它主要包括下述 7 大功能。

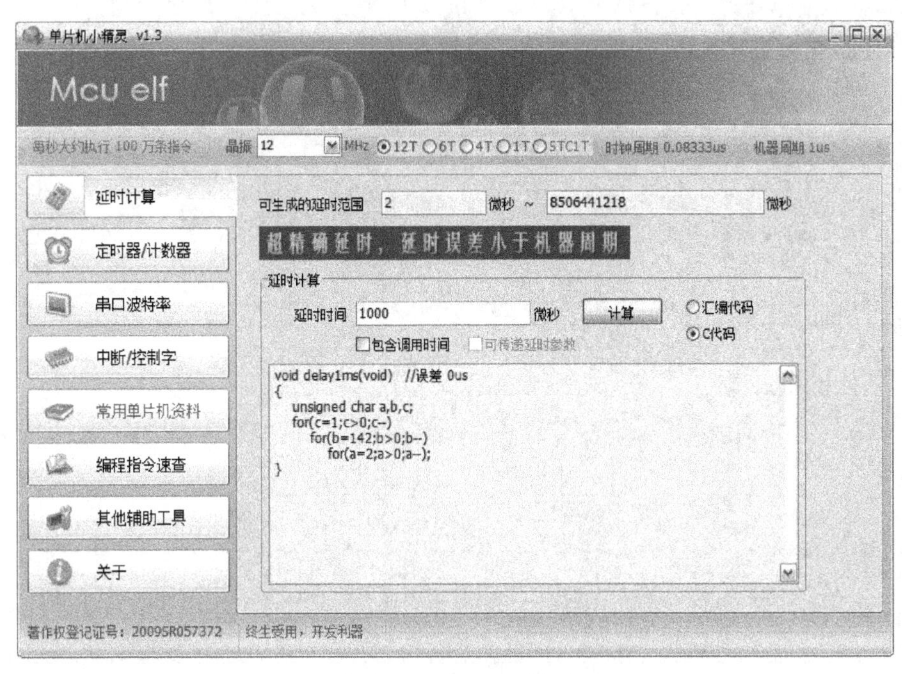

图 2-72　单片机小精灵

(1) 延时计算,根据选择的晶振频率、单片机类型及输入的延时长度,自动生成 C51 或汇编代码。

(2) 定时器/计数器初值计算,根据选择的晶振频率、定时方式及输入的定时时间,自动求得计数器初值,同时可生成 C51 或汇编代码的初始化及中断服务示例程序。

(3) 串口波特率计算,根据选择的晶振频率、波特率等参数,自动计算定时器 1 的重装载初值及波特率误差,同时可生成 C51 或汇编代码的初始化及中断服务示例程序。

(4) 中断及常用控制字设置,包括 IE、IP、TMOD、TCON、SCON 和 PCON 等寄存器。

(5) 常用单片机资料,包括 51 单片机及 AVR 单片机的寄存器和电路图等。

(6) 编程指令速查,包括汇编语言的指令系统、伪指令,C51 语言的关键字、运算优先级及结合性等。

(7) 其他辅助工具,包括电路并联计算器、汉字内码查看器。

2.8 反汇编工具

反汇编(Disassembly)是把目标代码转为汇编代码的过程,即把机器语言转换为汇编语言,常用于软件破解、外挂技术、病毒分析、逆向工程、软件汉化等领域。学习和理解反汇编语言对软件调试、漏洞分析、OS 的内核原理及理解高级语言代码都有相当大的帮助。图 2-73 是一款 51 单片机反汇编器,它将第 2.2 节图 2-42 Keil uVision 工程生成的 MyProject. hex 文件反汇编成汇编语言。

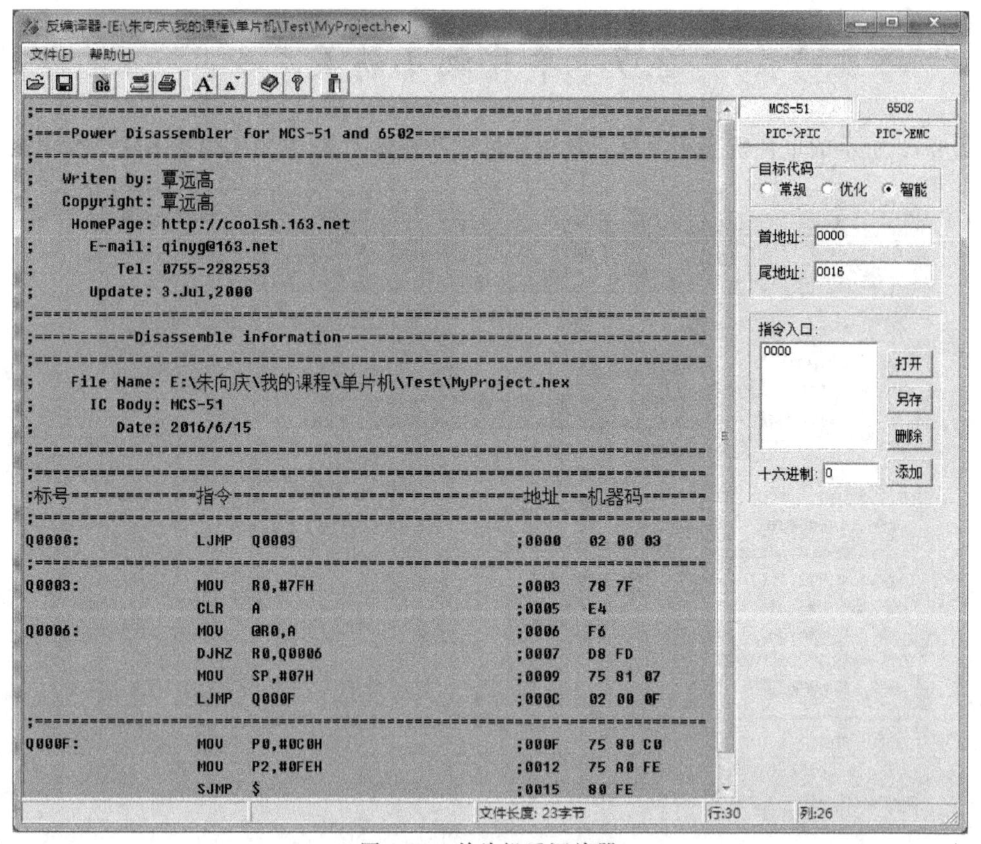

图 2-73 单片机反汇编器

※ 有一些烧录软件，可以读出烧录进单片机中的机器码文件。为了防止他人通过反汇编破解自己的单片机系统，使用者要选择加密功能强的单片机；在烧录机器码文件时，选择较好的加密方式。

2.9　单片机硬件仿真器

开发单片机系统，采用 Proteus 或 Keil uVision 虚拟软件仿真时，不能看到程序驱动硬件的实际效果。没有仿真器好似盲人摸象，程序员只能通过“烧录→实验→修改代码→再烧录→再实验→……”的方式不断修改、测试程序；如果程序代码过长，其工作量可想而知。使用硬件仿真器，则可以帮助程序员在调试程序的同时，同步观察程序在硬件上运行的效果。

通常，仿真器内部的 I/O 口、存储器等硬件资源和单片机基本是完全兼容的，仿真主控程序被存储在仿真器芯片特殊的指定空间，仿真主控程序就像计算机操作系统一样控制仿真器的运转。仿真器和计算机通过串口相连，计算机将控制指令由 Keil uVision 软件发给仿真器，仿真器内部的仿真主控程序负责执行接收到的数据，并进行正确的处理，从而驱动相应的硬件工作。这其中也包括把接收到的 bin 或 hex 格式程序存放到仿真器芯片内部用来存放可执行程序的存储单元，此过程与将 bin 或 hex 格式的机器码烧录至单片机相似，这样就实现类似编程器反复烧写以验证程序的功能。有所不同的是，通过仿真主控程序可以做到让目标程序按预定方式运行，例如单步跟踪、运行到断点、运行到光标行、全速运行、夭折（暂停）等，并且通过 Keil uVision 软件可以实时观察单片机内部各个存储器单元、寄存器、变量、I/O 等的状态及硬件系统的反应。

2.9.1　硬件仿真器

图 2-74(a)是学林电子推出的“51Tracer(追踪者)”硬件仿真器，它自带 USB 转串口电路，使用时将通信、供电线缆连接至计算机的 USB 口，仿真头安装至用户目标板的 PDIP-40 封装单片机管座。

图 2-74(b)是笙泉科技推出的 TH065B＋型 USB-8051 mini 仿真器，采用小巧的“嵌入式”结构，它是 HID 类 USB 设备，与计算机连接时，采用系统自带 HID 类驱动，不用转成串口，也无须用户安装驱动程序。

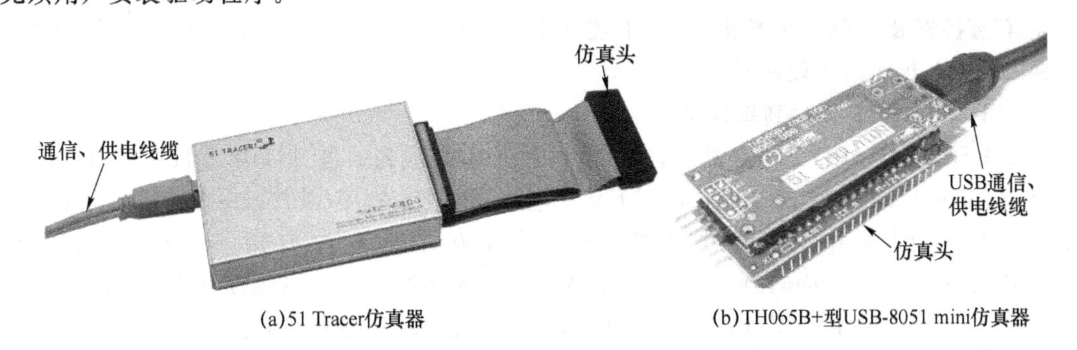

(a)51 Tracer仿真器　　(b)TH065B+型USB-8051 mini仿真器

图 2-74　单片机仿真器

在计算机端打开 Keil uVision 软件，设置好与调试相关的参数，即可通过仿真头代替目标板上的 51 单片机，用 Keil uVision 控制仿真器，通过单步运行程序，或者让程序运行到断点、指定的程序行等方式调试程序，修改代码后无须反复用编程器将机器码烧录至单片机，全部调试过程硬件和程序完全同步。

※ 仿真器和计算机就像两个咬合紧密的齿轮，能够实现联动，可以让操作者所见即所得，极大地提高编程效率，节约开发时间。

※ 任何一款仿真器，哪怕售价几千元的高端仿真器，都无法通吃所有型号的单片机，各个厂家的单片机不尽相同，像 P4 口、A/D、D/A、PWM、PCA、SPI、串口 2 等，不一定能仿真。

2.9.2 芯片仿真器

初学者应注意，市场上的仿真器价格不一，好一些的仿真器都要百元以上。有一些几十元的仿真器，功能相对较弱，仿真时要占用串口、定时器/计数器 2(T2)及 8 个字节的堆栈空间等资源，用户不能仿真串口和 T2；此类仿真器速度较慢，与计算机串口通信速率最高只能达到 38400 bit/s。此类仿真器通常采用单芯片设计，内部使用的大部分都是图 2-75 所示 SST 公司的 SST89E5xRD 系列单片机。

图 2-75 可硬件仿真的单片机

要想低成本实现串口及 T2 的仿真功能，还可采用宏晶公司的高性能“芯片仿真器”——IAP15W4K58S4 单片机，除了仿真功能之外，其本身的硬件性能与资源也非常优越和丰富。该单片机有 LQFP44 或 PDIP-40 等封装，即使是 PDIP-40 封装，它与通用 51 单片机的引脚定义也不一样。使用 IAP15W4K58S4 单片机时，要制作一个转接板，把它转换成通用的 PDIP-40 封装引脚，将其安装在用户目标板。当然，如果硬件系统采用的就是 IAP15W4K58S4 单片机，则不用再制作转接板。

2.9.3 SST89E5xRD 单片机

图 2-75 所示 PDIP-40 封装 SST89E5xRD 芯片仿真器，其引脚完全兼容传统的 51 单片机，将其直接安装至单片机管座，做好下述几个步骤后，单击 Keil uVision 工具栏的【调试】(Debug)按钮，即可进入硬件调试状态。

1. 下载 SoftICE 固件到单片机

如果 SST89E5xRD 芯片是新购置的，第一次使用时，应先通过 SST 单片机在线仿真程序“SST EasyIAP11F Boot-Strap Loader”下载在电路软件仿真程序(Software In Circuit Emulator, SoftICE)到单片机。该软件是 SST 公司为方便用户使用 SST89E/V5xRD2、SST89E516RD2、SST89V519RD2、SST89E/V554RC 和 SST89E/V564RD 单片机调试程序所开发的工具，可到 SST 公司(http://www.sst.com)或深圳科赛科技开发有限公司(http://www.kesaitech.com.cn)下载。

将 SST 单片机安装在电路板上，通过串口连接计算机，运行 SST EasyIAP11F Boot-Strap Loader 软件。

第 1 步，检测芯片和配置串口。单击图 2-76 所示的【DetectChip/RS232】主菜单，在弹出的子菜单中选择“Detect Target MCU for Firmware 1.1F and RS232 Config.”。然后，在弹出的图 2-77(a)对话框中选择 SST 单片机的型号，选择内部存储器模式，再单击【OK】按钮。在弹出的图 2-77(b)对话框中配置串口，串口号为计算机与单片机板连接的串口，波特率选择 38400 bit/s，晶振频率是单片机板时钟电路所用晶振的频率，再单击【Detect MCU】按钮。在弹出的图 2-77(c)信息提示窗口中单击【确定】按钮，如果软件检测到 SST 单片机，图 2-76 主窗口原本空白的芯片信息(Chip Information)栏会显示 SST 单片机的相关信息，如图 2-77(d)所示。

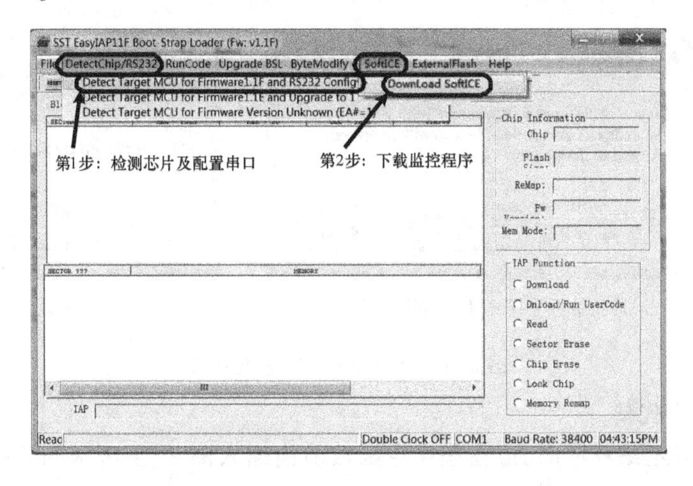

图 2-76　SST EasyIAP11F Boot-Strap Loader 软件工作界面

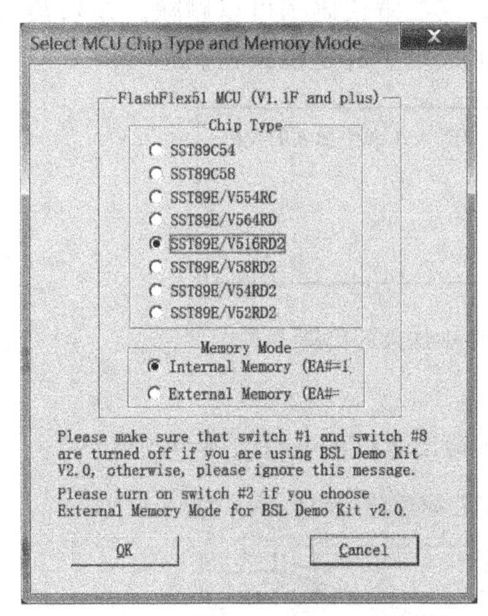

(a)选择芯片型号和存储器模式

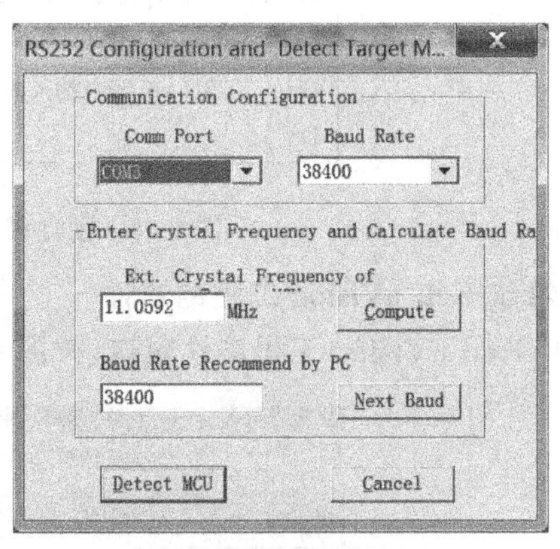

(b)配置串口及检测单片机

(c)信息提示窗口

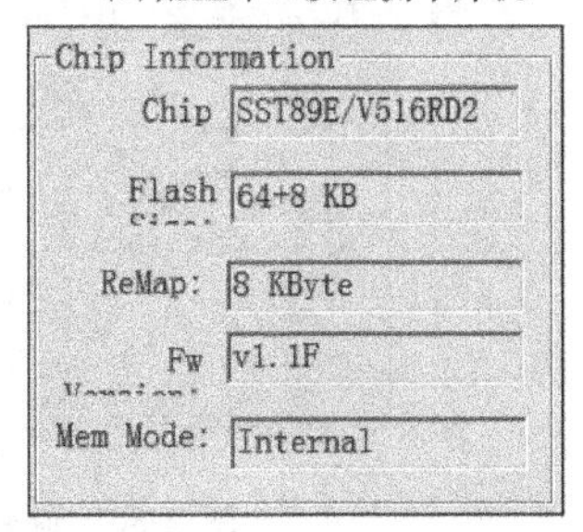

(d)主窗口显示的芯片信息

图 2-77　检测芯片和配置串口

第 2 步，下载 SoftICE 监控程序。单击图 2-76 所示的【SoftICE】主菜单，再单击弹出的【DownLoad SoftICE】子菜单。此时，会弹出图 2-78(a)所示的窗口，询问是否下载 SoftICE 监控程序，即把 SST 单片机内的 Boot Loader 监控程序转换为 SoftICE 监控程序，单击【是】按钮；下载成功后，会弹出图 2-78(b)所示的提示窗口。

至此，便可使用 Keil uVision 进行硬件仿真。图 2-76 的操作只须进行一次，以后再使用已下载 SoftICE 固件的单片机时，可直接进行后续两个步骤。

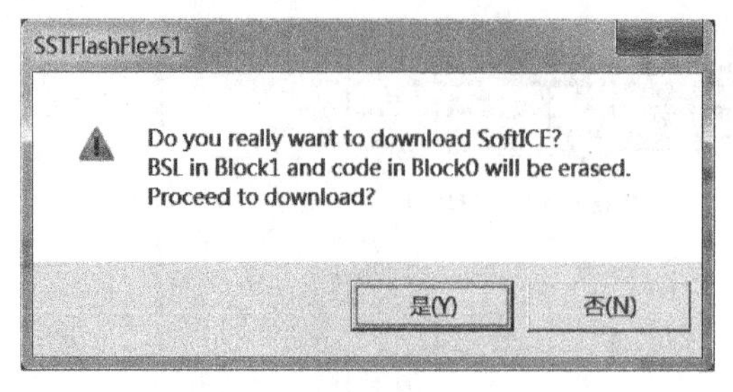

(a)询问是否下载SoftICE监控程序

(b)下载成功

图 2-78　下载 SoftICE 监控程序

2. 添加源程序代码

在调试 C51 或汇编程序时，应在程序主函数前面加入图 2-79 所示的代码；其目的是在单片机串口中断服务程序入口地址处占用 3 个字节单元，不让生成的机器码覆盖这 3 个单元。生成机器码文件做下载实验时，图 2-79 加入的 C51 或汇编代码都可以删除。如果调试过程中代码有改动，编译后再次调试前，按一下单片机最小系统中的复位按钮。

```
unsigned char code byTemp[3] _at_ 0x0023;  //C51中加入的代码


ORG 0023H ;汇编中加入的代码
DS   3
```

图 2-79　硬件调试时程序中加入的代码

3. 修改 Keil uVision 工程的属性

打开 Keil uVision 工程属性窗口，按图 2-80 正确设置【Debug】选项卡的属性。

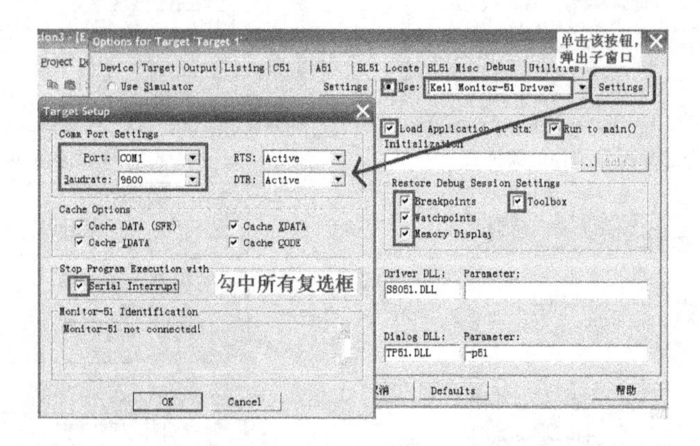

图 2-80　硬件仿真 Keil uVision 设置方法

(1)【Debug】(调试)选项卡内选择使用"Keil Monitor-51 Driver"仿真器;将图 2-80 调试选项卡中的 6 个复选框都选中,以方便调试程序。

(2) 单击【Settings】按钮,在弹出的【Target Setup】(目标设置)窗口选择计算机与单片机板相连接的串口号。

(3) 将串行通信的 Baudrate(波特率)设置为 38400 bit/s、19200 bit/s 或 9600 bit/s 中的一种,波特率越快,仿真速度越快;在请求发送(Request To Send,RTS)和数据终端准备好(Data Terminal Ready,DTR)的两个下拉列表框中选择"Active"。

(4) 选中 Cache Options(缓存选项)中的 4 个复选框,能加快仿真速度。

(5) 选中"Stop Program Execution with"下方的复选框,使仿真调试时能正常停止程序。

(6) 单击【OK】按钮,确认设置参数。

至此,设置完毕。单击 Keil uVision 软件工具栏上的【Debug】(调试)按钮,即可进入硬件仿真状态。

2.9.4　无仿真器时进行硬件调试程序的方法

初学者常常遇到一个问题,设计的程序编译没有问题,用 Proteus 或 Keil uVision 软件仿真"好像"也没有问题,可是把编译生成的机器码文件 *.hex 下载到单片机,运行却不正确。程序到底哪里错了,看不见摸不着,只能凭感觉、经验去猜。有什么好办法可以在无仿真器时进行硬件调试程序,快速查找错误呢?

※ 俗话说,"眼睛是心灵的窗户"。调试程序时,"显示器是程序的窗户";可以通过 LED 灯、数码管、液晶或者计算机等显示调试信息,用它们指示程序运行状况。

1. 通过 LED 灯指示程序运行状况

若单片机有空闲的 I/O 口,设计硬件时让它们接几个 LED 灯以备调试程序使用;成品生产环节,可以不焊接增加的调试电路。例如,图 2-81 中的 C51 程序段,想知道程序到底执行 byCounter++还是 byCounter--。可以在程序前面增加一条宏定义 # define DEBUG_OUTPUT_MESSAGE,如图 2-82 所示,下面再通过编译预处理命令判断是否定义了 DEBUG_OUTPUT_MESSAGE,是则输出调试信息。根据 LED1 和 LED2 的亮灭状态,就知道程序的运行情况。调试完毕,想去掉增加的调试语句,只要注释掉宏定义 # define DEBUG_OUTPUT_MESSAGE 即可,其余地方的代码不用去删除或注释。

```
if(byCounter<10)
{
  byCounter++;
}
else
{
  byCounter--;
}
```

图 2-81　未加调试代码的程序

2. 通过串口输出调试信息

采用硬件系统自带的显示器件能够输出的调试信息不多,且不能长时间保存。若单片机有闲置的串口,可以将程序运行中的重要参数通过串口源源不断地传输给计算机,后者运行串口调试助手,由其实时显示接收到的数据。C51 自带的 printf 函数调用了 putchar 函数,后者被重定向到串口,故使用 printf 函数可以从串口发送字符串。采用系统自带的 printf、sprintf 等库函数,可以简化编程,但要引用 stdio.h 头文件。

```
#define DEBUG_OUTPUT_MESSAGE

#ifdef DEBUG_OUTPUT_MESSAGE//编译预处理命令
  sbit P1_0 = P1^0;
  sbit P1_1 = P1^1;
#define LED1_ON()   do{P1_0=0;}while(0)
#define LED1_OFF()  do{P1_0=1;}while(0)
#define LED2_ON()   do{P1_1=0;}while(0)
#define LED2_OFF()  do{P1_1=1;}while(0)
#endif

if(byCounter<10)
 {
   byCounter++;
#ifdef DEBUG_OUTPUT_MESSAGE//编译预处理命令
   LED1_ON();
#endif
 }
 else
 {
   byCounter--;
#ifdef DEBUG_OUTPUT_MESSAGE//编译预处理命令
   LED2_ON();
#endif
 }
```

图 2-82　加入调试语句后的程序段

通过串口输出调试信息应增加的代码如图 2-83 所示，串口初始化里面，要将 TI 设置为 1。若自己编写串口程序发送调试数据，则不用将 TI 设置为 1。同理，如果要通过计算机调试助手给单片机输入参数，则调用 scanf 函数。

```
#include <stdio.h>
#define DEBUG_OUTPUT_MESSAGE

#ifdef DEBUG_OUTPUT_MESSAGE
void InitSerial(void) //串口初始化子程序
{
        TMOD=(TMOD&0x0F)|0x20; //T1置为方式2
        SCON=0x40; //串口工作于方式1
        PCON=0x80; //波特率倍增位SMOD等于1
        TH1=0xFA;  //初始化TH1,11.0592 MHz的晶振，波特率为9600 bit/s
        TL1=0xFA;  //初始化TL1
        TR1=1;         //启动T1工作
        TI=1;          //用系统自带的printf函数，TI必须等于1，否则无法发送
}
#endif

#ifdef DEBUG_OUTPUT_MESSAGE
        InitSerial(); //调用串口初始化程序，此条代码放置在主程序初始化部分
#endif

#ifdef DEBUG_OUTPUT_MESSAGE
        printf("当前时间: ");  //用stdio.h自带的库函数printf输出调试信息，每秒执行一次
        //byHour等3个变量定义为unsigned char类型，将它们强制转换为unsigned int类型
        printf("%d-",(unsigned int)byHour);
        printf("%d-",(unsigned int)byMinitue);
        printf("%d\r\n",(unsigned int)bySecond);
#endif
```

图 2-83　通过串口输出调试信息应增加的代码

计算机串口调试助手接收到的数据如图 2-84 所示，每隔 1 s，当前时间更新一次。程序员通过分析历史数据，可以即时掌握单片机程序运行状况，加快调试程序的速度。

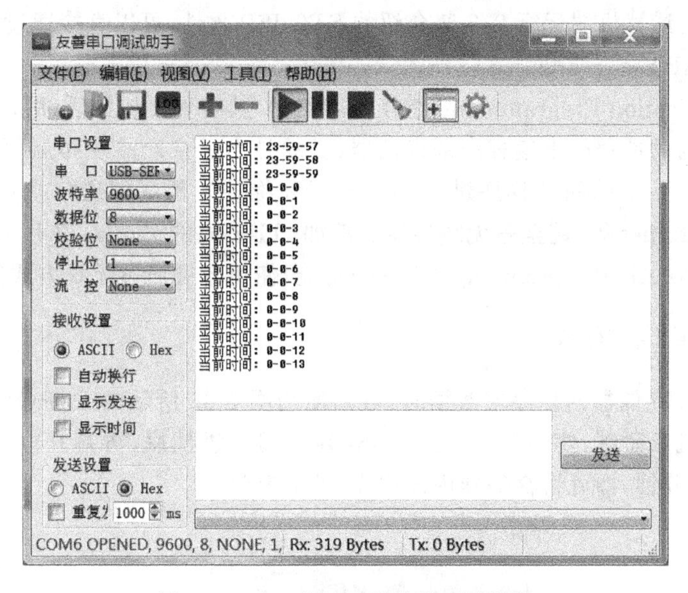

图 2-84　串口调试助手接收到的数据

2.10　单片机、存储器的编程器/烧录器及擦除器

2.10.1　单片机、存储器的编程器/烧录器

单片机、存储器编程器/烧录器是用来将编译软件生成的程序代码(通常为 *.hex 或 *.bin 文件)写入存储器芯片或者单片机内部的工具。广州市长兴晶工科技开发有限公司研制的 TOP3100 型编程器如图 2-85 所示，它具有体积小，功耗低，可靠性高的特点，是专为开发单片机和烧写各类存储器而设计的通用机型。它采用 USB 通用串口与计算机连接通信，传输速率高，抗干扰性能好，可靠性极高，而且无须外接电源。TOP3100 型编程器可以给 Atmel、AMD、Dallas、SST、STC、Intel、Philips、Winbond(华邦)、Microchip、NEC、NS、Cygnal 等国内外众多公司的单片机、EPROM、E^2PROM 和 PLD(可编程逻辑器件)烧录程序。图 2-85 中黑色的是集成电路插座，通过扳动手柄可以将置于其中的集成电路芯片锁紧或松开。编程时锁紧以保证接触良好，编程完毕松开，可以更换下一片芯片。

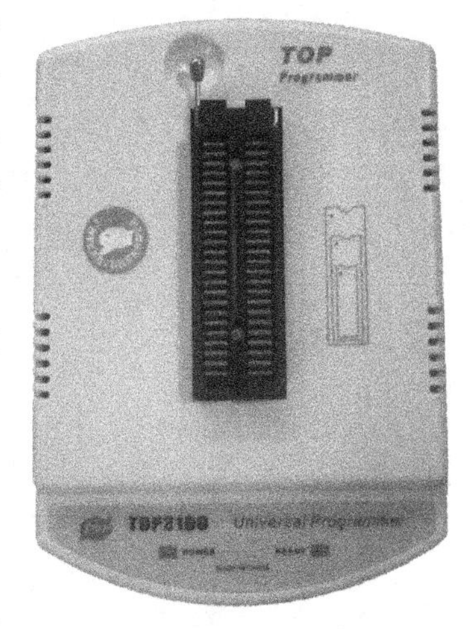

图 2-85　TOP3100 通用编程器

图 2-85 所示编程器只能给脱离系统的 DIP 封装器件烧录程序，现在越来越多的芯片采用贴片封装，不方便拆装，但它们通常支持 ISP 或 IAP 功能。

※ 什么是 ISP?

ISP 指在系统编程，即不脱离系统。利用这种技术，将尚未编程的空白芯片直接焊在印刷线路板上，利用预先留下的几个引脚即可对芯片进行编程。ISP 的实现一般需要很少的外部辅助电路，不必将芯片拆下来放到编程器上，省去购买价格昂贵的适配器。例如，宏晶公司生产的 STC 单片机，计算机端运行 2.3 节介绍的 STC-ISP 软件，可以直接通过串口烧录程序。

※ 什么是 IAP?

IAP(In Application Programming)指在应用编程，其实现更加灵活，用户程序在运行过程可通过专门设计的固件程序来编程内部存储器，目的是为了在产品发布后可以方便地通过预留的通信接口对产品中的固件程序进行远程升级和维护。预留的通信接口可以是 UART、USART、USB、Internet 等，甚至是无线接口。例如，TI 公司的 ZigBee 芯片 CC2530 甚至支持空中编程(Over the Air Programming，OTAP)功能，使用者可通过无线方式升级固件程序。

2.10.2 EPROM 擦除器

擦除 EPROM 存储器的程序或数据时，可以使用图 2-86 所示的 EPROM 擦除器，它由启东市斯迈特计算机厂研制，使用时，将 EPROM 存储器装进抽屉，再打开电源开关，用内置的紫外光灯照射 10 分钟，即可将存储器内部程序、数据擦除。

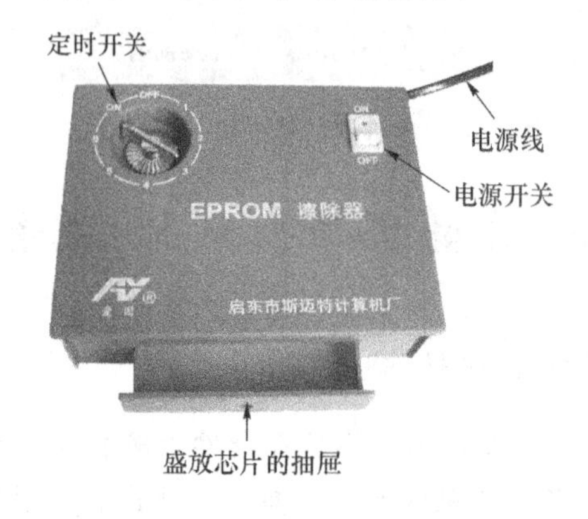

图 2-86 EPROM 擦除器

第3章　单片机实验项目

本章以编者自制的多功能微控制器实验箱为例，介绍10个单片机实验项目，包括：Proteus与Keil uVision软件的使用、LED流水灯与自锁开关、定时器实现的循环彩灯、单片机与计算机串行通信、数码管显示的电子钟、独立按键与点阵、矩阵键盘、模数转换、数模转换、1602液晶与蜂鸣器等。每个实验项目后面还附有Proteus仿真电路图，读者在没有硬件设备的情况下可以用仿真软件完成实验。

3.1　多功能微控制器实验箱简介

1. 实验箱面板

多功能微控制器实验箱面板布局如图3-1所示，实验箱如图3-2所示，它们主要包括下面9个部分。

(1) 核心板座A、核心板座B

用于安装单片机、复杂可编程逻辑器件(Complex Programmable Logic Device，CPLD)或现场可编程门阵列(Field Programmable Gate Array，FPGA)核心板等，完成相应课程的实验。

(2) 下载/调试模块A、下载/调试模块B

包含DB9母头串口和10针JTAG口，可给核心板座A、核心板座B上面的芯片下载/烧录程序。

(3) 输入模块

包括8位自锁开关、4×4矩阵键盘和1×4独立按键。

(4) 输出模块

包括8位LED流水灯、8位共阳数码管、8×8点阵、1602字符液晶、HMI智能串口触摸屏和蜂鸣器。

(5) 模拟量模块

包括由12位AD转换器ICL7109构成的模数转换模块及8位DA转换器DAC0832构成的数模转换模块。

(6) 串行总线模块

包括DS1302实时时钟、DS18B20温度传感器和RS-232-C串口。

(7) 驱动电路

8位S8550 PNP三极管驱动电路，用于驱动数码管和点阵。

(8) 通信模块

包括W5500以太网模块、GPRS＋GPS A7模块、RFID模块、nRF24L01无线模块、ESP8266 Wi-Fi模块、HC-05蓝牙模块和TL1838红外接收头。

(9) 电源模块

系统采用220 V交流电源供电，实验箱内置一个可输出＋5 V、＋12 V和－12 V电压的开关稳压电源，本模块还用线性稳压器AMS1117-3.3将＋5 V转换成＋3.3 V。

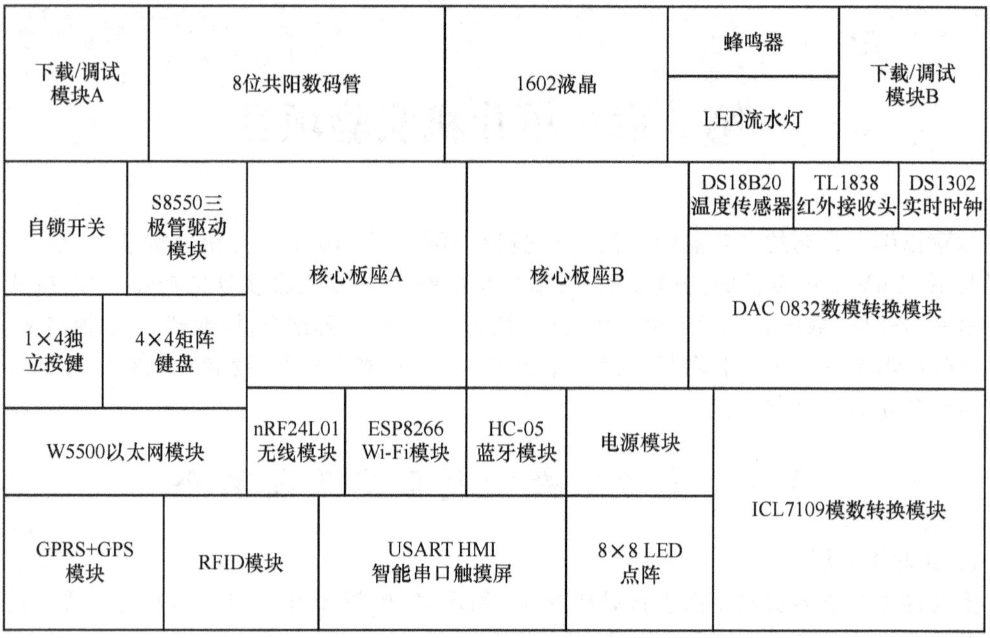

下载/调试模块A
8位共阳数码管
1602液晶
蜂鸣器
LED流水灯
下载/调试模块B
自锁开关
S8550三极管驱动模块
核心板座A
核心板座B
DS18B20温度传感器
TL1838红外接收头
DS1302实时时钟
DAC 0832数模转换模块
1×4独立按键
4×4矩阵键盘
W5500以太网模块
nRF24L01无线模块
ESP8266 Wi-Fi模块
HC-05蓝牙模块
电源模块
ICL7109模数转换模块
GPRS+GPS模块
RFID模块
USART HMI智能串口触摸屏
8×8 LED点阵

图 3-1 实验箱面板结构

实验箱各功能模块连接关系如图 3-3 所示，实验箱有两个核心板底座，可以单独或同时安装单片机、CPLD 和 FPGA 中的任意一款。核心板座 A/B 的单片机、CPLD 和 FPGA 等的所有 I/O 口资源与各功能模块之间都没有连线，实验过程中，操作者可以自主选择任意 I/O 口，用带香蕉插头的线缆自主搭建实验电路，单独控制主板上的输入模块、输出模块、模拟量模块、串行总线模块和通信模块。两个核心板有各自单独的下载/调试接口，计算机可以通过下载/调试接口给核心板编程，或进行仿真实验，核心板之间也可以相互通信。

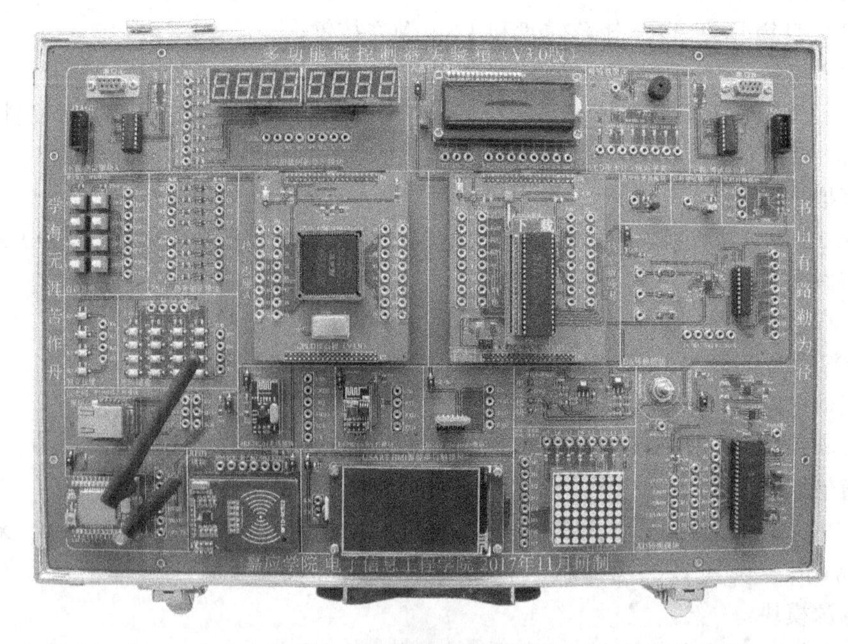

图 3-2 单片机实验箱照片

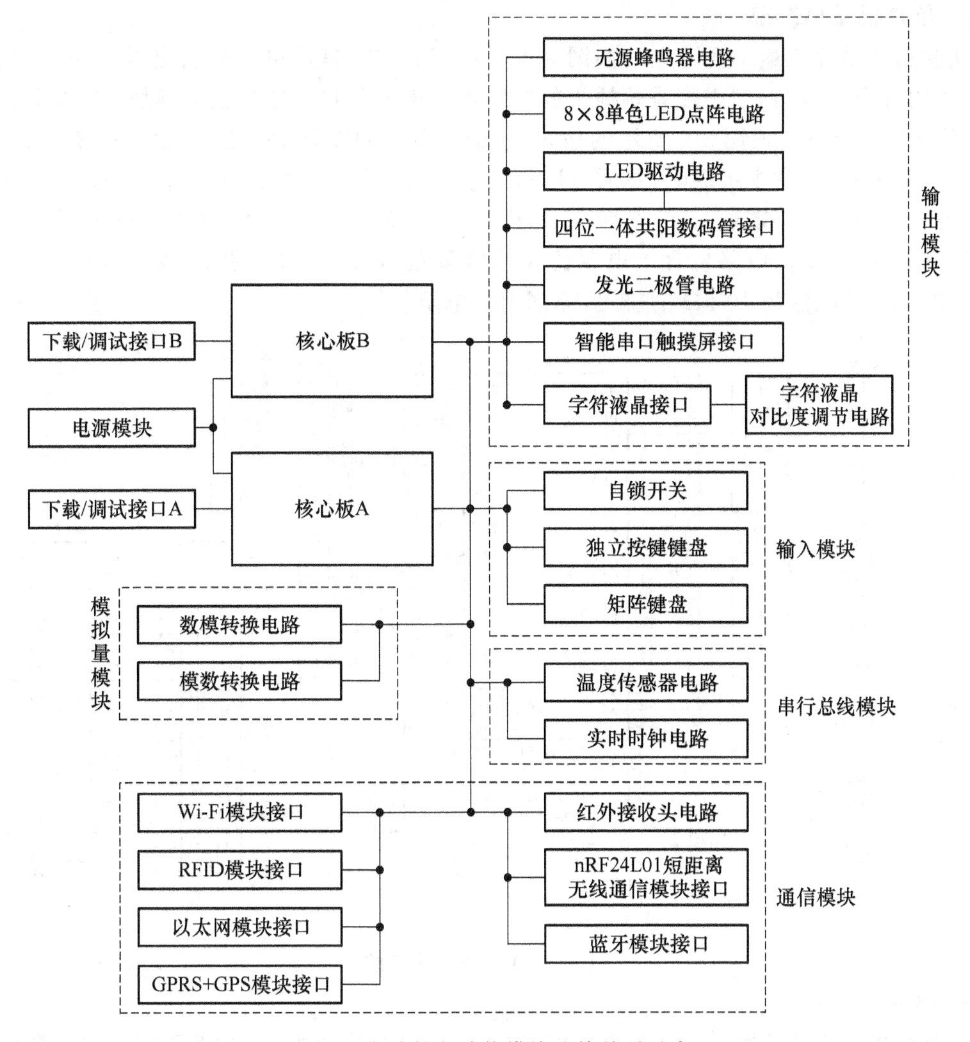

图 3-3　实验箱各功能模块连接关系示意

2. 可以完成的实验项目

本实验箱可以用单片机独立完成表 3-1 所示的 24 个实验项目，也可以是若干个实验项目的组合。其中第 24 个实验项目要使用宏晶公司的高性能单片机 STC12C5A60S2，其余 23 个实验项目只须要使用普通的单片机即可。

表 3-1　实验箱可以完成的实验项目

编号	实验名称	编号	实验名称	编号	实验名称
1	8 路 LED 流水灯	9	红外遥控接收解码	17	GPRS/GSM 通信
2	8 位数码管动态扫描	10	定时器与外部中断	18	GPS 定位/定时
3	8×8 点阵动态扫描	11	12 位 AD 转换	19	nRF24L01 短距离无线通信
4	1602 字符液晶显示	12	8 位 DA 转换	20	ESP8266 Wi-Fi 通信
5	HMI 智能串口触摸屏	13	单片机与计算机串行通信	21	HC-05 蓝牙通信
6	蜂鸣器播放音乐	14	DS18B20 温度传感器	22	单片机与 CPLD 或 FPGA 通信
7	1×4 独立按键识别	15	DS1302 实时时钟	23	Small RTOS51 操作系统移植
8	4×4 矩阵键盘扫描	16	以太网通信	24	μC/OS-II 操作系统移植

3. 单片机最小系统

实验箱的单片机最小系统电路如图 3-4 所示，P1～P4 是从单片机引出的 4 个并口，做实验时，使用哪个 I/O 口，就用带香蕉插头的线缆连接该 I/O 口与主板上的模块；P7 是单片机紧缩座，用于安装图 3-5 或图 3-6 所示的仿真/下载单片机；P5 和 P6 是 2×20P 插头，用于将核心板安装在主板上，从主板取电，并通过串口连接下载/调试模块；时钟电路的晶振频率可以根据实验需要，通过短路端子 OSC 选择 12 MHz 或 11.0592 MHz，后者通常用于单片机与计算机进行串行通信；复位电路包含上电复位及按键复位；LED 灯用于指示核心板是否上电，P0 口外接的 pz1 是阻值为 10 kΩ 的排阻，充当上拉电阻。

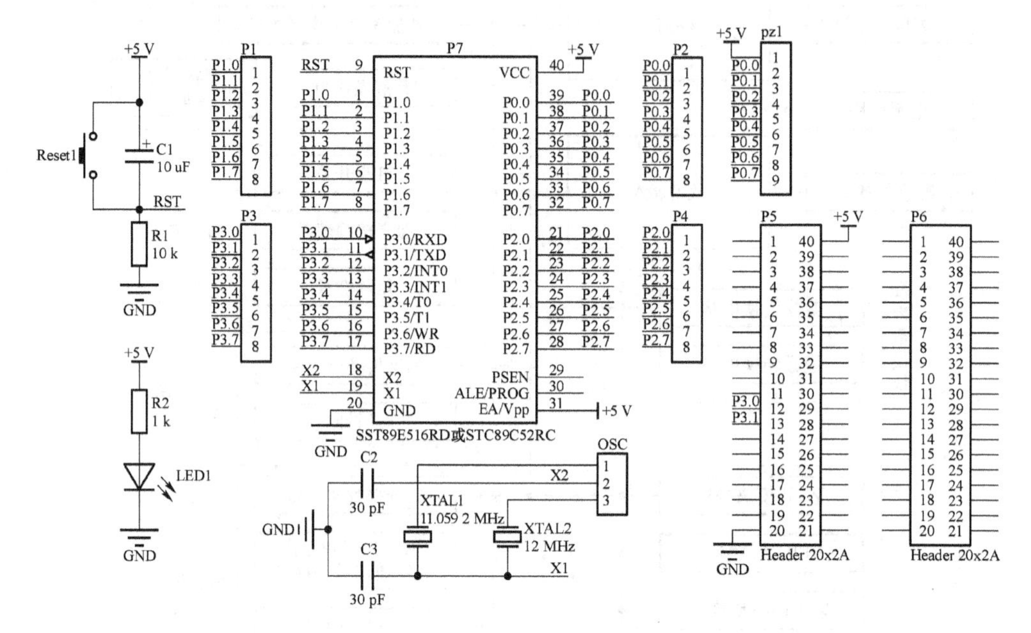

图 3-4　单片机最小系统

4. 仿真实验

在单片机核心板的紧锁座上安装如图 3-5 所示 SST 公司生产的 SST89E5xRD 系列单片机，可以实现在系统硬件仿真，如运行到断点处、运行到光标行、单步跟踪、跨步、全速运行、夭折等；但不能仿真串口及定时器/计数器 2。使用 SST89E5xRD 系列单片机硬件仿真的具体方法，请参考 2.9.3 节图 2-79 和图 2-80。

5. 下载实验

本实验箱可以通过串口给宏晶公司生产的 STC 单片机下载(烧录)程序，在单片机核心板紧锁座上安装的如图 3-6 所示的 STC89C52RC 单片机，使用 STC-ISP 下载软件即可给单片机下载程序。

图 3-5　带仿真功能的单片机

图 3-6　用于下载实验的单片机

注意：下载/调试模块 A 的串口只能用于核心板座 A 上安装的单片机下载程序，下载/调试模块 B 的串口只能用于核心板座 B 上安装的单片机下载程序。

6. 使用特别说明

(1) 打开电源开关之前一定要先检查单片机是否已正确安装。

(2) 启动系统程序前先检查通信电缆是否已正确连接,实验箱电源是否已开启。

(3) 插拔单片机,连线等操作前,先断开系统电源。

3.2 实验项目

3.2.1 实验 1　Proteus 与 Keil uVision 的使用

1. 实验项目

用 Proteus 软件设计硬件电路,Keil uVision 软件设计程序,让单片机控制 1 个共阳数码管,使其轮流循环显示 0、1、…、9,每个数字停顿 1 s。

2. 实验目的

(1) 学会使用 Proteus 设计硬件电路图。

(2) 学会使用 Keil uVision 编写并编译、调试单片机汇编或 C51 语言程序。

(3) 了解 Proteus 和 Keil uVision 联合调试单片机程序的方法。

(4) 掌握如何将 Keil uVision 软件生成的机器码文件(*.hex)加载到 Proteus 工程里的单片机,并全速运行,观察结果。

3. 实验电路

实验电路如图 3-7 所示,使用 AT89C51 单片机控制 1 个七段绿色共阳数码管(7SEG-COM-AN-GRN),P0 口做输出口,通过 470 Ω 限流电阻 R1～R7 接数码管的段选引脚 a～g,P2.0 通过 4.7 kΩ 电阻 R8 接 PNP 三极管 Q1 的基极,Q1 的集电极接数码管的公共端。

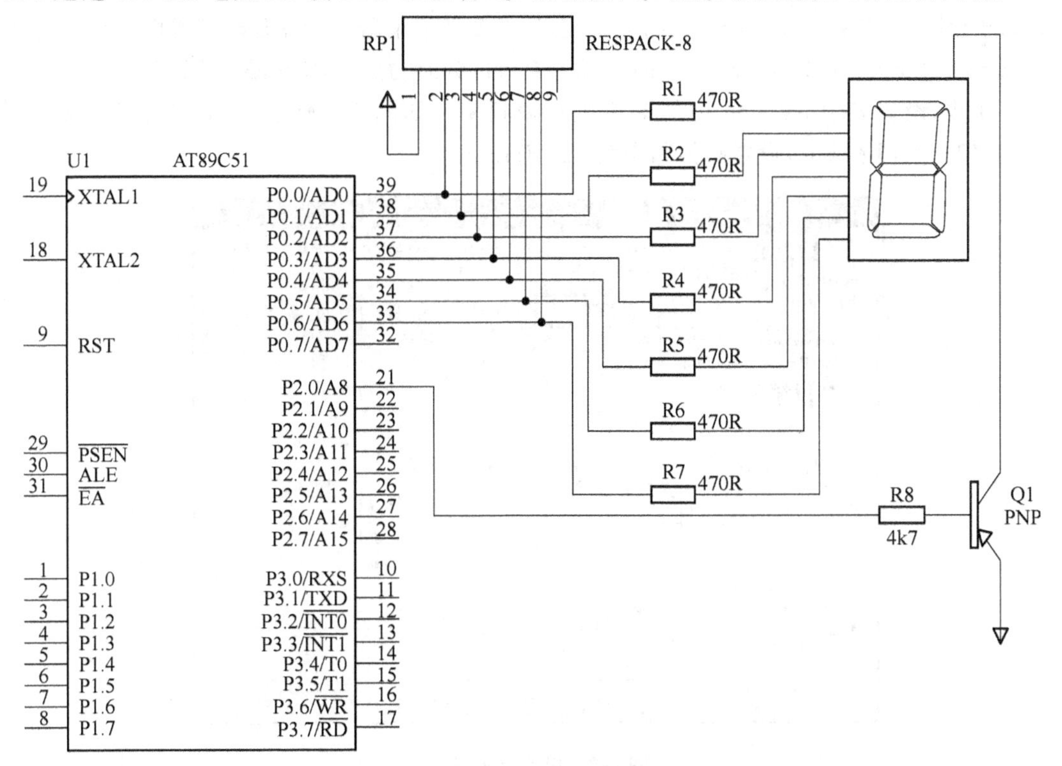

图 3-7　硬件电路

4. 实验原理

(1) P0口为双向口，它的每一位都能独立地定义为输入位或输出位，它可作为数据总线，也可作为地址总线低8位使用，通常可作为用户I/O使用。P0口内部无上拉电阻，它作输入输出口使用时，要外接上拉电阻(RESPACK-8)。

(2) 发光二极管导通时，其管压降通常为1.8～2 V，如果直接将5 V电压加载至数码管，可能会烧坏数码管。要在数码管的各段选引脚加限流电阻，限流电阻的阻值通常为几百Ω至1 kΩ，本实验中选择470 Ω。

(3) 单片机带负载能力有限，通常不能直接驱动数码管，要用三极管进行电流放大，故使用PNP三极管驱动共阳数码管。

(4) 数码管由若干个发光二极管按一定的规律排列而成，其内部结构及显示字符时的段码请参考本书1.7.2节。

(5) 如果不用Proteus画PCB板，而只是做软件仿真，则单片机最小系统中的电源、复位电路、时钟电路可以不画，但实际上它们是必不可少的。

5. 实验步骤

(1) 使用Proteus绘制电路图

参考2.1节介绍的方法，建立Proteus工程，绘制好电路图。

(2) 使用Keil uVision编写单片机程序

参考2.2节介绍的方法，新建Keil uVision工程及源文件，将Keil uVision工程编译，生成单片机可执行的机器码文件*.hex。

本实验中，要求实现1 s的延时。Keil uVision软件中，调测延时子程序的方法有很多。最精确的方法是，根据单片机使用的晶振频率和汇编语句计算子程序执行需要多长时间；如果是C51的延时子程序，则查看C51编译生成的汇编代码，再根据汇编语句计算延时子程序的执行时间。在要求不高的场合，可以采用Keil uVision软件自带的计时功能，具体步骤见下面演示。

第1步，设置Keil uVision中的单片机晶振频率。如图3-8所示，打开工程属性对话窗口，单击【Target】选项卡，设置晶振频率为12 MHz。

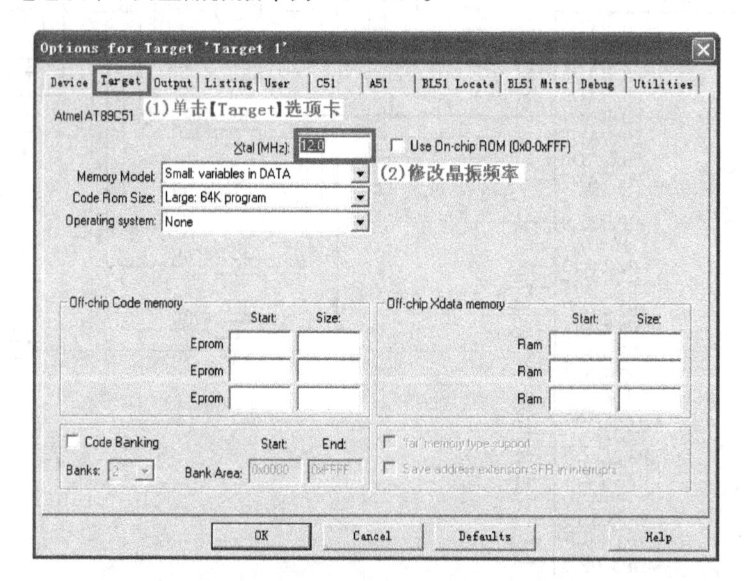

图3-8 修改晶振频率

第 2 步，设置调试方式。如图 3-9 所示，单击工程属性对话窗口【Debug】选项卡，选中“Use Simulator”（使用模拟器）。最后单击【OK】按钮，关闭工程属性窗口。

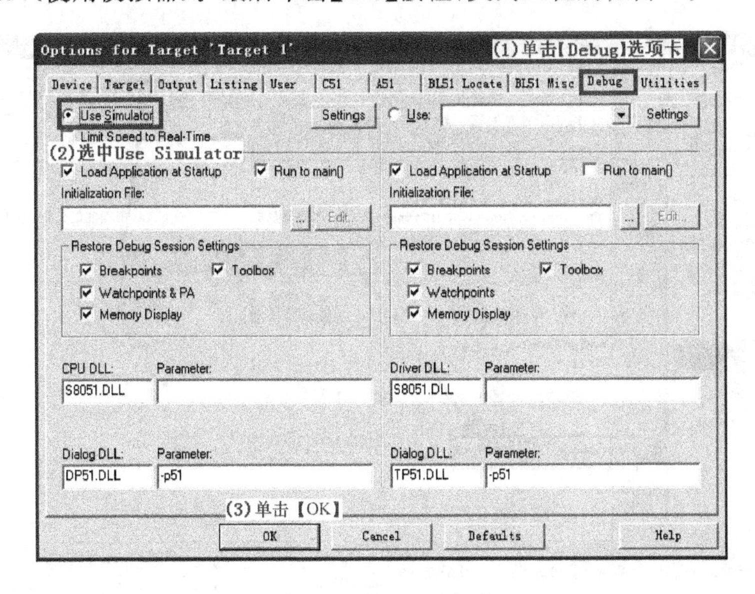

图 3-9　设置调试方式

第 3 步，单击工具栏中的【Debug】按钮，进入图 3-10 所示调试模式。单击主菜单栏中的【Debug】，然后选择“Start/Stop Debug Session”；按 Ctrl+F5 键同样能进入调试模式。

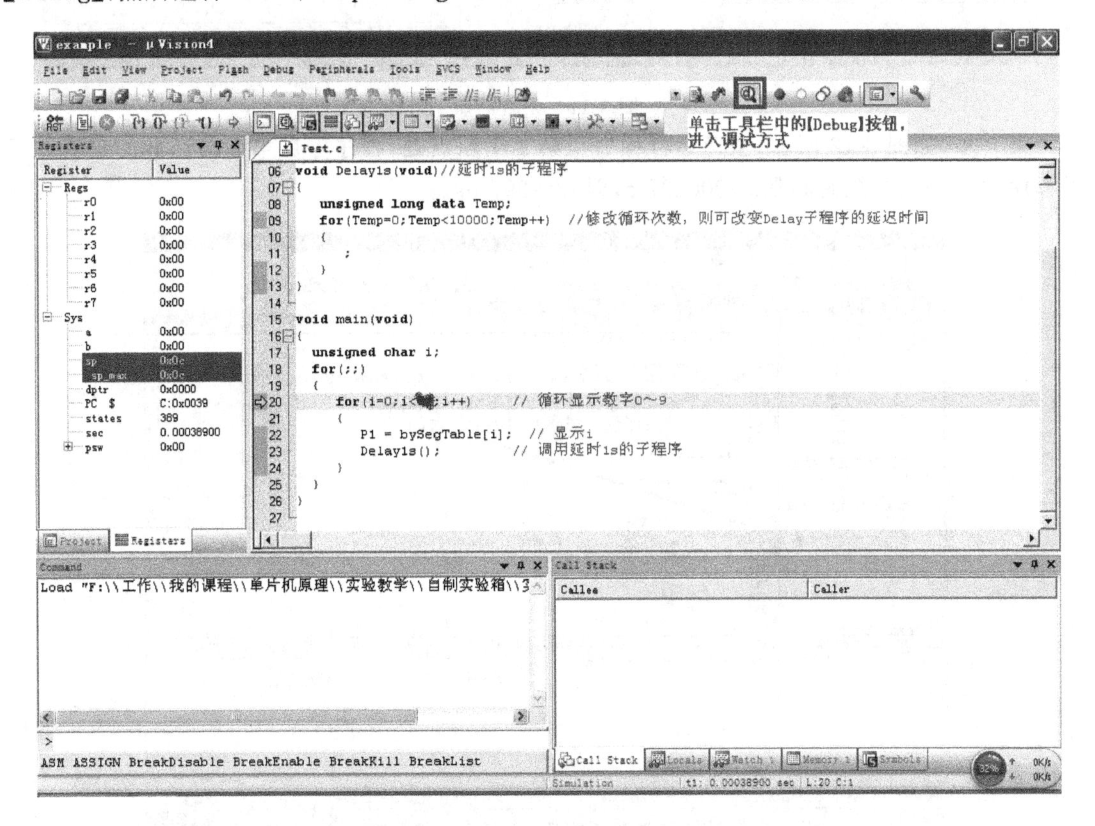

图 3-10　进入调试模式

第 4 步，参照图 3-11，在延时子程序 Delay1s()及其下一行设置断点。

注意：行号左边是灰色的行才能打断点，其余不行；如第 12 行可以打断点，但第 14 行不行。

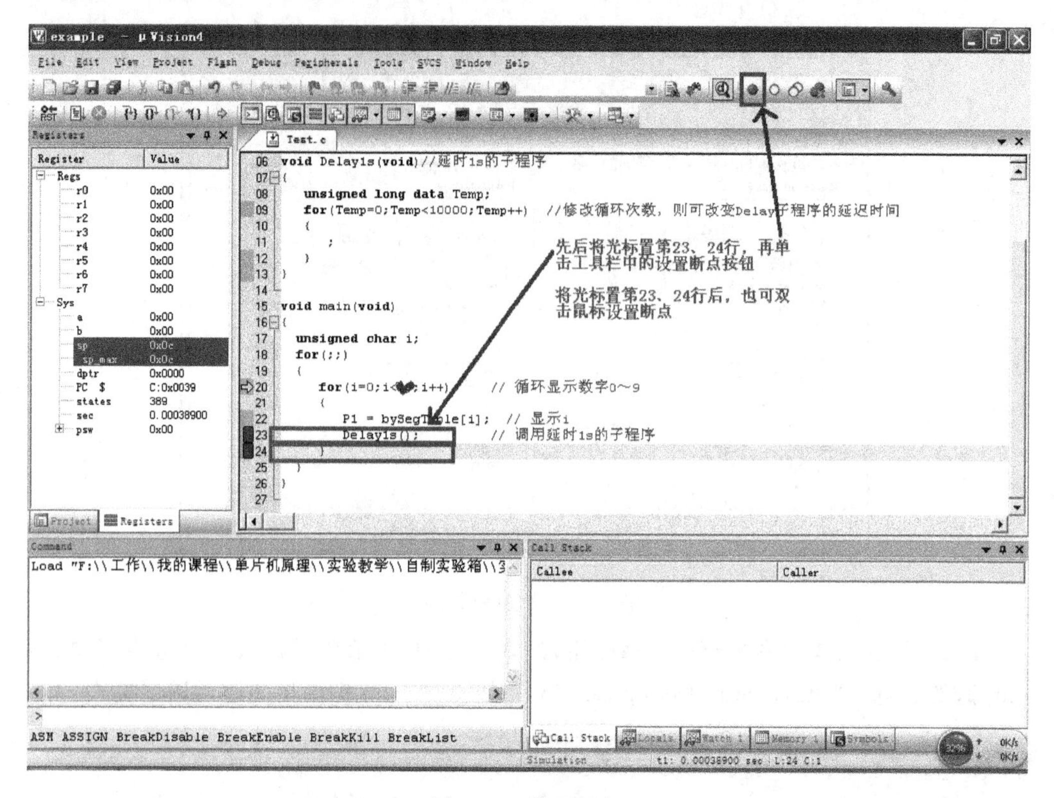

图 3-11　设置断点

第 5 步，如图 3-12 所示，全速运行程序至第 1 个断点处，程序停在第 23 行，此时没有执行子程序 Delay1s，系统时间是 0.000397 s，即 $t_1 = 397\ \mu s$。

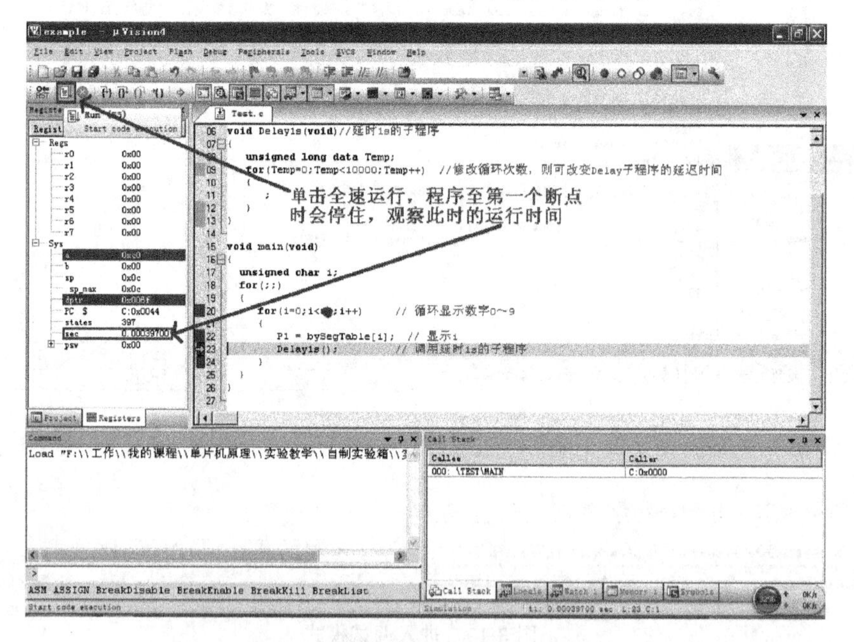

图 3-12　全速运行程序至第 1 个断点

第 6 步，如图 3-13 所示，继续全速运行程序至第 2 个断点处，程序停在第 24 行，此时已经执行完子程序 Delay1s，系统时间是 0.460438 s，即 $t_2=460.438$ ms。延时子程序 Delay1s 的循环次数等于 10000 时，其执行的时间 $\Delta t=t_2-t_1=460.041$ ms，显然，它不够 1 s。计算如何修改延时子程序中的循环次数，再按上述步骤多次测试。

(3) Keil uVision 与 Proteus 联机调试

参考 2.2 节介绍的方法，将 Keil uVision 软件与 Proteus 进行联机调试，单步执行 Keil uVision 中的单片机程序，观察 Proteus 中的实验现象，查找软硬件错误。

(4) 将 Keil uVision 编译生成的机器码加载到 Proteus 中的单片机

参考 2.1 节介绍的方法，将步骤(2)中生成的机器码文件 *.hex 加载到 Proteus 的单片机中，全速运行单片机，观察实验现象。

6. 程序框图

程序流程如图 3-14 所示。

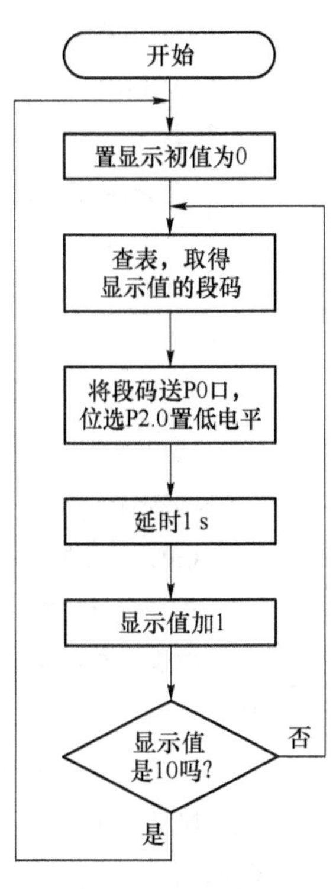

图 3-14　主程序流程

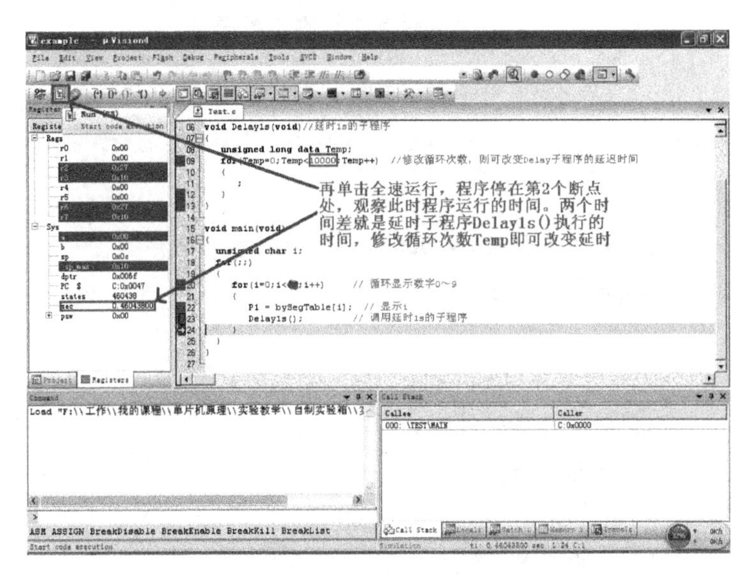

图 3-13　全速运行程序至第 2 个断点

7. 参考程序

(1) C51 程序

```
#include <______.h>                    //引用单片机的头文件
//共阳数码管 0~9 的段选码
unsigned char code bySegTable[10] = {0xC0,___,___,___,___,___,___,___,___,___};

void Delay1s(void)                     //延时 1 s 的子程序
{
  unsigned long data Temp;
  for(Temp = 0;Temp<______;Temp++)     //修改循环次数，则可改变延迟时间
  {
```

```
      ;
    }
}

void main(void)
{
    unsigned char i;
    for(;;)
    {
        for(i=0;i<____;i++)              //循环显示数字0～9
        {
            P0 = bySegTable[i];          //显示i
            P2 = ________;               //将P2.0置0,P2.7～P2.1都置1
            ________                     //调用延时1 s的子程序
        }
    }
}
```

(2) 汇编程序

```
        ORG    0000H           ;单片机复位后,从0000H单元开始执行程序
        SJMP   MAIN            ;跳转至主程序
        ORG    0030H
MAIN:
        MOV    SP,#2FH         ;初始化堆栈指针
        MOV    DPTR,______     ;DPTR指向表首
LOOP2:
        MOV    R2,#0           ;显示值置0
LOOP1:
        MOV    A,R2            ;将显示值送累加器A
        ____   A,@A+DPTR       ;远程查表指令,获得段选值
        MOV    P0,A            ;将段选值送P0口
        MOV    P2,________     ;P2.0置0,让数码管亮
        ____   DELAY1S         ;调用延时子程序
        INC    R2              ;将显示值自加1
        CJNE   R2,______,LOOP1 ;判断显示值是否到最后,没到则继续显示
        SJMP   LOOP2           ;到了最后,则显示值重新置0
DELAY1S:                       ;本子程序,对12 MHz的晶振延时1 s
        MOV    R7,#5           ;晶振频率不同,自行修改R5、R6或R7的参数
DELAY2:
```

```
        MOV   R6,#200
DELAY3:
        MOV   R5,#250
DELAY4:
        NOP
        NOP
        DJNZ  R5,DELAY4
        DJNZ  R6,DELAY3
        DJNZ  R7,DELAY2
        ______                ;子程序返回
TAB: ;8 位共阳数码管显示"0~9"的段选码表
        DB 0C0H,0F9H,0A4H,0B0H,99H,92H,82H,0F8H,80H,90H
        END
```

8. 思考题

(1) 若要实现 9~0 的倒计数,程序应该如何修改?

(2) 若要显示 0、1、2、…、9、A、b、C、d、E、F,程序应该做什么修改?

3.2.2　实验 2　LED 流水灯与自锁开关

1. 实验项目

(1) 必做项目 1

P1 口做输出口,接 8 只发光二极管,编写程序使发光二极管从右至左单独轮流点亮 1 s。

(2) 必做项目 2

P0 口做输入口,接 8 个自锁开关;P1 口做输出口,用发光二极管实时显示 8 个自锁开关的状态。

(3) 选做项目

保持项目 2 的连线不变,在项目 1 程序的基础上进行修改,用自锁开关 SW0 控制 LED 流水灯的循环移位。当 SW0 按下时,发光二极管从右至左单独轮流点亮;当 SW0 弹起时,发光二极管从左至右单独轮流点亮。

程序调试完毕,在计算机端运行 STC-ISP 软件,将生成的机器码文件(*.hex)烧录至 STC89C52RC 单片机中,全速运行,观察实验现象。

2. 实验目的

(1) 熟悉单片机硬件仿真器的使用,掌握如何调试程序。

(2) 掌握如何使用 STC-ISP 软件通过串口给宏晶公司的单片机下载程序。

(3) 掌握 P0 口与 P1 口的使用方法。

(4) 理解延时子程序的编写和使用。

3. 实验电路

必做项目 1 电路如图 3-15 所示,用 P1 口接 8 个 LED 灯,LED 灯采用共阳接法,J1 是大小为 1 kΩ 的排阻,充当限流电阻。

必做项目 2 的电路在项目 1 的基础上,增加图 3-16 所示的 8 个自锁开关,单片机用 P0 口读自锁开关的状态。

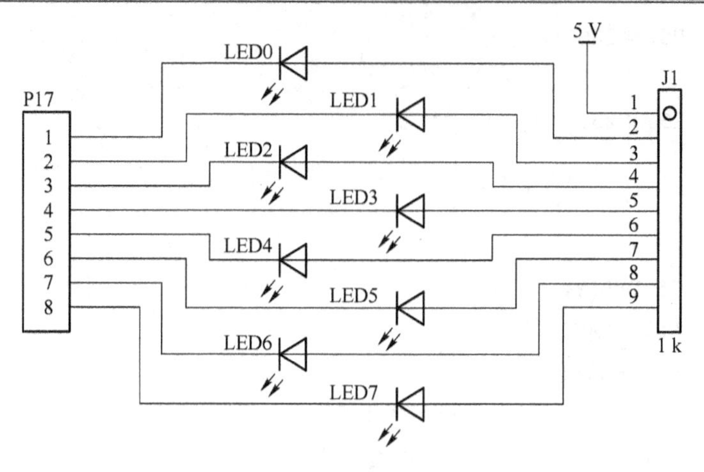

图 3-15　LED 流水灯电路

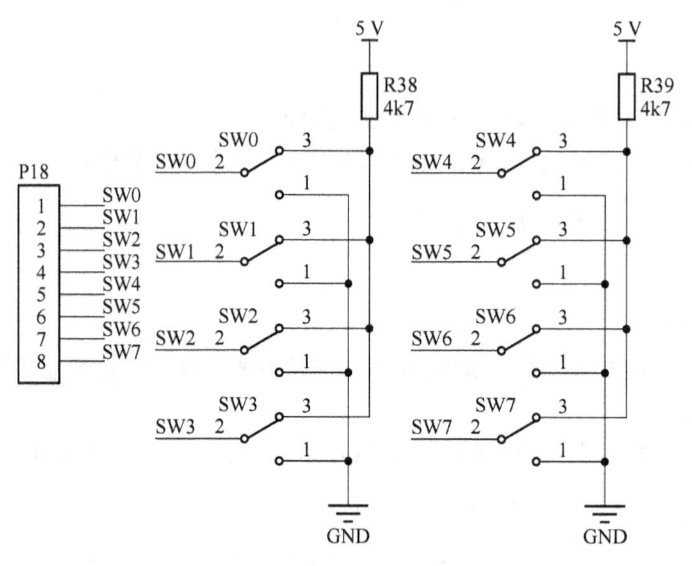

图 3-16　自锁开关电路

4. 实验连线

必做项目 1:P1.0～P1.7 依次接发光二极管 LED0～LED7。

必做项目 2:P1.0～P1.7 依次接发光二极管 LED0～LED7,P0.0～P0.7 依次接自锁开关 SW0～SW7。

5. 实验原理

(1) P0 口无上拉电阻,作 I/O 口时必须外接上拉电阻,通常接排阻。

(2) P1 口为准双向口,它的每一位都能独立地定义为输入位或输出位;当定义为输入位时,必须向锁存器写入“1”。

(3) 延时程序的实现常有两种方法:定时器中断、指令循环;本实验采用后一种。本次实验使用的晶振频率为 12 MHz,一个机器周期 T_{cy} 为 1 μs。现要实现延时 0.1 s 的程序,可大致如下。

```
          MOV    R6,#200    ;执行需要 1 个机器周期
DEL1:MOV    R7,#x       ;执行需要 1 个机器周期
DEL2:DJNZ   R7,DEL2    ;执行需要 2 个机器周期
          DJNZ   R6,DEL1    ;执行需要 2 个机器周期
```

用式(3-1)可求得定时 0.1 s 时 x 的值,让上述 4 条指令循环执行 10 次,即可延时 1 s。

$$[1+(1+2x+2)\times 200]\times T_{cy}=0.1\ \text{s} \tag{3-1}$$

6. 程序框图

程序流程如图 3-17 所示。

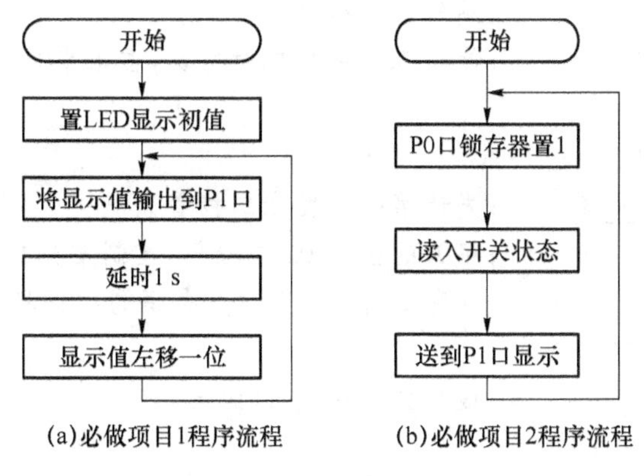

图 3-17　程序流程

7. 参考程序

(1)项目 1 C51 程序

```
#include <reg51.h>
#include <intrins.h>      //使用本征库函数:空操作、循环移位

unsigned char  code  byTemp[3] _at_ 0x23;  //使用 SST 单片机做仿真,占用串口

void Delay1s(void)
{
  //fosc = 12 MHz,12T 单片机,延时 1 s
    unsigned char a,b,c;
    for(c = 46;c>0;c -- )
        for(b = 152;b>0;b -- )
            for(a = 70;a>0;a -- );
    _nop_();  //if Keil,require use intrins.h
}

void main(void)
{  //定义变量 byLedValue 的初值,先让第一个发光二极管点亮
  unsigned char  data byLedValue = ______;      //定义 LED 显示值

  for(;;)
  {
    P1   = ______;     //LED 显示值从 P1 口输出到发光二极管
    Delay1s();         //延时 1 s
    ____________;      //LED 显示值左移一位,以点亮下一个发光二极管
```

```
    }
}
```

(2) 必做项目1汇编程序

```
        ORG ______H          ;单片机复位后,PC的初始值
        LJMP MAIN            ;跳转至主程序
        ORG 0023H            ;使用SST单片机做仿真,占用串口
        DS  3
        ORG 0030H
MAIN:   MOV A,#___H          ;先让第一个发光二极管点亮
LOOP:   MOV P1,A             ;将A的值从P1口输出,控制发光二极管
        MOV R5,#___          ;填写延时1 s下述5条语句须循环执行的次数
DEL1:   MOV R6,#200
DEL2:   MOV R7,#___          ;根据式(3-1)求得的x
DEL3:   DJNZ  R7,DEL3
        DJNZ  R6,DEL2
        DJNZ  R5,DEL1
        ____ A               ;左移一位,准备点亮下一个发光二极管
        LJMP ____            ;循环前面操作
        ____                 ;结束
```

(3) 必做项目2 C51程序

```
#include <reg51.h>
unsigned char  code  byTemp[3] _at_ 0x23;  //使用SST单片机做仿真,占用串口

void main(void)
{
    unsigned char  data byValue;  //定义变量by Value,用于保存自锁开关键值
    while(1)
    {
        P0 = 0x____;                      //准备读P0口
        ____ = P0;                        //读P0口
        P1 = ____;                        //将读得的自锁开关键值写到P1口
    }
}
```

(4) 必做项目2汇编程序

```
      ORG  ______H    ;单片机复位后,PC的初始值
      LJMP MAIN       ;跳转至主程序
      ORG 0023H       ;使用SST单片机做仿真,占用串口
      DS  3
      ORG  0030H
MAIN: MOV  P0,#____H;准备读P0口
LOOP: MOV  A,P0       ;从P0口读取自锁开关键值
```

```
        MOV   P1,____       ;从 P1 口输出自锁开关键值到发光二极管
        LJMP    LOOP        ;循环前面操作
        END
```

8. 问题思考

(1) 必做项目 1

① C51 程序

问题 1:如何实现发光二极管从左至右单独轮流点亮?

问题 2:本实验程序的最后一行,用<<1 实现左移一位,行不行,为什么?

② 汇编程序

问题 1:如何实现发光二极管从左至右单独轮流点亮?

问题 2:假如晶振频率改为 6 MHz,该如何修改程序,使其延时 1 s?

(2) 必做项目 2

① C51 程序

问题 1:P0 口初值置"0"行不行,为什么?

问题 2:把主函数 main 里面的 while(1)注释掉(改为"//while(1)"),编译有没有问题? 还能否实现原来的功能,为什么?

② 汇编程序

问题 1:将最后一行的 END 去掉行不行,为什么?

问题 2:LJMP LOOP 改为 AJMP LOOP 或 SJMP LOOP 行不行,为什么?

9. Proteus 仿真电路

没有实验箱的情况下,可以采用图 3-18 所示的 Proteus 仿真电路,替代上述必做项目 1 和必做项目 2 的电路图。

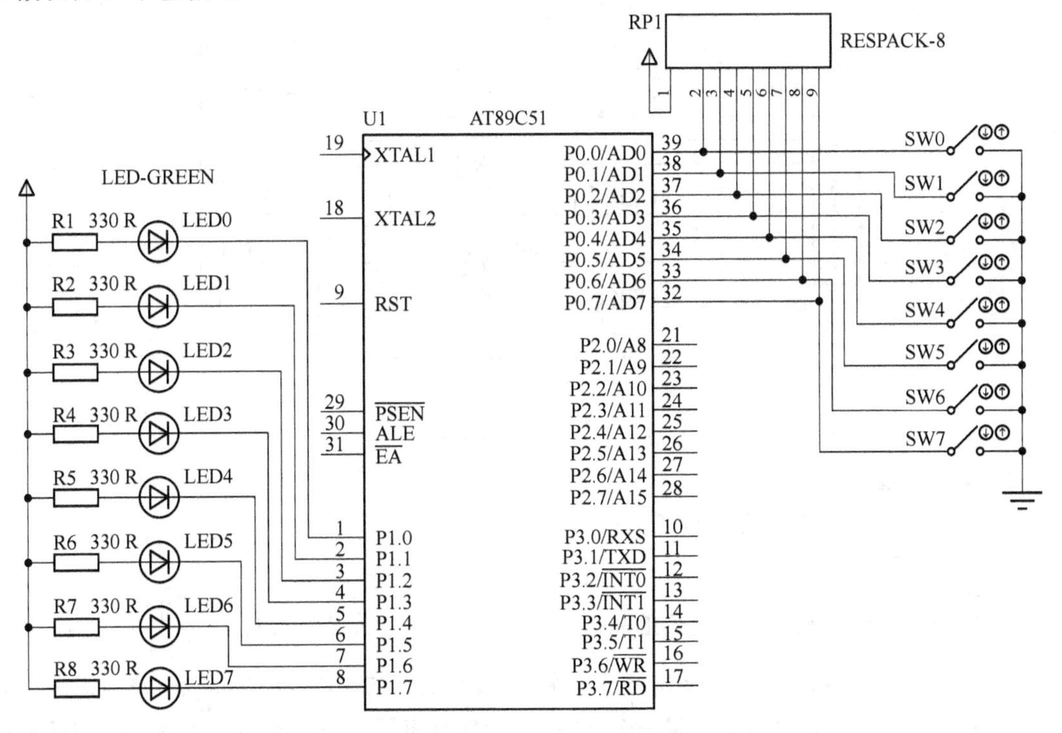

图 3-18　实验 2Proteus 仿真电路

3.2.3 实验3 定时器实现的循环彩灯

1. 实验项目

(1) 必做项目

单片机内部定时器1按方式1工作，P1口作输出，控制发光二极管。要求编写程序实现LED0～LED7依次点亮、依次熄灭、全亮、全灭，每种状态间隔0.5 s。

(2) 选做项目

保持必做项目的连线不变，再用一根线连接轻触开关K0和单片机的$\overline{\text{INT0}}$引脚。用K0控制各状态间隔，正常情况下间隔为0.5 s。第1次按下K0，间隔改为2 s；第2次按下K0，间隔改为0.5 s；第3次按下K0，间隔改为2 s；第4次按下K0，间隔改为0.5 s；依此类推。

提示：定义一个受按键K0控制的计数值byKeyValue，其初值为10。将$\overline{\text{INT0}}$的触发方式设置为下降沿触发，并允许其中断。在$\overline{\text{INT0}}$的中断服务程序中，判断byKeyValue的值，如果是10，将其改为40；如果是40，将其改为10。在重置计数初值时，必做项目重置为10，发挥项目中则重置为byKeyValue。

2. 实验目的

(1) 掌握单片机内部定时器的使用和编程方法。

(2) 掌握中断处理程序的编写方法。

3. 实验电路

实验电路如图3-19所示，用单片机P1口接8个LED灯，LED灯采用共阳接法，J1是大小为1 kΩ的排阻，充当限流电阻。

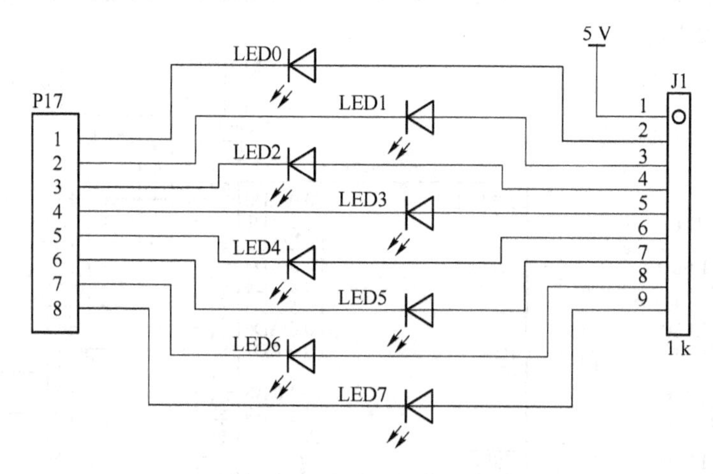

图3-19 发光二极管电路

4. 实验连线

P1.0～P1.7接发光二极管LED0～LED7。

5. 实验原理

本实验系统单片机时钟电路使用的晶振频率，$f_{osc}=12$ MHz，机器周期$T_{cy}=\frac{12}{f_{osc}}=1\ \mu s$。定时器1工作在方式1，作16位定时器使用，最长的定时时间$t_{max}=65536T_{cy}=65536\ \mu s=65.536$ ms。要实现0.5 s延时，须在定时器中设置一个计数初值，使其每隔50 ms产生一次中断，CPU响应中断后将中断计数器减 1,令中断计数器初值为 10 即可。设定时器 1 计数初值为 x,可根据式(3-2)求得 x。再将 x 除以 256,商就是 TH1 的初值,余数就是 TL1 的初值。

$$(2^{16}-x)\times T_{cy}=0.05\ \text{s} \tag{3-2}$$

使用定时器 1 和中断系统,主要是对 TMOD 寄存器的高 4 位,TCON 里面的 TR1,IE 里面的 ET1、EA 进行设置,并将计数初值送入 TH1 和 TL1。

6. 程序框图

主程序和中断服务程序流程如图 3-20 及图 3-21 所示。

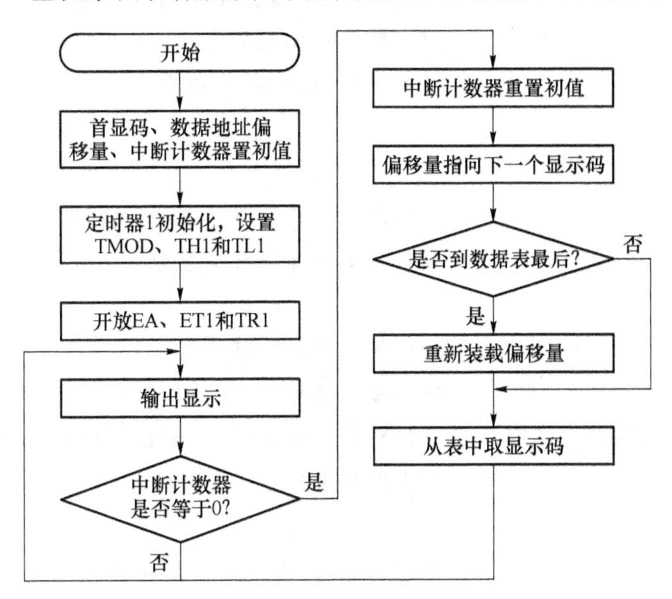

图 3-20 主程序流程

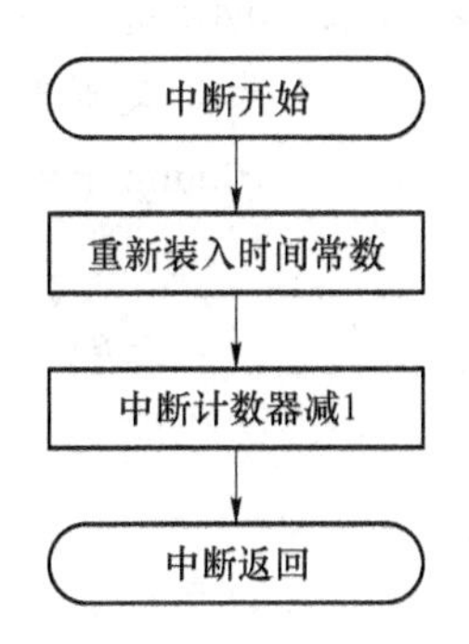

图 3-21 中断服务程序流程

7. 参考程序

(1) C51 程序

```
#include <reg51.h>
unsigned char code byTemp[3] _at_ 0x23;   //使用 SST 单片机做仿真,占用串口
unsigned char data byCounter;             //定义中断计数器
//存放 LED 灯状态的码表:逐个点亮 8 个 LED,逐个熄灭 8 个 LED,全亮、全灭
unsigned char code byTable[] = {0xFE,0xFC,0xF8,0xF0,0xE0,0xC0,0x80,0x00,0x01,
                    0x03,0x07,0x0F,0x1F,0x3F,0x7F,0xFF,0x00,0xFF};
void InitTimer1(void)
{
    TMOD = ____;                          //定时器/计数器 1 置为定时方式 1
    TH1 = ____;                           //TH1 装入时间常数
    TL1 = ____;                           //TL1 装入时间常数
    ____ = 1;                             //允许定时器/计数器 1 中断
    ____ = 1;                             //总中断允许
    ____ = 1;                             //启动定时器/计数器 1
}
```

```
void main(void)
{
    unsigned char data i;
    unsigned char data byDisplayValue;

    byDisplayValue = byTable[0];              //从表中获取第0个显示码
    i = 0;                                    //i是从表中取显示码的偏移量
    byCounter = 10;                           //中断计数器置初值
    InitTimer1();                             //定时器/计数器1初始化
    for(;;)
    {
        P1 = ______;                          //将取得的显示码从P1口输出显示
        if(byCounter == 0)                    //判断中断计数器是否为0
        {//为0,定时时间到
          byCounter = ____;                   //中断计数器重置初值
          i++;                                //偏移量自加1
          if(i == sizeof(byTable))            //判断是否到表尾,用sizeof(byTable)
                                              //获取byTable表的长度
          {
            i = 0;                            //到表尾,则重置偏移量初值
          }
          byDisplayValue = ______;            //从表中取显示码
        }
    }
}

void Timer1Interrupt(void) ______            //定时器/计数器1中断服务程序
{
    TL1 = ____;                               //TL1重置计数初值
    TH1 = ____;                               //TH1重置计数初值
    byCounter--;                              //中断计数器自减1
}
```

(2) 汇编程序

```
        ORG ____H       ;单片机复位后,PC的值
        LJMP ____       ;跳转至主程序
        ORG 001BH       ;定时器/计数器1中断服务程序入口地址
        LJMP ____       ;跳转至T1中断服务程序
        ORG 0023H       ;使用SST单片机做仿真,占用串口
```

```
        DS   3
        ORG 0030H
MAIN:   MOV     A,#0FEH          ;首显示码,点亮 LED0
        MOV     R1,#____H        ;R1 是偏移量,即从基址寄存器到表首的距离
        MOV     R0,#10           ;中断计数器置初值
        MOV     TMOD,#____H      ;T1 置为定时方式 1
        MOV     TL1,#____H       ;TL1 装入计数初值
        MOV     TH1,#____H       ;TH1 装入计数初值
        ORL     IE,#88H          ;T1 中断源允许、总中断允许均置位
        SETB    TR1              ;启动 T1
DISPLAY:
        MOV     P1,A             ;将取得的显示码从 P1 口输出
        CJNE    R0,#00,DISPLAY   ;判断中断计数器是否为 0
        MOV     R0,#10           ;计完一个周期,定时时间到,中断计数器重置初值
        INC     R1               ;表地址偏移量自加 1
        CJNE    R1,#____H,NEXT   ;判断是否到表尾
        MOV     R1,#____H        ;到表尾,重置偏移量初值
NEXT:   MOV     A,R1             ;从表中取显示码放入累加器
        MOV     DPTR,#TAB        ;DPTR 指向表首
        MOVC    A,@A+DPTR        ;远程查表,获得显示码
        LJMP    DISPLAY          ;跳转至显示部分

T1_SER: MOV     TL1,#____H       ;TL1 重置计数初值
        MOV     TH1,#____H       ;TH1 重置计数初值
        DEC     R0               ;中断计数器减 1
        RETI                     ;中断返回

TAB:    ;存放 LED 灯状态的码表,共 18 个数值
        DB      0FEH,0FCH,0F8H,0F0H,0E0H,0C0H,80H,00H ;逐个点亮 8 个 LED
        DB      01H,03H,07H,0FH,1FH,3FH,7FH,0FFH      ;逐个熄灭 8 个 LED
        DB      00H,0FFH                              ;全亮、全灭
```

8. 思考题

(1) C51 程序

① 若将单片机的晶振频率改为 11.0592 MHz,用中断实现 50 ms 的定时,试计算定时器的初值为多少。

② 如果使用定时器/计数器 0 实现定时功能,初始化程序该如何修改?

(2) 汇编程序

① 如果使用定时器/计数器 0 实现定时功能,中断服务程序该如何修改?

② 将 ORL IE,#88H 指令改用位操作指令实现,应该如何修改?

9. Proteus 仿真电路

没有实验箱的情况下,可以采用图 3-22 所示的 Proteus 仿真电路,替代上述电路图。

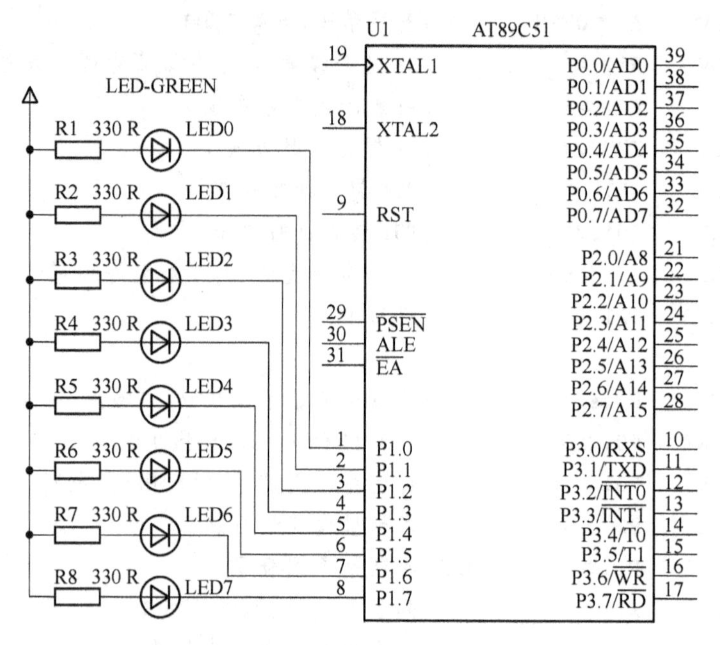

图 3-22　实验 3 Proteus 仿真电路

3.2.4　实验 4　单片机与计算机串行通信

1. 实验项目

参数设置:单片机时钟电路采用的晶振频率是 11.0592 MHz,串口工作于方式 1,无奇偶校验,PCON 的波特率倍增位(SMOD)=1,通信波特率为 9600 bit/s。

(1) 必做项目

完成单片机与计算机串行通信软件设计,实现两个功能:

① 单片机初始化结束后,将片内 RAM 区 70H~79H 这十个单元存放的字符数据'0'~'9'采用中断方式发送给计算机;

② 单片机将串口接收到的数据通过 P1 口在 8 个发光二极管上显示。

(2) 选做项目

保持必做项目的连线不变,再用一根线连接轻触开关 K0 和单片机的/INT0 引脚。第 1 次按下 K0,单片机的串口向计算机发送字符'A'(十六进制数 41H);第 2 次按下 K0,发送字符'B';第 3 次按下 K0,发送字符'C';第 26 次按下 K0,发送字符'Z'(十六进制数 5AH);第 27 次按下 K0,发送字符'A',依此类推。

提示:定义一个受按键 K0 控制的变量 bySendValue,其初值为'A'。将外部中断 0 的触发方式设置为下降沿触发(IT0=1),并允许其中断(EX0=1)。在外部中断 0 的中断服务程序中,将 bySendValue 通过串口发送出去,再把 bySendValue 加 1,当 bySendValue 大于'Z'时,重新将其赋值为'A'。

2. 实验目的

(1) 理解单片机与计算机串行通信电平转换电路的设计方法。

(2) 掌握如何设计单片机串口的波特率。

(3) 掌握单片机串口中断服务程序的编写方法。

(4) 掌握如何用 Keil uVision 软件进行仿真,调试串行通信程序。

(5) 掌握如何在计算机端通过串口调试助手与实验箱中的单片机进行数据收发。

3. 实验电路

实验电路如图 3-23 和图 3-24 所示,其中图 3-23 是电平转换电路,将单片机的 TTL 电平转换为计算机的 RS-232-C 电平;图 3-24 是输出显示电路,用 P1 口接 8 个 LED 灯,LED 灯采用共阳接法,J1 是大小为 1 kΩ 的排阻。

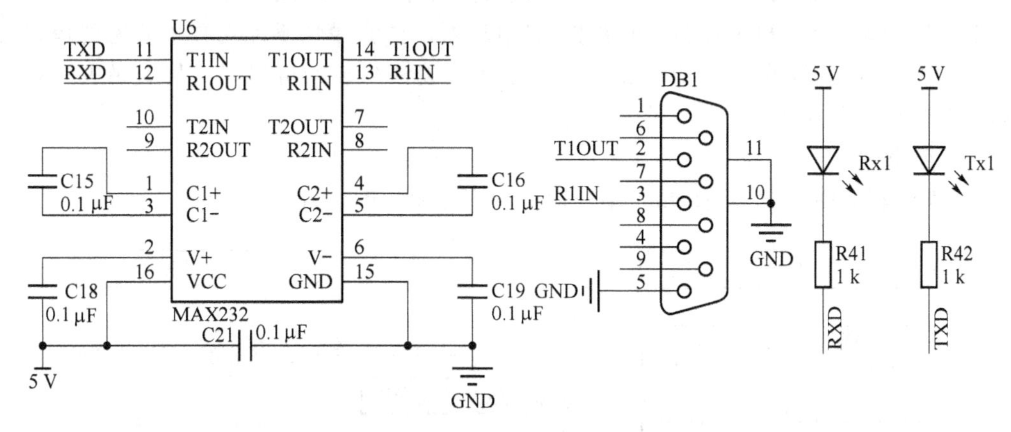

图 3-23　串行通信电路

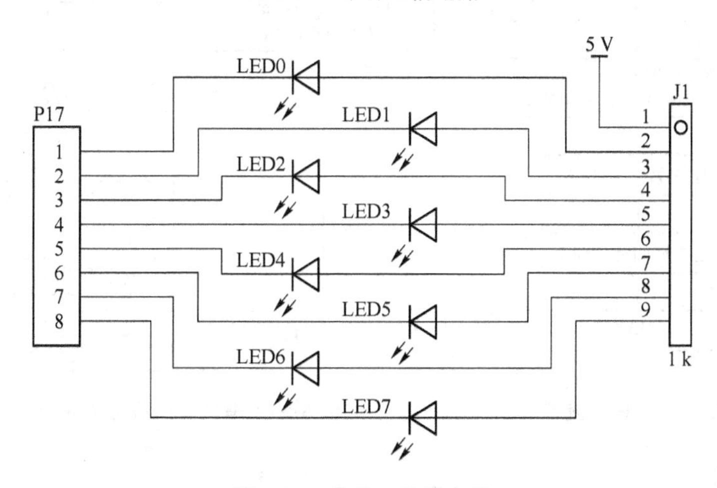

图 3-24　发光二极管电路

4. 实验连线

P1.0～P1.7 分别接发光二极管 LED0～LED7。

5. 实验原理

(1) 单片机串口使用的是正逻辑 TTL 电平,计算机串口使用的是负逻辑 RS-232-C 电平(+3～+15 V 是数字“0”,−15～−3 V 是数字“1”),两者进行通信时,必须进行电平转换。本实验使用 Maxim(美信)公司的 MAX232 实现这一功能,该芯片采用单一+5 V 电源供电,应用电路比较简单,对电源的要求低。

(2) 单片机进行串行通信时,常用方式 1 或方式 3,因为这两种方式下,其波特率可变。对于方式 1 和方式 3,波特率由定时器/计数器 1 的溢出速率和 SMOD 决定,即由式(3-3)和式(3-4)计算。定时器/计数器 1 工作于方式 2,即自动重装初值的 8 位计数器方式。

$$波特率=\frac{2^{SMOD}}{32}\times(T1\ 溢出速率) \tag{3-3}$$

$$T1\ 溢出速率=\frac{f_{osc}}{12\times(256-x)} \tag{3-4}$$

(3) 编写单片机串口中断服务程序时,要注意中断标志位的清除方式。发送中断标志位 TI 和接收中断标志位 RI 不能由硬件自动清除,必须软件清除。在进入串口中断服务程序时,要判断是接收还是发送引起的中断,并清除该中断标志位,再处理数据。

(4) 因为 SST 单片机硬件仿真时要占用串口,所以仿真模块不能仿真本实验的串口。只能采用 Keil uVision 软件进行仿真,仿真无误后再将编译生成的机器码文件烧录进下载模块的 STC89C52RC 单片机。

6. 程序框图

主程序流程如图 3-25 所示,串口中断服务程序流程如图 3-26 所示。

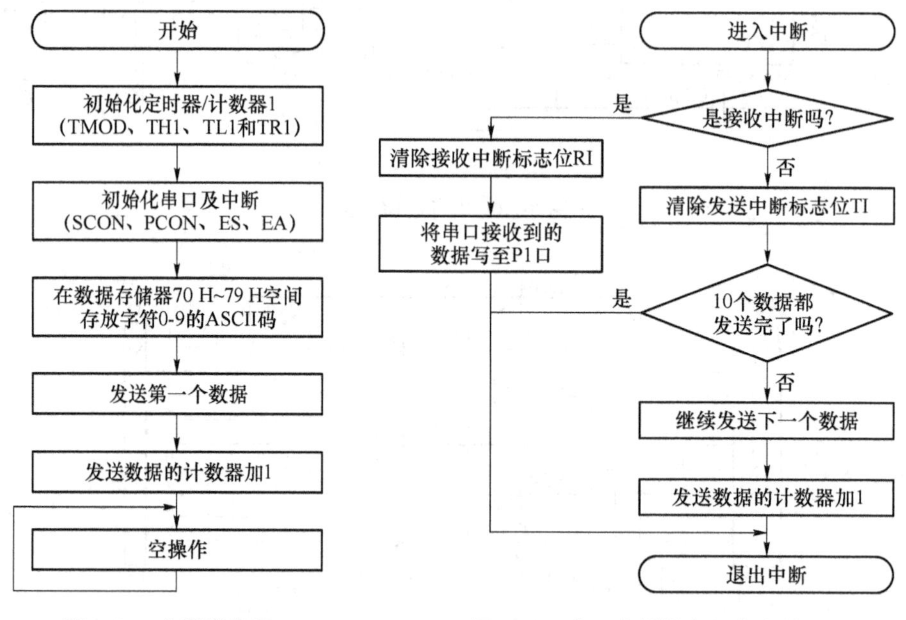

图 3-25　主程序流程　　　图 3-26　串口中断服务程序流程

7. 测试方法

第 1 步:参考实验 1 图 3-8,在 Keil uVision 工程中,打开工程属性窗口,进入【Target】(目标)选项卡,将单片机使用的晶振频率改为 11.0592 MHz。

第 2 步:参考实验 1 图 3-9,进入【Debug】(调试)选项卡,选择“Use Simulator”(使用模拟器)。

第 3 步:单击工具栏上的【Debug】(调试)按钮,进入图 3-27 所示的调试方式;单击主菜单【Peripherals】(外围设备)下的子菜单【Serial】,打开串行通道窗口;设置断点;并将程序运行至断点处,观察串行通信各参数是否设置正确。

第 4 步:单击主菜单【View】(视图)下的子菜单【Serial Windows】(串行窗口),在级联菜单中选择“UART ＃1”(1 号串口),打开图 3-28 所示的串口监视器;在串口中断服务程序“byCounter＋＋”处设置断点,将程序运行至断点处,观察串口监视器是否有数据输出。

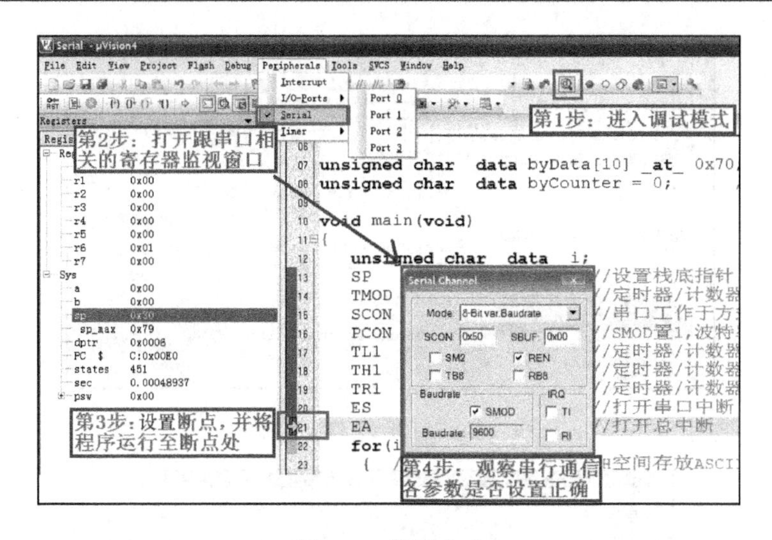

图 3-27　调试方式

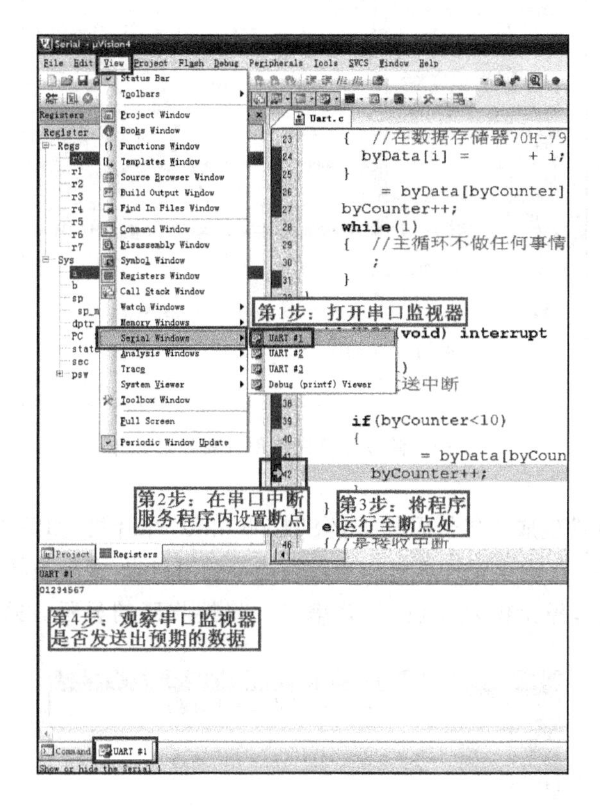

图 3-28　观察串行窗口

第 5 步：单击主菜单【Peripherals】(外围设备)下的子菜单【I/O-Ports】，在级联菜单中选择“Port 1”，打开图 3-29 所示的 P1 口监视器，再全速运行程序。

第 6 步：如图 3-30 所示，用鼠标激活刚才打开的串口监视器“UART ＃1”，先后在键盘上按下左上角的 2 号键和中间的 7 号键，观察 P1 口的状态。

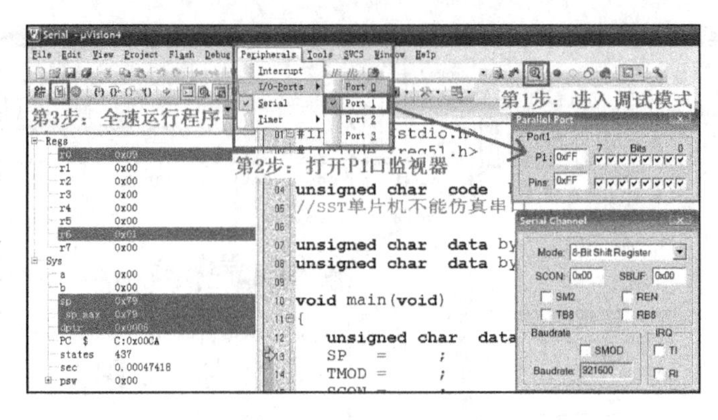

图 3-29　打开 P1 口监视器

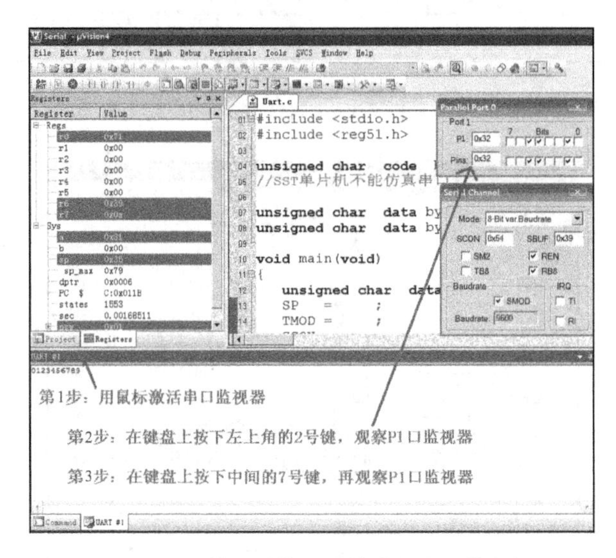

图 3-30　模拟计算机给单片机发送数据

（2）硬件测试

将 Keil uVision 软件生成的机器码烧录至 STC89C52RC 单片机；如图 3-31 所示，在计算机端打开串口调试助手软件，正确设置计算机与实验箱连接的串口号，通信波特率为 9600 bit/s，无奇偶校验，数据位是 8 位，停止位是 1 位，打开串口。将接收区的显示方式设置为“十六进制显

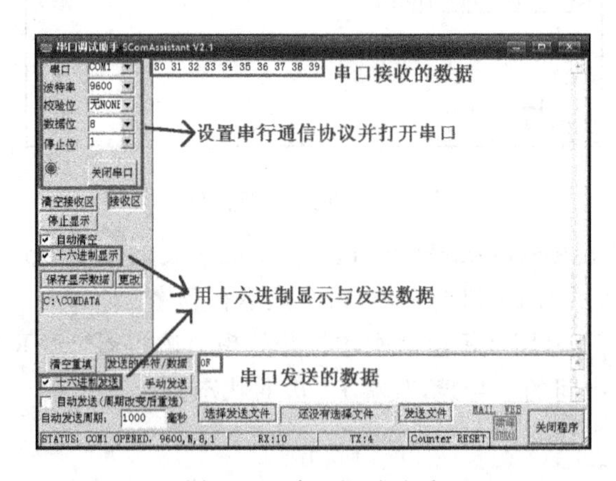

图 3-31　串口调试助手

示”，发送区采用“十六进制发送”。

运行单片机中的程序，可以看到计算机端串口调试助手接收到 10 个数 30H、31H、…、39H。通过串口调试助手给实验箱单片机单独发送 3 个数 00H、FFH、55H，观察实验箱中发光二极管 LED7～LED0 的亮灭状态。

8. 参考程序

(1) C51 程序

```
#include <reg51.h>

unsigned char  data byData[10] _at_ 0x70; //在数据存储器 70H～79H 空间开辟数组
unsigned char  data byCounter = 0;        //发送数据的计数器

void main(void)
{
   unsigned char  data  i;
   SP   = 0x2F;                          //设置栈底地址
   TMOD = ______;                        //T1 作波特率发生器,采用定时器方式 2
   TL1  = ______;                        //TL1 置初始值,设置波特率
   TH1  = ______;                        //TH1 置重装载值
   TR1  = ______;                        //T1 启动工作
   SCON = ______;                        //串口工作于方式 1,允许接收数据
   PCON = PCON| ______;                  //SMOD 置 1,波特率倍增
   ES   = ______;                        //打开串口中断
   EA   = ______;                        //打开总中断
   for(i = 0;i<10;i ++ )
    {  //在数据存储器 70H～79H 空间存放字符'0''1'…'9'的 ASCII 码
      byData[i] = ______ + i;
    }
    ______ = byData[byCounter];          //第一个数据放入发送缓冲区,启动发送
    byCounter ++ ;                       //发送数据的计数器自加 1
    while(1)
    {  //主循环不做任何事情
      ;
    }
}

void UART(void) interrupt ______         //串口中断服务程序
{
  if(TI == 1)
  { //是发送中断
      ______;                            //清除发送中断标志位
```

```
        if(byCounter<10)                //判断是否发送完10个数据
        {
          ______ = byData[byCounter];   //继续发送数据
          byCounter++;                  //发送数据的计数器自加1
        }
    }
    else
    {//是接收中断
        ______;                         //清除接收中断标志位
        P1 = SBUF;                      //将接收的数据在P1口显示,"0"亮灯,"1"灭灯
    }
}
```

(2) 汇编程序

```
        ORG     0000H
        SJMP    MAIN
        ORG     ____            ;串口中断服务程序入口地址
        LJMP    ____            ;跳转至串口中断服务程序
        ORG     0030H
MAIN:
        MOV     SP,#2FH         ;设置栈底地址
        MOV     TMOD,#____      ;T1作波特率发生器,采用定时器方式2
        MOV     TL1,#____       ;TL1置初始值,设置波特率
        MOV     TH1,#____       ;TH1置重装载值
        SETB    ____            ;T1启动工作
        MOV     SCON,#____      ;串口工作于方式1,允许接收数据
        ORL     PCON,#____      ;SMOD置1,波特率倍增
        SETB    ____            ;打开串口中断
        SETB    ____            ;打开总中断

        MOV     R0,#70H         ;以下7行程序,在数据存储器70H~79H存放字符'0'~'9'的ASCII码
        MOV     R7,#10          ;要存放的数有10个
        MOV     A,#____         ;字符'0'的ASCII码
MakeData:
        MOV     @R0,A           ;将字符对应的ASCII码存放到R0间接寻址单元
        INC     A               ;存放的数自加1
        INC     R0              ;存放地址自加1
        DJNZ    R7,MakeData     ;计数器减1,不为0则继续存放数据
        MOV     R0,#70H         ;准备从70H单元开始取数
        MOV     R7,#10          ;计数器置10,要发送的数有10个
        MOV     ____,@R0        ;将数据放入发送缓冲区,启动发送
```

```
LOOP:                       ;主循环不做任何事情
      NOP
      NOP
      SJMP LOOP
UART_SERVICE:               ;串口中断服务程序
      JBC   RI,RECEIVE      ;判断是否为接收中断
                            ;是的话,则清除接收中断标志位并跳转至 RECEIVE
      CLR   ____            ;不是接收中断,是发送中断,则清除发送中断标志位
      INC   R0              ;数据指针自加 1,准备取下一个数
      DJNZ  R7,SEND         ;检查是否发送完毕,没有则继续发送
      SJMP  EXIT            ;发送完毕,跳转至中断出口
SEND:
      MOV   ____,@R0        ;将数据放入发送缓冲区,启动发送
      SJMP  EXIT            ;跳转至中断出口
RECEIVE:
      MOV   P1, SBUF        ;将接收的数据在 P1 口显示,"0"亮灯,"1"灭灯
EXIT:
      ____                  ;中断返回
      END
```

9. 思考题

(1) C51 程序

① 串口工作于方式 1,若不允许接收数据,SCON 寄存器该如何设置?

② 欲将 PCON 的 SMOD 置 0,采用"PCON=PCON|0x7F"行不行,实验中会出现什么现象,为什么?

(2) 汇编程序

① 把"JBC RI,RECEIVE"改为"JB RI,RECEIVE"行不行,为什么?

② SMOD 置 1 采用指令"SETB SMOD",行不行,为什么?

10. Proteus 仿真方法

没有实验箱的情况下,可以采用图 3-32 所示的 Proteus 仿真电路替代上述电路图。做 Proteus 仿真时,要将单片机的晶振频率修改为 11.0592 MHz。图 3-32 右部的 4 个虚拟终端(Virtual Terminal)在 Proteus 工具栏的虚拟仪器模式(Virtual Instruments Mode)里面。如果将虚拟终端 RXD 引脚连接至串口线,可用其监视串口数据收发状况;如果将虚拟终端 TXD 引脚连接至串口线,则可用其往串口发送数据。本实验中,虚拟终端 PC_TXD 模拟计算机向 MAX232 发送数据,所以将其 TXD 引脚接 MAX232 的 R1IN;其余 3 个虚拟终端用于监视串口数据,所以接 RXD 引脚。

双击图 3-32 中的虚拟终端,弹出图 3-33 所示窗口,此时可编辑元件属性。第 1 步:在"Part Reference"(元件参考)中输入虚拟终端名称。第 2 步:设置通信协议,将"Baud Rate"(波特率)修改为 9600 bit/s,"Data Bits"(数据位)采用 8 位,"Parity"(奇偶校验)选择 NONE(无奇偶校验),"Stop Bits"(停止位)长度设置为 1。第 3 步:在"Advanced Properties"(高级属性)的第二个下拉列表框中选择电平逻辑特性,靠近单片机侧的 MCU_RXD 和 MCU_TXD 选

择“Normal”(正逻辑),靠近计算机侧的 PC_RXD 和 PC_TXD 选择“Inverted”(负逻辑)。最后单击【OK】(确定按钮),完成设置。

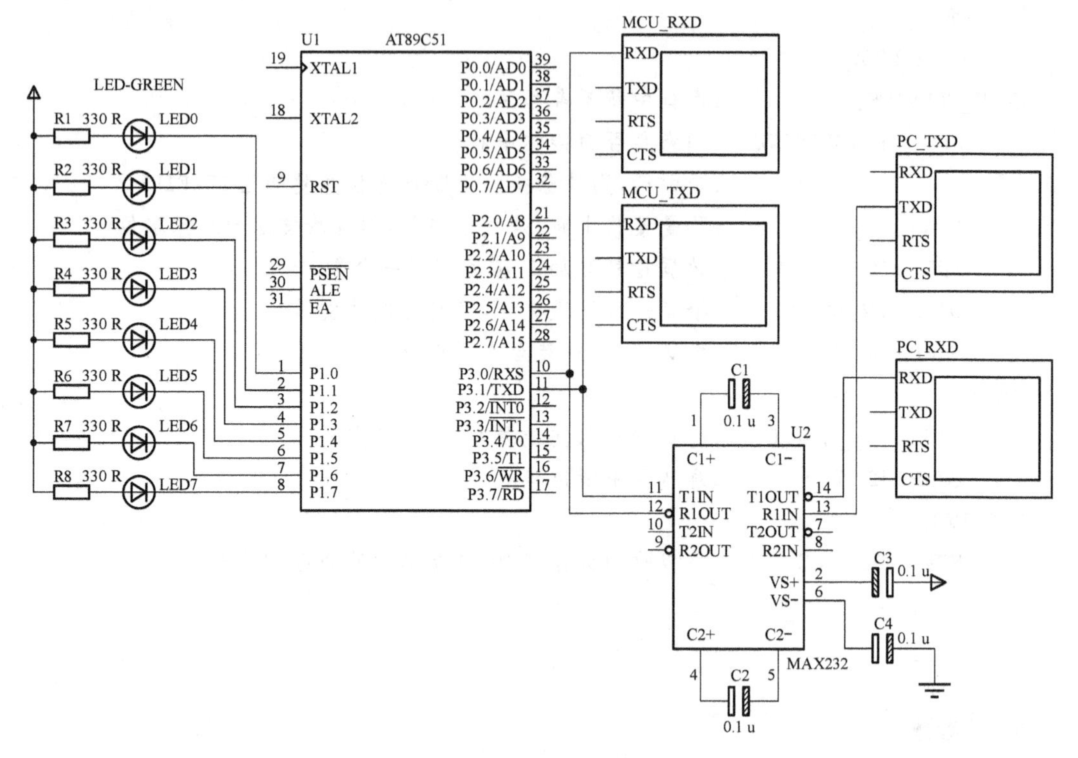

图 3-32 实验 4 Proteus 仿真电路 1

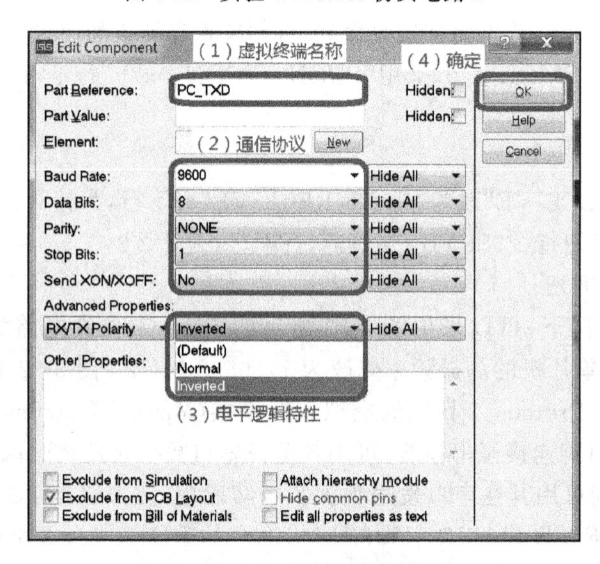

图 3-33 修改虚拟终端属性

将 Keil uVision 软件生产的机器码文件 *.hex 加载至 Proteus 单片机,全速运行,如图 3-34 所示,可以看到虚拟终端 MCU_TXD 和 PC_RXD 显示字符串“0123456789”,这是单片机发给计算机的数据。鼠标右击虚拟终端 PC_TXD,在弹出的菜单中选择“Echo Typed Characters”(回显输入的字符);鼠标右击虚拟终端 MCU_RXD,在弹出的菜单中选择“Hex Display Mode”(十六进制显示模式)。然后再按键盘上的某个键,如 a,此时虚拟终端 PC_TXD 模拟计算机向 MAX232 发送字符'a',单片机接收到数据后,虚拟终端 MCU_RXD 显示"61"(61H,字符'a'的 ASCII 码),同时单片机将串口接收到的数据(61H=0110 0001B)发送到 P1 口,可以观察到 P1 口 8 个 LED 亮灭状况与计算机发送数据一致(低电平亮)。

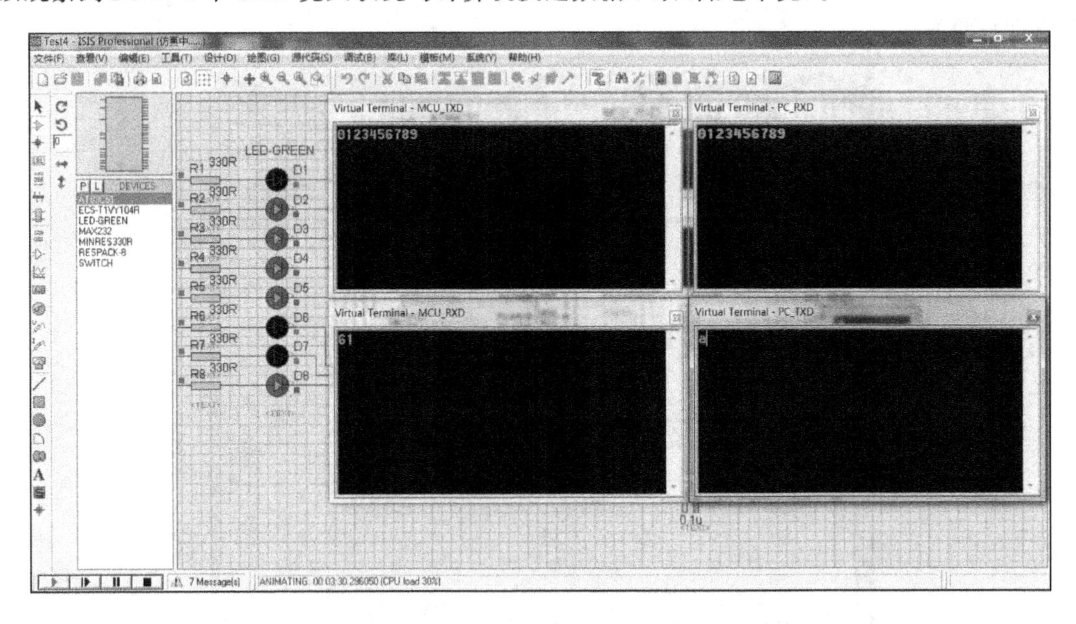

图 3-34 实验 4 Proteus 仿真结果 1

也可以采用图 3-35 所示的 Proteus 电路,配合虚拟串口(VSPD)和串口调试助手仿真本实验。去掉图 3-32 中的 MAX232 芯片及计算机侧的两个虚拟终端,添加串行通信物理接口模型器件(COM Port Physical Interface Model,COMPIM),将单片机的 RXD、TXD 引脚分别与 COMPIM 器件的 RXD 和 TXD 连接。

注意:COMPIM 器件已包含 TTL 至 RS-232-C 电平转换的功能,所以图 3-35 不需要 MAX232 芯片。

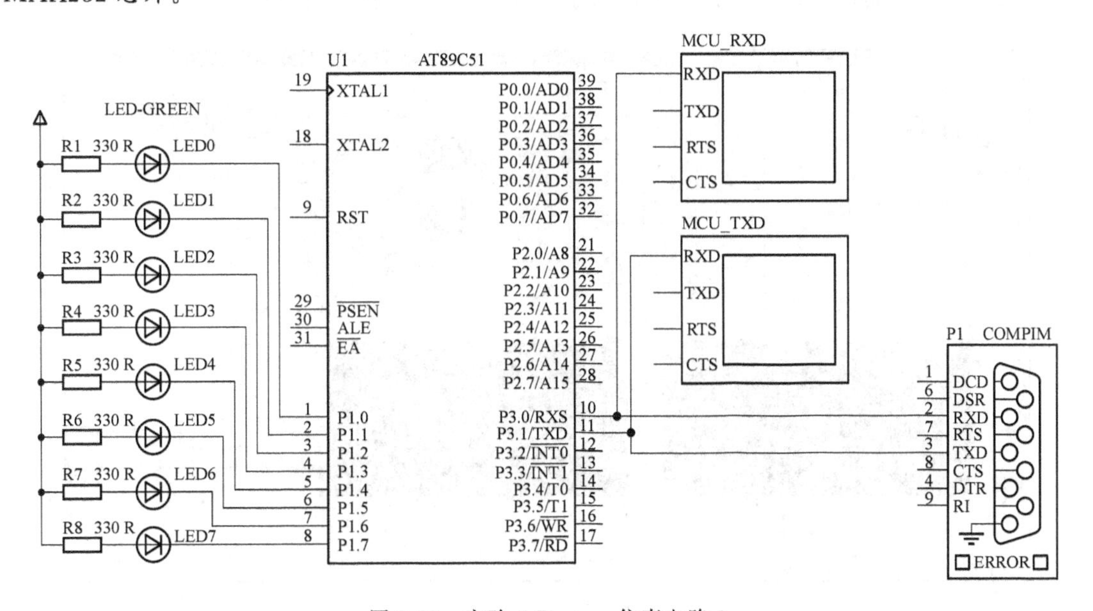

图 3-35 实验 4 Proteus 仿真电路 2

按照 2.5.3 节介绍的方法，用虚拟串口软件添加一对虚拟串口 COM3 和 COM4。双击图 3-35 中的 COMPIM 器件，可打开图 3-36 所示的编辑元件窗口，将 COMPIM 的 Physical port(物理端口)设置为 COM3，同时设置好物理(Physical)与虚拟(Virtual)的波特率、数据位和奇偶校验方式。

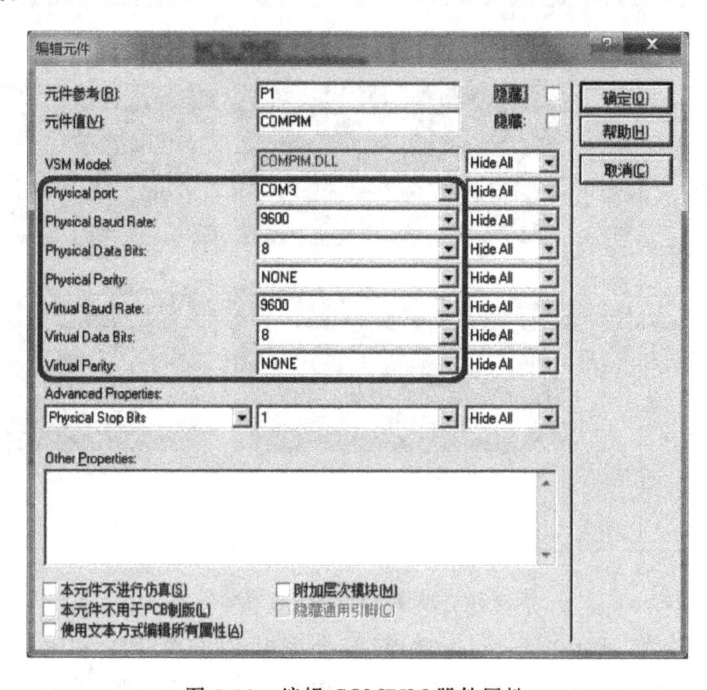

图 3-36　编辑 COMPIM 器件属性

打开一个串口调试小助手，将其端口设置为 COM4，波特率、校验位、数据位、停止位等参数与 COMPIM 一致。将 Keil uVision 软件生成的机器码文件 *.hex 加载至 Proteus 单片机，全速运行，如图 3-37 所示，可以看到虚拟终端 MCU_TXD 和串口调试小助手都显示字符串“0123456789”，这是单片机发给计算机的数据。鼠标右击虚拟终端 MCU_RXD，在弹出的菜

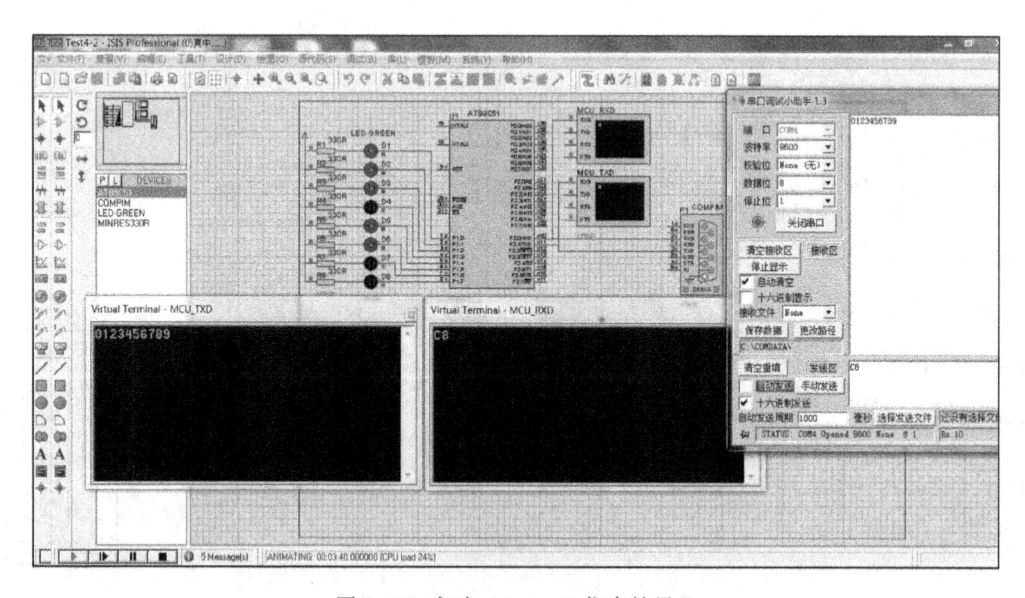

图 3-37　实验 4 Proteus 仿真结果 2

单中选择“Hex Display Mode”(十六进制显示模式)。然后将串口调试小助手“十六进制发送”前面的复选框选中,在发送框内输入“C8”,单击“手动发送”,此时计算机往单片机发送十六进制数 C8H,单片机接收到数据后,虚拟终端 MCU_RXD 显示“C8”(C8H),同时单片机将串口接收到的数据(C8H=1100 1000B)发送到 P1 口,可以观察到 P1 口 8 个 LED 亮灭状况与计算机发送数据一致(低电平亮)。

3.2.5　实验 5　数码管显示的电子钟

1. 实验项目

利用定时器/计数器 0 定时中断控制电子钟走时,用 8 个共阳 LED 数码管显示时、分、秒,显示格式为:XX—XX—XX(时—分—秒)。

2. 实验目的

(1) 掌握定时器/计数器的使用和编程方法。

(2) 掌握八段数码管段选信号的推导方法,动态扫描显示的原理。

3. 实验电路

实验电路如图 3-38 和图 3-39 所示。四位一体共阳数码管的段选由单片机 P0 口控制,限流电阻的阻值为 1 kΩ;位选由 P2 口经 PNP 三极管 S8550 驱动,三极管起电流放大作用。

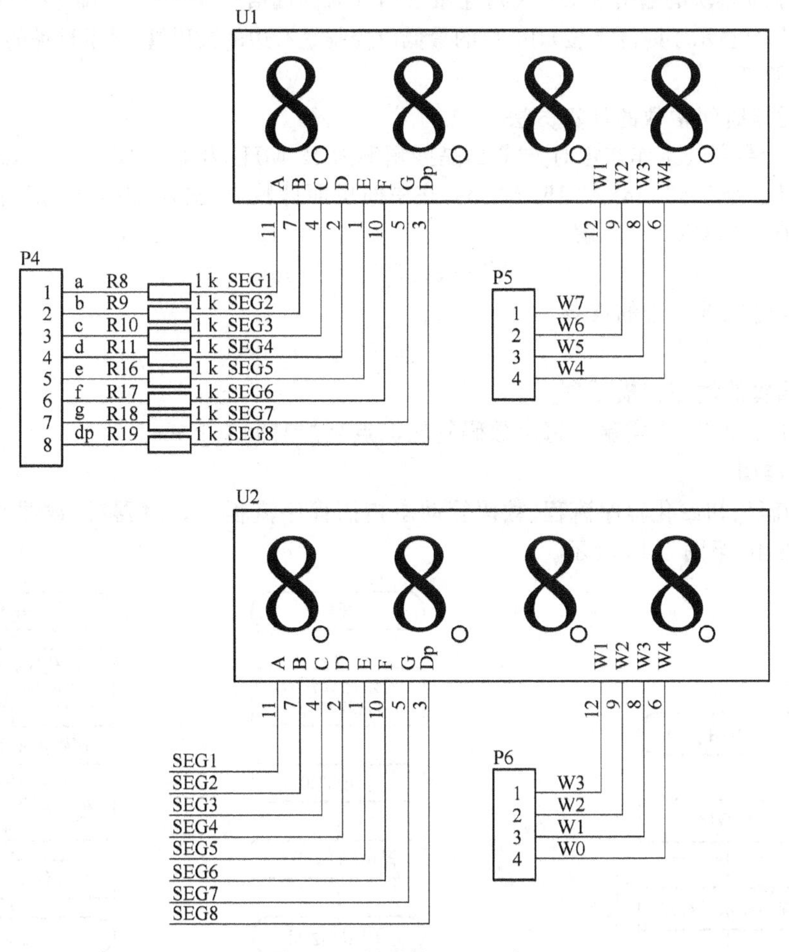

图 3-38　数码管显示电路

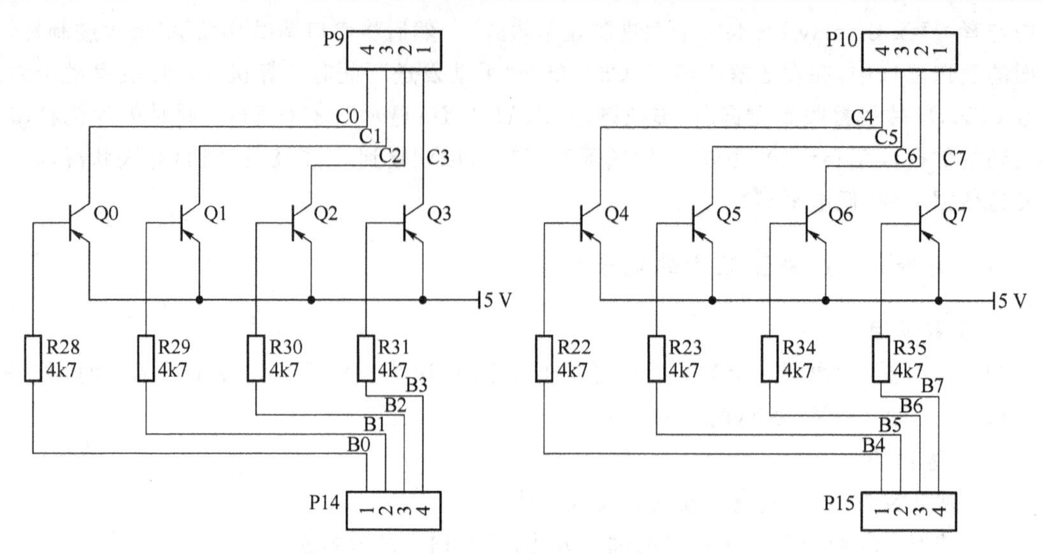

图 3-39 三极管驱动电路

4. 实验连线

P0.0～P0.7 接数码管的段选引脚 a～g、dp；P2.0～P2.7 接 S8550 三极管驱动模块的输入端 B0～B7，三极管驱动模块的输出端 C0～C7，连接数码管的位选信号 W0～W7，即 P2 口的最高位控制最左边的数码管（显示小时的十位），P2 口的最低位控制最右边的数码管（显示秒钟的个位）。

5. 实验原理

（1）定时器时间常数的计算方法

定时器/计数器 0 工作在定时方式 1，晶振频率为 12 MHz，机器周期 $T_{cy}=1\ \mu s$，最长定时时间 $t_d=65536T_{cy}=65.536$ ms。定时 50 ms，在中断里面计数 20 次，即为 1 s。定时 50 ms 时，定时器预置初值 x 由式(3-5)求解。

$$(2^{16}-x)\times T_{cy}=50\ \text{ms} \tag{3-5}$$

（2）数码管段选信号的推导

见本书 1.7.2 节。

（3）数码管的动态扫描原理

见本书 1.7.2 节，本实验中每个数码管轮流点亮的时间取 1 ms。

6. 程序框图

主程序流程、初始化程序流程、数码管动态扫描程序流程及定时器/计数器 0 中断服务程序流程如图 3-40 至图 3-45 所示。

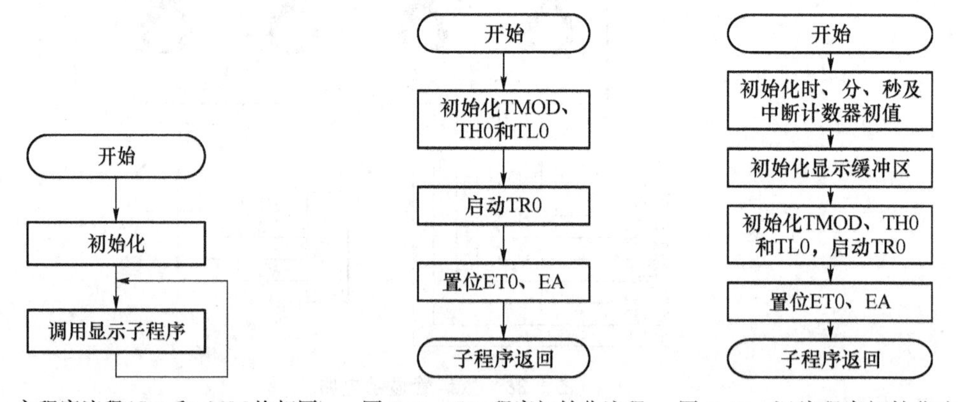

图 3-40 主程序流程（C51 和 ASM 均相同）　图 3-41 C51 程序初始化流程　图 3-42 汇编程序初始化流程

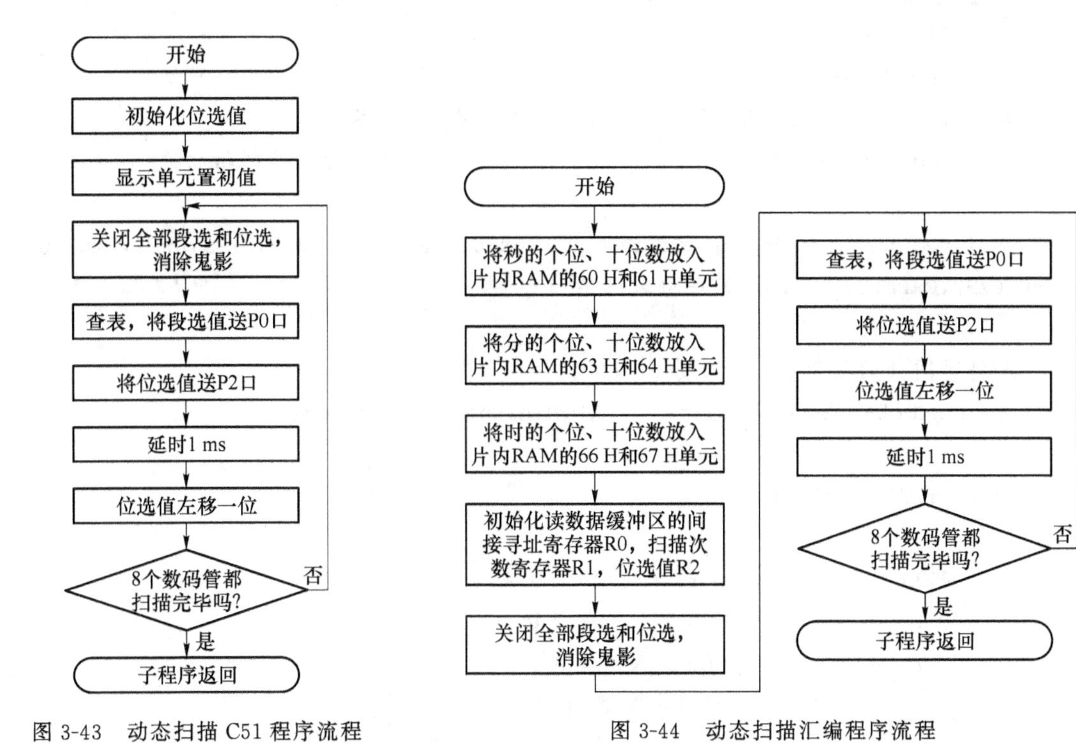

图 3-43　动态扫描 C51 程序流程

图 3-44　动态扫描汇编程序流程

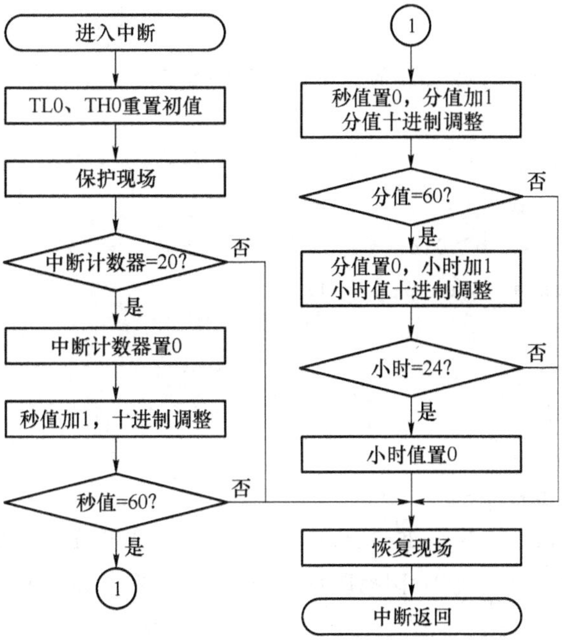

进入中断
TL0、TH0重置初值
保护现场
中断计数器=20?
否
是
中断计数器置0
秒值加1，十进制调整
秒值=60?
否
是
1
1
秒值置0，分值加1
分值十进制调整
分值=60?
否
是
分值置0，小时加1
小时值十进制调整
小时=24?
否
是
小时值置0
恢复现场
中断返回

图 3-45　定时器/计数器 0 中断服务程序流程
（C51 和 ASM 均相同）

7. 参考程序

(1) C51 程序

```
#include <reg51.h>
#include <intrins.h>      //使用本征库函数:循环移位
unsigned char  code  byTemp[3] _at_ 0x23;  //使用 SST 单片机做仿真,占用串口

unsigned char code bySegmentTable[] = {0xC0,0xF9,0xA4,0xB0,0x99,0x92,0x82,0xF8,
0x80,0x90,0xBF};     //0~9、一的段选值

//将时间初始化为 23 时 59 分 56 秒
unsigned char data  byHour = ____,byMinitue = ____,bySecond = ____;

void InitTimer0(void)
{
    TMOD = ____;      //定时器/计数器 0 置为定时方式 1
    TH0  = ____;      //TH0 装入时间常数
    TL0  = ____;      //TL0 装入时间常数
    ____ = 1;         //启动定时器/计数器 0
    ____ = 1;         //允许定时器/计数器 0 中断
    ____ = 1;         //总中断允许
}

void Delay1ms(void) //12 MHz 的晶振,延时 1 ms
{
    unsigned char a,b,c;
    for(c = 1;c>0;c--)
        for(b = 142;b>0;b--)
            for(a = 2;a>0;a--);
}

void Display(void)
{
   unsigned char data  i;
   unsigned char data  byLedSelect;          //定义位选变量
   unsigned char data  byDisplayData[8];     //定义保存 8 个数码管显示值的数组

   byLedSelect = ____;  //位选置初值,选中秒钟个位数所对应的数码管

   byDisplayData[0] = ____;                  //存放秒钟的个位数
   byDisplayData[1] = ____;                  //存放秒钟的十位数
```

```
    byDisplayData[2] = 10;                        //连接符'-'
    byDisplayData[3] = ____;                      //存放分钟的个位数
    byDisplayData[4] = ____;                      //存放分钟的十位数
    byDisplayData[5] = 10;                        //连接符'-'
    byDisplayData[6] = ____;                      //存放小时的个位数
    byDisplayData[7] = ____;                      //存放小时的十位数

    for(i = 0;i<8;i++)
    {
        P0 = 0xFF;                                //关闭全部段选,消除鬼影
        P2 = 0xFF;                                //关闭全部位选,消除鬼影
        P0 = ______;                              //送段选值
        P2 = ______;                              //送位选值
        Delay1ms();                               //延时 1 ms
        byLedSelect = ______(byLedSelect,1);      //位选值左移一位
    }
}

void main(void)
{
    InitTimer0(); //调用 T0 初始化子程序
    while(1)
    {
      Display(); //调用显示子程序
    }
}

void Timer0Interrupt(void)   interrupt ______    //定时器/计数器 0 中断服务程序
{
  static unsigned char byCounter = 0;   //中断计数器定义为静态局部变量
  TL0 = ______;                                   //重置 TL0 计数初值
  TH0 = ______;                                   //重置 TH0 计数初值
  byCounter++;                                    //中断计数器自加 1
  if(byCounter == ____)                           //判断中断计数器是否到 20
  {
     byCounter = 0;                               //中断计数器重新置 0
     bySecond++;                                  //秒钟自加 1
     if(bySecond == ____)                         //判断秒钟是否到 60
     {
        bySecond = 0;                             //秒钟重新置 0
```

```
            byMinitue++;                                 //分钟自加1
            if(byMinitue==____)                          //判断分钟是否到60
            {
               byMinitue=0;                              //分钟重新置0
               byHour++;                                 //小时自加1
               if(byHour==____)                          //判断小时是否到24
               {
                  byHour=0;                              //小时重新置0
               }
            }
         }
      }
   }
```

(2) 汇编程序

```
     HOUR      EQU   70H     ;保存小时数值
     MINUTE    EQU   71H     ;保存分钟数值
     SECOND    EQU   72H     ;保存秒钟数值
     COUNTER   EQU   73H     ;T0中断计数器

     ORG     0000H
     SJMP    MAIN
     ORG     ____            ;T0中断服务程序入口地址
     LJMP    ____            ;跳转至T0中断服务程序
     ORG     0023H           ;使用SST单片机做仿真,占用串口
     DS      3
     ORG     0030H
MAIN:
     MOV     SP,  #2FH       ;初始化栈底
     LCALL   INIT_TIMER0     ;调用T0初始化子程序
LOOP:
     ACALL   DISPLAY         ;调用显示子程序
     SJMP    LOOP

INIT_TIMER0:
     MOV     HOUR,______     ;将时间初始化为23时59分56秒,用BCD码表示
     MOV     MINUTE,______
     MOV     SECOND,______
     MOV     COUNTER,#0      ;T0中断计数器置0
     MOV     62H,#10         ;片内RAM区62H、65H单元存放横线对应的数值“10”
```

```
        MOV     65H,#10

        MOV     TMOD,______       ;T0 置为定时方式 1
        MOV     TH0,______        ;装入 TH0 的计数初值
        MOV     TL0,______        ;装入 TL0 的计数初值
        SETB    ______            ;启动 T0
        SETB    ______            ;允许 T0 中断
        SETB    ______            ;总中断允许
        RET

DISPLAY:
        MOV     R0,#60H           ;将要显示的内容放入片内 RAM 区 60H 开始的 8 个单元
        MOV     A, SECOND         ;将秒钟的内容传送至累加器 A
        ANL     A,______          ;取出秒钟的个位数
        MOV     @R0,A             ;将秒钟的个位数保存至 R0 指向的单元
        MOV     A, SECOND         ;将秒钟的内容传送至累加器 A
        SWAP    A                 ;将累加器 A 高低 4 位交换
        ANL     A,______          ;取出秒钟的十位数
        INC     R0                ;R0 自加 1
        MOV     @R0,A             ;将秒钟的十位数保存至 R0 指向的单元

        MOV     R0,#63H
        MOV     A, MINUTE         ;将分钟的内容传送至累加器 A
        ANL     A,______          ;取出分钟的个位数
        MOV     @R0,A             ;将分钟的个位数保存至 R0 指向的单元
        MOV     A, MINUTE         ;将分钟的内容传送至累加器 A
        SWAP    A                 ;将累加器 A 高低 4 位交换
        ANL     A,______          ;取出分钟的十位数
        INC     R0                ;R0 自加 1
        MOV     @R0,A             ;将分钟的十位数保存至 R0 指向的单元

        MOV     R0,#66H
        MOV     A, HOUR           ;将小时的内容传送至累加器 A
        ANL     A,______          ;取出小时的个位数
        MOV     @R0,A             ;将小时的个位数保存至 R0 指向的单元
        MOV     A, HOUR           ;将小时的内容传送至累加器 A
        SWAP    A                 ;将累加器 A 高低 4 位交换
        ANL     A,______          ;取出小时的十位数
        INC     R0                ;R0 自加 1
        MOV     @R0,A             ;将小时的十位数保存至 R0 指向的单元
```

```
        MOV     R0,#60H         ;R0指向片内RAM区60H单元,准备取秒钟个位数
        MOV     R1,#8           ;扫描计数器置8
        MOV     R2,______       ;位选置初值,选中秒钟个位数所对应的数码管
        MOV     DPTR,#TAB       ;让DPTR指向TAB表的表首
LOOP1:
        MOV     P0,#0FFH        ;关闭数码管段选,消除鬼影
        MOV     P2,#0FFH        ;关闭数码管位选,消除鬼影
        MOV     A,@R0           ;将R0指向单元的内容传送至累加器A
        ______  A,@A+DPTR       ;查表,获得段选值
        MOV     ______,A        ;给数码管送段选值
        MOV     ______,R2       ;给数码管送位选值
        MOV     A,  R2          ;将位选值送累加器A
        ______  A               ;位选值左移一位
        MOV     ______,A        ;更新位选值
        INC     R0              ;R0自加1
        ACALL   DELAY1MS        ;延时1 ms
        DJNZ    R1,LOOP1        ;扫描计数器自减1,不为0则继续扫描
        RET                     ;为0则退出扫描子程序

DELAY1MS:                       ;12 MHz的晶振,延时1 ms
        MOV R7,#01H
DL1:
        MOV R6,#8EH
DL0:
        MOV R5,#02H
        DJNZ R5,$
        DJNZ R6,DL0
        DJNZ R7,DL1
        RET

TIMER0_SERVICE:                 ;T0中断服务程序
        MOV     TL0,______      ;重置TL0计数初值
        MOV     TH0,______      ;重置TH0计数初值
        PUSH    ACC             ;保护现场,ACC入栈
        PUSH    PSW             ;保护现场,PSW入栈
        INC     COUNTER         ;中断计数器的值自加1
        MOV     A,COUNTER       ;将中断计数器的值送至累加器A
        CJNE    A,______,EXIT   ;判断中断计数器是否到20,不到则退出子程序
        MOV     COUNTER,#0      ;中断计数器到20,将其置0
```

```
        MOV     A,SECOND        ;将秒钟值传送至累加器 A
        ADD     A,  #1          ;A 的内容加 1
        ______  A               ;十进制调整
        MOV     SECOND,A        ;保存改变后的秒钟值
        CJNE    A,______,EXIT   ;判断是否到了 60 秒,没有到则退出子程序
        MOV     SECOND,#0       ;到了 60 秒,将秒钟值置 0
        MOV     A,MINUTE        ;将分钟值传送至累加器 A
        ADD     A,#1            ;A 的内容加 1
        ______  A               ;十进制调整
        MOV     MINUTE,A        ;保存改变后的分钟值
        CJNE    A,______,EXIT   ;判断是否到了 60 分,没有到则退出子程序
        MOV     MINUTE,#0       ;到了 60 分,将分钟值置 0
        MOV     A,HOUR          ;将小时值传送至累加器 A
        ADD     A,#1            ;A 的内容加 1
        ______  A               ;十进制调整
        MOV     HOUR,A          ;保存改变后的小时值
        CJNE    A,______,EXIT   ;判断是否到了 24 时,没有到则退出子程序
        MOV     HOUR,#0         ;到了 24 时,将小时值置 0
EXIT:
        POP     ______          ;恢复现场,PSW 出栈
        POP     ______          ;恢复现场,ACC 出栈
        RETI                    ;中断返回
TAB:    ;共阳数码管码表,"0~9"及连接符"-"
        DB    0C0H,0F9H,0A4H,0B0H,099H,092H
        DB    082H,0F8H,080H,090H,0BFH
        END
```

8. 思考题

(1) C51 程序

① T1 中断服务程序中,byCounter 若不是定义为静态局部变量,程序还能否正常工作?若 byCounter 定义为全局非静态变量,程序还能否正常工作?为什么?

② 若要实现倒计时,程序具体该做哪些改动?

(2) 汇编程序

① 若晶振频率选用 11.0592 MHz,欲实现 50 ms 定时中断,定时器/计数器的初值应该设置为多少?

② 写出本程序中用到的伪指令。

9. Proteus 仿真方法

没有实验箱的情况下,可以采用图 3-46 所示的 Proteus 仿真电路,替代上述电路图。实验中,4 位一体共阳数码管使用"7SEG-MPX4-CA",三极管选用"PNP"。为了起到仿真效果,PNP 三极管的集电极接一个 1 kΩ 的下拉电阻,实际硬件电路里面,该电阻可以去掉。Proteus 仿真时,三极管需要一段反应时间,仿真时间会比实际运行时间长点,但并不影响实验效果。

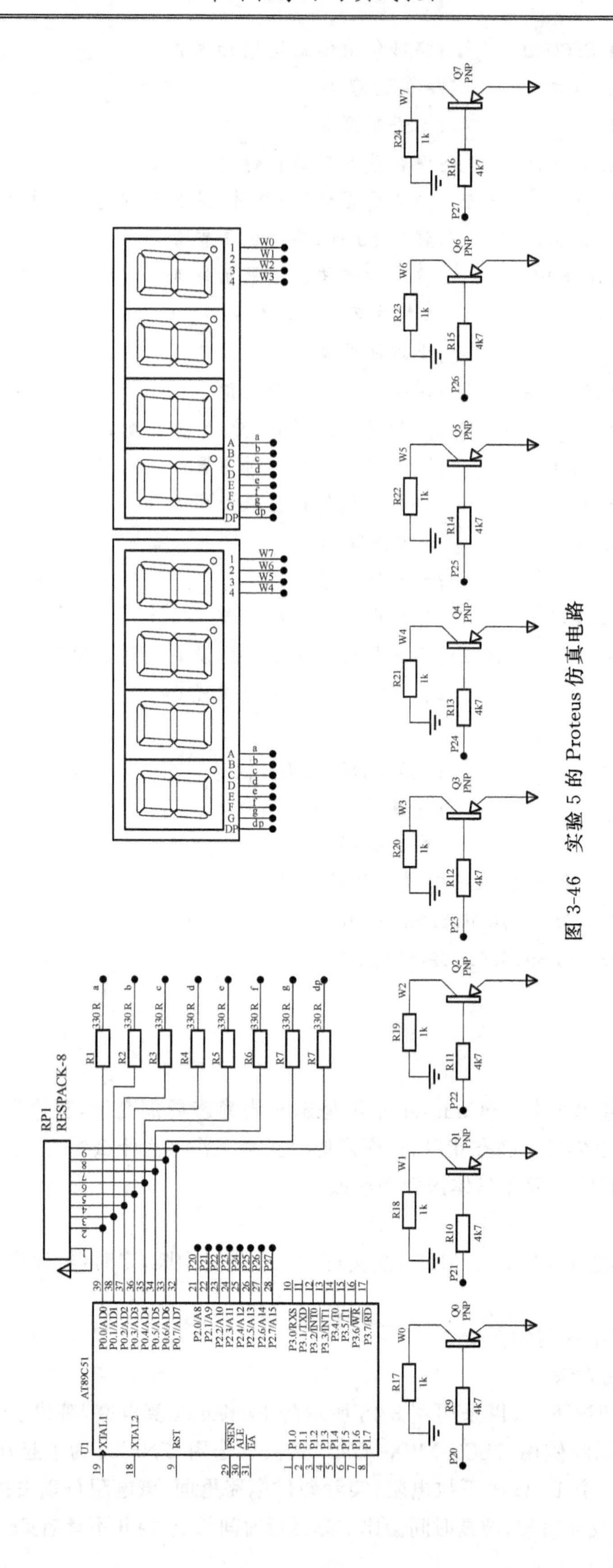

图 3-46　实验 5 的 Proteus 仿真电路

3.2.6　实验 6　1×4 独立按键与 8×8 点阵

1. 实验项目

单片机初始化后，8×8 点阵显示“大”字；1×4 独立键盘有键被按下时，在按键释放后将键值 0～3 在 8×8 点阵中显示。

2. 实验目的

(1) 掌握独立按键键盘的硬件结构及按键识别程序的设计方法。

(2) 掌握 8×8 点阵的硬件结构及其驱动原理。

(3) 掌握 8×8 点阵动态扫描显示的原理，行扫描码表的推导。

3. 实验电路

1×4 独立按键电路如图 3-47 所示，4 个按键 K0～K3 的左端接地，右端单独连接单片机的 4 个 I/O 口。

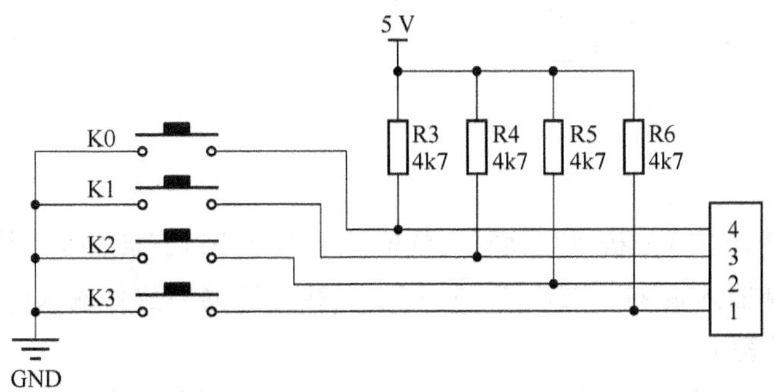

图 3-47　独立按键电路

8×8 点阵接口电路如图 3-48 所示，行选高电平有效，由 P2 口经图 3-49 所示的 PNP 三极管驱动，三极管起电流放大作用；列选低电平有效，直接与单片机 P1 口相连，限流电阻接列选引脚，其阻值为 560 Ω。

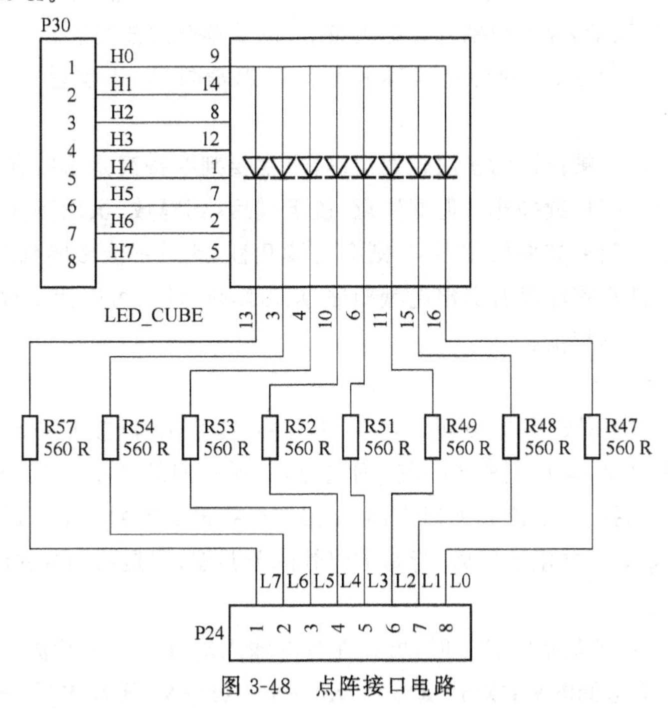

图 3-48　点阵接口电路

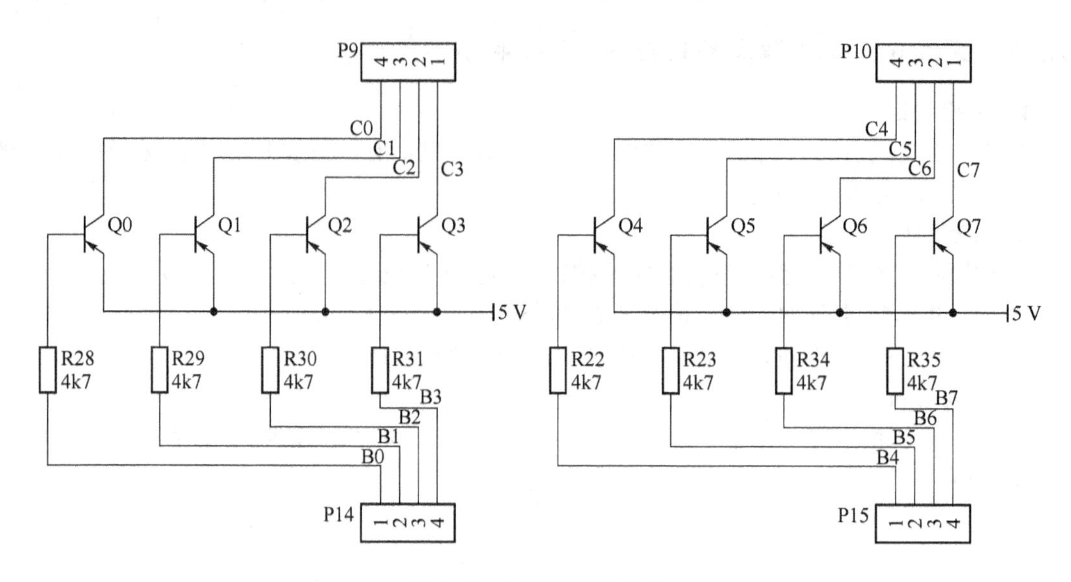

图 3-49　三极管驱动电路

4. 实验连线

P2.0～P2.7 接 S8550 三极管驱动模块的输入端 B0～B7，三极管驱动模块的输出端 C0～C7 接点阵的行选择输入端 H0～H7；P1.0～P1.7 接点阵的列选择输入端 L0～L7。P3.0～P3.3 接 4 个独立按键 K0～K3。

注意：H0 选中最上行，H7 选中最下行；L0 选中最左列，L7 选中最右列。

5. 实验原理

(1) 独立按键的识别

如图 3-47 所示，有键按下时，连接它的单片机 I/O 口输入低电平；反之输入高电平。通过判断单片机引脚电压高低，即可识别有无键被按下，以及哪个键被按下。

按键消抖动有两种方式：硬件消抖动和软件延迟消抖动，本实验采用后者，软件延迟 10 ms。

为了防止一次按下，被误认为多次触发按键，通常要判断按键是否被释放，释放后才能退出按键识别程序，以进行后续操作。但要注意，按下键后，到释放，虽然操作者感觉时间很短，但实际一般大于几十毫秒；如果按住不动，则会持续几秒，此时不能影响到点阵的扫描。为了防止按键按住不动，使得程序没有退出键盘扫描，从而影响点阵，可以让定时器产生 1 ms 的中断，在中断里面进行点阵扫描。

(2) 点阵的扫描

8×8 点阵内部结构图如图 3-50 所示，实际上是由 64 个 LED 按照一定的规律排列而成。行选择端，同一行的 8 个 LED 阳极接一起；列选择端，同一列的 8 个 LED 阴极接一起。点阵有 3 种扫描方式：点扫描、行扫描和列扫描，通常采用行扫描或者列扫描。以行扫描为例，实际上可以将点阵看成是 8 个共阳数码管，行是数码管的公共端，列是数码管的段选引脚。行扫描时，每一行停顿 1 ms。

如图 3-50 所示，点阵显示“大”字时，可以在行的输入端 Y0～Y7 轮流单独送高电平。Y0 送高电平时，Y1～Y7 送低电平；X3 送低电平，X0～X2、X4～X7 送高电平，所以扫描第 1 行时的列选从右至左送 11110111B＝F7H。同理，扫描第 2 行时的列选从右至左送 11110111B＝F7H。采用行扫描，显示“大”字行选及列选值如表 3-2 所示，程序码表保存列选值：0F7H，0F7H，0F7H，00H，0E7H，0DBH，0BDH，7EH。显示数字 0～3 的码表请自行推导。

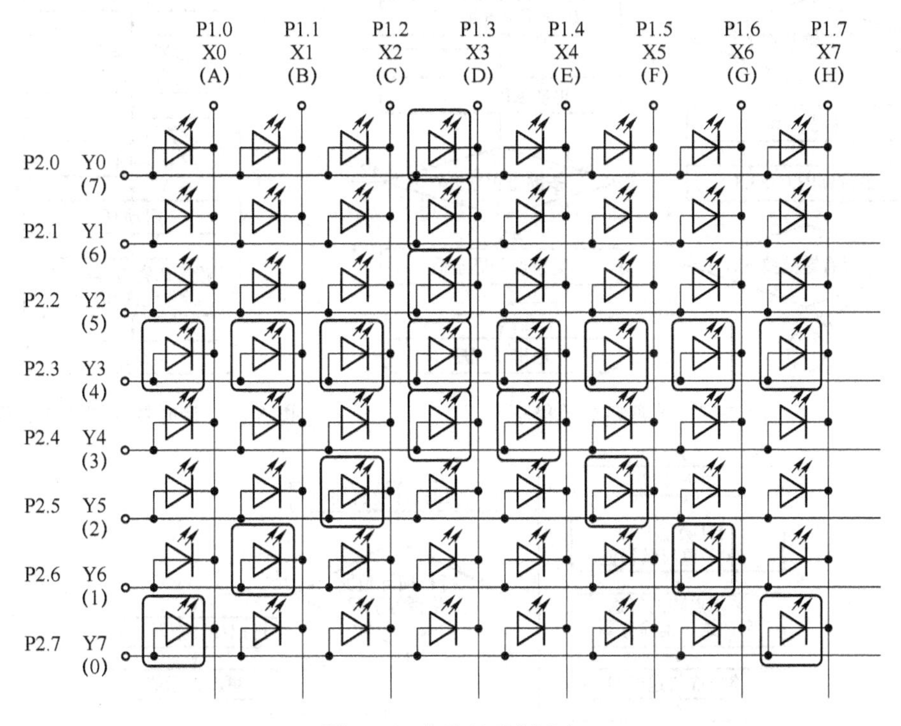

图 3-50　点阵显示“大”字

6. 程序框图

主程序流程、键盘扫描子程序流程、定时器 0 初始化子程序流程及定时器 0 中断服务程序流程如图 3-51 至图 3-54 所示。

表 3-2　显示“大”字的行选及列选值

行号	行选(P2.7～P2.0)	列选(P1.7～P1.0)
Y0	00000001B＝01H	11110111B＝F7H
Y1	00000010B＝02H	11110111B＝F7H
Y2	00000100B＝04H	11110111B＝F7H
Y3	00001000B＝08H	00000000B＝00H
Y4	00010000B＝10H	11100111B＝E7H
Y5	00100000B＝20H	11011011B＝DBH
Y6	01000000B＝40H	10111101B＝BDH
Y7	10000000B＝80H	01111110B＝7EH

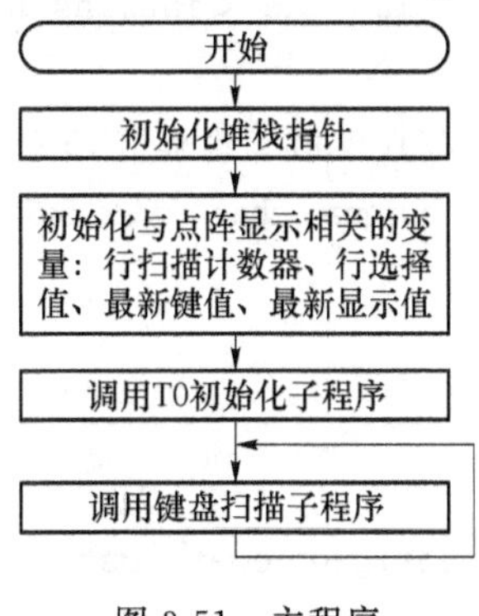

图 3-51　主程序

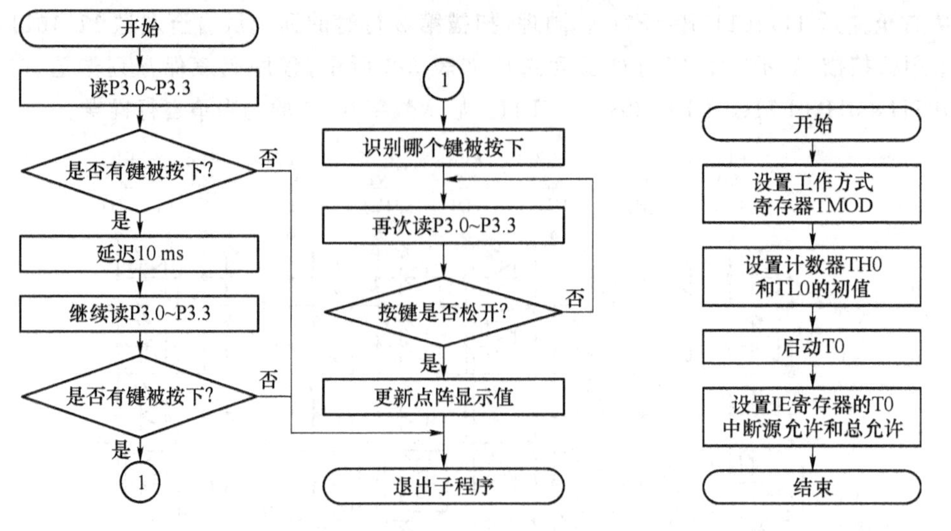

图 3-52　键盘扫描子程序　　　　图 3-53　定时器 0 初始化子程序

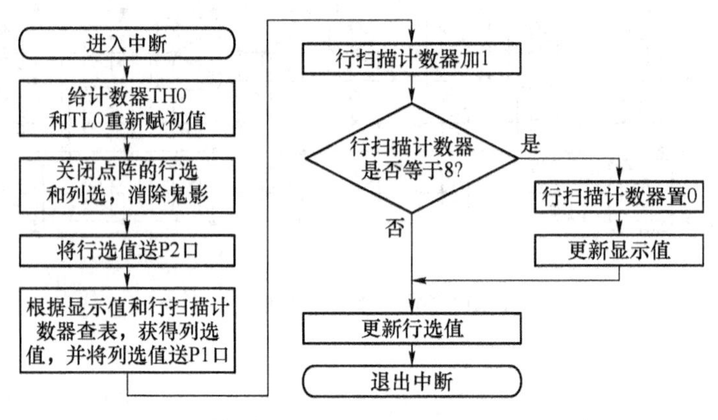

图 3-54　定时器 0 中断服务程序

7. 参考程序

(1) C51 程序

```
#include <reg51.h>
#include <intrins.h> //引用包含本征库函数的头文件

//点阵的二维码表,5 行 8 列,保存行扫描时"0、1、2、3、大"的列选值
unsigned char  code byTable[5][8] = {{0xC3,0xDB,0xDB,0xDB,0xDB,0xDB,0xC3,0xFF},/*0*/
                                     {___,___,___,___,___,___,___,___},/*1*/
                                     {___,___,___,___,___,___,___,___},/*2*/
                                     {___,___,___,___,___,___,___,___},/*3*/
                                     {0xF7,0xF7,0xF7,0x00,0xE7,0xDB,0xBD,0x7E}/*大*/};
unsigned char  data byNewKeyValue = 4; //最新的键值,初始化为 4,显示"大"字

void InitTimer0(void);       //子程序声明
void KeyScan(void);          //子程序声明
```

```
void main(void)
{
    SP = 0x2F;                  //初始化堆栈指针
    InitTimer0();               //调用定时器0初始化子程序
    while(1)
    {
      KeyScan();                //调用键盘扫描子程序
    }
}

void Delay10ms(void)            //延时10 ms的子程序,用于软件消抖动
{
    unsigned char a,b,c;
    for(c = 5;c>0;c -- )
        for(b = 4;b>0;b -- )
            for(a = 248;a>0;a -- );
}

void KeyScan(void)              //键盘扫描子程序
{
  unsigned char  data byTemp,byTempKeyValue; //后者是临时键值
  P3 = P3|0x0F;                 //读引脚P3.3~P3.0之前,往锁存器写"1"
  byTemp = (P3&0x0F);           //读P3.3~P3.0的值
  if(byTemp == ____)            //判断是否有键被按下
     return;                    //没有,则退出子程序
  ______;                       //调用延迟10 ms的子程序,软件消抖动
  P3 = P3|0x0F;                 //再次读引脚P3.3~P3.0之前,往锁存器写"1"
  byTemp = (P3&0x0F);           //再次读P3.3~P3.0的值
  if(byTemp == ____)            //判断是否有键被按下
     return;                    //没有,则退出子程序
  switch(byTemp)                //判断哪个键被按下
  {
    case 0x0E:                  //如果P3.3~P3.0 = 1110B
      byTempKeyValue = 0;       //将临时键值置为0
      break;
    case ____:                  //如果P3.3~P3.0 = 1101B
      byTempKeyValue = 1;       //将临时键值置为1
      break;
    case ____:                  //如果P3.3~P3.0 = 1011B
      byTempKeyValue = 2;       //将临时键值置为2
```

```
        break;
      case ____:                //如果 P3.3～P3.0 = 0111B
        byTempKeyValue = 3;     //将临时键值置为 3
        break;
      default:                  //其他情况
        byTempKeyValue = 4;     //将临时键值置为 4,显示"大"字
        break;
    }
    while(byTemp! = 0x0F)       //如果 P3.3～P3.0! = 1111B,说明按键没有释放
    {
      P3 = P3|0x0F;             //读引脚 P3.3～P3.0 之前,往锁存器写"1"
      byTemp = (P3&0x0F);       //不停地读 P3.3～P3.0 的值
    }
    byNewKeyValue = ______;     //按键释放后,更新最新的键值
}

void InitTimer0(void)           //定时器 0 初始化子程序
{
    TMOD = ____;                //设置 T0 的工作方式:定时器方式 1
    TH0  = ____;                //晶振频率 fosc = 12 MHz,定时 1 ms,给 TH0 和 TL0 赋初值
    TL0  = ____;
    TR0  = 1;                   //启动 T0 工作
    ET0  = 1;                   //T0 的中断源允许使能
    EA   = 1;                   //中断总允许使能
}

void Timer0Service(void) interrupt ____//T0 中断服务子程序
{
    static  unsigned char  data byHangNumber = 0; //行扫描计数器置 0
    static  unsigned char  data byHangXuan   = ____;//行选初始化为扫描第 0 行
    static  unsigned char  data byDisplayValue = 4;//点阵显示值初始化为 4,"大"
    TL0 = ____;                 //给 TL0 和 TH0 重新赋初值,再次定时 1 ms
    TH0 = ____;
    P2  = ____;                 //关闭所有行选,以消除鬼影
    P1  = ____;                 //关闭所有列选,以消除鬼影
    P2  = byHangXuan;           //将最新的行选值送 P2 口
    P1  = byTable[____][____];//根据点阵显示值和行扫描计数器查表获得列选值,
                                //并送 P1 口
    byHangNumber++;             //行扫描计数器自加 1
    if(byHangNumber == 8)       //行扫描计数器等于 8 吗?
```

```
    {
      byHangNumber = 0;        //8 行均扫描完,行扫描计数器重新置 0
      byDisplayValue = ____; //将键盘扫描子程序里面的最新键值更新至点阵显示值
    }
  byHangXuan = _crol_(____,1);//采用循环左移的方式,更新行选值
}
```

(2) 汇编程序

```
  HANG_NUMBER      EQU  70H          ;行扫描计数器
  HANG_XUAN        EQU  71H          ;行选值
  DISPLAY_VALUE    EQU  72H          ;点阵显示值
  NEW_KEY_VALUE    EQU  73H          ;最新键值
  TEMP_KEY_VALUE   EQU  74H          ;临时键值

  ORG   0000H
  SJMP MAIN
  ORG   ______                       ;T0 中断服务程序入口地址
  LJMP  ______                       ;跳转至 T0 中断服务子程序
  ORG   0030H
MAIN:
  MOV   SP,#2FH                      ;初始化堆栈指针
  MOV   HANG_NUMBER,#0               ;初始化行扫描计数器
  MOV   HANG_XUAN,______             ;初始化行选择值
  MOV   NEW_KEY_VALUE,#4             ;初始化最新键值为 4,显示"大"字
  MOV   DISPLAY_VALUE,NEW_KEY_VALUE;初始化最新显示值
  LCALL INIT_TIMER0                  ;调用 T0 初始化子程序
LOOP:
  LCALL KEY_SCAN                     ;调用按键扫描子程序
  SJMP   LOOP

INIT_TIMER0:                         ;T0 初始化子程序
  MOV   TMOD,______                  ;初始化定时器工作方式寄存器
  MOV   TH0,______                   ;晶振频率 fosc = 12 MHz,定时 1 ms
  MOV   TL0,______;                  ;给 TH0 和 TL0 赋初值
  SETB TR0                           ;启动 T0
  SETB ET0                           ;T0 中断源允许置 1
  SETB EA                            ;中断总允许置 1
  RET                                ;子程序返回

TIMER0_SER:                          ;T0 中断服务子程序
  MOV   TL0,______                   ;TL0 和 TH0 重新赋初值,再次定时 1 ms
  MOV   TH0,______
```

```
    MOV   P2,______                     ;关闭点阵所有行选,消除鬼影
    MOV   P1,______                     ;关闭点阵所有列选,消除鬼影
    MOV   P2,HANG_XUAN                  ;将行选值送 P2 口
    MOV   A,DISPLAY_VALUE               ;以下是查表,求列选值
    MOV   B,#8                          ;查表偏移量 = 显示值 * 8 + 行扫描计数器值
    ____  AB
    ADD   A,HANG_NUMBER
    MOV   DPTR,#TAB                     ;将表首地址赋值给基址寄存器
    ____  A,@A+DPTR                     ;基址寄存器加变址寄存器间接寻址
    MOV   P1, ______                    ;将查表获得的列选值送 P1 口
    INC   HANG_NUMBER                   ;行扫描计数器自加 1
    MOV   A,HANG_NUMBER
    CJNE A, #8, NEXT                    ;判断行扫描计数器是否为 8
    MOV   HANG_NUMBER,#0                ;等于 8,则将其复 0
    MOV   DISPLAY_VALUE,NEW_KEY_VALUE;将最新的键值赋值给显示值
  NEXT:
    MOV   A,HANG_XUAN                   ;将行选值送累加器 A
    ____  A                             ;将 A 的值循环左移 1 位
    MOV   HANG_XUAN,A                   ;更新行选值,准备扫描下一行
    RETI                                ;中断服务子程序返回

  KEY_SCAN:                             ;按键扫描子程序
    ORL   P3,#0FH                       ;读引脚前,往锁存器写“1”
    MOV   A,  P3                        ;读 P3 口
    ANL   A,  #0FH                      ;将读得的值高 4 位置 0,低 4 位保持不变
    CJNE A,   ______,NEXT1              ;判断是否有键被按下,有则继续后续操作
    SJMP  EXIT                          ;没有键被按下,退出子程序
  NEXT1:
    LCALL ______                        ;软件延迟 10 ms,消抖动
    ORL   P3,#0FH                       ;读引脚前,往锁存器写“1”
    MOV   A,  P3                        ;读 P3 口
    ANL   A,  #0FH                      ;将读得的值高 4 位置 0,低 4 位保持不变
    CJNE A,   ______,NEXT2              ;判断是否有键被按下,有则继续后续操作
    SJMP  EXIT                          ;没有键被按下,退出子程序
  NEXT2:                                ;下面 5 条语句,识别哪个键被按下
    MOV   TEMP_KEY_VALUE,#00H           ;将临时按键值初始化为 0
  LOOP2:
    ____  A                             ;将 A 的内容带进位位循环右移,A 的最低位移至 C
    JNC   NEXT3                         ;进位位 C 的内容为 0,停止检测,跳转至 NEXT3 处
    INC   TEMP_KEY_VALUE                ;进位位 C 的内容为 1,临时按键值自加 1
```

```
    SJMP LOOP2                          ;继续检测
NEXT3:                                  ;下面 4 条语句,等待按键被释放
    ORL   P3,#0FH                       ;读引脚前,往锁存器写"1"
    MOV   A,   P3                       ;读 P3 口
    ANL   A,   #0FH                     ;将读得的值高 4 位置 0,低 4 位保持不变
    CJNE A,______,NEXT3                 ;按键没有被释放,跳转至前面,继续读按键
    MOV   NEW_KEY_VALUE,TEMP_KEY_VALUE  ;按键被释放,将临时键值赋值给最新键值
EXIT:
    RET                                 ;子程序返回

DELAY10MS:                              ;fosc = 12 MHz,延时 10 ms 的子程序
      MOV R7,#05H
DL1:
      MOV R6,#04H
DL0:
      MOV R5,#0F8H
      DJNZ R5,$
      DJNZ R6,DL0
      DJNZ R7,DL1
      RET

TAB:                                    ;存储"1、2、3、4、大"的列选码表
    DB 0C3H,0DBH,0DBH,0DBH,0DBH,0DBH,0C3H,0FFH ;/*0*/
    DB ___,___,___,___,___,___,___,___;/*1*/
    DB ___,___,___,___,___,___,___,___ ;/*2*/
    DB ___,___,___,___,___,___,___,___ ;/*3*/
    DB 0F7H,0F7H,0F7H,00H,0E7H,0DBH,0BDH,7EH    ;/*大*/

    END
```

8. 思考题

(1) 结合点阵的硬件电路,请问本实验中点阵适合用列扫描方式显示吗,为什么?

(2) 若要实现反显,即由暗的发光二极管组成显示的字符,可以怎样改动程序?

(3) 实验中,按住按键不释放,此时会影响到点阵的扫描显示吗,为什么?

9. Proteus 仿真方法

没有实验箱的情况下,可以采用图 3-55 所示的 Proteus 仿真电路,替代上述电路图。在 Proteus 元件库中,8×8 点阵选用 MATRIX-8X8-GREEN,它是绿色的(选用其他颜色也行)。Proteus 中点阵初始放置位置与图 3-55 不一致,8 个引脚在上,高电平选中垂直列;8 个引脚在下,低电平选中水平行;将其逆时针旋转 90°,就与图 3-55 的摆放位置相同:行选引脚在左(高电平有效),列选引脚在右(低电平有效)。独立按键选用轻触开关 Button,PNP 三极管驱动电路与实验 5 仿真电路一致。

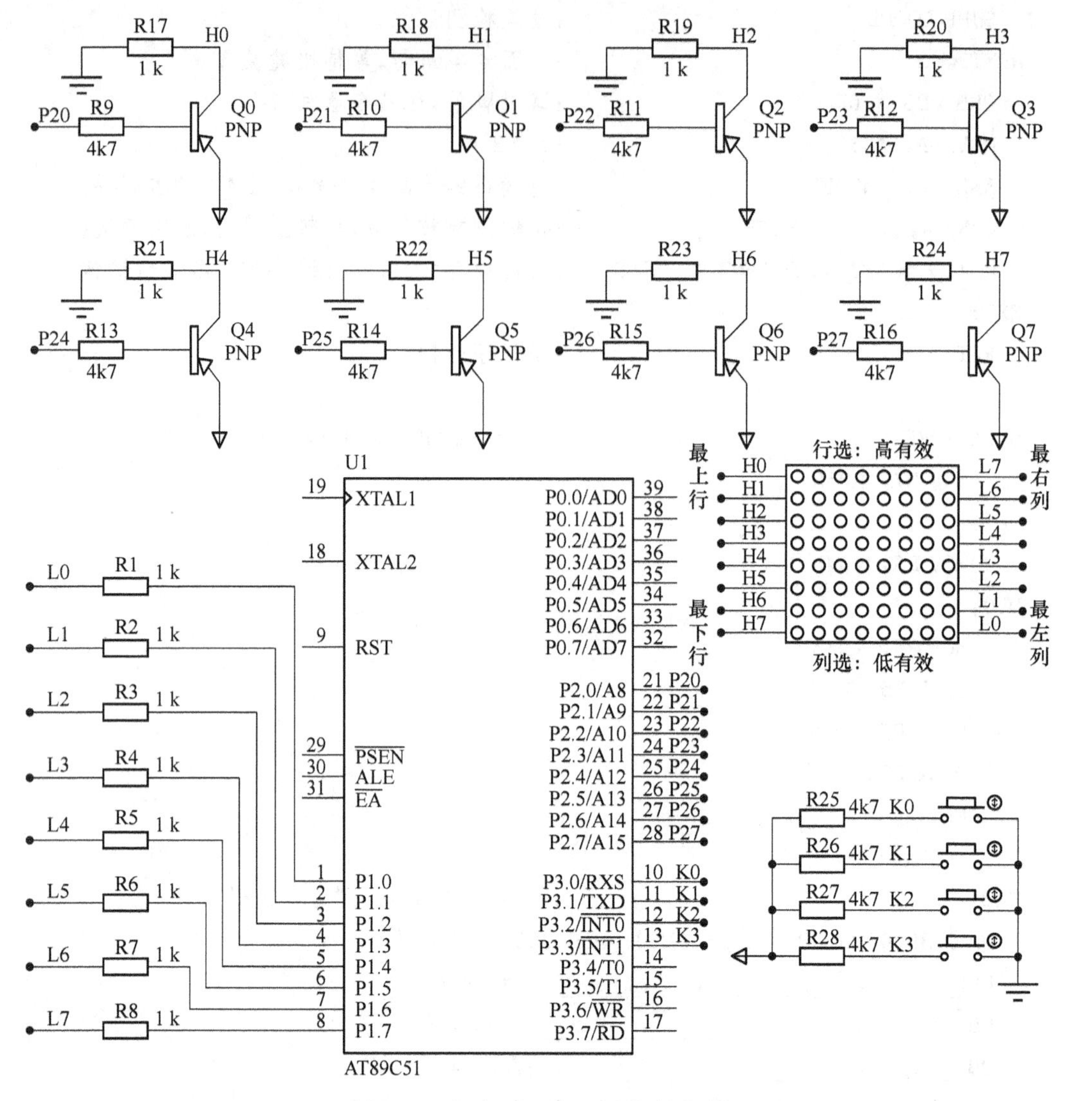

图 3-55　实验 6 的 Proteus 仿真电路

3.2.7　实验 7　4×4 矩阵键盘

1. 实验项目

用单片机识别 4×4 矩阵键盘是否有键被按下，若有键被按下，在按键释放后将键值以十六进制数 0～F 形式在一个数码管中显示；单片机初始化后，数码管显示连接符‘-’。

2. 实验目的

(1) 掌握 4×4 矩阵键盘的硬件结构及按键识别程序的设计方法。

(2) 掌握如何编写程序，解决软件延时消抖动及等待按键释放可能会造成延时过长的问题。

3. 实验电路

4×4 矩阵键盘电路如图 3-56 所示，同一列 4 个按键的左端(L3～L0)连接在一起，同一行 4 个按键的右端(H3～H0)连接在一起。为了提高稳定性，行、列引脚上最好都加上拉电阻。

四位一体共阳数码管显示器接口电路如图 3-57 所示，它与实验 5 相同，不再赘述。本实验中只需一个数码管，用于显示键值。

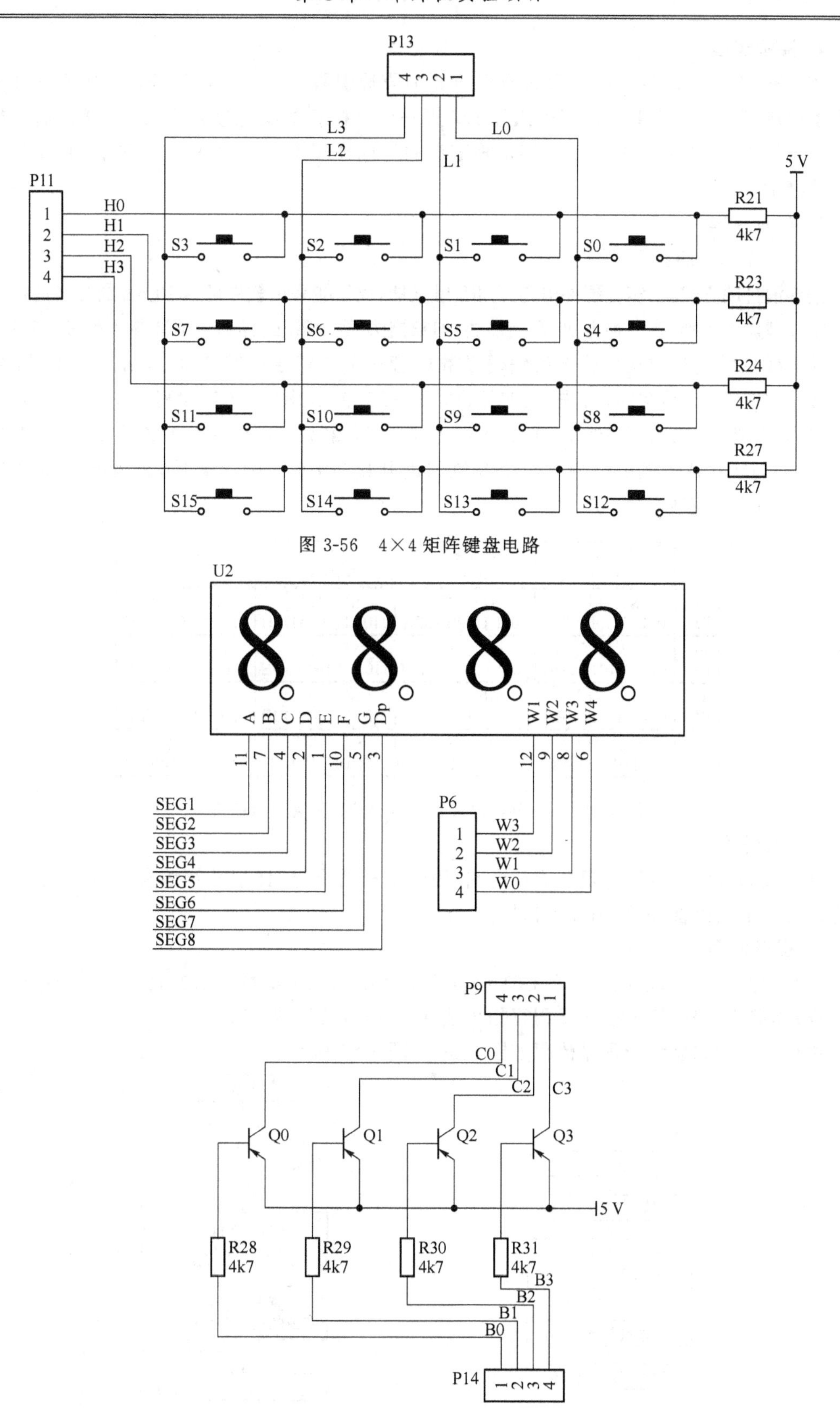

图 3-56　4×4 矩阵键盘电路

图 3-57　四位一体共阳数码管显示电路

4. 实验连线

P0.0～P0.7 接四位一体共阳数码管的 8 个段选引脚 a、b、…、g、dp；P2.0 接 S8550 三极管驱动模块第一个三极管的基极输入端 B0，第一个三极管的集电极输出端 C0 接最右边数码管的位选控制端 W0；P3.3～P3.0 接矩阵键盘的行选择端 H3～H0，P3.7～P3.4 接矩阵键盘的列选择端 L3～L0。

5. 实验原理

(1) 矩阵键盘的识别

按键消抖动方式：本实验硬件电路无/RS 触发器，故只能采用软件延迟 10 ms 的方式消抖动。

矩阵键盘的识别，有三种方法：行扫描法、列扫描法、线反转法，详细介绍请参考本书 1.7.1 节。

使用线反转法时的获得的键值编码及数码管显示的符号如图 3-58 所示。例如，如果 S6 键被按下，使用线反转法时，首先，在四行(P3.3～P3.0)送出“0000”，四列(P3.7～P3.4)读入的是“1011”；然后，在四列(P3.7～P3.4)送出“1011”，四行(P3.3～P3.0)读入的是“1101”；再次，将四列与四行读入的值组合成一个 8 位二进制数“1011 1101”；最后，查表即可知道是 S6 键被按下，让数码管显示符号‘6’。

	L3 P3.7	L2 P3.6	L1 P3.5	L0 P3.4
H0 P3.0	S3 ‘3’ 0111 1110B=7EH	S2 ‘2’ 1011 1110B=BEH	S1 ‘1’ 1101 1110B=DEH	S0 ‘0’ 1110 1110B=EEH
H1 P3.1	S7 ‘7’ 0111 1101B=7DH	S6 ‘6’ 1011 1101B=BDH	S5 ‘5’ 1101 1101B=DDH	S4 ‘4’ 1110 1101B=EDH
H2 P3.2	S11 ‘b’ 0111 1011B=7BH	S10 ‘A’ 1011 1011B=BBH	S9 ‘9’ 1101 1011B=DBH	S8 ‘8’ 1110 1011B=EBH
H3 P3.3	S15 ‘F’ 0111 0111B=77H	S14 ‘E’ 1011 0111B=B7H	S13 ‘d’ 1101 0111B=D7H	S12 ‘C’ 1110 0111B=E7H

图 3-58　线反转法时的键值编码及数码管显示的符号

(2) 数码管显示

共阳数码管电路限流电阻及驱动电路、段选信号的推导，详细介绍请参考本书 1.7.2 节。因为只有一个数码管，故采用静态扫描。

6. 程序框图

键盘扫描子程序，汇编语言和 C51 语言分别使用 1.7.1 节图 1-101、图 1-102 介绍的子程序流程；读键值部分，汇编语言使用行扫描法，C51 语言使用线反转法。

主程序流程和显示子程序流程如图 3-59 及图 3-60 所示。

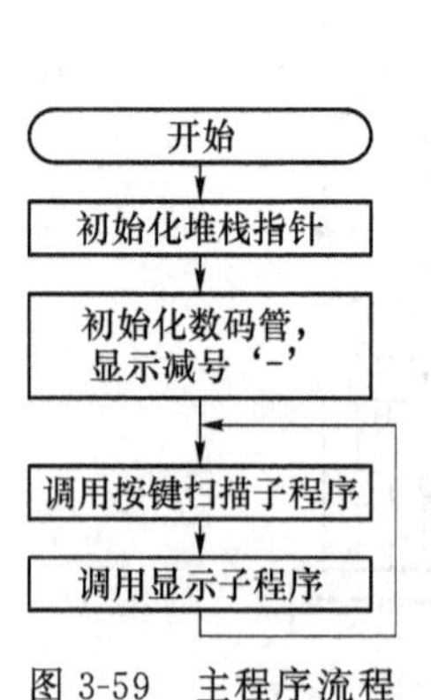

图 3-59　主程序流程

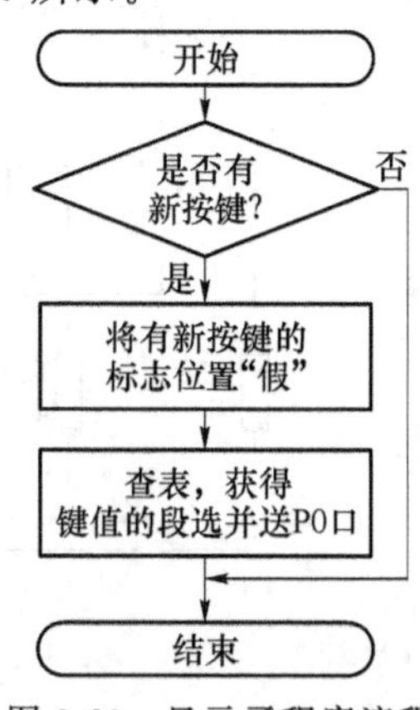

图 3-60　显示子程序流程

7. 参考程序

(1) C51 程序

```
#include <reg52.h>

#define SCAN_KEY_STEP_READ_KEY               0  //状态 1:读按键
#define SCAN_KEY_STEP_PROCESS_TREMBLING 1  //状态 2:消抖动
#define SCAN_KEY_STEP_READ_KEY_AGAIN       2  //状态 3:再次读按键
#define SCAN_KEY_STEP_WAIT_KEY_RELEASE   3  //状态 4:等待按键松开

#define TRUE     1                             //真
#define FALSE   0                             //假

//共阳数码管的码表
unsigned char code byTable[] = {0xC0,0xF9,0xA4,0xB0,0x99,0x92,0x82,0xF8,
                    0x80,0x90,0x88,0x83,0xC6,0xA1,0x86,0x8E,0xBF};
//矩阵键盘键值码表
unsigned char code byKeyTable[] = {0xEE,0xDE,0xBE,0x7E,0xED,0xDD,0xBD,0x7D,
                         0xEB,0xDB,0xBB,0x7B,0xE7,0xD7,0xB7,0x77};

unsigned char data byValue = 16;          //按键值初始化为 16,数码管显示连接符
unsigned char data byScanKeyStep = ___;   //扫描按键状态机步骤,初始化为"状态 1"
bit btKeyChange = FALSE;                  //是否有新的按键值标志位,初始化为"假"

void InitTimer0(void);
void Display(void);
void ScanKey(void);

void main(void)
{
  SP = 0x2F;                              //初始化堆栈指针
  P2 = ___;                               //初始化数码管,选中最右边的数码管
  P0 = byTable[___];                      //P0 口送数码管段选值
  for(;;)
  {
    ScanKey();                            //扫描按键
    Display();                            //显示按键值
  }
}
```

```
void Display(void)
{
  if(btKeyChange == TRUE)                    //判断是否有新的按键值
  {  //如果按键值有改动,则显示新的按键值
    btKeyChange = FALSE;                     //有新的按键值标志位置"假"
    P0 = byTable[___];                       //P0 口送键值的段选
  }
}

void InitTimer0(void)
{  //利用 T0 实现 10 ms 定时,用于软件延迟消抖动
   TMOD = (TMOD&0xF0)| ___;                  //T0 设置为定时器方式 1
   TH0  = 0xDC;                              //12 MHz 的晶振,定时 10 ms,TH0 置初值
   TL0  = 0x00;                              //TL0 置初值
   TR0  = 1;                                 //启动 T0
   ET0  = 1;                                 //允许 T0 中断
   EA   = 1;                                 //允许总中断
}

void Timer0(void) interrupt 1                //T0 中断服务子程序
{
   TR0 = 0;                                  //定时时间到,T0 停止工作
   byScanKeyStep = ___;                      //将按键扫描的状态切换至状态 2
}

void ScanKey(void)                           //按键扫描子程序
{
   //三个变量分别用于保存读到键值的高 4 位、低 4 位和合并后的 8 位
   unsigned char data byTempHigh,byTempLow,byTemp;
   unsigned char data i;

   switch(byScanKeyStep)                     //判断状态机步骤
   {
      case SCAN_KEY_STEP_READ_KEY:           //状态 1:读按键
        P3 = ___;                            //将 P3.7~P3.4 置 1,P3.3~P3.0 置 0
        byTempHigh = P3;                     //读 P3 口
        byTempHigh = byTempHigh& ___;        //将读到的值高 4 位保持不变,低 4 位置 0
```

```
  if(byTempHigh! = 0xF0)               //判断是否有键被按下
  {                                    //有键按下
    InitTimer0();                      //启动 T0 定时 10 ms
    byScanKeyStep = ___;               //将状态机切换至状态 2
  }
  break;
case SCAN_KEY_STEP_PROCESS_TREMBLING://状态 2:消抖动
  break;                               //不作任何处理,直接退出
case SCAN_KEY_STEP_READ_KEY_AGAIN: //状态 3:再次读按键
  P3 = ___;                            //将 P3.7~P3.4 置 1,P3.3~P3.0 置 0
  byTempHigh = P3;                     //读 P3 口
  byTempHigh = byTempHigh& ___;        //将读到的值高 4 位保持不变,低 4 位置 0
  if(byTempHigh = = 0xF0)              //判断是否有键被按下
  {                                    //没有键按下
     byScanKeyStep = ______;           //将状态机切换至状态 1
  }
  else
  {                                    //有键按下,则判断到底是哪个键被按下
     P3   = (byTempHigh|0x0F);         //将 P3.7~P3.4 读得的值又送出去,
                                       //P3.3~P3.0 置 1
     byTempLow = P3;                   //读 P3 口
     byTempLow = byTempLow& ______;    //将读到的值高 4 位置 0,低 4 位保持不变
     byTemp = byTempHigh|byTempLow;    //将读到的高 4 位值与低 4 位值合并
     for(i = 0;i<16;i ++ )             //高 4 位用于判断列,低 4 位用于判断行
     {                                 //跟键值表做比较,判断是哪个键被按下
          if(byTemp = = byKeyTable[i])
          {
             byValue = i;              //在键值表中找到对应值,
             break;                    //则更改按键值,并退出 for 循环
          }
     }
     byScanKeyStep = ______;           //将状态机切换至状态 4
     }
   break;
 case SCAN_KEY_STEP_WAIT_KEY_RELEASE: //状态 4:等待按键释放
     P3 = ______;                      //将 P3.7~P3.4 置 1,P3.3~P3.0 置 0
     byTempHigh = P3;                  //读 P3 口
     byTempHigh = byTempHigh& ____;    //将读到的值高 4 位保持不变,低 4 位置 0
```

```
            if(byTempHigh == 0xF0)          //判断是否有键被按下
            {  //若按键松开,则一个处理过程结束
                byScanKeyStep = ______;     //将状态机重新切换至状态 1
                btKeyChange = ______;       //是否有新的按键值标志位置为“真”
            }
            break;
        default:                            //其他情况,将状态机设置为状态 1
            byScanKeyStep = SCAN_KEY_STEP_READ_KEY;
            break;
    }
}
```

(2) 汇编程序

```
    TEMP_VALUE          EQU   71H ;临时读键值
    LAST_VALUE          EQU   72H ;上一次读键值
    ROW_VALUE           EQU   73H ;按键所属行值
    COLUM_VALUE         EQU   74H ;按键所属列值
    KEY_VALUE           EQU   75H ;按键值 = 4 * ROW_VALUE + COLUM_VALUE
    SCAN_ROW_VALUE      EQU   76H ;扫描行时在 P3 口送的值
    NEW_KEY_FLAG        BIT   00H ;有新按键的标志位
    ORG   0000H
    SJMP  MAIN
    ORG   0030H
MAIN:
    MOV   SP,#2FH              ;将栈底设置为 2FH
    MOV   KEY_VALUE,#16        ;初始化按键值为 16,显示连接符'-'
    MOV   LAST_VALUE,#0FFH     ;初始化上一次读键值为 FFH,无键被按下
    CLR   NEW_KEY_FLAG         ;清除有新按键的标志位
    CLR   ______               ;三极管基极置低电平,数码管公共端接高电平
    MOV   DPTR,#TAB            ;DPTR 指向表首
    MOV   A,______             ;将按键值送偏移量 A
    MOVC  A,@A+DPTR            ;查表,获得段选值
    MOV   P0,A                 ;将段选值送 P0 口
LOOP:
    LCALL KEY_SCAN             ;调用按键扫描子程序
    LCALL DISPLAY              ;调用显示子程序
    SJMP  LOOP

KEY_SCAN:
    MOV   P3,______            ;在 4 行送入低电平,4 列置高电平
```

```
    MOV   A,P3                  ;读 P3 口
    ANL   A,______              ;保留读值的高 4 位,读值的低 4 位置 0
    MOV   TEMP_VALUE,A          ;将 A 送入临时读键值暂存
    CJNE A,#0F0H,NEXT1          ;判断 A 的高 4 位是否等于 1111B,不相等则跳转至 NEXT1 处
    AJMP OUT                    ;高 4 位等于 1111B,没有键被按下,跳转至 OUT 处
NEXT1:
;判断 A 与上一次读键值是否相等,不相等则说明是新按键,跳转至 NEXT2 处
    CJNE A,LAST_VALUE,NEXT2
    AJMP RETURN                 ;相等,说明手没有松开,跳转至子程序返回处
NEXT2:
    LCALL DELAY10MS             ;调用延时 10 ms 的子程序,消抖动
    MOV   P3,______             ;本行开始的 3 行:继续读按键,判断是否有键被按下
    MOV   A,P3
    ANL   A,______
    MOV   TEMP_VALUE,A          ;将 A 送入临时读键值暂存
    CJNE A,#0F0H,SCAN_ROW       ;判断 A 的高 4 位是否等于 1111B,不相等则跳转至 SCAN_ROW 处
    SJMP OUT                    ;高 4 位等于 1111B,没有键被按下,跳转至 OUT 处
SCAN_ROW:                       ;行扫描
    MOV   ROW_VALUE,#00H        ;行值置 0
    MOV   SCAN_ROW_VALUE,#07FH  ;初始化扫描行时在 P3 口送的值
RE_SCAN:
    MOV   A,SCAN_ROW_VALUE      ;扫描行时在 P3 口送的值送累加器 A
    ____  A                     ;累加器 A 左移 1 位,第一次左移后 P3.0=0,扫描第 0 行
    MOV   SCAN_ROW_VALUE,A      ;将左移后的值保存起来
    MOV   P3,______             ;在扫描行送低电平,其余 3 行及列送高电平
    MOV   A,P3                  ;读 P3 口
    ANL   A,#0F0H               ;保留高 4 位
    CJNE A,#0F0H,JUDGE          ;判断高 4 位是否等于 1111B,不等于的话,跳转至 JUDGE
    ______   ROW_VALUE          ;高 4 位等于 1111B,行值自加 1
    SJMP RE_SCAN                ;继续扫描下一行
JUDGE:                          ;有键被按下,判断列值
    MOV   COLUM_VALUE,#04H      ;列值置 4
LOOP1:
    ____  COLUM_VALUE           ;列值自减 1
    RLC   A                     ;将 A 的最高位移送至进位位 C
    ____  LOOP1                 ;(C)=1,则继续执行上两条指令,否则往下执行
    MOV   A,ROW_VALUE           ;(C)=0,确定了哪列被按下;将行值送累加器 A
    MOV   B,#4
    ____  AB                    ;将行值乘以 4
```

```
    ____ A,COLUM_VALUE        ;加上列值,就是键值
    MOV  KEY_VALUE,______     ;将键值保存起来
    SETB NEW_KEY_FLAG         ;有新按键的标志位置1
OUT:
    MOV  LAST_VALUE,TEMP_VALUE;退出前将临时读键值保存至上一次读键值
RETURN:
    RET                       ;子程序返回

DISPLAY:
    JNB   NEW_KEY_FLAG,EXIT   ;判断是否有新按键,没有则跳转至EXIT处
    CLR   NEW_KEY_FLAG        ;有新按键,将有新按键的标志位清0
    MOV   A,______            ;将键值送偏移量
    ____  A,@A+DPTR           ;查表获得键值的段选值,DPTR在主函数中已赋值
    MOV   P0,A                ;将段选送P0口
EXIT:
    RET                       ;子程序返回

DELAY10MS:                    ;12 MHz的晶振,延时10 ms
    MOV R7,#05H
DL1:
    MOV R6,#04H
DL0:
    MOV R5,#0F8H
    DJNZ R5,$
    DJNZ R6,DL0
    DJNZ R7,DL1
    RET
TAB:                          ;共阳数码管的码表
    DB 0C0H,0F9H,0A4H,0B0H,99H,92H,82H,0F8H,80H ;0～9
    DB 90H,88H,83H,0C6H,0A1H,86H,8EH,0BFH       ;A～F,-
    END
```

8. 思考题

(1) 假设有可能出现2个按键同时按下的情况,程序应如何识别?

(2) 若要设计一个8按键键盘,要求占用单片机的I/O口不多于2个,有哪些方法?

9. Proteus仿真方法

没有实验箱的情况下,可以采用图3-61所示的Proteus仿真电路,替代上述电路图。图3-61中,数码管显示电路与实验1一致。仿真电路中,行列引脚的上拉电阻使用排阻RESPACK-8,不要使用类似于图3-61中R1～R8这种2脚的电阻,否则仿真可能不成功。

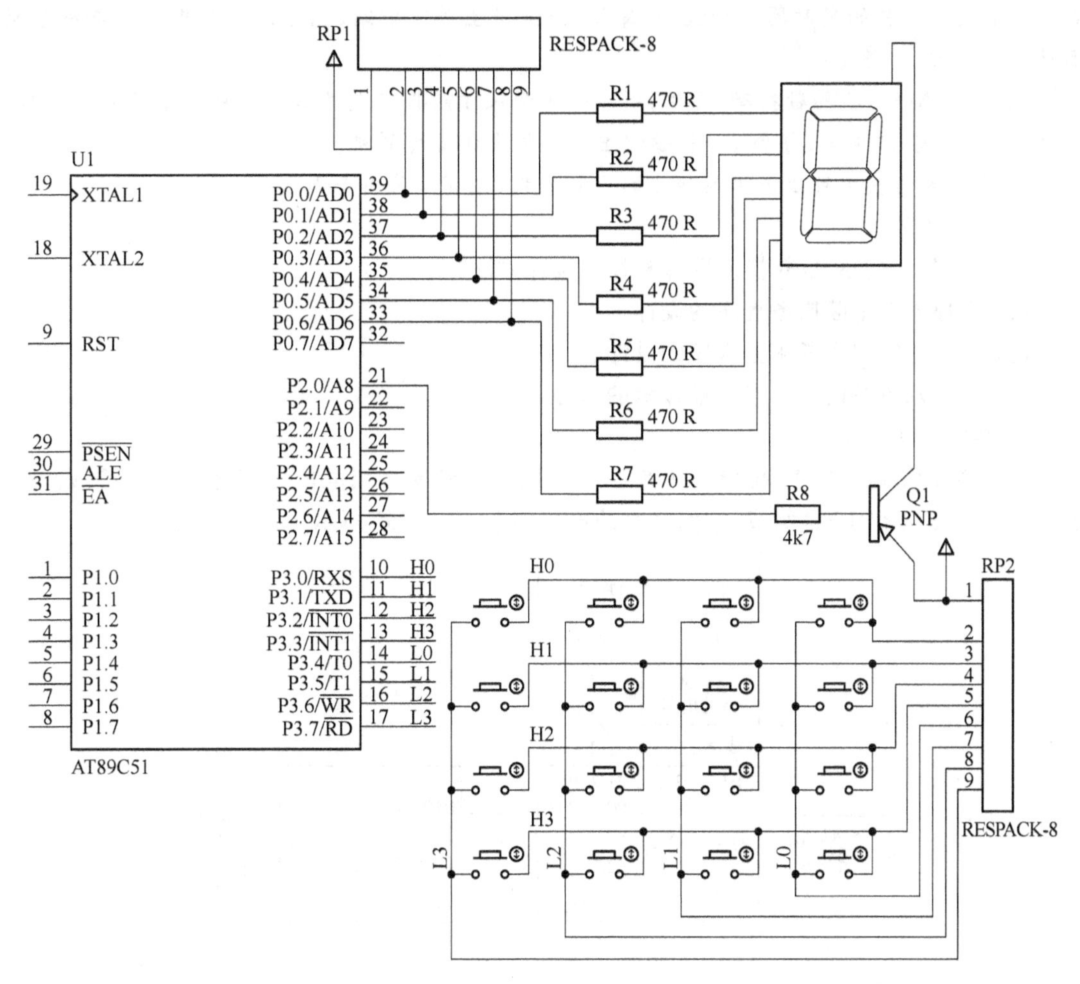

图 3-61　实验 7 的 Proteus 仿真电路

3.2.8　实验 8　ICL7109、ADC0809 模数转换

1. 实验项目

（1）必做项目

利用 12 位双积分型 AD 转换芯片 ICL7109 对 0～4.096 V 的模拟电压进行转换，并用 4 个共阳数码管以十进制数形式显示转换结果（0～4095）；或用 3 个共阳数码管以十六进制数形式显示转换结果（000H～FFFH）。为方便计算定时 2 ms 时定时器/计数器初值，单片机时钟电路的晶振频率选用 12 MHz。

（2）选做项目

保持必做部分的硬件连线不变，增加串行通信功能，让单片机每隔 1 s 将采集到的 AD 数据通过串口发送给计算机，通信波特率自行设定。为方便根据串行通信波特率计算定时器/计数器初值，使得波特率无理论误差，单片机时钟电路的晶振频率选用 11.0592 MHz。

提示：

① 串口初始化程序可参考实验 4，定时器/计数器 1 作波特率发生器。

② 关于 1 s 的计时，可以采用定时器/计数器 2，因为 STC89C52 单片机有 3 个定时器/计

数器。若用单片机的定时器/计数器0每隔2 ms产生一次中断，也可以在其中断服务程序里面计数500次，就是1 s。

③ 因为AD转换的数据有12位，所以必须两次才能将其发送出去。可以跟实验4一样，将数据放置在数组里面，每隔1 s将数组里的数据发送给计算机。

④ 串口发送数据可以采用实验4的中断方式，也可以采用查询方式。

2. 实验目的

(1) 掌握12位A/D转换的原理及程序设计方法。

(2) 掌握外部中断服务程序的设计。

(3) 掌握定时器中断服务程序的设计。

(4) 掌握八段数码管动态扫描显示的原理。

3. 实验原理

系统主要由单片机、12位模数转换芯片ICL7109、精密多圈电位器、四位一体共阳数码管及其驱动电路、1个LED组成，它们之间的连接关系如图3-62所示。

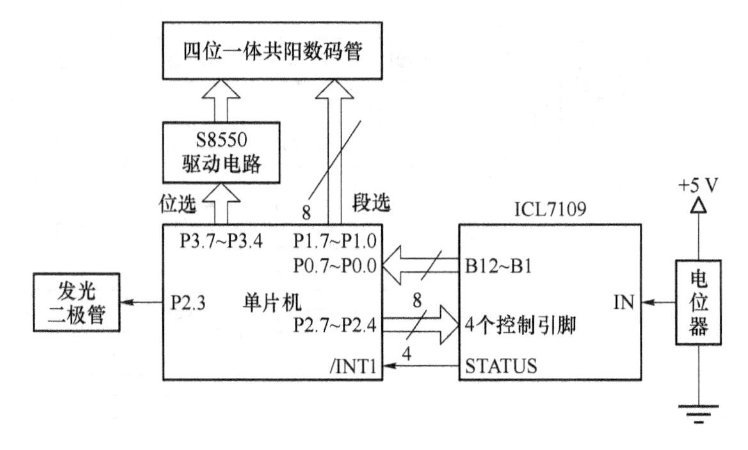

图3-62 系统框图

4. ICL7109简介

ICL7109是美国Intersil公司生产的一种高精度、低噪声、低漂移、价格低廉的双积分式12位A/D转换器。由于目前逐次比较式的高速12位A/D转换器一般价格都很高，在速度要求不太高的场合，如用于称重，测压力等各种高精度测量系统中，可以采用ICL7109。ICL7109最大的特点是数据输出为12位二进制数，并配有较强的接口功能，能方便地与各种微处理器相连。

(1) ICL7109数字电路部分内部结构

ICL7109的内部电路由模拟电路和数字电路两部分构成。模拟电路部分由模拟信号输入振荡电路、积分、比较电路以及基准电压源电路组成。图3-63为数字电路部分的结构，它由时钟振荡器、异步通信握手逻辑、转换控制逻辑、计数器、锁存器及三态门组成。

(2) 引脚功能

实验中使用的ICL7109采用如图3-64所示的PDIP40封装。

(1脚)GND：数字地。

(2脚)STATUS：状态输出，ICL7109转换结束时，该引脚发出转换结束信号。

(3脚)POL：极性输出，高电平表示ICL7109的输入信号为正。

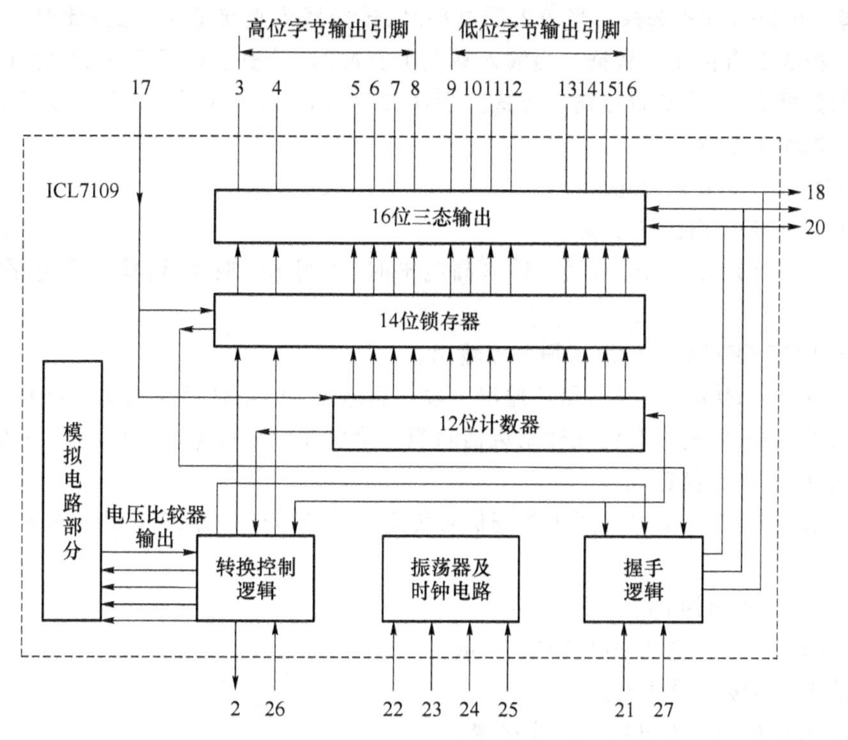

图 3-63　ICL7109 数字电路部分内部结构

(4 脚)OR:过程量状态输出,高电平表示过程量。

(5～16 脚)B12～B1:三态转换结果输出,B12 为最高位,B1 为最低位。

(17 脚)TEST:此引脚仅适用于测试芯片,接高电平时为正常操作,接低电平则强迫所有位 B1～B12 输出为高电平。

(18 脚)$\overline{\mathrm{LBEN}}$:低字节使能端。当 MODE 和$\overline{\mathrm{CE/LOAD}}$为低电平时,此信号将作为低位字节(B1～B8)输出选通信号;当 MODE 为高电平时,此信号将作为低位字节输出,而用于信号交换方式。

(19 脚)$\overline{\mathrm{HBEN}}$:高字节使能端。当 MODE 和$\overline{\mathrm{CE/LOAD}}$均为低电平时,此信号将作为高位字节(B8～B12)以及 POL、OR 输出的辅助选通信号;当 MODE 为高电平时,此信号将作为高位字节输出,而用于信号交换方式。

(20 脚)$\overline{\mathrm{CE/LOAD}}$:片选端。当 MODE 为低电平时,它是数据输出的主选通信号,当本脚为低电平时,数据正常输出;当本脚为高电平时,则所有数据输出端(B1～B12,POL,OR)均处于高阻态。

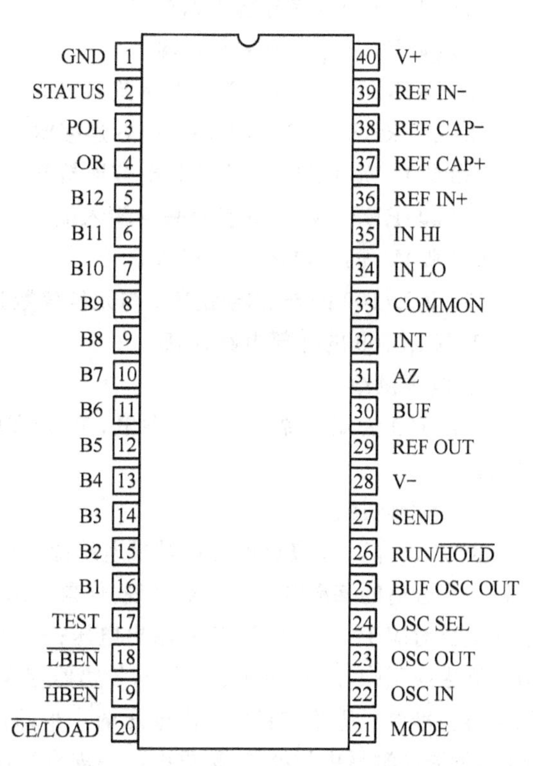

图 3-64　ICL7109 引脚

(21 脚)MODE:方式选择。当输入低电平时,转换器为直接输出方式;此时,可在片选和数据使能的控制下直接读取数据。当输入高电平脉冲时,转换器处于 UART 方式,并在输出两个字节的数据后,返回到直接输出方式。当输入高电平时,转换器将在信号交换方式每一转换周期的结尾输出数据。

(22 脚)OSC IN:振荡器输入。

(23 脚)OSC OUT:振荡器输出。

(24 脚)OSC SEL:振荡器选择。输入高电平时,采用 RC 振荡器;输入低电平时,采用晶体振荡器。

(25 脚)BUF OSC OUT:缓冲振荡器输出。

(26 脚)RUN/$\overline{\text{HOLD}}$:运行、保持输出。输入高电平,每经 8192 个时钟脉冲均完成一次转换。当输入低电平时,转换器将立即结束消除积分阶段并跳至自动调零阶段,从而缩短消除积分阶段的时间,提高转换速度。

(27 脚)SEND:输入信号。用于数据信号传送时的信号交换方式,以指示外部器件能够接收数据能力。

(28 脚)V-:负电源,接-5 V。

(29 脚)REF OUT:基准电压输出,一般为+2.8 V。

(30 脚)BUF:缓冲器输出。

(31 脚)AZ:自动调零电容 Caz 连接端。

(32 脚)INT:积分电容 Cint 连接端。

(33 脚)COMMON:模拟公共端。

(34 脚)IN LO:差分输入低端。

(35 脚)IN HI:差分输入高端。

(36 脚)REF IN+:正差分基准输入端。

(37 脚)REF CAP+:正差分电容连接端。

(38 脚)REF CAP-:负差分电容连接端。

(39 脚)REF IN-:负差分基准输入端。

(40 脚)V+:正电源,接+5 V。

(3) ICL7109 的外部电路连接与元件参数选择

① ICL7109 的外部电路连接

a. 电源供给

ICL7109 为双电源(±5 V)供电,第 40 脚、28 脚分别引入 V+、V-,第 1 脚为公共接地端。

b. 基准电压供给

ICL7109 有一个良好的片内基准电压源,由第 29 脚 REF OUT 端输出,可以使用电阻分压以获得一个合适的基准电压。一般来说,如果要求满度输出 4096 个数,则 $V_{in}=2V_{ref}$,即+2.048 V 基准电压对应于+4.096 V 满度输出电压;+204.8 mV 则对应于 +409.6 mV 满度输出电压。但在许多应用中,A/D 转换器直接与传感器相连,测量的绝对电压输出并不等于标准量程,这时,只要将基准电压等于传感器输出电压的一半即可,而不必进行分压。在要求零读数而不是零输入时,如温度测量中的补偿,称重中的去皮重等,这时补偿电压可直接引入,即将传感器的输出端接到模拟输入高端和模拟公共端之间,只须注意极性即可。

基准电压的稳定与否，直接影响转换精度，ICL7109分辨率为1/4096或244 ppm。如果片内基准源的温度系数为80 ppm/℃，则环境温度变化3 ℃就会增加1 LSB(Least Significant Bit，最低有效位)的绝对误差。如果不控制环境温度则建议使用外部基准电压源。

c. 模拟信号输入

模拟信号可差分输入，分别接入差分输入高端IN HI(第35脚)和差分输入低端IN LO(第34脚)。模拟信号公共端为COMMON(第33脚)。

d. 时钟电路

ICL7109片内有振荡器及时钟电路。片内提供的多功能时钟振荡器既可用作*RC*振荡器，也可作为晶体振荡器。OSC SEL(第24脚)为振荡器选择，它为高电平或开路时片内为*RC*振荡器，此时OSC OUT(第23脚)和BUF OSC OUT(第25脚)外接电阻、电容到OSC IN(第22脚)。

接成*RC*振荡器时，振荡器频率 $f_0=0.45/RC$(电容不能小于50 pF)。接成晶体振荡器时，内部时钟为58分频后的振荡器频率。

为了使电路具有抗50 Hz串模干扰能力。A/D转换时应选择积分时间(2048个时钟数)等于50 Hz的整数倍。例如，取积分时间为50 Hz的1倍，即20 ms，则晶振频率 $f=$(2048个时钟数)×(58/20 ms)=5.939 MHz；对于*RC*振荡器，则 $f=$(2048个时钟数)/20 ms=102.4 kHz。

e. 接口方式

ICL7109内部有一个14位(12位数据和1位极性，1位溢出)的锁存器和一个14位的三态输出寄存器，可以很方便地与各种微处理器直接连接，而无须外部加额外的锁存器。ICL7109有两种接口方式，一种是直接接口方式，另一种是挂钩接口方式。在直接接口方式中，ICL7109转换结束时，由STATUS发出转换结束信号到单片机，单片机对转换后数据分高位字节和低位字节进行读数。在挂钩接口方式时，ICL7109提供工业标准的(通用异步接收发送器)数据交换模式，适用于远距离的数据采集系统。

(4) ICL7109外部电路的参数选择

① 积分电阻 R_{INT} 的选择

缓冲放大器和积分器能够提供20 μA的推动电流，积分电阻要选择得足够大，以保证在输入电压范围的线性。

$$积分电阻R_{INT}=满度电压/20\ \mu A \tag{3-6}$$

当输入满度电压=4.096 V时，$R_{INT}=200\ k\Omega$。如满度电压为4.096 mV，则 $R_{INT}=20\ k\Omega$。R_{INT} 接入缓冲放大器输出端BUF(第30脚)。

② 积分电容 C_{INT} 的选择

积分电容根据积分器给出的最大输出摆幅电压选择，此电压应使积分器不饱和(大约低于电源0.3 V)。对于使用±5 V电源供电的ICL7109，模拟公共端接地，积分器输出摆幅一般为±3.5 V至±4 V。对不同的时钟频率，电容值也要改变，以保证积分器输出电压的摆幅。

$$C_{INT}=2048\times时钟周期\times 20\ \mu A/积分器输出摆幅 \tag{3-7}$$

积分器电容越大，积分器输出摆幅越小，所以，C_{INT} 也不应该选得过大，如果电路设计时选用不同的时钟频率，则积分电容应根据式(3-7)计算，以便选择合适的 C_{INT} 值。积分电容 C_{INT} 接入积分电容连接端INT(第32脚)。

③ 自动调零电容 C_{AZ} 的选择

积分电容 C_{INT} 选定以后，自动调零电容 C_{AZ} 的选择是非常容易的。在模拟输入信号较小时，如 0～409.6 mV，这时抑制噪声是主要的。而此时积分电阻又较小，所以，自动调零电容 C_{AZ}可选为比积分电容 C_{INT}大一倍，以减少噪声。C_{AZ}的值越小，噪声越小。

对于大部分实际应用系统，由传感器来的微小信号都要经过放大器放大成较大的信号，如 0～+4096 mV。这时噪声的影响不是主要的，可把积分电容 C_{INT}选大一些以减少负零误差，使 $C_{INT}=2C_{AZ}$。

④ 基准电容 C_{REF}的选择

一般情况下 C_{REF}取 1 μF 较好。但如果存在一个大的共模电压(即基准电压低端不是模拟公共端)，对于模拟输入为 0～+409.6 mV 的情况，要求电容值较大，以防止滚动误差，在这种情况下，如果选 $C_{REF}=10$ μF，可以使滚动误差在 0.5 以内。

5. 实验电路

实验中 ICL7109 接口电路如图 3-65 所示，MODE 引脚接地，ICL7109 工作于直接输出工作方式。将第 26 脚 RUN/$\overline{\text{HOLD}}$置为高电平，ICL7109 可进行连续转换。STATUS 引脚输出的信号经电容 C_3 微分后传输给单片机的$\overline{\text{INT1}}$，这样每完成一次转换便向单片机发一次中断请求。

第 36 脚输入的参考电压是 2.048 V，由图 3-66 所示电路产生。

第 35 脚是模拟电压输入端，根据 $V_{in}=2V_{REF}$可知，模拟电压的输入范围是 0～4.096 V，满度电压是 4.096 V。

第 30 脚积分电阻 R_{INT}值根据式(3-6)计算可得，本实验中取 250 kΩ。

第 23、25 脚与内部电路组成的 RC 振荡器频率 $f_0=0.45/RC$，其中 $R=4$ kΩ，$C=3.3$ nF，完成一次 AD 转换需要的时间为：$T=8192\times T_0=8192RC/0.45=8192\times 4\times 10^3\times 3.3\times 10^{-9}/0.45\approx 240$ ms。

第 32 脚的积分电容 C_{INT}值根据式(3-7)计算可知，应该是 0.3 μF，本实验中取 0.33 μF。

第 31 脚的调零电容 $C_{AZ}=0.5C_{INT}=0.15$ μF。

第 37、38 脚间的基准电容 $C_{REF}=1$ μF。

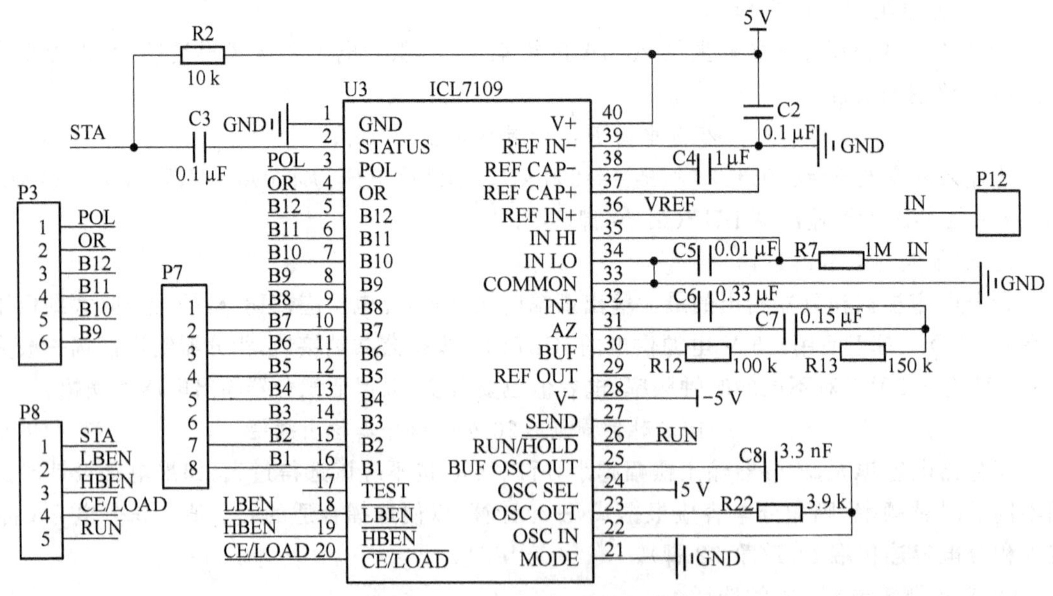

图 3-65　ICL7109 及其接口电路

负电压及参考电压电路如图3-66所示，ICL7660是小功率极性反转电源转换器，输入+5 V时，产生−5 V输出，以给ICL7109提供负电源。ADR420为超精密，第二代外加离子注入场效应管(XFET)基准电压源，具有低噪声、高精度和出色的长期稳定特性，采用SOIC8封装，输出基准电压为2.048 V。

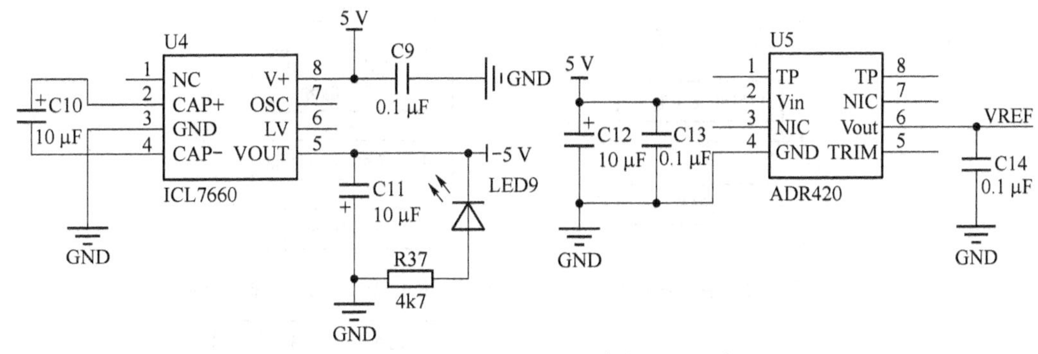

图3-66　ICL7109负电源及参考电压电路

模拟电压电路如图3-67所示，其中5 V的电源由实验箱内部开关电源输出的+12 V电压通过线性稳压块7805稳压得到；R_1是阻值为10 kΩ的精密多圈电位器，产生0～5 V可调的模拟电压源，提供给ICL7109进行AD转换。

※ 实验箱内部开关电源可直接输出+5 V电压，但其纹波较大，分压后作为输入电压，对精度高的AD转换器，会造成输出结果的波动大。

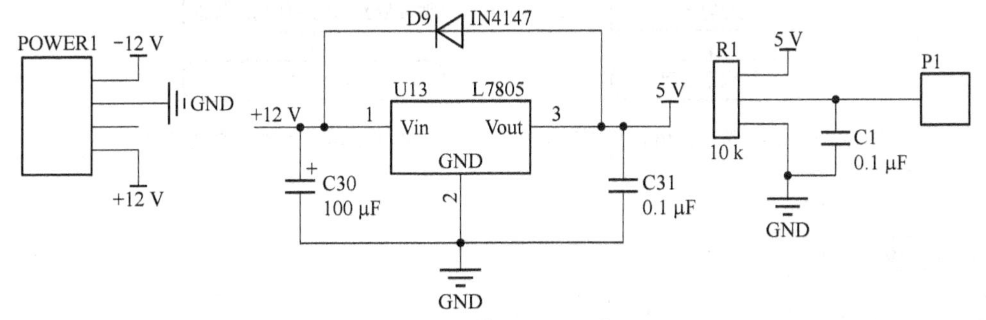

图3-67　模拟电压电路

6. 实验连线

(1) P1.0～P1.7接数码管的段选a～g、dp。

(2) P3.7～P3.4接三极管驱动电路的输入端B3～B0。

(3) 三极管驱动电路的输出C3～C0接数码管的位选W3～W0。

(4) P0.7～P0.0接ICL7109的B8～B1。

(5) ICL7109的B9～B12接B1～B4(注意，实际上也是B9～B12接P0.0～P0.3)。

(6) P2.7～P2.4依次接ICL7109的RUN、$\overline{\text{CE}}$、$\overline{\text{HBEN}}$和$\overline{\text{LBEN}}$。

(7) P3.3接ICL7109的STATUS。

(8) 采样电压输入端P12接电位器模块的输出P1。

(9) P2.3接LED流水灯LED0。

7. 程序框图

主程序、ICL 7109初始化程序、定时器0初始化程序、外部中断1中断服务程序、C51语言定时器0中断服务程序及汇编语言定时器0中断服务程序流程如图3-68至图3-73所示。

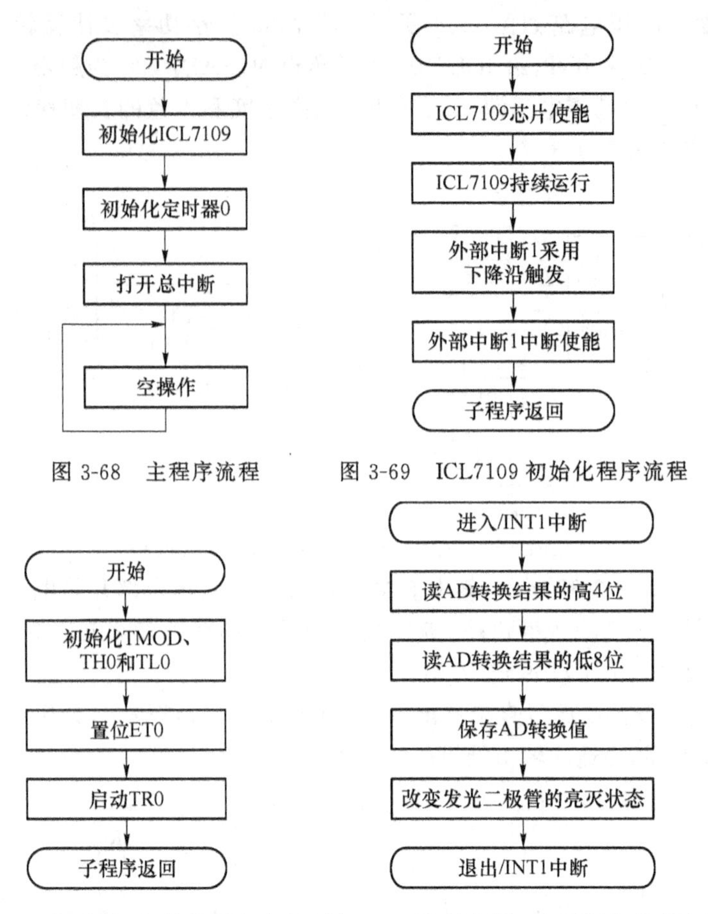

图 3-68　主程序流程　　　　图 3-69　ICL7109 初始化程序流程

图 3-70　定时器 0 初始化程序流程　图 3-71　外部中断 1 中断服务程序流程

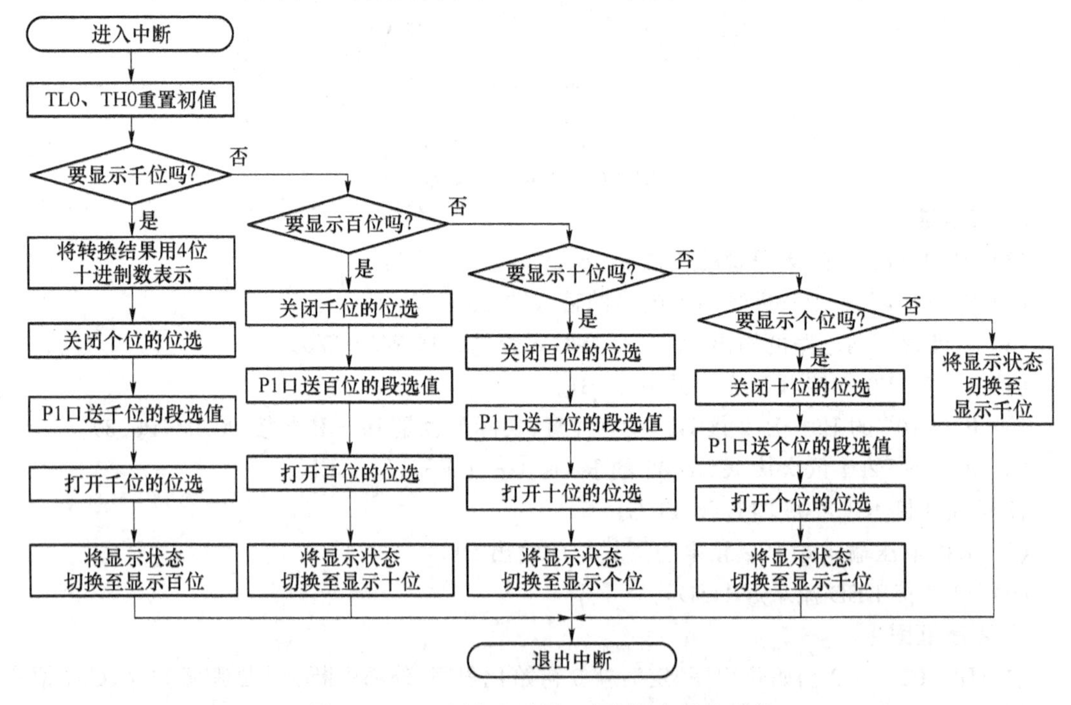

图 3-72　C51 语言定时器 0 中断服务程序流程

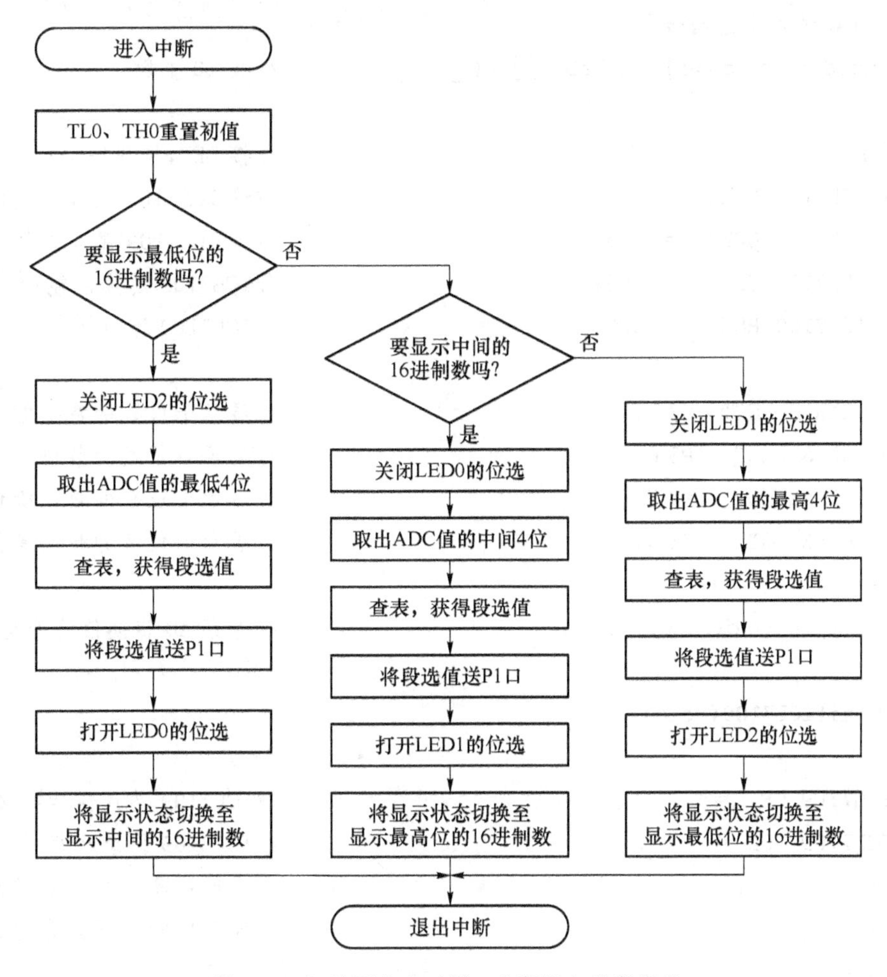

图 3-73　汇编语言定时器 0 中断服务程序流程

8. 参考程序

C51 程序用 4 位 10 进制数显示 AD 转换值 0000～4095，汇编程序用 3 位 16 进制数显示 AD 转换值 000H～FFFH。

(1) C51 程序

```
#include <reg51.h>
#include <intrins.h>                    //引用包含本征库函数的头文件

#define ENABLE      0                   //数码管位选信号使能，低有效，高无效
#define DISABLE     1

#define DISPLAY_QIAN   0                //显示千、百、十、个 4 位数的状态
#define DISPLAY_BAI    1
#define DISPLAY_SHI    2
#define DISPLAY_GE     3

unsigned char  code byTemp[3] _at_ 0x23;    //使用 SST 单片机做仿真，调试时要占用串口
```

```
//共阳数码管段选码表
unsigned char   code byLedTable[] = {______};        //共10个数

sbit LED              = P2^3;                        //接LED,作程序运行指示用
sbit ICL7109_LBEN     = P2^4;                        //读ICL7109低8位使能端
sbit ICL7109_HBEN     = P2^5;                        //读ICL7109高4位使能端
sbit ICL7109_CE       = P2^6;                        //ICL7109芯片使能端
sbit ICL7109_RUN      = P2^7;                        //ICL7109运行控制端

sbit QIAN_SELECT = P3^7;                             //显示千位数的数码管位选
sbit BAI_SELECT  = P3^6;                             //显示百位数的数码管位选
sbit SHI_SELECT  = P3^5;                             //显示十位数的数码管位选
sbit GE_SELECT   = P3^4;                             //显示个位数的数码管位选

unsigned short data wAdValue;                        //保存AD转换值的变量

void InitICL7109(void)
{
   ICL7109_CE   = ______;                            //ICL7109芯片使能有效
   ICL7109_RUN = ______;                             //ICL7109持续运行
   IT1 = ______;                                     //外部中断1采用下降沿触发
   EX1 = ______;                                     //外部中断1源允许置1
   EA  = ______;                                     //中断总允许置1
}

//外部中断1中断服务程序,读AD转换结果
void Int1Service(void) interrupt ______
{
   unsigned char data byAdHighValue,byAdLowValue; //保存AD转换值高字节和低字
                                                  //节的变量

   ICL7109_HBEN   = ______;         //读转换结果的高4位,高字节使能有效
   ICL7109_LBEN   = ______;         //低字节使能无效
   _nop_();
   byAdHighValue  = P0;             //读P0口

   ICL7109_HBEN   = ______;         //读转换结果的低8位,高字节使能无效
   ICL7109_LBEN   = ______;         //低字节使能有效
   _nop_();
```

```
    byAdLowValue   = P0;          //读 P0 口

                           //保存转换结果,AD 转换值 = (高字节 * 256) + 低字节
    wAdValue       = (byAdHighValue&0x0F) * ______ + byAdLowValue;
    LED = ______;                 //改变发光二极管的亮灭状态
}

void InitTimer0(void)
{
     TMOD = (TMOD&0x0F0)| ______;  //将定时器 0 设置为定时方式 1
     TH0   = ______;               //定时 2 ms,TH0 赋初值
     TL0   = ______;               //定时 2 ms,TL0 赋初值
     ET0   = ______;               //定时器 0 中断允许
     TR0   = ______;               //启动定时器 0
}

//定时器 0 实现 2 ms 的中断,每次中断到来时扫描显示一个数码管
void Timer0Service(void) interrupt ______
{
     static unsigned char  data byStatus = DISPLAY_QIAN;
                                  //初始化显示状态,显示千位
     static unsigned char  data byQian,byBai,byShi,byGe;
     TL0 = ______;                //定时器 0 重新赋计数初值
     TH0 = ______;                //再次实现 2 ms 的中断

     switch(byStatus)             //判断显示状态
     {
       case DISPLAY_QIAN:         //显示千位
         byQian = wAdValue/1000;  //将转换结果用 4 位十进制数表示
         byBai  = (wAdValue % 1000)/100;
         byShi  = (wAdValue % 100)/10;
         byGe   = wAdValue % 10;
         GE_SELECT    = DISABLE;  //关闭个位的位选
         P1           = ______;   //P1 口送千位数的段选值
         QIAN_SELECT = ENABLE;    //打开千位的位选
         byStatus     = ______;   //将状态标志切换至显示百位
         break;
       case DISPLAY_BAI:          //显示百位
```

```
            QIAN_SELECT = DISABLE;       //关闭千位的位选
            P1          = ______;        //P1 口送百位数的段选值
            BAI_SELECT  = ENABLE;        //打开百位的位选
            byStatus    = ______;        //将状态标志切换至显示十位
            break;
        case DISPLAY_SHI:                //显示十位
            BAI_SELECT  = DISABLE;       //关闭百位的位选
            P1          = ______;        //P1 口送十位数的段选值
            SHI_SELECT  = ENABLE;        //打开十位的位选
            byStatus    = ______;        //将状态标志切换至显示个位
            break;
        case DISPLAY_GE:                 //显示个位
            SHI_SELECT  = DISABLE;       //关闭十位的位选
            P1          = ______;        //P1 口送个位数的段选值
            GE_SELECT   = ENABLE;        //打开个位的位选
            byStatus    = ______;        //将状态标志切换至显示千位
            break;
        default:
            byStatus    = DISPLAY_QIAN;  //其他情况,重新显示千位
            break;
    }
}

void main(void)
{
    ______;                              //初始化 ICL7109
    ______;                              //初始化定时器 0
    while(1)
    {
        ;                                //主循环,不做任何操作
    }
}
```

(2) 汇编程序

```
    AD_VALUE_HIGH4 EQU   70H             ;AD 转换结果高 4 位
    AD_VALUE_LOW8  EQU   71H             ;AD 转换结果低 8 位
    LED_POSITION   EQU   72H             ;数码管显示位置
    ICL7109_LBEN   EQU   P2.4            ;读 ICL7109 低 8 位使能端
    ICL7109_HBEN   EQU   P2.5            ;读 ICL7109 高 4 位使能端
```

```
    ICL7109_CE       EQU   P2.6          ;ICL7109 芯片使能端
    ICL7109_RUN      EQU   P2.7          ;ICL7109 运行控制端
    LED              EQU   P2.3          ;ICL7109 工作指示灯

    LED2_SELECT      EQU   P3.7          ;显示最高位 16 进制数的数码管位选
    LED1_SELECT      EQU   P3.6          ;显示中间位 16 进制数的数码管位选
    LED0_SELECT      EQU   P3.5          ;显示最低位 16 进制数的数码管位选

    ORG    0000H
    SJMP   MAIN
    ORG    ______                        ;T0 中断服务程序入口地址
    AJMP   TIMER0_SERVICE                ;跳转至 T0 中断服务程序
    ORG    ______                        ;/INT1 中断服务程序入口地址
    AJMP   INT1_SERVICE                  ;跳转至/INT1 中断服务程序
    ORG    0023H                         ;使用 SST 单片机做硬件调试,要占用串口
    DS     3
    ORG    0030H
MAIN:
    MOV    SP,#2FH                       ;初始化堆栈指针
    ACALL INIT_ICL7109                   ;初始化 ICL7109
    ACALL INIT_TIMER0                    ;初始化定时器 0
    SETB   EA                            ;中断总允许置 1
LOOP:
    NOP                                  ;主循环,不做任何操作
    NOP
    SJMP   LOOP

INIT_ICL7109:
    CLR    ICL7109_CE                    ;ICL7109 芯片使能有效
    SETB   ICL7109_RUN                   ;ICL7109 运行,连续进行 AD 转换
    SETB   ______                        ;外部中断 1 下降沿触发
    SETB   ______                        ;允许外部中断 1 的中断
    RET                                  ;子程序返回

INIT_TIMER0:
    MOV    TMOD,______                   ;将定时器 0 设置为定时方式 1
    MOV    TH0,   #0F8H                  ;晶振频率 12 MHz,定时 2 ms,TH0 赋初值
    MOV    TL0,   #30H                   ;定时 2 ms,TL0 赋初值
```

```
    SETB  ______                    ;定时器0中断允许置1
    SETB  ______                    ;启动定时器0工作
    MOV LED_POSITION,#00H           ;准备显示最低位的16进制数
    RET                             ;子程序返回

INT1_SERVICE:
    CLR   ICL7109_HBEN              ;读转换结果的高4位,高字节使能有效
    SETB  ICL7109_LBEN              ;低字节使能无效
    NOP
    MOV   AD_VALUE_HIGH4,______     ;读P0口
    SETB  ______                    ;读转换结果的低8位,高字节使能无效
    CLR   ______                    ;低字节使能有效
    NOP
    MOV   AD_VALUE_LOW8,______      ;读P0口
    CPL   LED                       ;改变发光二极管的亮灭状态
    RETI                            ;中断返回

TIMER0_SERVICE:                     ;数码管动态扫描,以3位16进制数显示
                                    ;转换值,每隔2 ms切换一个数码管
    MOV   TL0,______                ;定时2 ms,TL0重新赋计数初值
    MOV   TH0,______                ;定时2 ms,TH0重新赋计数初值
    PUSH  ACC                       ;保护现场
    MOV   A,LED_POSITION
    CJNE  A,#00H,NEXT1              ;判断数码管是否要显示最低位的16进制数,
                                    ;不是则跳转至NEXT1处
    SETB  LED2_SELECT               ;数码管要显示最低位的16进制数,关闭LED2
    MOV   A,AD_VALUE_LOW8           ;取出AD转换结果的低4位
    ANL   A,______                  ;屏蔽高4位,保留低4位
    MOV   DPTR,#TAB                 ;让DPTR指向段选码表首
    MOVC  A,@A+DPTR                 ;查表,取得段选值
    MOV   ______,A                  ;送段选值
    CLR   LED0_SELECT               ;使能LED0,显示最低位的16进制数
    MOV   LED_POSITION,#01H         ;下次显示中间位的16进制数
    SJMP  EXIT                      ;跳转至退出中断处
NEXT1:
    CJNE  A,#01H,NEXT2              ;判断数码管是否显示中间位的16进制数,不是
                                    ;则跳转至NEXT2处
    SETB  LED0_SELECT               ;数码管显示中间位的16进制数,关闭LED0
```

```
    MOV   A,AD_VALUE_LOW8            ;取出 AD 转换结果的中间 4 位
    SWAP  A                          ;将高低 4 位交换
    ANL   A,______                   ;屏蔽高 4 位,保留低 4 位
    MOV   DPTR,#TAB                  ;让 DPTR 指向段选码表首
    MOVC  A,@A+DPTR                  ;查表,取得段选值
    MOV   ______,A                   ;送段选值
    CLR   LED1_SELECT                ;使能 LED1,显示中间位的 16 进制数
    MOV   LED_POSITION,#02H          ;下次显示最高位的 16 进制数
    SJMP  EXIT                       ;跳转至退出中断处
NEXT2:
    SETB  LED1_SELECT                ;数码管显示最高位的 16 进制数,关闭 LED1
    MOV   A,AD_VALUE_HIGH4           ;取出 AD 转换结果的最高 4 位
    ANL   A,______                   ;屏蔽高 4 位,保留低 4 位
    MOV   DPTR,#TAB                  ;让 DPTR 指向段选码表首
    MOVC  A,@A+DPTR                  ;查表,取得段选值
    MOV   ______,A                   ;送段选值
    CLR   LED2_SELECT                ;使能 LED2,显示最高位的 16 进制数
    MOV   LED_POSITION,#00H          ;下次显示最低位的 16 进制数
EXIT:
    POP   ______                     ;恢复现场
    RETI                             ;退出中断

TAB:;共阳数码管 0~9,A,b,c,d,E,F 的段选码表
    DB  0C0H,0F9H,0A4H,0B0H,99H,92H,82H,0F8H
    DB  80H,90H,88H,83H,0A7H,0A1H,86H,8EH

    END
```

9. 思考题

(1) 衡量 A/D 转换技术的质量指标主要有哪些?

(2) 本实验中,ICL7109 数字输出量变化一个相邻数码所需的模拟输入量的变化值是多少 mV(精确到 1 位小数)?

(3) 本实验中,A/D 转换输出显示的电压与实际数字电压表测得的输入电压有误差,请分析误差的来源。

10. Proteus 仿真方法

没有实验箱的情况下,可以采用图 3-74 所示的 ADC0808 Proteus 仿真电路。图 3-74 中,时钟用“激励源模式”(Generator Mode)里面的 DCLOCK(数字时钟信号发生器),将其周期设置为 2 ms,即频率为 500 Hz;两位一体共阳数码管选用 7SEG-MPX2-CA,PNP 三极管驱动电路与实验 5 和实验 6 一致;电位器选用 POT-HG,用于产生 0~5 V 的可调分压,送入 ADC0808 的 IN5 模拟电压输入通道;电位器边上的直流电压表选用“虚拟仪器模式”(Virtual Instrument Mode)里面的 DC VOLTMETER。

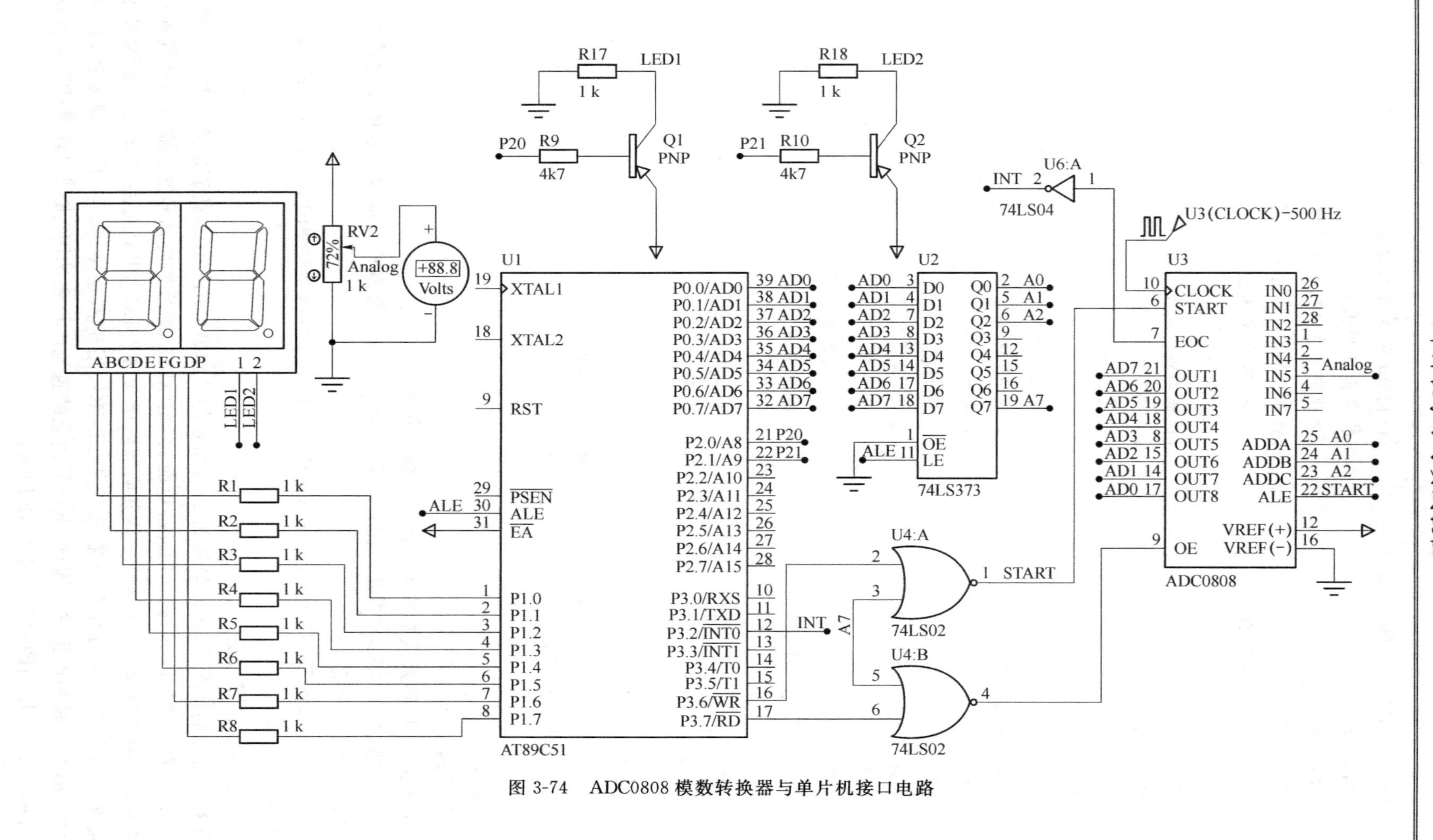

图 3-74　ADC0808 模数转换器与单片机接口电路

Proteus 元件库中，ADC0809 没有仿真模型，如图 3-75 所示，在【Pick Devices】(挑选元器件)对话框，选择“NATDAC”库的 ADC0809 或 ADC0808 时，其右边器件预览区域会显示“No Simulator Model”，表示没有仿真模型。可选用“ANALOG”库的 ADC0808，它替代 ADC0809 进行仿真。

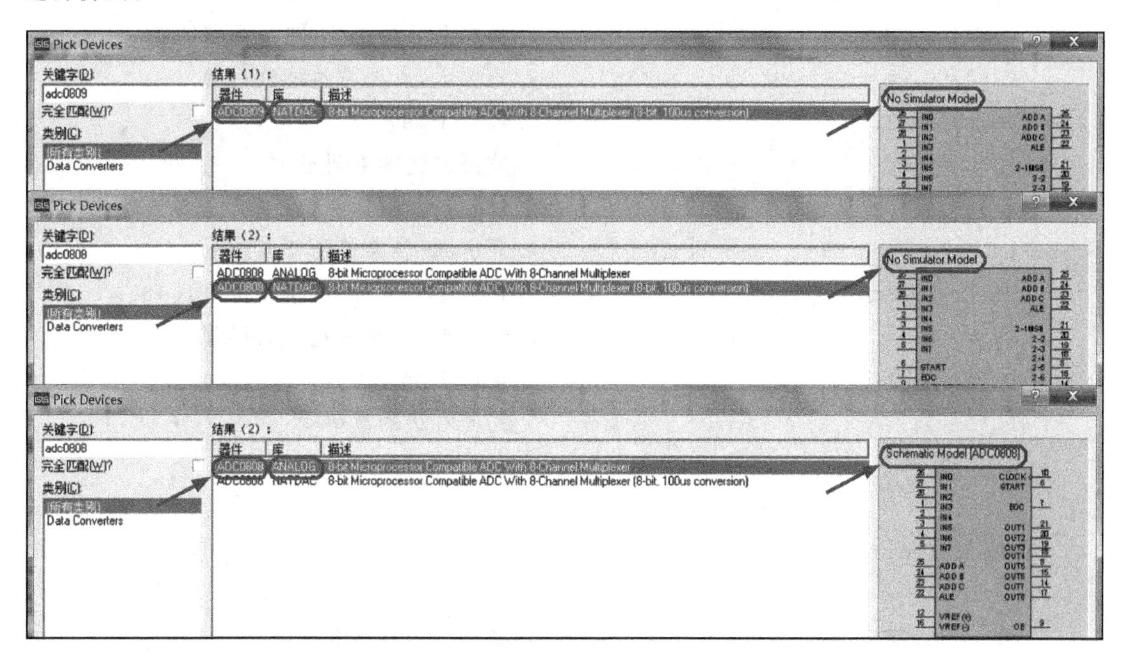

图 3-75　ADC0809 与 ADC0808 的仿真模型

11. ADC0809 参考程序

(1) C51 程序

```
#include <reg51.h>
unsigned char xdata ADC0809 _at_ ____;    //定义启动第 5 通道 AD 转换的地址
unsigned char data  byAdValue;            //AD 转换值
______ P2_0 = P2^0;                       //左边数码管的位选
______ P2_1 = P2^1;                       //右边数码管的位选

//共阳数码管的段选码，显示“0～9、A、b、C、d、E、F”
unsigned char data by7SegTab[16] = {0xC0,0xF9,0xA4,0xB0,0x99,0x92,0x82,0xF8,
                                    0x80,0x90,0x88,0x83,0xC6,0xA1,0x86,0x8E};

void Delay1ms(void)                       //对于 12 MHz 的晶振，实现 1 ms 的延时
{
  unsigned char a,b;
  for(b = 199;b>0;b--)
      for(a = 1;a>0;a--);
}
```

```
void Display(void)
{
    unsigned char byTemp;
    byTemp = byAdValue>>4;                //取出 AD 转换值的高四位
    P1    = by7SegTab[______];            //根据显示值查表,将段选值送 P1 口
    P2_0 = 0;                             //送位选,点亮左边的数码管
    Delay1ms();                           //延时 1 ms
    P2_0 = 1;                             //关闭左边的数码管

    byTemp = ______;                      //取出 AD 转换值的低四位
    P1    = by7SegTab[______];            //根据显示值查表,将段选值送 P1 口
    P2_1 = 0;                             //送位选,点亮右边的数码管
    Delay1ms();                           //延时 1 ms
    P2_1 = 1;                             //关闭右边的数码管
}

void main(void)
{
    SP   = 0x2F;                          //初始化堆栈指针
    ____ = 1;                             //设置外部中断 0 为下降沿触发
    IE   = ______;                        //EA = 1;EX0 = 1;允许外部中断 0 和总中断
    ADC0809 = 0;                          //启动 AD 转换,往 AD0809 写什么不重要,
                                          //重要的是"写"操作
    P2_0 = 1;                             //关闭左边的数码管
    P2_1 = 1;                             //关闭右边的数码管
    for(;;)
    {
        Display();                        //调用显示子程序
    }
}

void Service_Int0(void) interrupt 0      //外部中断 0 的中断服务子程序
{
    byAdValue = ____;                     //读 ADC0809 的转换值
    ADC0809 = 0;                          //启动下一次转换
}
```

(2) 汇编程序

```
        VALUE   EQU   70H       ;保存 AD 转换值的存储单元
        ADADDR EQU ____         ;AD 转换第 5 通道地址
```

```
        ORG   0000H
        SJMP   MAIN
        ORG   0003H                ;INT0中断服务程序入口地址
        SJMP INT0_SERVICE          ;跳转至INT0中断服务程序
        ORG   0030H
MAIN:   MOV   SP,#2FH              ;设置栈底
        SETB  P2.0                 ;关闭左边的数码管
        SETB  P2.1                 ;关闭右边的数码管
        SETB  ____                 ;INT0采用下降沿触发
        SETB  ____                 ;允许INT0的中断
        SETB  ____                 ;总中断允许
        MOV   R0,#ADADDR           ;R0置为05H,准备采集第5通道的模拟电压
        ____ @R0,A                 ;启动AD转换
LOOP:
        ACALL DISPLAY              ;调用显示子程序
        SJMP LOOP

INT0_SERVICE:                      ;INT0中断服务子程序
        ____ A,@R0                 ;读取AD转换值
        MOV   VALUE,A              ;把数据保存在存储单元内
        ____ @R0,A                 ;再次启动AD转换
        RETI                       ;中断返回

DISPLAY:                           ;数码管显示子程序
        MOV   A,VALUE              ;将转换结果送入累加器A
        ANL   A,# ____H            ;将高半字节保留,保留低半字节置0
        ____ A                     ;将累加器A高低四位交换
        MOV   DPTR,#TAB            ;DPTR指向段选码表首
        ____ A,@A+DPTR             ;查表,将待转换的数据转换成数码管的段码
        MOV   P1,A                 ;送段选码至P1口
        CLR   P2.0                 ;左边数码管的位选有效
        ACALL DELAY                ;延迟1 ms
        SETB P2.0                  ;关闭左边的数码管

                                   ;下面的程序显示低半字节
        MOV   A,VALUE              ;将转换结果送入累加器A
        ANL   A,# ____H            ;将高半字节置0,保留低半字节
        MOV   DPTR,#TAB            ;DPTR指向段选码表首
        ____ A,@A+DPTR             ;查表,将待转换的数据转换成数码管的段码
```

```
        MOV  P1,A              ;送段选码至P1口
        CLR  P2.1              ;右边数码管的位选有效
        ACALL DELAY            ;延迟1 ms
        SETB P2.1              ;关闭右边的数码管
        RET                    ;子程序返回

DELAY:                         ;12 MHz晶振,延迟1 ms的子程序
        MOV  R1,#10
DL2:    MOV  R2,#18H
DL1:    NOP
        NOP
        DJNZ R2,DL1
        DJNZ R1,DL2
        RET

TAB:    ;8位共阳数码管显示"0～9、A、b、C、d、E、F"的段选码表
        DB 0C0H,0F9H,0A4H,0B0H,99H,92H,82H,0F8H,80H,90H,88H,83H,0C6H,0A1H,86H,8EH

        END
```

3.2.9 实验9 DAC0832数模转换

1. 实验项目

利用DAC0832,循环输出如图3-76所示的组合波形:2个周期的正弦波、2个周期的锯齿波及2个周期的方波,图3-76中正弦波、锯齿波和方波的周期分别是20 ms、16 ms和24 ms,最小电压均为0,峰值电压分别是5 V、4 V和3 V。

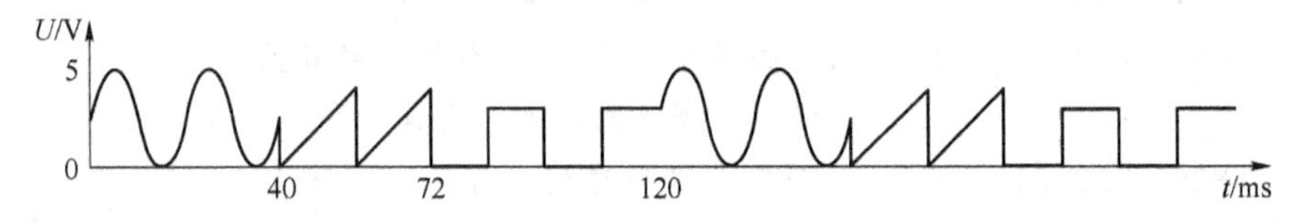

图3-76 输出波形

2. 实验目的

(1) 掌握DAC0832与单片机连接的硬件结构。

(2) 掌握如何用运算放大器将DAC0832输出的电流转换成电压。

(3) 掌握如何输出特定频率、特定电压的常见波形:正弦波、锯齿波和方波。

3. 实验电路

DAC0832与单片机的接口电路如图3-77所示,采用数据输入单缓冲工作方式。DA转换的参考电压V_{REF}使用图3-67电路提供的+5 V电压。第一级运放引入电压并联负反馈,将输出电流I_{OUT1}转换成电压U_{fb},U_{fb}的范围是−5～0 V;第二级运是倍数为−1的反相放大器,其输出电压DA_OUT的范围是0～5 V。

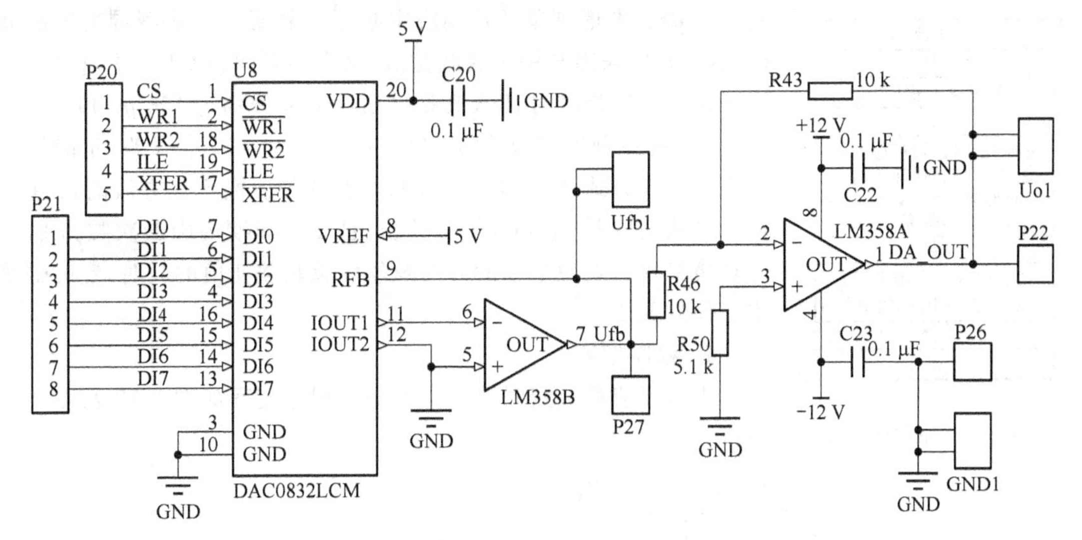

图 3-77　DAC0832 转换接口电路

4. 实验连线

单片机的 P0.7～P0.0 接 DAC0832 的 D7～D0，P2.7 同时接 DAC0832 的 $\overline{CS}$ 和 $\overline{XFER}$，P3.6 同时接 DAC0832 的 $\overline{WR1}$ 和 $\overline{WR2}$，P1.0 接 DAC0832 的 ILE。

5. 实验原理

(1) 输出电压与输入数字量之间的关系

根据 1.8.2 节所述，输出电压与输入数字量之间的关系如式(3-8)、式(3-9)。

$$U_{fb}=-(I_{out1}\times R_{fb})=-V_{REF}(\text{Digital Input})_{10}/256 \tag{3-8}$$

$$U_{DA\_OUT}=-U_{fb}=V_{REF}(\text{Digital Input})_{10}/256 \tag{3-9}$$

输入的数字量为 0 时，$U_{DA\_OUT}=0$；输入的数字量为 255 时，$U_{DA\_OUT}\approx 5$ V。图 3-76 中，正弦波电压最大值是 5 V，应给它输入的最大数字量是 255；锯齿波电压最大值是 4 V，应给它输入的最大数字量是 205；方波电压最大值是 3 V，应给它输入的最大数字量是 154。

(2) 如何产生不同的波形

对于正弦波，其幅值与时间不是线性关系，一般情况下，在存储器中保存码表，采用查表的方法获得 DA 转换对应的数字量，再将该数值进行 DA 转换。本实验中，用 Matlab 软件对正弦波等时间间隔选取 128 个点进行采样，获得波谷对应的数字量是 0，波峰对应的数字量是 127，将表格数据乘以 2 后进行 DA 转换即可。

对于锯齿波，其幅值与时间是线性关系。本实验中，设计一个计数器，让其从 0～205 自加 1，再进行 DA 转换。

方波最简单，发送至 DA 转换器的数字量只有两个，本实验中是 0 和 154。

(3) 如何控制波形的周期/频率

本实验中，正弦波的周期是 20 ms，有 128 个点，每个点进行 DA 转换的时间间隔是 20 ms/128≈156 μs；锯齿波的周期是 16 ms，有 206 个点，每个点进行 DA 转换的时间间隔是 16 ms/206≈78 μs；方波的周期是 24 ms，有 2 个点，每个点进行 DA 转换的时间间隔是 24 ms/2=12 ms。

(4) 如何控制 DA 转换的时间间隔

为了精确控制 DA 转换的时间间隔，使得输出波形频率误差尽量小，建议不要使用延时子程序实现定时，而是用定时器中断。本实验中，单片机的晶振频率 $f_{osc}=12$ MHz，机器周期

$T_{cy}=1\ \mu s$。考虑到单片机响应中断至少需要 3 个机器周期的时间（3 μs），如果采用软件重装载初值，又需要耗时，也要考虑进去。产生正弦波和锯齿波时，DA 转换的时间间隔分别是 156 μs 和 78 μs，1 个周期内中断次数分别为 128 和 206。为了减小误差，定时器可以采用工作方式 2，由硬件自动重装载初值。而产生方波时，DA 转换的时间间隔是 12 ms，相对较长，且 1 个周期内中断次数为 2，可以忽略单片机响应中断的时间及软件重装载初值的耗时，定时器采用工作方式 1。

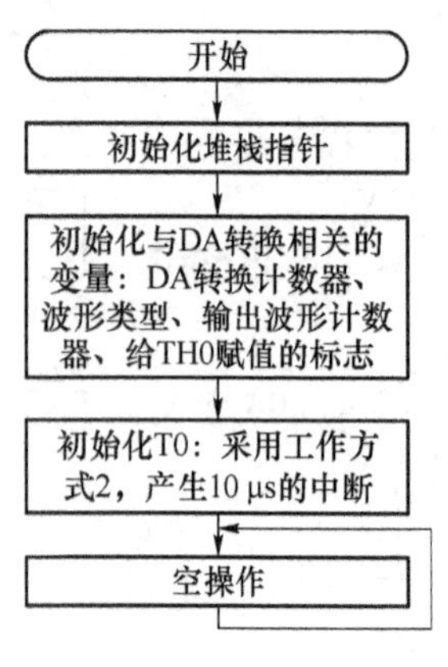

图 3-78　主程序流程

6. 程序框图

主程序流程及定时器 0 中断服务程序流程如图 3-78 及图 3-79 所示。

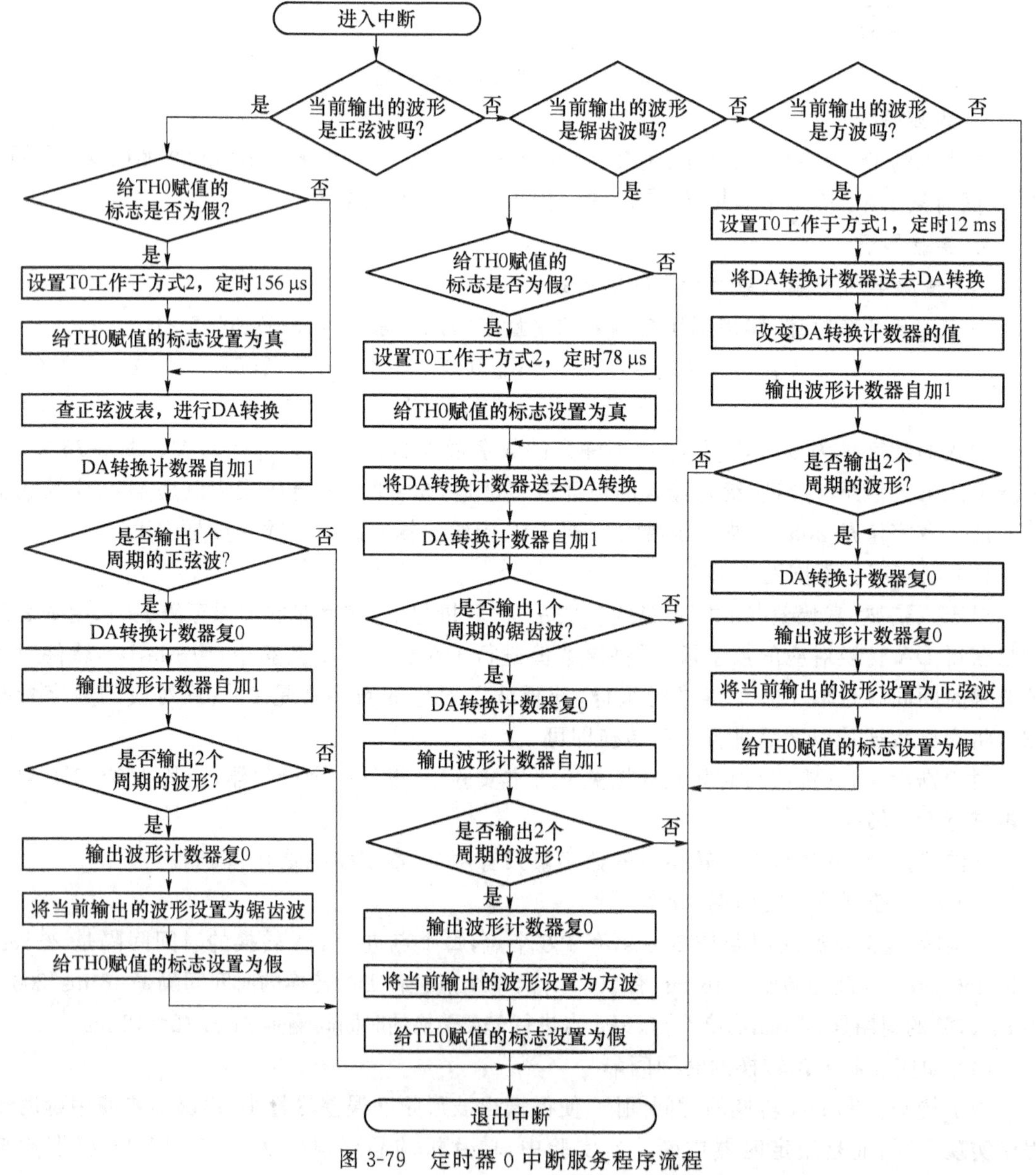

图 3-79　定时器 0 中断服务程序流程

7. 参考程序

```
#include <reg51.h>
#include <absacc.h>                              //使用绝对地址访问存储器

sbit ILE = P1^0;                                 //DA 转换输入数据锁存允许,高有效
unsigned char  code byTemp[23] _at_  0x23;       //使用 SST 单片机硬件仿真,占用串口

#define SINE_WAVE            0                   //宏定义,正弦波
#define SAWTOOTH_WAVE        1                   //宏定义,锯齿波
#define SQUARE_WAVE          2                   //宏定义,方波
#define TRUE                 1                   //宏定义,真
#define FALSE                0                   //宏定义,假
#define DA_PORT              ____                //宏定义,DAC0832 的端口地址

unsigned char data byDaNumber      = 0;          //定义 DA 转换计数器,初始化为 0
unsigned char data byWaveType      = ____;       //定义波形类型,初始化为正弦波
unsigned char data byWaveCounter   = 0;          //定义输出波形计数器,初始化为 0
bit                btSetTH0Flag    = FALSE;      //定义给 TH0 赋值的标志

//正弦波数据表格,共 128 个点,数值为 0~127
unsigned char  code byTable[128] = {64,67,70,73,76,79,82,85,88,91,94,96,99,
102,104,106,109,111,113,115,117,118,120,121,123,124,125,126,126,127,127,127,127,
127,127,127,126,126,125,124,123,121,120,118,117,115,113,111,109,106,104,102,99,
96,94,91,88,85,82,79,76,73,70,67,64,60,57,54,51,48,45,42,39,36,33,31,28,25,23,
21,18,16,14,12,10,9,7,6,4,3,2,1,1,0,0,0,0,0,0,0,1,1,2,3,4,6,7,9,10,12,14,16,18,
21,23,25,28,31,33,36,39,42,45,48,51,54,57,60};

void main(void)
{
  SP   = 0x2F;                    //初始化堆栈指针
  TMOD = 0x02;                    //设置 T0 工作于定时器方式 2
  TH0  = 246;                     //设置定时 10 μs 的重装载初值
  TL0  = TH0;                     //将 TH0 赋值给计数器 TL0
  ____ = 1;                       //启动 T0,10 μs 后产生第一次中断,
                                  //开始输出波形
  ____ = 1;                       //允许 T0 中断
  ____ = 1;                       //允许总中断
```

```
    ____ = 1;                  //DA转换器输入数据锁存允许有效
    for(;;)
    {
      ;                        //主循环,不做任何操作
    }
}

void Timer0Service(void) interrupt ____//T0中断服务程序
{
    switch(byWaveType)                  //判断当前输出的波形类型
    {
      case SINE_WAVE:                   //正弦波
        if(btSetTH0Flag == FALSE)       //判断给TH0赋值的标志是否为假
        { //没有给TH0赋值
          TMOD = ____;                  //设置T0工作于定时方式2
          TH0 = ____;                   //设置定时156 μs的重装载初值
          TL0 = TH0;                    //将TH0赋值给计数器TL0
          btSetTH0Flag = TRUE;          //给TH0赋值的标志设置为真
        }
        XBYTE[DA_PORT] = ____ * byTable[byDaNumber];//查正弦波表,启动DA转换
        byDaNumber ++ ;                 //DA转换计数器自加1
        if(byDaNumber == ____)          //判断是否输出1个周期的正弦波
        { //是
          byDaNumber = 0;               //DA转换计数器复0
          byWaveCounter ++ ;            //输出波形计数器自加1
          if(byWaveCounter == 2)        //判断是否输出2个周期的波形
          { //是
            byWaveCounter = 0;          //输出波形计数器复0
            byWaveType    = ____;       //下次进入T0中断时,输出锯齿波
            btSetTH0Flag  = FALSE;      //给TH0赋值的标志设置为假
          }
        }
        break;
      case SAWTOOTH_WAVE:               //锯齿波
        if(btSetTH0Flag == FALSE)       //判断给TH0赋值的标志是否为假
        { //没有给TH0赋值
          TMOD = ____;                  //设置T0工作于定时方式2
```

```
      TH0 = ____;                       //设置定时 78 μs 的重装载初值
      TL0 = TH0;                        //将 TH0 赋值给计数器 TL0
      btSetTH0Flag = TRUE;              //给 TH0 赋值的标志设置为真
    }
    XBYTE[DA_PORT] = byDaNumber;        //直接将 DA 转换计数器的值进行 DA 转换
    byDaNumber ++ ;                     //DA 转换计数器自加 1
    if(byDaNumber == ____)              //判断是否输出 1 个周期的锯齿波
    { //是
      byDaNumber = 0;                   //DA 转换计数器复 0
      byWaveCounter ++ ;                //输出波形计数器自加 1
      if(byWaveCounter == 2)            //判断是否输出 2 个周期的波形
      { //是
        byWaveCounter = 0;              //输出波形计数器复 0
        byWaveType    = ____;           //下次进入 T0 中断时,输出方波
        btSetTH0Flag  = FALSE;          //给 TH0 赋值的标志设置为假
      }
    }
    break;
  case SQUARE_WAVE:                     //方波
    TMOD  = ____;                       //设置 T0 工作于定时方式 1
    TL0   = ____;                       //定时 12 ms,设置 TL0 的计数初值
    TH0   = ____;                       //定时 12 ms,设置 TH0 的计数初值
    XBYTE[DA_PORT] = byDaNumber;        //直接将 DA 转换计数器的值进行 DA 转换
    byDaNumber = ____ - byDaNumber;     //改变 DA 转换计数器的值,若上次产生的电
              //压是 0 V,则下次产生 3 V;若上次产生的电压是 3 V,则下次产生 0 V
    byWaveCounter ++ ;                  //输出波形计数器自加 1
    if(byWaveCounter == 4)              //判断是否输出 2 个周期的波形,方波只要
                                        //进行 4 次 DA 转换
    {
      byDaNumber    = 0;                //DA 转换计数器复 0
      byWaveCounter = 0;                //输出波形计数器复 0
      byWaveType    = ____;             //下次进入 T0 中断时,输出正弦波
      btSetTH0Flag  = FALSE;            //给 TH0 赋值的标志设置为假
    }
    break;
  default:                              //默认,从头开始,产生方波
    byDaNumber     = 0;                 //DA 转换计数器复 0
    byWaveCounter  = 0;                 //输出波形计数器复 0
```

```
        byWaveType    = SINE_WAVE;        //下次进入 T0 中断时，输出正弦波
        btSetTH0Flag  = FALSE;            //给 TH0 赋值的标志设置为假
        break;
    }
}
```

8. 思考题

(1) 如果改用 P2.6 代替 P2.7 同时接 DAC0832 的 $\overline{CS}$ 和 $\overline{XFER}$，DA 转换的端口地址应该是多少？

(2) 如果想产生更高频率的正弦波，不改变硬件，只改动程序，有哪些方法？正弦波的频率能无限制提高吗，为什么？

9. Proteus 仿真方法

没有实验箱的情况下，可以采用图 3-80 所示的 Proteus 仿真电路，替代上述电路图。图 3-80 中的示波器，在工具栏【虚拟仪器模式】(Virtual Instrument Mode)里面，选用 OSCILLOSCOPE。运算放大器用到的电源，在工具栏【激励源模式】(Generator Mode)里面，选用 DC(直流电压源)，双击编辑其属性，将“激励源名称”分别改为“12 V”和“－12 V”，“Voltage”分别改为 12 和－12。为了使电路图整齐、简洁，少点错综复杂的连线，图 3-80 所示的 D0～D7、ILE、DC12V、DC-12 V 是标号，采用工具栏【连线标号模式】(Wire Label Mode)设置。

3.2.10 实验 10 1602 液晶与蜂鸣器

1. 实验项目

单片机初始化后，如图 3-81(a)所示，1602 液晶显示两行字符“welcome to”和“www.jyumcu.com”。3 秒钟后进入稳定运行状态，如图 3-81(b)所示，1602 字符液晶显示 8 个自锁开关 SW0～SW7 的通断状态，“0”表示闭合，“1”表示断开。若 SW0 自锁开关闭合，单片机控制无源蜂鸣器发出频率是 500 Hz 的声音；反之，蜂鸣器不发声。

2. 实验目的

(1) 掌握单片机与 1602 字符液晶、无源蜂鸣器连接的硬件电路。

(2) 掌握单片机控制 1602 字符液晶的程序设计方法。

(3) 掌握用单片机控制无源蜂鸣器发出特定频率声音的方法。

3. 实验电路

1602 字符液晶与单片机的接口电路如图 3-82 所示，实验中用 P0 口充当数据总线，连接 1602 液晶的 DB0～DB7；P2.0～P2.2 充当控制总线，连接 1602 液晶的 RS、R/W 和 EN。RS 是寄存器选择引脚，高电平时选择数据寄存器，低电平时选择指令寄存器；RW 是读写信号线，高电平时进行读操作，低电平时进行写操作；EN 是使能端，高电平时读取信息，负跳变时执行指令。

无源蜂鸣器与单片机的接口电路如图 3-83 所示，用单片机的 P2.7 连接 P33 端子，控制 PNP 三极管 Q9 的基极，三极管在电路中起电流放大作用。P33 端子低电平时，蜂鸣器发声，其频率由 P33 端子的信号频率确定。

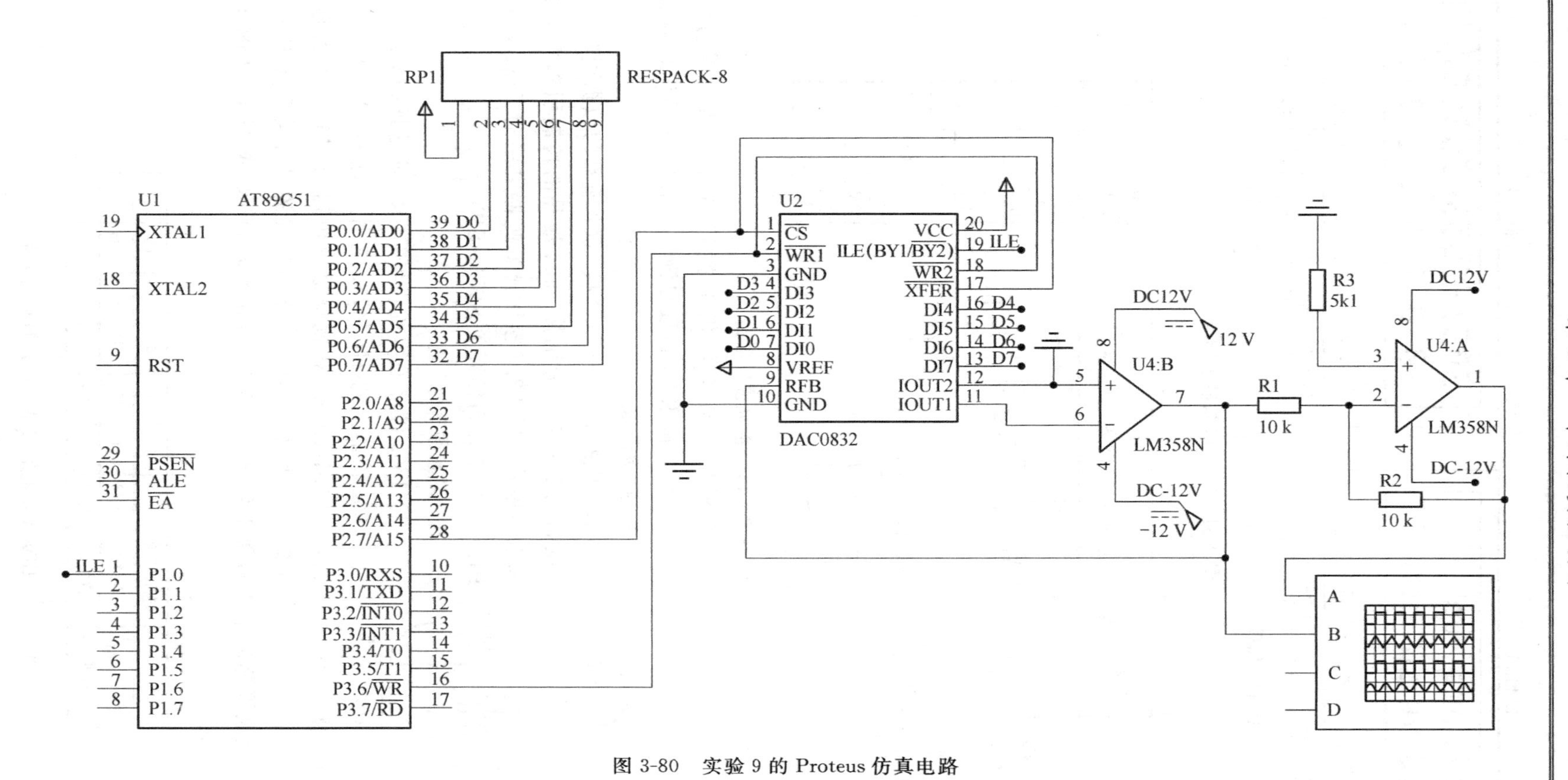

图 3-80　实验 9 的 Proteus 仿真电路

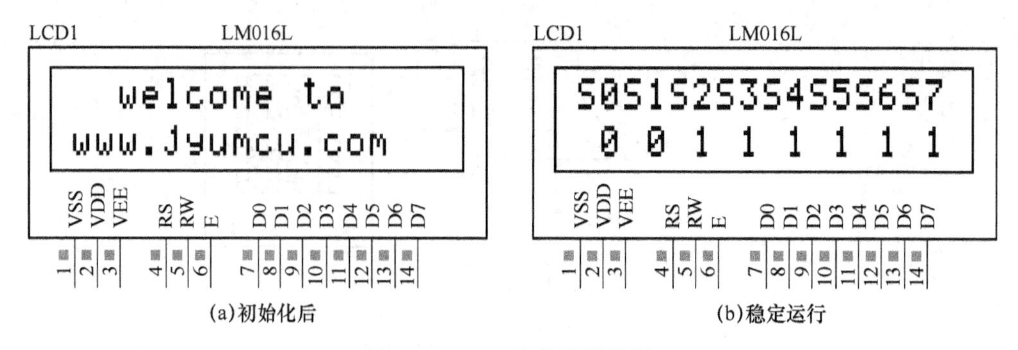

(a)初始化后　　(b)稳定运行

图 3-81　1602 液晶显示结果

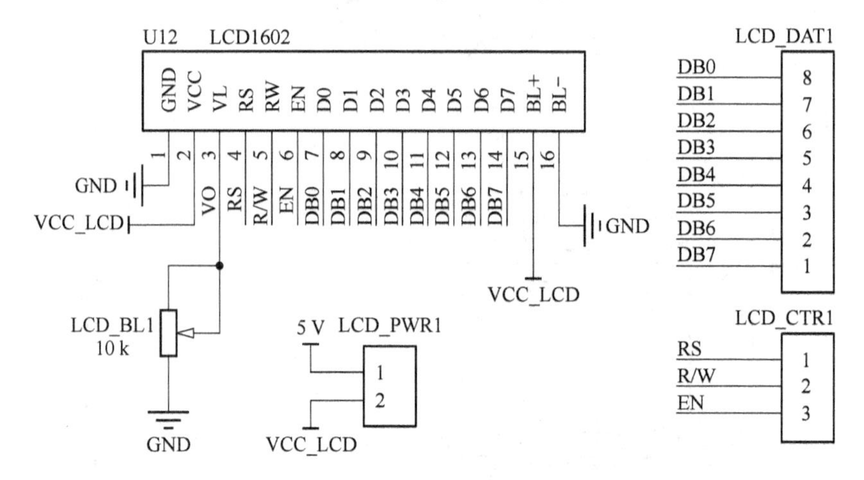

图 3-82　1602 液晶接口电路

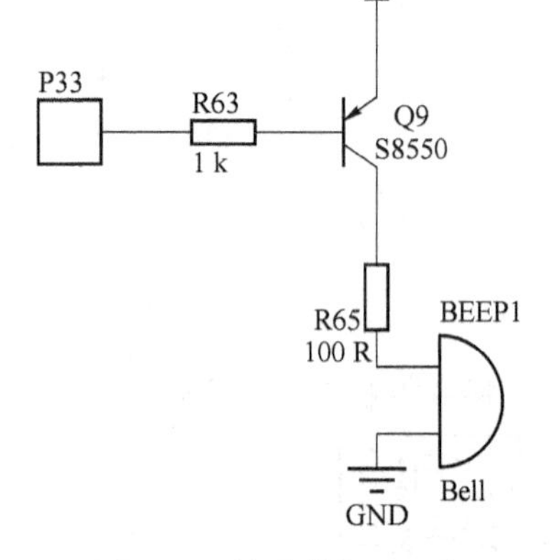

图 3-83　蜂鸣器接口电路

自锁开关与单片机的接口电路请参考实验 2 的图 3-16，单片机用 P1 口读自锁开关 SW0～SW7 的状态。

4. 实验连线

单片机的 P0.7～P0.0 接 1602 液晶的数据引脚 DB7～DB0，P2.2～P2.0 分别接 1602 液晶的控制引脚 EN、R/W 和 RS；单片机的 P2.7 接无源蜂鸣器电路的 P33；单片机的 P1.7～P1.0 接自锁开关 SW7～SW0。

5. 实验原理

(1) 1602 液晶显示位置与 DDRAM 地址的对应关系

1602 液晶上的 HD44780 芯片内置 DDRAM、CGROM 和 CGRAM，DDRAM 就是显示数据 RAM，用来寄存待显示的字符代码，其地址与显示位置的对应关系如图 3-84 所示。想要在 1602 液晶屏幕的第 1 行第 1 列显示字符‘A’，就要向 DDRAM 的 00H 地址写入‘A’的 ASCII 码 61H。

	显示位置	1	2	3	4	…	15	16
DDRAM 地址	第1行	00H	01H	02H	03H	…	0EH	0FH
	第2行	40H	41H	42H	43H	…	4EH	4FH

图 3-84　DDRAM 地址与显示位置的对应关系

（2）1602液晶指令表

1602液晶模块的读写操作、屏幕和光标的操作都是通过指令编程来实现的，1602液晶常用的指令如表3-3所示，1为高电平，0为低电平。

指令1：清显示。指令码01H，光标复位到地址00H位置。

指令2：光标复位。光标返回到地址00H。

指令3：光标和显示模式设置。I/D：光标移动方向，高电平右移，低电平左移。S：屏幕上所有文字是否左移或者右移，高电平表示有效，低电平则无效。

指令4：显示开关控制。D：控制整体显示的开与关，高电平表示开显示，低电平表示关显示。C：控制光标的开与关，高电平表示有光标，低电平表示无光标。B：控制光标是否闪烁，高电平闪烁，低电平不闪烁。

指令5：光标或字符移位。S/C：高电平时移动显示的文字，低电平时移动光标。R/L：高电平右移，低电平左移。

指令6：功能设置命令。DL：高电平时为4位总线，低电平时为8位总线。N：低电平时为单行显示，高电平时双行显示。F：低电平时显示5×7的点阵字符，高电平时显示5×10的点阵字符。

指令7：字符发生器RAM地址设置。

指令8：DDRAM地址设置。

指令9：读忙信号和光标地址。BF：为忙标志位，高电平表示忙，此时模块不能接收命令或者数据，如果为低电平表示不忙。

指令10：写数据。

指令11：读数据。

表3-3　1602液晶指令

序号	指令	运行时间	RS	RW	D7	D6	D5	D4	D3	D2	D1	D0
1	清显示	1.64 ms	0	0	0	0	0	0	0	0	0	1
2	光标返回	1.64 ms	0	0	0	0	0	0	0	0	1	*
3	设置输入模式	40 μs	0	0	0	0	0	0	0	1	I/D	S
4	显示开/关控制	40 μs	0	0	0	0	0	0	1	D	C	B
5	光标或字符移位	40 μs	0	0	0	0	0	1	S/C	R/L	*	*
6	设置功能	40 μs	0	0	0	0	1	DL	N	F	*	*
7	设置字符发生存储器地址	40 μs	0	0	0	1	字符发生存储器地址					
8	设置数据存储器地址	40 μs	0	0	1	显示数据存储器地址						
9	读忙标志或地址	40 μs	0	1	BF	计数器地址						
10	写数到CGRAM或DDRAM	40 μs	1	0	要写的数据内容							
11	从CGRAM或DDRAM读数	40 μs	1	1	要读的数据内容							

（3）关于等待1602液晶空闲的程序代码

在给1602液晶写指令数据或字符数据时，很多程序都会使用死循环语句测试1602液晶是否忙，若忙则继续检测，直到其空闲。这样编写程序有个缺陷，如果1602液晶松动或坏了，单片机P0.7引脚读入的数据可能永远是“1”，程序会在此处陷入死循环，单片机没法继续执行其他程序。本实验程序里面,设计了一个检测液晶是否忙的计数器,每检测一次,该计数器自加 1。若检测了 255 次(大约 5.61 ms),液晶都是忙,或者没有响应,则退出子程序,以便让单片机执行后续其他程序。

※ 单片机读取 DHT11 温湿度传感器数据的子程序,通常采用死循环等待 DHT11 响应信号(80 μs 低电平)结束,再用死循环等待 DHT11 拉高信号(80 μs 高电平)结束,最后才读取 DHT11 传送的数据。从严谨的角度出发,同样可以采用加入计数器的方法,避免因 DHT11 与单片机接口电路硬件故障而使得程序陷入死循环。

(4) 无源蜂鸣器的控制

本实验使用无源蜂鸣器,所谓无源,是指蜂鸣器内部没有激励源,必须加音频驱动信号才能工作。单片机输出的信号通常要加三极管或复合管驱动电路放大,其播放声音的频率由激励源信号决定,可用于播放音乐。有源蜂鸣器与之相反,内部含有激励源集成电路,无须外加音频驱动信号,只需给其提供直流电压它就会响,使用简单方便,但其声响频率固定不变,不能用于播放音乐。

如果想要无源蜂鸣器发出频率为 500 Hz 的音频信号,则要在单片机的 P2.7 引脚送出周期为 2 ms 的方波,即每隔 1 ms 将 P2.7 引脚的电平取反一次。主程序里面,不停地检测 SW0～SW7 的通断状态,若 SW0 自锁开关闭合,则启动 T0(将 TR0 置 1),让其不停地产生 1 ms 的定时中断;反之停止 T0(将 TR0 置 0)。T0 中断服务程序里面,给 TH0 和 TL0 重置初值,同时将 P2.7 引脚的电平取反。

6. 程序框图

主程序、液晶初始化程序、定时器 0 初始化程序、定时器 0 中断服务程序、测试液晶是否忙碌程序、写入字符显示数据到液晶程序及写入指令数据到液晶程序等的流程如图 3-85 至图 3-91 所示。

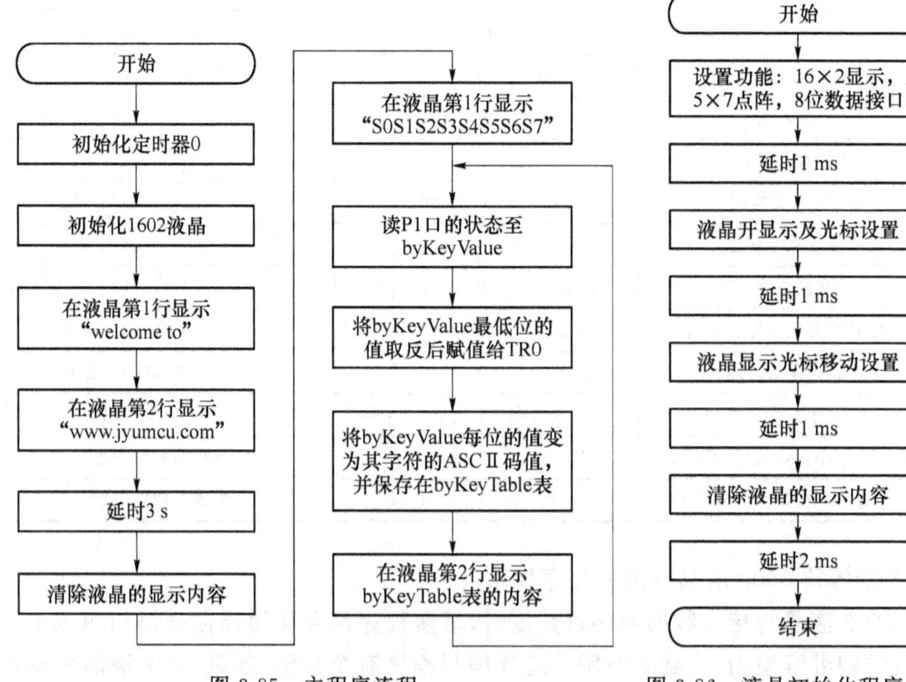

图 3-85　主程序流程　　　图 3-86　液晶初始化程序流程

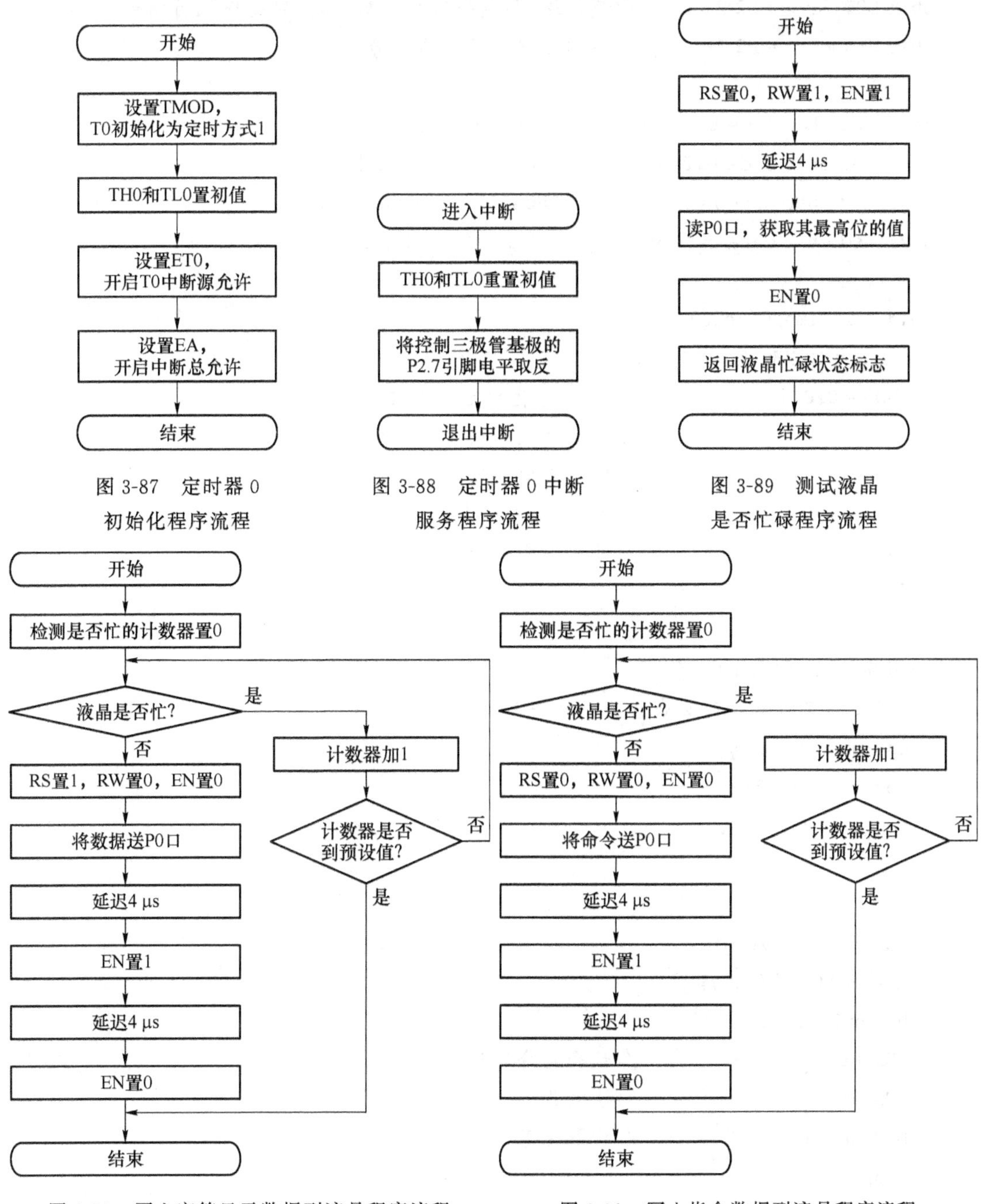

图 3-87　定时器 0 初始化程序流程

图 3-88　定时器 0 中断服务程序流程

图 3-89　测试液晶是否忙碌程序流程

图 3-90　写入字符显示数据到液晶程序流程

图 3-91　写入指令数据到液晶程序流程

7. 参考程序

```
#include <reg51.h>
#include <intrins.h>   //使用本征库函数:空操作,循环移位

sbit LCD_RS   = P2^0;       //寄存器选择,高电平:数据寄存器,低电平:指令寄存器
sbit LCD_RW   = P2^1;       //读写信号线,高电平时进行读操作,低电平时进行写操作
```

```
sbit LCD_EP   = P2^2;       //使能端,高电平时读取信息,负跳变时执行指令
sbit Sounder  = P2^7;       //控制无源蜂鸣器的引脚

unsigned char code byTable0[] = {"  welcome to  "};
unsigned char code byTable1[] = {"www.jyumcu.com"};
unsigned char code byTable2[] = {"S0S1S2S3S4S5S6S7"};
unsigned char data byKeyTable[] = {" 1 1 1 1 1 1 1 1"};

void InitTimer0(void)
{ //fosc = 12 MHz,T0定时1 ms
  TMOD = 0x01;              //T0初始化为定时方式1
  TH0 = ____;               //给TH0置初值
  TL0 = ____;               //给TL0置初值
  ET0 = 1;                  //开启T0中断源允许
  EA = 1;                   //开启中断总允许
}

void Delayms(int z)
{ //fosc = 12 MHz,延时z毫秒的子程序
  unsigned int x,y;
  for(x = z;x>0;x--)
  for(y = 123;y>0;y--);
}

bit LcdTestBusy(void)
{ //测试LCD忙碌状态
  bit btResult;
  LCD_RS = ____;            //选择指令寄存器
  LCD_RW = ____;            //读操作
  LCD_EP = 1;               //读取信息
  _nop_();
  _nop_();
  _nop_();
  _nop_();
  btResult = (bit)(P0&0x80);  //1602液晶的D7~D0中,D7 = 1为忙碌,D7 = 0为空闲
  LCD_EP = 0;               //读完数据,将EN引脚置0
  return btResult;
}
```

```
void LcdWriteCommand(unsigned char byCommand)
{ //写入指令数据到 LCD
  //有两种方法等待数据写入:(1)延时等待;(2)检测忙信号,一般采用后者
  //若 LCD 处于忙碌状态,则再次检测。若检测次数达到 255 次,则不再检测,退出子程序
  unsigned char data  byCounter = 0;  //检测液晶是否忙的计数器
  while(LcdTestBusy())
  {
    byCounter ++ ;
    if(byCounter == 255)
    { //等待大概 5.61 ms,1602 液晶一直忙,或者没有响应
      return ;             //退出子程序
    }
  }
  //液晶空闲,开始执行后续指令
  LCD_RS = ______;         //选择指令寄存器
  LCD_RW = ______;         //写操作
  LCD_EP = 0;
  P0 = byCommand;          //在 EN 置 1 前,将要写的命令送单片机 P0 口
  _nop_();
  _nop_();
  _nop_();
  _nop_();
  LCD_EP = 1;              //负跳变时执行指令,EN 先置高
  _nop_();
  _nop_();
  _nop_();
  _nop_();
  LCD_EP = 0;              //负跳变时执行指令,EN 后置低
}

void LcdSetPosition(unsigned char byPosition)
{ //设定显示位置,请参考设定 DDRAM 地址指令
  LcdWriteCommand(byPosition|0x80);//DB7 必须为 1,DB6～DB0 为地址(7 位)
}

void LcdWriteData(unsigned char byData)
{ //写入字符显示数据到 LCD
  //有两种方法等待数据写入:(1)延时等待;(2)检测忙信号,一般采用后者
  //若 LCD 处于忙碌状态,则再次检测。若检测次数达到 255 次,则不再检测,退出子程序
```

```
    unsigned char data  byCounter = 0;  //检测液晶是否忙的计数器
    while(LcdTestBusy())
    {
        byCounter ++ ;
        if(byCounter == 255)
        { //等待大概 5.61 ms,1602 液晶一直忙,或者没有响应
            return ;                //退出子程序
        }
    }
    //液晶空闲,开始执行后续指令
    LCD_RS = ____;              //选择数据寄存器
    LCD_RW = ____;              //写操作
    LCD_EP = 0;
    P0 = byData;                //在 EN 置 1 前,将要写的数据送单片机 P0 口
    _nop_();
    _nop_();
    _nop_();
    _nop_();
    LCD_EP = 1;                 //负跳变时执行指令,EN 先置高
    _nop_();
    _nop_();
    _nop_();
    _nop_();
    LCD_EP = 0;                 //负跳变时执行指令,EN 后置低
}

void LcdInit(void)
{                               //LCD 初始化设定
    LcdWriteCommand(______); //16x2 显示,5x7 点阵,8 位数据接口
    Delayms(1);
    LcdWriteCommand(0x0c); //LCD 开显示及光标设置(光标不闪烁,不显示'-')
    Delayms(1);
    LcdWriteCommand(0x06); //LCD 显示光标移动设置(光标地址指针加 1,整屏显示不移动)
    Delayms(1);
    LcdWriteCommand(____);   //清除 LCD 的显示内容
    Delayms(2);
}

void main(void)
```

```
{
  unsigned char data i,byKeyValue;

  InitTimer0();             //初始化 T0
  LcdInit();                //初始化 LCD

  LcdSetPosition(0);        //设置显示位置为第 1 行的第 1 个字符
  i = 0;
  while(byTable0[i]! = '\0')
  { //将 byTable0 表格的数据送到 1602 液晶第 1 行去显示
    LcdWriteData(byTable0[i]);
    i ++ ;
    Delayms(1);             //控制两字符之间显示速度
  }
  LcdSetPosition(0x40);  //设置显示位置为第 2 行第 1 个字符
  i = 0;
  while(byTable1[i]! = '\0')
  { //将 byTable1 表格的数据送到 1602 液晶第 2 行去显示
    LcdWriteData(byTable1[i]);
    i ++ ;
    Delayms(1);             //控制两字符之间显示速度
  }

  Delayms(3000);            //停留 3 s

  LcdWriteCommand(______); //清除 LCD 的显示内容

  LcdSetPosition(0);        //设置显示位置为第 1 行的第 1 个字符
  i = 0;
  while(byTable2[i]! = '\0')
  { //将 byTable2 表格的数据送到 1602 液晶第 1 行去显示
    LcdWriteData(byTable2[i]);
    i ++ ;
    Delayms(1);             //控制两字符之间显示速度
  }

  while(1)
  {
    P1 = 0xFF;              //读引脚之前,往锁存器写"1"
```

```
    byKeyValue = P1;        //读 P1 口
    //若 SW0 按下,byKeyValue 最低位是 0,取反后为 1,(TR0) = 1,启动 T0
    //若 SW0 弹起,byKeyValue 最低位是 1,取反后为 0,(TR0) = 0,停止 T0
    ____ = ~(bit)(byKeyValue&0x01);

    for(i = 0;i<8;i++)
    { //将 byKeyValue 每位的值变为其字符的 ASCII 码值,'0' -- 0x30,'1' -- 0x31
      byKeyTable[2 * i + 1] = ____ + (byKeyValue&0x01);
      byKeyValue = _cror_(byKeyValue,1);//循环右移一位
    }

    LcdSetPosition(0x40);                //设置显示位置为第 2 行第 1 个字符
    i = 0;
    while(byKeyTable[i]! = '\0')
    { //将 byKeyTable 表格的数据送到 1602 液晶第 2 行去显示
      LcdWriteData(byKeyTable[i]);       //显示键值
      i++;
      Delayms(1);                        //控制两字符之间显示速度
    }
  }
}

void Timer0Interrupt(void) interrupt ___     //T0 中断服务子程序
{
  TL0 = ____;                                //TL0 重置计数初值
  TH0 = ____;                                //TH0 重置计数初值
  Sounder = ____;                            //每隔 1 ms 将 P2.7 电平取反一次
}
```

8. 思考题

(1) 给液晶写字符数据的子程序 LcdWriteData()与写指令数据的子程序 LcdWriteCommand()有很多代码是相似或重复的,请问可以将这两个子程序合并为一个吗?如果可以,应如何修改?

(2) 若将 P1 口接的 8 个自锁开关 SW0~SW7 替换成轻触开关,其余电路保持不变,当按下 P1.1~P1.7 连接的 7 个按键时,蜂鸣器发出音符 1~7 的声音:Do、Ra、Mi、Fa、So、La、Si,发声的长度由对应按键被按下的时间决定。请问程序应该如何改动?要求回答出修改的思路,不必给出具体代码。

9. Proteus 仿真方法

没有实验箱的情况下,可以采用图 3-92 所示的 Proteus 仿真电路,替代上述电路图。Proteus 软件里面,本实验选用无源蜂鸣器 Sounder,不要选用有源蜂鸣器 Buzzer;两种蜂鸣器均可通过计算机的声卡发声。

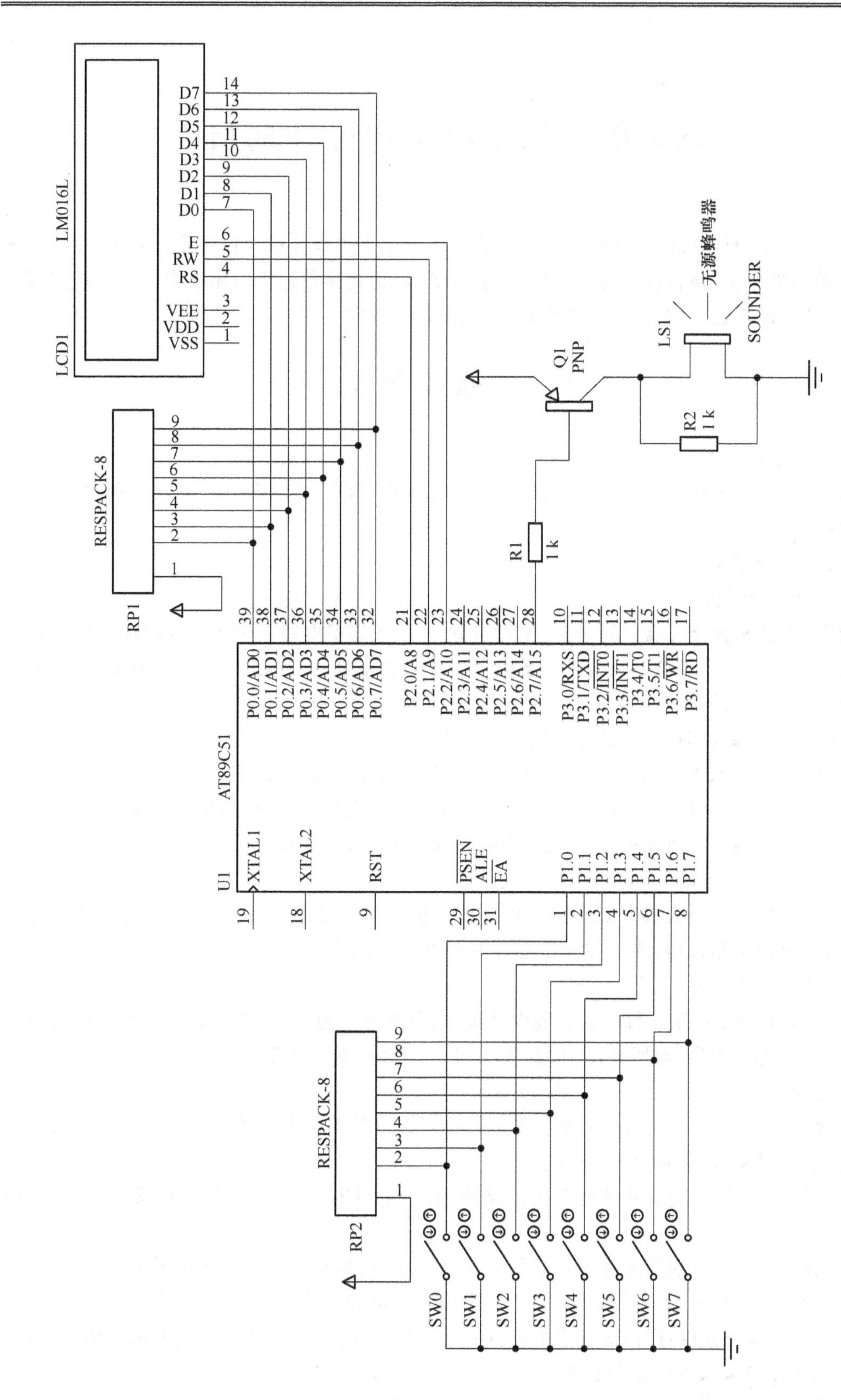

图 3-92　实验 10 的 Proteus 仿真电路

第4章　单片机课程设计项目

单片机课程设计是理论教学的延伸，目的是让学生自主设计单片机软硬件系统，完成实物调测，实验结果分析，报告撰写，实物演示与答辩等，从而提高单片机应用能力，增强综合素质。本章给出6个课程设计题目，可供学生选做，或由教师指定。

4.1　课程设计要求

1. 完成方式

由本人独立完成单片机软硬件设计(贵重的元器件可以多人共享)，严禁代工和抄袭，严禁到网络购置、定制作品。

2. 应完成的工作

(1) 硬件电路设计

允许用万能板焊接元器件及电路，也可自制PCB板或找电路板生产企业制板。制作PCB板的，必须在电路板上用铺铜或者丝印层标示出本人的班级、座号和姓名；使用万能板的，则用焊锡标示。

① PCB板严禁自动布线，必须采用手工布线；

② 自制PCB板的，建议选用环氧树脂覆铜板，不要选用玻纤覆铜板；

③ PCB板布线时走线尽量宽一些，线与线的间距适当加大，在空间允许的情况下，焊盘和过孔的尺寸大一些。有可能的话，尽量采用贴片元器件，布单面板。

(2)软件设计

可自行选择汇编语言或者C51语言设计单片机程序。发挥项目里面，若自行设计了计算机或者智能手机应用程序，要求在程序上有本人的班级、座号和姓名。

(3) 课程设计报告

提交一份用A4纸双面打印的课程设计报告，总页数不超过20页(即10张纸)；报告应至少包含下述六部分内容，对所有图片、表格，在正文中都要有文字介绍。

① 题目。

② 摘要及关键字：摘要长度控制在200～300字，介绍系统实现的功能、方法，设计制作原理、途径、实验结果等；关键字3～5个。

③ 硬件电路设计：包含系统框图及电路原理图，电路图要求清晰可见，但又不要过大，以致超出页边距。

④ 软件设计：包含程序流程图及全部源程序清单，如果有自行设计的计算机或手机APP软件，也要提供其程序代码；若代码太长，可把字体、行间距等调小，或者将代码双栏排版。

⑤ 实验结果及分析：提供运行中的硬件实物照片，自行设计的计算机或手机APP软件照片，测量的数据结果及其误差分析等。

⑥ 总结：对课程设计工作进行回顾，谈自己的感受，不超过500字。

3. 检查及评分标准

每人单独在规定时间将设计制作的软硬件及撰写的报告交给老师检查，现场演示作品，并回答老师的提问。测评项目包含表4-1所示的6项，满分为100分。

下文的所有课程设计任务，必做项目是选择该题时一定要完成的；发挥项目可选做，完成发挥项目后有加分(最多加至总评成绩为100分)。单片机采用Small RTOS51或者μC/OS-II操作系统者，总评成绩加4分。其他加分项见各项目，如有其他未提及的自制功能，任课教师根据其难易程度酌情给分。

表4-1 测评项目及分值

序号	项目	分值	序号	项目	分值
1	技术含量与工作量	35	4	答辩情况	20
2	演示效果	20	5	报告内容与格式	15
3	制作工艺	10			

4.2 课程设计项目

4.2.1 项目1 环境温湿度监测系统

1. 任务描述

(1) 必做项目及其技术指标

① 采集环境的温湿度

温度测量范围是0～100 ℃，在整个范围内测量精度不低于±2 ℃；湿度测量范围是20%～90%RH，测量精度不低于±5.0% RH。

② 数据显示

用液晶或数码管同时显示温湿度数据，建议选用1602字符液晶、12864中文字符液晶或OLED12864显示器中的一种。

③ 数据通信

通过串口将采集到的数据每隔1 s发送一次到计算机，由计算机显示数据。

④ 报警功能

当测得的温度或者湿度超过预设的报警门限时，蜂鸣器报警。

⑤ 报警门限的设置

加若干个独立按键，用于设置报警的门限值；也可加红外接收头，用万能遥控器设置报警的门限值。

(2) 发挥项目

① 选用带EEPROM存储器的单片机或增加EEPROM芯片，可将报警门限值保存在EEPROM，以使得断电后再次上电时，报警门限值还是上次断电前改动的值。完成此项目者，总评成绩加1分。

② 在计算机中用易语言、LabVIEW、VB或者其他软件自行设计程序，直观显示测量的温湿度数据。完成此项目者，总评成绩加4分。

③ 增加串口蓝牙模块(如 HC-05、HC-06)或串口 Wi-Fi 模块(如 ESP8266),将测量数据通过串口发送给无线模块,并通过无线模块发送给智能手机,在智能手机用 APP 软件显示监测的温湿度数据。提示:可选用 STC12C5A60S2 单片机,它有 2 个串口,可以用串口 1 跟计算机通信,串口 2 跟无线模块通信。完成此项目者,若智能手机软件是自己设计的,总评成绩加 5 分;若智能手机软件不是自己设计的,总评成绩加 2 分。

2. 参考方案

设计方案如图 4-1 所示,加阴影的模块为发挥项目。传感器可采用 Dallas 公司的单总线数字温度传感器 DS18B20,奥松公司的单总线数字温湿度传感器 DHT11。DS18B20 的温度测量范围是 −55～125 ℃,在 −10～85 ℃精度达 ±0.5 ℃,而在整个温度测量范围内具有 ±2 ℃的测量精度。DHT11 的湿度测量范围是 20%～90%RH,测量精度为 ±5.0%RH;温度测量范围是 0～50 ℃,精度是 ±2 ℃。如果单独使用 DHT11,测量湿度可以满足指标要求,但测量温度没法满足指标要求。也可以将 DS18B20 和 DHT11 合二为一,选用瑞士 Sensirion 公司推出的 SHT11 或其他系列的温湿度传感器。图 4-1 中的 MAX232 电平转换器,也可以用 USB 转 TTL 串口芯片 CH340 替代。

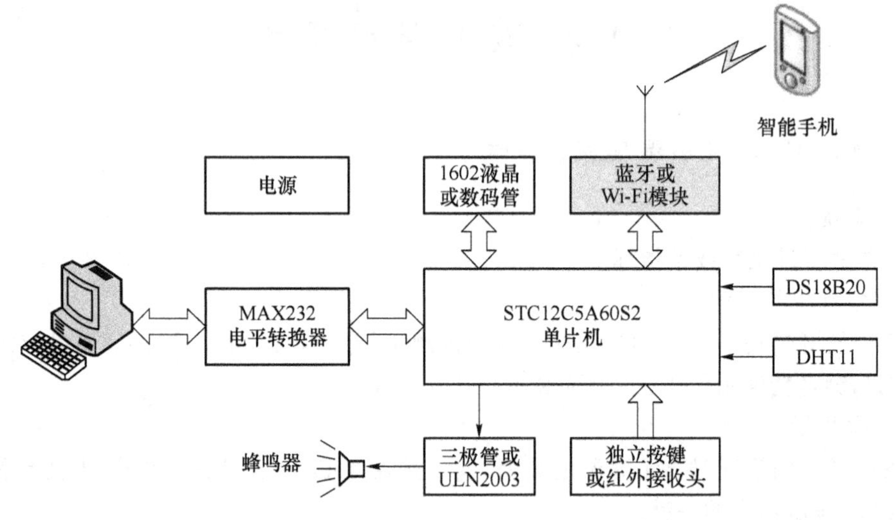

图 4-1　参考设计方案

不同型号的单片机,正常工作模式下 I/O 口带负载能力不同。5 V 蜂鸣器工作电流一般为 20 mA,由于工作电流比较大,以致单片机的 I/O 口无法直接驱动(但 AVR 单片机可以驱动小功率蜂鸣器),所以要利用放大电路,一般使用三极管放大电流。图 4-2 中三极管还起开关作用,基极电阻要保证三极管在饱和导通的情况下电流不能太大,蜂鸣器多接在集电极。对于 NPN 三极管,单片机 I/O 输出高电平时,蜂鸣器发声,PNP 三极管与之相反。

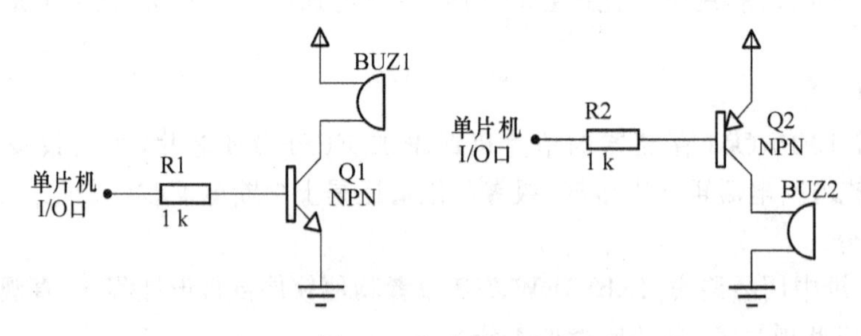

图 4-2　蜂鸣器电路

3. 串口通信协议

单片机与计算机串行通信的波特率为 9600 bit/s,8 位数据位,1 位停止位,无奇偶校验。单片机发送给计算机的温湿度只要求是整数值,小数点可以不发送;发送时温度在前,湿度在后。例如,温度为 32 ℃,湿度为 70%,则先后发送十六进制数 0x20(20H)和 0x46(46H)。计算机端的串口通信软件允许使用串口调试助手。

4.2.2　项目 2　八通道精密电压数据采集器

1. 任务描述

(1)必做项目及其技术指标

① 模数转换参数

模拟量通道数为 8,分辨率为 12 位,模拟电压输入范围为 0～5 V。

② 数据显示

使用 1602 字符液晶、12864 中文字符液晶或 OLED12864 显示器中的一种,同时显示 8 个通道的转换结果。如果用 1602 液晶,则一行显示 4 个通道,每个通道用 3 位 16 进制数显示,两个通道的显示结果间加一个空字符;也可每次显示 4 个通道,延时一段时间后再显示另外 4 个通道。

③ 数据通信

采集到的数据通过串口发送给计算机,由计算机显示数据。计算机与数据采集系统(下位机)通信方式:串口通信,主从通信方式,上位机为主机,下位机为从机。由上位机发起通信,下位机响应,将采集到的 8 路数据一并发送给计算机。

(2) 发挥项目

① 增加蜂鸣器报警系统,当预设的某个通道(例如第 1 通道)模拟电压超过预定值(如 3.00 V)时,蜂鸣器报警。完成此项目者,总评成绩加 1 分。

② 增加几个简易按键或红外接收头,用于设置报警的通道和门限电压。完成此项目者,总评成绩加 2 分。

③ 选用带 EEPROM 存储器的单片机或增加 EEPROM 芯片,将报警通道及报警门限电压保存在 EEPROM,以使得断电后再上电时,报警通道及报警门限值还是上次改动的值。完成此项目者,总评成绩加 1 分。

④ 增加步进电机或者直流电机,当预设的某个通道(例如第 1 通道)模拟电压超过预定值(如 3.00 V)时,电机会转动;且超过的电压值越多,电机转速越快。完成此项目者,总评成绩加 2 分。

⑤ 在计算机中用易语言、LabVIEW、VB 或者其他软件自行设计程序,直观显示各通道数据。完成此项目者,总评成绩加 4 分。

⑥ 增加串口蓝牙模块(如 HC-05、HC-06)或串口 Wi-Fi 模块(如 ESP8266),将测量数据通过串口发送给无线模块,并通过无线模块发送给智能手机,在智能手机用 APP 软件显示测量数据。完成此项目者,若智能手机软件是自己设计的,总评成绩加 5 分;若智能手机软件不是自己设计的,总评成绩加 2 分。

2. 参考方案

设计方案如图 4-3 所示,加阴影的模块为发挥项目。

图 4-3 所示方案采用 ICL7109 模数转换器,它只有 1 个模拟电压输入端,为了能够转换 8

路模拟信号，采用 Maxim 公司生产的高精度、8 通道、高性能、CMOS 模拟多路复用器 MAX308，它在单片机的控制下，任意时刻选通其中一路模拟信号送入 ICL7109 进行模数转换，并将结果保存在单片机的 RAM 中。当 8 路模拟信号全部转换完毕，单片机将转换的数字量通过串口发送到计算中，并在 1602 字符液晶中显示。

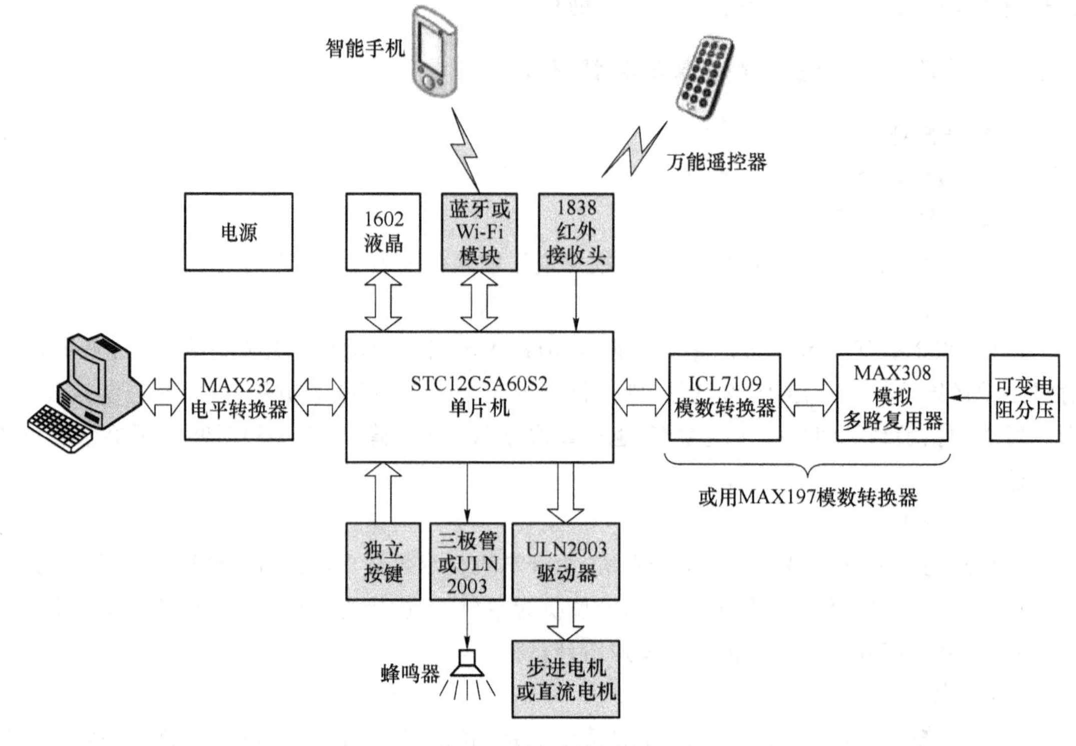

图 4-3　参考设计方案

此方案也可采用 MAX197 模数转换器替代 ICL7109 和 MAX308。MAX197 是 Maxim 公司推出的具有 12 位测量精度的高速 A/D 转换器，只需单一电源供电，且转换时间很短（6 μs），具有 8 路输入通道，还提供标准的并行接口——8 位三态数据 I/O 口，可以和大部分单片机直接连接，使用方便。

图 4-3 中，可变电阻分压模块允许只做一个，用精密多圈电位器对＋5 V 的电源进行分压，测试时用杜邦线将其输出连接至 8 个模拟电压输入端中的任意一个。图 4-3 中的 MAX232 电平转换器，也可以用 USB 转 TTL 串口芯片 CH340 替代。

3. 串口通信协议

单片机与计算机串行通信的波特率为 9600 bit/s，8 位数据位，1 位停止位，无奇偶校验。主从通信方式，计算机为主机，单片机为从机。主机发送命令：AAH（十六进制数）。从机回复如图 4-4 所示格式的数据。单片机回复的数据，第 0 通道在前，第 7 通道在后；每一通道的数据，高 4 位在前，低 8 位在后。计算机端的串口通信软件允许使用串口调试助手。

CH0高4位	CH0低8位	CH1高4位	CH1低8位	…	CH7高4位	CH7低8位

图 4-4　数据帧格式

4. 单片机软件设计应考虑的特殊问题

单片机应考虑在 RAM 中开辟两个数据区，数据区 A 用于即时存放转换的 8 个通道的数据，数据区 B 用于存放发送到上位计算机的数据。为了保证数据的统一，当单片机将 8 个通道的模拟量全部转换完毕后(转换的数据已存放在数据区 A)，须先将串口中断关闭，然后将数据区 A 中的数据全部复制到数据区 B，复制完毕后再打开串口中断。这样保证返回到计算机中的数据是完整的。

4.2.3　项目 3　LED 点阵书写显示屏

1. 任务描述

(1) 必做项目及其技术指标

① 设计并制作一个基于 8×8 LED 点阵的书写显示屏，如图 4-5 所示。单片机复位后，显示屏显示“0、1、2、…、9”，每个字停顿 1 s，10 个数字显示完毕，进入正常书写状态。

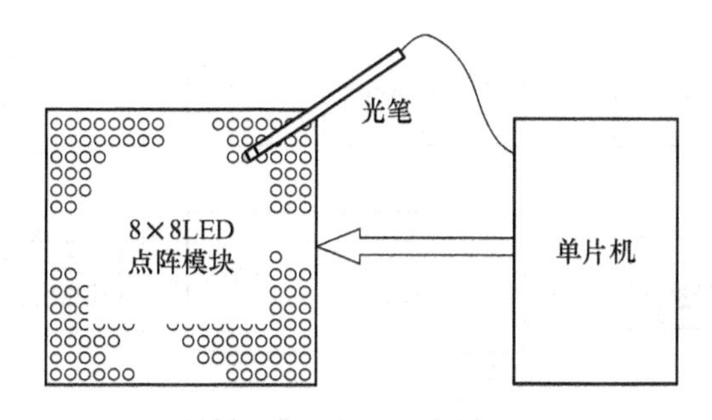

图 4-5　LED 点阵书写显示屏

② 正常书写状态下，LED 点阵显示屏工作在人眼不易觉察的扫描微亮和人眼可见的显示点亮模式。当光笔触及 LED 点阵模块表面时，先由光笔检测触及位置处 LED 点的扫描微亮以获取其行列坐标，再依据功能需求决定该坐标处的 LED 是否点亮至人眼可见的显示状态，从而在屏上实现“点亮、划亮、写字”等书写显示功能。

③ 增加 2 个轻触开关 K1 和 K2，使得操作者可通过按键控制 LED 显示屏。按下 K1，让 LED 显示屏全灭，并处于正常书写状态；按下 K2，让 LED 显示屏全亮，并处于“反显”书写状态。所谓反显，就是光笔触及哪个点，哪个点就熄灭。

④ 计算机可通过串口控制 LED 显示屏。计算机端串口调试助手发送十六进制数 0x01 或 0x02 给单片机时，分别相当于按下 K1 或 K2 键。

(2) 发挥项目

① 将点阵从 8×8 扩展至 16×16 及以上。完成此项目者，总评成绩加 4 分。

② 使用 12864 中文字符液晶或 OLED12864 显示器实时同步显示 8×8 点阵的图案。完成此项目者，总评成绩加 4 分。

③ 选用带 EEPROM 存储器的单片机或增加 EEPROM 芯片，硬件上增加 3 个按键：K3、K4 和 K5。按下 K3，可将当前 LED 显示屏的图案保存在 EEPROM；按下 K4，将 EEPROM 里面保存的全部图案在 LED 显示屏逐一显示，每个图案停顿 1 s；按下 K5，清空 EEPROM 里面保存的全部图案。完成此项目者，总评成绩加 4 分。

④ 自行研发计算机端 VB 或 LabVIEW 程序，由计算机同步显示 8×8 点阵的图案，或由

计算机直接控制 8×8 点阵显示任意字符或图案。完成此项目者，总评成绩加 4 分。

⑤ 增加串口蓝牙模块(如 HC-05、HC-06)或串口 Wi-Fi 模块(如 ESP8266)，设计智能手机 APP 软件，由手机同步显示 8×8 点阵的图案，或用手机控制 8×8 点阵显示任意内容。完成此项目者，总评成绩加 6 分。

2. 参考方案

设计方案如图 4-6 所示，加阴影的模块为发挥项目。光笔头可以使用光敏电阻、光敏二极管(2CU2B)或光敏三极管(3DU5C)检测光亮，建议采用光电流大，响应时间短，且灵敏度非常高的光敏三极管，以检测 LED 点的扫描微亮信号，并将其输出接 74HC14 施密特触发器或 LM393 电压比较器，施密特触发器或电压比较器的输出接单片机外部中断引脚$\overline{\text{INTx}}$。点阵的驱动电路，可以使用三极管；如果点阵数量比较多，单片机 I/O 数量不够时，可以考虑采用多片 74HC595 移位寄存器级联，扩展 I/O 口。图 4-6 中的 MAX232 电平转换器，也可以用 USB 转 TTL 串口芯片 CH340 替代。

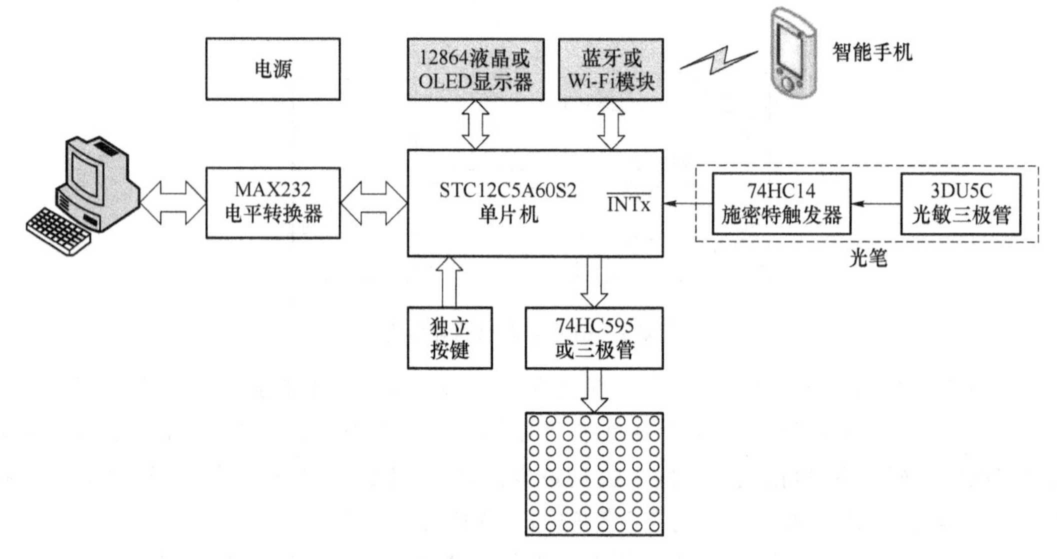

图 4-6 参考设计方案

光笔参考电路如图 4-7 所示，光敏三极管检测到 3DU5C 有光时，其将导通，三极管集电极为低电平，经施密特触发器 74HC14 反相后，输出高电平至单片机外部中断引脚$\overline{\text{INTx}}$；反之，施密特触发器 74HC14 输出低电平。程序中，单片机外部中断$\overline{\text{INTx}}$采用下降沿触发；在书写状态下，若单片机产生外部中断，说明光笔检测到微亮信号。

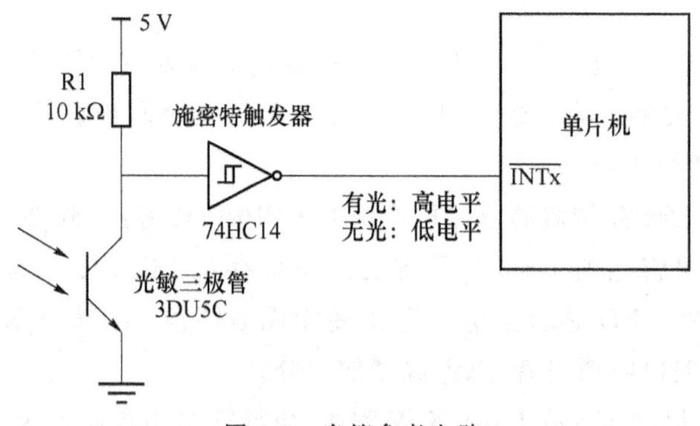

图 4-7 光笔参考电路

4.2.4 项目 4 多功能电子贺卡

1. 任务描述

(1) 必做项目及其技术指标

① 设计并制作一个多功能电子贺卡,要求至少能够显示两幅彩色图片,两幅汉字或者汉字与英文混合的文字祝福语画面。

② 带蜂鸣器或者其他音频输出设备,能够播放至少 3 首伴奏乐曲。

③ 能够通过按键控制电子贺卡显示屏输出的内容及播放的音乐。

④ 能够通过万能红外遥控器控制电子贺卡显示屏输出的内容及播放的音乐。

(2) 发挥项目

① 增加录放模块,让电子贺卡具备录放功能。完成此项目者,总评成绩加 3 分。

② 增加串口蓝牙模块(如 HC-05、HC-06)或串口 Wi-Fi 模块(如 ESP8266),设计智能手机 APP 软件:a. 能够通过手机控制电子贺卡显示屏输出的内容及播放的音乐;b. 能够将手机上选定的歌曲在电子贺卡上播放;c. 能够将手机上选定的图片在电子贺卡上实时显示。完成此项目者,总评成绩加 8 分。

2. 参考方案

设计方案如图 4-8 所示,加阴影的模块为发挥项目。图 4-8 中,单片机通过串口控制 USART HMI 触摸屏显示彩色图片;录音及放音功能的实现,可采用美国 ISD 公司(Information Storage Devices Inc.,后并入 Winbond 公司)生产的 ISD 语音录放芯片,或深圳唯创知音电子有限公司生产的 WTR 系列语音录放芯片。

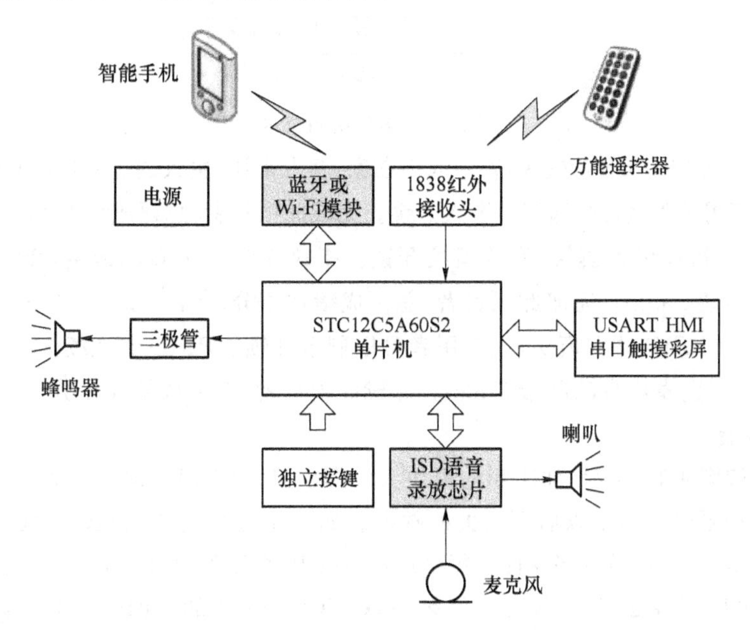

图 4-8 参考设计方案

ISD 芯片采用 CMOS 技术,内含振荡器,话筒前置放大,自动增益控制,防混淆滤波器,扬声器驱动及 Flash 阵列,能存储一定时间的语音信号,可以方便地用单片机控制其录放。一个最小的录放系统仅由一个麦克风、一个喇叭、一个电源、若干个按键及少数电阻电容组成。录音内容存入永久存储单元，提供零功率信息存储，这个独一无二的方法是借助于ISD公司的专利——直接模拟存储技术实现的。该技术可以让语音和音频信号以其原本的模拟形式被直接存储至EEPROM。直接模拟存储允许使用一种单片固体电路方法完成其原本语音的再现，不仅语音质量优胜，而且断电语音保护。

4.2.5 项目5 智能电子密码锁

1. 任务描述

（1）必做项目及其技术指标

① 设计一个电子密码锁，用复合管控制继电器，模拟开锁和闭锁；继电器也可接真正的电子锁。同时加LED灯，LED灯亮代表锁头打开；反之代表锁头闭合。

② 设计一个矩阵键盘，用于输入或更改密码，要求单片机内带EEPROM或外接EEPROM芯片以存储密码。键盘上的按键至少包括以下14个：数字键0～9、退格键、确认键、清零键、修改密码键。修改密码时，要求先输入旧密码，新密码要输入两次。

③ 有防试锁死功能，如果连续5次输入密码错误，蜂鸣器响3 s，数字键自动屏蔽5 min。

④ 用液晶显示用户的操作，密码可以不显示，用*号替代。液晶带背光控制，密码锁闲置，使用者未触及键盘按键时，液晶的背光熄灭；使用者触及键盘按键时，液晶的背光打开；如果使用者持续30 s未触及键盘上的任何按键，液晶的背光熄灭。

（2）发挥项目

① 增加图4-9所示虚位密码技术，不管使用者在正确密码之前、之后加几位数，只要中间有连续正确的密码，就能解锁。完成此项目者，总评成绩加1分。

图4-9 虚位密码技术

② 增加一个GPRS/GSM模块，若主人不在家，客人来访，主人通过手机给GPRS/GSM模块发送短消息或使用APP软件，远程给客人开锁。完成此项目者，总评成绩加4分。

③ 增加一个指纹识别模块，实现指纹开锁。指纹连续5次尝试错误，蜂鸣器响3 s，指纹识别模块自动屏蔽5 min。完成此项目者，总评成绩加4分。

④ 增加一个RFID读卡模块，让使用者可以刷卡开锁。RFID卡连续5次尝试错误，蜂鸣器响3 s，RFID识别模块自动屏蔽5 min。完成此项目者，总评成绩加4分。

2. 参考方案

设计方案如图4-10所示，加阴影的模块为发挥项目。EEPROM可以使用AT24C256等，它用来存储一些须要在掉电以后不丢失的数据。如果使用的是STC12C5A60S2单片机，其内部有1 KB的EEPROM，分两个扇区，每个扇区512 B，在编程时注意，对于一个扇区的数据要一起写进去，即使不改也要重新写。如果STC12C5A60S2的EEPROM不够用，可以使用STC12C5A32S2，其EEPROM大小是28 KB。GPRS/GSM模块可以使用SIM900A，单片机通过串口可以跟该模块通信，远程手机可以通过短消息或者以太网发送控制信息给GPRS/GSM模块。RFID读卡器可以采用RC522，使用者通过S50感应IC卡或S50异形卡快捷地刷卡开门。

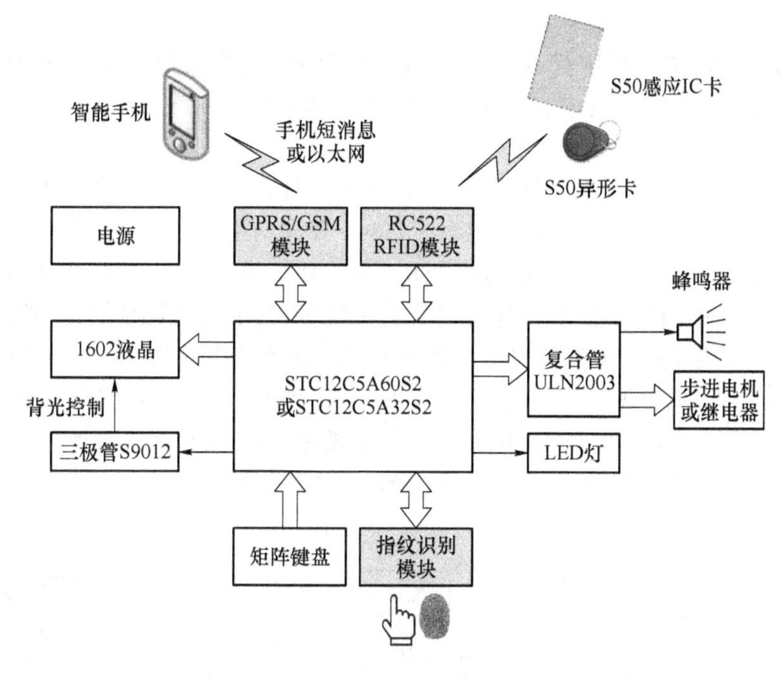

图 4-10　参考设计方案

4.2.6　项目 6　投票系统

1. 任务描述

(1) 必做项目及其技术指标

① 制作 3 个从机，每个从机包含 1 个单片机，4 个轻触按键，绿、黄、红 3 个 LED。4 个轻触按键分别表示：赞成、弃权、反对及确认。按下赞成、弃权和反对键，对应的绿、黄、红 LED 亮；按下确认键，将选项发送给主机。投票者修改选项时，以最后一次按下的按键为准。例如，按下赞成键，绿灯亮，黄灯和红灯都熄灭；再按下弃权键，黄灯亮，绿灯和红灯都熄灭。

② 制作 1 个主机，包含 1 个单片机，2 个轻触按键 K1 和 K2，1 个显示器。主持人按下 K1 表示开始投票，各从机的 3 个 LED 都熄灭，主机显示器倒计时以提示剩余时间。假设每次投票的规定用时为 20 s，投票剩余时间为 10 s 时，主机蜂鸣器发出提示音：响 1 s 停 1 s；计时结束，蜂鸣器持续响 3 s 后停止。主持人也可根据实际情况，按下 K2 键，提前结束投票。结束投票时，显示器显示投票结果：赞成、弃权和发对的票数及所有投票者投了何种类型的票。

③ 主机与从机之间可以使用 RS-232-C 总线、RS-485 总线或其他有线方式进行多机通信，也可以使用无线模块通信。

④ 提交投票结果后，不允许从机修改投票选项。如果投票结束，从机没有发送任何数据，则以弃权论。

(2)发挥项目

① 增加抢答功能，让本系统可以当抢答器使用，主机能够识别并显示哪个从机最先抢答成功。完成此项目者，总评成绩加 2 分。

② 增加评分功能，从机增加矩阵键盘及显示器，可打出 0～100 分(只保留整数)，并将分数发送给主机；主机显示平均分、最高分、最低分及每个从机的打分。完成此项目者，总

评成绩加 4 分。

③ 主机增加与计算机的串行通信接口电路，自行研发计算机端 VB 或 LabVIEW 程序，由计算机同步显示主机显示器的内容。完成此项目者，总评成绩加 5 分。

2. 参考方案

设计方案如图 4-11 所示，加阴影的模块为发挥项目。主机与计算机通信的 MAX232 电平转换器，也可以用 USB 转 TTL 串口芯片 CH340 替代。主机与从机之间，可以使用 RS232 总线或 RS485 总线进行多机通信，也可以使用 nRF24L01 等无线模块替代通信线缆，主机以轮询方式获取各从机的投票信息。若从机数量比较多，为了节约通信时间，单片机可以采用 22.1184 MHz 的晶振，将波特率倍增位设置为 1，此时通信速率最高可以达到 38400 bit/s。如果只有 3～4 个从机，想实现抢答功能，可以使用含 4 个串口的单片机 STC15W4K56S4，主机给每个从机各分配 1 个串口，主机各串口中断都设置为高优先级，主机其他中断都设置为低优先级。主机的 12864 液晶显示器，可以使用 HMI 触摸彩屏替代。

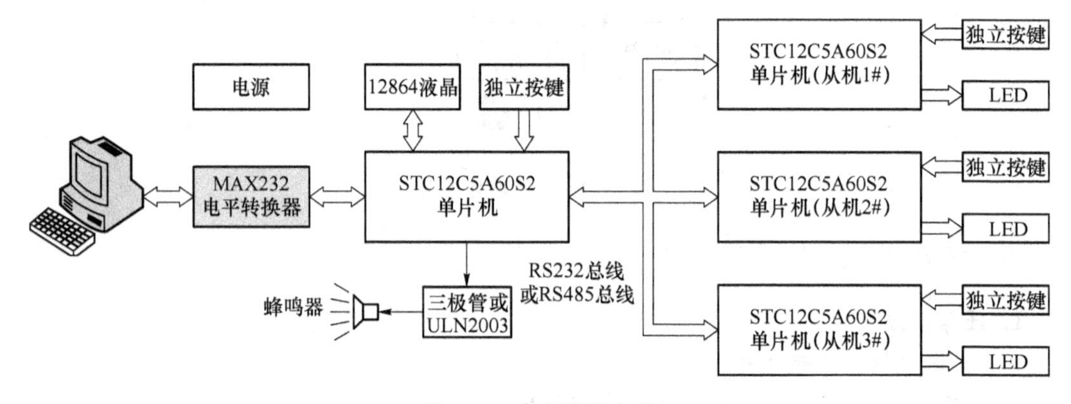

图 4-11 参考设计方案

第5章　单片机期末考试试题与参考答案

5.1　期末试题

单片机期末考试试题(A卷)

一、单项选择题(每题2分,共20分)

1. 单片机复位时,程序计数器PC的值是(　　)。

(A) 0000H　　(B) 0030H　　(C) 4000H　　(D) 4100H

2. AT89S51单片机的片内程序存储器有4 KB,它属于(　　)。

(A) 掩膜ROM　　(B) 可擦除可编程只读存储器(EPROM)

(C) 闪速存储器(Flash ROM)　　(D) 电可擦除可编程只读存储器(EEPROM)

3. 下面指令错误的是(　　)。

(A) MOVC　A,@A+PC　　(B) MOVX　A,@R2

(C) MOV　30H,PSW　　(D) PUSH　DPH

4. 微机中堆栈指针的作用是(　　)。

(A) 指明栈底的位置　　(B) 指明栈顶的位置

(C) 保存操作数的地址　　(D) 保存指令的地址

5. MCS-51单片机要用传送指令访问程序存储器,它的指令操作码助记符是(　　)。

(A) MOV　　(B) MOVX　　(C) MOVC　　(D) MUL

6. 下面指令不属于MCS-51单片机伪指令的是(　　)。

(A) NOP　　(B) DB　　(C) END　　(D) ORG

7. 指令MOV　@R0,30H对源操作数而言,其寻址方式是(　　)。

(A) 直接寻址　　(B) 立即寻址

(C) 寄存器寻址　　(D) 寄存器间接寻址

8. 可擦除可编程只读存储器2764的容量是8KB,它的地址线有(　　)根。

(A) 11　　(B) 12　　(C) 13　　(D) 14

9. 设(SP)=62H,片内RAM区60H至64H的内容如图5-1所示。执行下面指令后,(DPTR)=(　　)。

```
POP   DPH
POP   DPL
POP   ACC
```

(A) 0000H　　(B) 3F30H　　(C) 4A00 H　　(D) 4A3FH

10. 单片机使用 8255A 扩展 I/O 接口电路如图 5-2 所示，则 8255A 控制字寄存器地址是(　　)。

(A) 00H　　(B) 01H　　(C) 02H　　(D) 03H

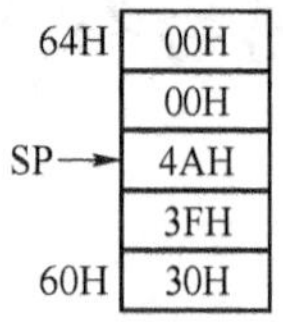

地址	内容
64H	00H
	00H
SP→	4AH
	3FH
60H	30H

图 5-1　堆栈操作示意图

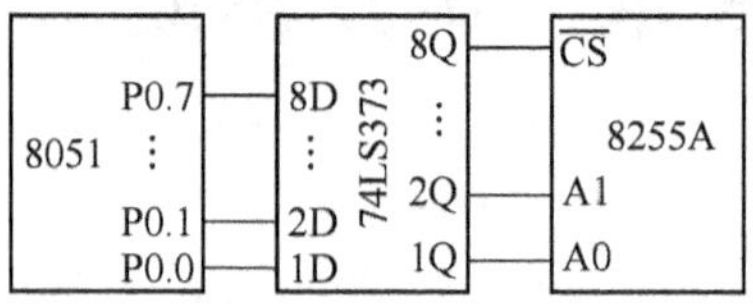

8051: P0.7 ⋮ P0.1 P0.0 — 74LS373: 8D ⋮ 2D 1D / 8Q ⋮ 2Q 1Q — 8255A: $\overline{CS}$ A1 A0

图 5-2　8255 扩展 I/O 口

二、填空题(每空 1 分,共 10 分)

1. 十六进制数 C6H 转换为十进制数的结果是________,二进制数 11011010B 转换为十六进制数的结果是________。

2. MSC-51 单片机中 PC 和 DPTR 都用于提供地址,但 PC 是为访问________存储器提供地址,而 DPTR 是为访问________存储器提供地址。

3. 设执行指令 DIV AB 前,(A)＝0A4H,(B)＝20H,则执行指令后(A)＝________,(B)＝________。

4. 根据数据的传送方向,串行通信可分为单工、半双工和全双工 3 种,MCS-51 单片机串口属于________串行口;若每秒传送 120 个字符,每个字符 10 位,则波特率为__________。

5. LED 数码管的扫描方式有两种,分别是__________和__________。

三、判断题,正确的打√,错误的打×(每题 2 分,共 10 分)

1. MCS-51 单片机的特殊功能寄存器分布在 60H～80H 地址范围内。(　　)

2. 子程序调用指令(如 ACALL、LCALL)及子程序返回指令(如 RET)与堆栈有关,但与 PC 无关。(　　)

3. 单片机系统扩展片外程序存储器或者数据存储器时,常用的选片法有:非门选片法、线选法和译码法等。(　　)

4. 按键消抖措施有多种,从硬件角度考虑,可以通过$\overline{RS}$触发器将按键送出的信号消抖锁存;从软件角度考虑,可以通过调用延时子程序消抖动。(　　)

5. ADC0809 是 8 位模数转换芯片,它有 3 个模拟输入通道,数字输出范围是 00H～FFH。(　　)

四、程序分析(共 20 分)

1. 写出执行下列程序段后相关存储单元或寄存器的值。(本小题每空 2 分,共 4 分)

```
      ORG   0200H
      MOV   R1,#37H
      MOV   A,R1
      MOV   37H,#55H
      CJNE  @R1,#37H,DONE
      MOV   A,37H
      SJMP  EXIT
DONE: MOV   37H,#0AAH
EXIT: SJMP  $
```

执行完毕(A)=________,(37H)=________。

2. 已知(A)=73 H,(R1)=30H,片内 RAM 区(30H)=34H,片外 RAM 区(30H)=A0H,(C)=1。以下语句不是程序段,互不相关,均以上述条件为初值,请写出单片机执行下列指令后的结果。(本小题每空 1 分,共 6 分)

(1) CPL　A　　(A) = ________　　(2) MOVX　A,@R1　　(A) = ________

(3) ADDC A,@R1　　(A) = ________　　(4) RLC　A　　(A) = ________

(5) XCH A,@R1　　片内(30H) = ________　　(6) ORL　A,#0FH　　(A) = ________

3. 改错题。(本小题 10 分)

下面的程序段有 5 个遗误之处,请直接在源程序中指出并改正之。

本程序功能:如图 5-3 所示,通过拨码开关将一位十进制数在共阴数码管中显示。

```
        ORG   0000H
        SJMP  MAIN
        ORG   0200H
MAIN:
        SETB  P3.0
        MOVX  A,@R0
        ANL   A,#0F0H
        ACALL GETCODE
        MOV   P1,  A
        CLR   P3.1
        SJMP MAIN
GETCODE:
        MOV   DPTR,#TAB
        MOV   A,@A+DPTR
```

```
TAB:
        DB  3FH,06H,5BH,4FH,66H
        DB  6DH,7DH,07H,7FH,6FH
        END
```

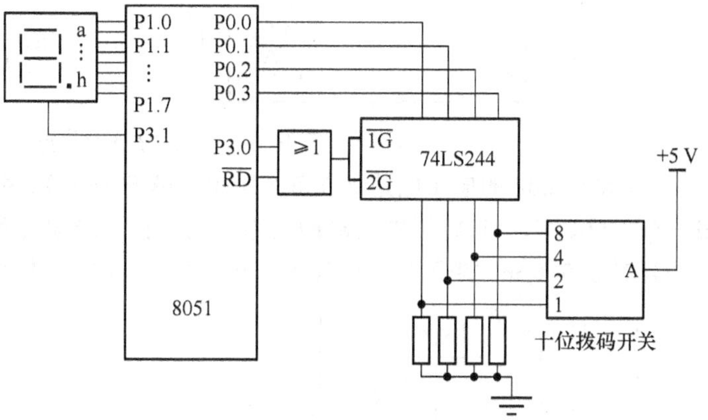

图 5-3　拨码开关与数码管输入输出电路

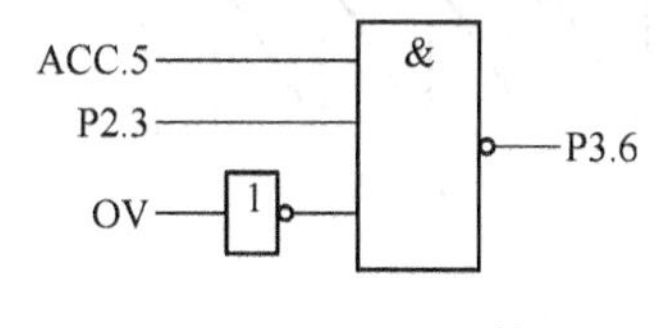

图 5-4　位逻辑运算

五、程序设计题(每题 5 分,共 10 分)

1. 设 MCS-51 单片机片内 RAM 区 30H 和 31H 里有两个 BCD 码形式的数,请编写程序,实现 BCD 加法程序,求它们的和。设和可以用一个字节表示,把结果送入片内 RAM 区 32H 及片外 RAM 区 2000H 单元。

2. 请编写一段程序,将 3 个输入信号 ACC.5,P2.3 和 OV 按图 5-4 所示逻辑电路进行运算,并把结果传送至 P3.6。

六、综合题(每题 10 分,共 30 分)

1. 单片机控制 LED 流水灯的电路如图 5-5 所示。

(1) 将单片机的第 18、19、9 和 31 引脚的电路补充完整,时钟电路的晶振频率为 12 MHz,要求标注所用电阻、电容的大小。(4 分)

(2) 编写程序,让 8 个发光二极管从 VD1 至 VD8 轮流单独循环点亮,每个灯亮的停顿时

间是 1 s；要求用定时器 1 实现 1 s 的定时。（6 分）

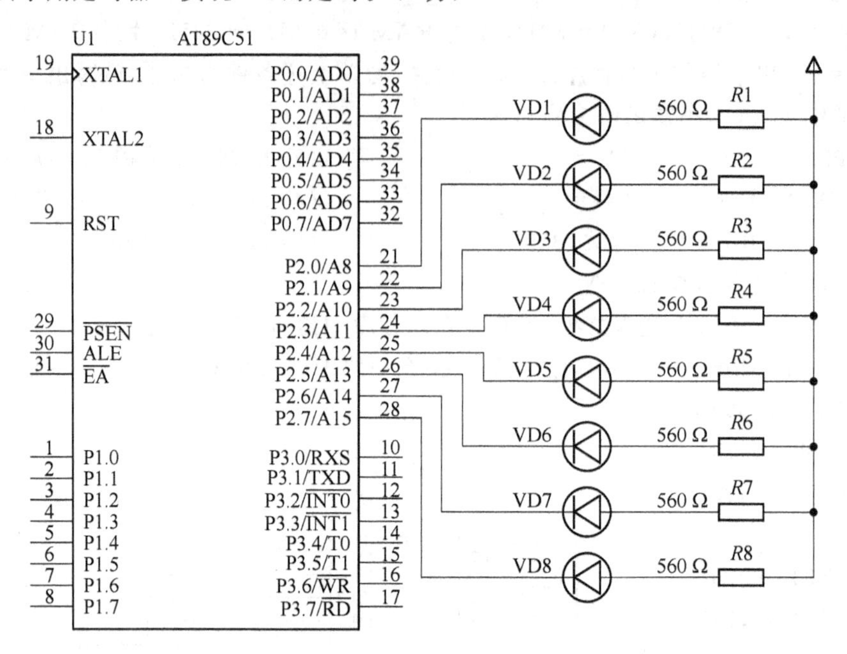

图 5-5　LED 流水灯电路

2. DAC0832 的应用电路如图 5-6 所示，DA 转换时数字量 FFH 与 00H 分别对应于模拟量−5 V 与 0 V。(1)将图中空缺的电路补充完整；(2)编写程序，产生图中所示锯齿波。设有一个延时 3.906 ms 的子程序 DELAY 可以直接调用。（本小题 10 分）

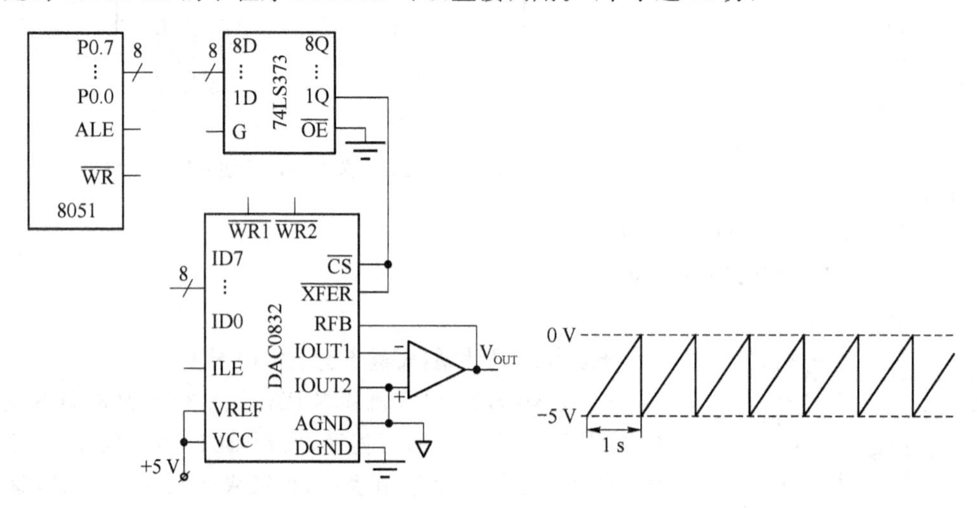

图 5-6　DA 转换接口电路及输出波形

3. 甲乙两个电气特性相同的 MCS-51 单片机利用串行接口进行通信。甲机使用的晶振频率是 11.0592 MHz，其串口工作于方式 1，且允许接收数据；定时器/计数器 1 用作波特率发生器，电源控制寄存器 PCON 的 SMOD 位为 1，收发波特率为 9600 bit/s。(1)将图 5-7 中须要连接的线路补充完整；(2)计算甲机 TH1 和 TL1 的值；(3)确定甲机寄存器 TMOD，TCON，SCON 和 PCON 的值（寄存器中跟本题无关位取值为 0）；(4)编写甲机串行接口初始化程序。（本小题 10 分）

SCON	SM0	SM1	SM2	REN	TB8	RB8	TI	RI
PCON	SMOD	—	—	—	GF1	GF0	PD	IDL
TMOD	GATE	$C/\overline{T}$	M1	M0	GATE	$C/\overline{T}$	M1	M0
TCON	TF1	TR1	TF0	TR0	IE1	IT1	IE0	IT0

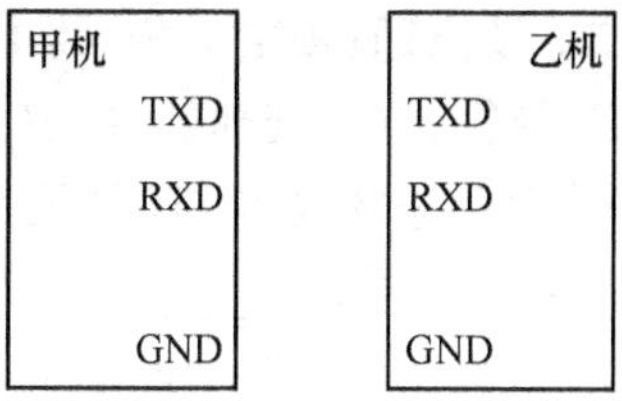

甲机
TXD
RXD
GND

乙机
TXD
RXD
GND

图 5-7　串行通信寄存器及电路

单片机期末考试试题(B 卷)

一、单项选择题(每题 2 分,共 30 分)

1. 下面设备不属于输入设备的是(　　)。

(A) 打印机　　(B) 键盘　　(C) 扫描仪　　(D) A/D 转换器

2. 补码 11111001B 对应的真值用十进制表示为(　　)。

(A) 7　　(B) 13　　(C) －7　　(D) 34

3. 二进制数 10000110 转换为十进制数是(　　)。

(A) 132　　(B) 133　　(C) 134　　(D) 135

4. 单片机的程序计数器 PC 是 16 位的,其寻址范围是(　　)。

(A) 128 B　　(B) 256 B　　(C) 8 KB　　(D) 64 KB

5. 使用 Keil uVision 软件设计汇编语言程序时,应新建的文件扩展名是(　　)。

(A) .bin　　(B) .asm

(C) .hex　　(D) .c

6. 8051 单片机中的片内程序存储器空间有(　　)。

(A) 0 KB　　(B) 4 KB　　(C) 8 KB　　(D) 64 KB

7. 下面指令错误的是(　　)。

(A) MOVX　@R0,＃30H　　(B) MOVC　A,@A＋PC

(C) CPL　A　　(D) POP　ACC

8. 单片机读片外数据存储器信号输出端是(　　)。

(A) $\overline{EA}$　　(B) $\overline{RD}$　　(C) ALE　　(D) $\overline{PSEN}$

9. MCS-51 单片机要用传送指令访问片外数据存储器,它的指令操作码助记符是(　　)。

(A) MUL　　(B) MOV　　(C) MOVX　　(D) MOVC

10. 某存储器芯片有 12 根地址线,8 根数据线,该芯片的存储单元有(　　)个。

(A) 1 KB　　(B) 2 KB　　(C) 3 KB　　(D) 4 KB

11. 指令 LJMP 的跳转范围是(　　)。

(A) 128 B　　(B) 256 B　　(C) 2 KB　　(D) 64 KB

12. MCS-51 单片机可分为两个中断优先级别,各中断源的优先级设定是利用(　　)寄存器。

(A) IE　　(B) PCON　　(C) IP　　(D) SCON

13. MCS-51 单片机复位后,P2 口的初始状态为(　　)。

(A) 00H　　(B) 07H　　(C) 2FH　　(D) FFH

14. MCS-51 单片机响应外部中断 0 的中断时,程序应转移到的地址是(　　)。

(A) 0003H　　(B) 000BH　　(C) 0013H　　(D) 001BH

15. 指令 MOV　PSW,＃00H 对源操作数而言,其寻址方式是(　　)。

(A) 直接寻址　　(B) 立即寻址　　(C) 寄存器寻址　　(D) 相对寻址

二、填空题(每空1分,共10分)

1. 计算机(微处理器)能够直接识别并执行的语言是__________。

2. 十六进制数AAH转换为十进制数的结果是________,二进制数10110110B转换为十六进制数的结果是________。

3. 编写子程序和中断服务程序时,必须注意现场的________和________。

4. 设执行指令MUL AB前,(A)=50H,(B)=0A0H,则执行指令后(A)=________,(B)=________。

5. MCS-51系列单片机对外有3条总线,分别是________、________和________。

三、判断题,正确的打√,错误的打×(每题2分,共10分)

1. 程序计数器PC是管理程序执行次序的特殊功能寄存器。 ( )

2. 指令MOVX R0,@DPTR可以实现将片外RAM或者I/O的值传送给工作寄存器R0。 ( )

3. 若MCS-51单片机使用的晶振频率是12 MHz,则其机器周期为1 μs。 ( )

4. LED数码管显示时,由数码转换为笔画信息可以采用软件译码或硬件译码。 ( )

5. PSW是堆栈指针寄存器。 ( )

四、程序分析题(共20分)

1. 改错题(本小题6分)

下面的程序段有3个遗误之处,请直接在源程序中指出并改正之。

本程序的功能:如图5-8所示,将P0口的8个开关通断状态用P1口的8个发光二极管反映出来。

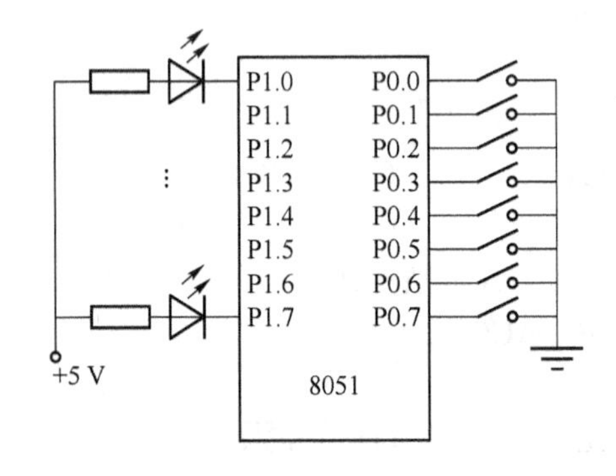

图5-8 自锁开关与LED电路

```
       ORG   0000H
       SJMP  MAIN
       ORG   0200H
MAIN:  MOV   P0,  #FFH
       MOVX  A,   P0
       MOV   P1,  A
       SJMP  MAIN
       END
```

2. 已知:(A)=95H,(R0)=30H,片内RAM区(30H)=0FFH,片外RAM区(30H)=20H,(C)=1,试计算执行下列指令后相关寄存器或存储单元的值。以下语句不是程序段,互不相关,均以上述条件为初值。(本小题每空1分,共8分)

(1) ADD A,R0 (A)=______　　(2) MOVX A,@R0 (A)=______

(3) SUBB A,30H (A)=______　　(4) ANL A,#30H (A)=______

(5) INC R0 (R0)=______　　(6) CPL C (C)=______

(7) MOV @R0,A 片内RAM区(30H)=______　　(8) ADD A,@R0 (A)=______

3. 写出下面程序段执行的结果(本小题每空2分,共6分)

已知片内RAM区(02H)=01H,片外RAM区(02H)=02H。

```
MOV  A,02H
INC  A
MOV  DPTR,#TAB
```

```
      MOVC A,@A+DPTR
      MOV  R1,#30H
      MOVX @R1,A
      CPL  A
      MOV  30H,A
      SJMP $
TAB: DB 3FH,06H,5BH,4FH,0A5H
      END
```

执行完毕,(A)=________,片内 RAM 区(30H)=________,片外 RAM 区(30H)=________。

五、程序设计题(每题 4 分,共 12 分)

1. 请编程,将 MCS-51 单片机片内 RAM 区 40H 和 41H 里的两个数求乘积,设乘积小于 256,把结果送入片内 RAM 区 42H 及片外 RAM 区 1000H。

2. 已知片外 RAM 区 30H 中有一数,请编程将其最高 2 位置 1,最低 2 位置 0,其余 4 位取反。

3. 试编写程序,找出片内 RAM 区 60H～6FH 单元中的最大数,并将其保存至片内 RAM 区 70H 单元。

六、综合题(第 1 小题 4 分,第 2 小题 6 分,第 3 小题 8 分,共 18 分)

1. 单片机与四片 8K×8 位存储器芯片的连线如图 5-9 所示,请确定四片存储器芯片地址范围,要求写出必要的推理过程。(本小题 4 分)

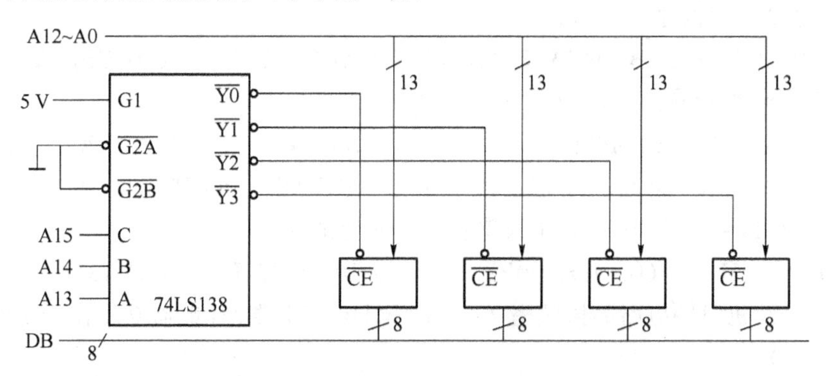

图 5-9　四片 8K×8 位存储器芯片扩展电路

2. 如图 5-10 所示,设有 6 个共阴极 LED 数码管,数码的笔画信息 a～h 由单片机 P0.0～P0.7 送给,位选信号自左到右由 P2.0～P2.5 提供。请编写数码管显示子程序,使 6 个数码管自左至右显示“112233”。设有一个延时 1 ms 的子程序 DELAY 可以直接调用,要求写出笔画码的简要推理过程。(本小题 6 分)

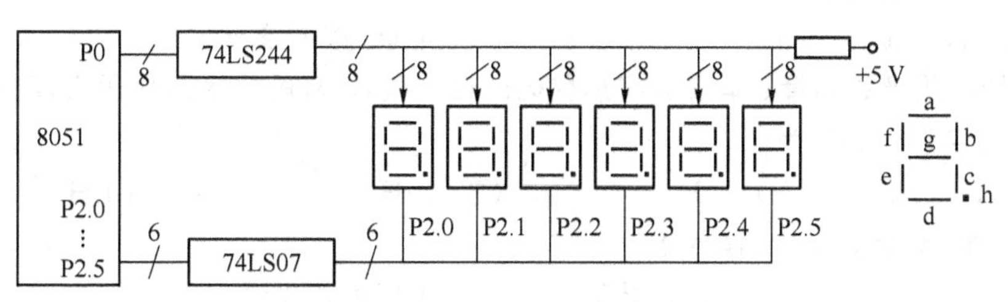

图 5-10　数码管显示接口电路

3. 设 MCS-51 单片机系统的晶振频率是 6 MHz,欲使用定时器/计数器 0 实现 20 ms 定时中断。

(1) 计算 TH0 和 TL0 的值;(2)确定图 5-11 所示寄存器 TMOD,TCON 和 IE 的值(寄存器中与本题无关位取值为 0);(3)编写初始化程序。(本小题 8 分)

TMOD	GATE	C/$\overline{T}$	M1	M0	GATE	C/$\overline{T}$	M1	M0
TCON	TF1	TR1	TF0	TR0	IE1	IT1	IE0	IT0
IE	EA	—	ET2	ES	ET1	EX1	ET0	EX0

图 5-11　定时器/计数器及中断寄存器

单片机期末考试试题(C 卷)

一、单项选择题(每题 2 分,共 20 分)

1. 十进制数 126 对应的十六进制数可表示为(　　)。

(A) 7EH　(B) 8EH　(C) 8FH　(D) FEH

2. 单片机复位时,堆栈指针 SP 的值是(　　)。

(A)00H　(B) 07H　(C) 30H　(D) FFH

3. 单片机的 XTAL1 和 XTAL2 引脚是(　　)引脚。

(A) 外接定时器　(B) 外接串行口　(C) 外接中断　(D) 外接晶振

4. 下面指令错误的是(　　)。

(A) MOV 20H,30H(B) MOVX @R0,A(C) ADD R0,A　(D) CPL A

5. 下面指令,能让$\overline{WR}$引脚产生有效信号的是(　　)。

(A) MOVX　A,　@DPTR　(B) MOVC　A,　@A+PC

(C) MOVC　A,　@A+DPTR　(D) MOVX　@DPTR,　A

6. 如果(RS1)=0,(RS0)=1,工作寄存器单元地址为(　　)。

(A) 00H～07H　(B) 08H～0FH　(C) 10H～17H　(D) 18H～1FH

7. 8051 单片机时钟电路晶振频率 f_{osc}=12 MHz,定时器/计数器 0 工作于定时方式 1,定时范围是(　　)。

(A) 2～16384 μs　(B) 1～8192 μs　(C) 1～65536 μs　(D) 1～256 μs

8. 8051 单片机外部中断 1($\overline{INT1}$)的中断服务程序入口地址为(　　)。

(A) 0000H　(B) 0003H　(C) 000BH　(D) 0013H

9. 串行口控制寄存器 SCON 中,REN 的作用是(　　)。

(A) 接收中断标志位　(B) 发送中断标志位

(C) 允许接收位　(D) 地址/数据位

10. 已知共阴极数码管 a 笔段为字形代码的最低位,h 笔段为字形代码最高位,若要显示数字'1',它的字形代码应为(　　)。

(A) 06H　(B) F9H　(C) 30H　(D) CFH

二、填空题(每空 1 分,共 10 分)

1. 8052 单片机有________个中断源,________个中断优先级。

2. 键盘按键组连接方式可分为________键盘和________键盘。

3. JZ e 的操作码地址为 1000H,e=0FEH,它的转移目的地址为________。

4. 访问 MCS-51 单片机特殊功能寄存器只能采用____________寻址方式。

5. 累加器(A)=80H,执行完指令 ADD A,#83H 后,进位位(C)=________。

6. 用串行口扩展并行口时,串行接口的工作方式应选为____________。

7. A/D 转换器的主要技术指标是____________和____________。

三、判断题,正确的打√,错误的打×(每题 2 分,共 10 分)

1. MCS-51 单片机外扩 I/O 口与片外 RAM 是统一编址的。 (　　)

2. PC 存放的是下一条要执行的指令。 (　　)

3. MCS-51 单片机的相对转移指令最大负跳距是 127 B。 (　　)

4. 执行返回指令时,返回的断点是调用指令的首地址。 (　　)

5. 正在发生的低优先级中断被高优先级中断打断后,要等到下次该中断再次发生才继续执行。 (　　)

四、程序分析题(前 2 空每空 2 分,其余 6 空每空 1 分,共 10 分)

1. 写出执行下列程序段后相关存储单元或寄存器的值。

```
MOV   R0,#31H
MOV   30H,#60H
MOV   A,#20H
XCH   A,30H
MOV   @R0,A
SJMP  $
```

执行完毕,(30H)=________,(31H)=________。

2. 下列程序段执行后,(R0)=________,(7EH)=________,(7FH)=________。

```
MOV R0,#7FH
MOV 7EH,#0
MOV 7FH,#40H
DEC @R0
DEC R0
DEC @R0
```

3. 假定(SP)=60H,(A)=30H,(B)=70H。执行下列指令后,(SP)=________,(61H)=________,(62H)=________。

```
PUSH   ACC
PUSH   B
```

五、程序设计题(第 1 小题 6 分,第 2、3 小题各 7 分,共 20 分)

1. 片内 RAM 区 30H 开始的单元中有 10 个字节的二进制数,请编写一个名称为 SUM 的子程序,求它们的和(设和<256),并将结果保存在片外 RAM 区 30H 单元。

2. 片内 RAM 区 40H 单元保存一个数值在 00H~0FH 的 16 进制数,请将其转换成 ASCII 码,并保存在片内 RAM 区 41H 单元中。已知字符'0'~'9'的 ASCII 码为 30H~39H,字符'A'~'F'的 ASCII 码为 41H~46H。

3. 已知单片机使用的晶振频率为 12 MHz,用指令循环的方法编写 600 ms 的延时子程序,要求使用寄存器 R7、R6 和 R5 作为循环变量。

六、综合题(每题 10 分,共 30 分)

1. 用定时器/计数器 1 每隔 200 μs 产生一次中断,已知晶振频率 f_{osc}=12 MHz。要求采用定时方式 2,中断优先级为高级,寄存器中无关位取 0,可能用到的寄存器结构如图 5-12 所示。

(1) 计算 TH1 和 TL1 的初值;(2)确定控制字 TMOD;(3)编写初始化程序。

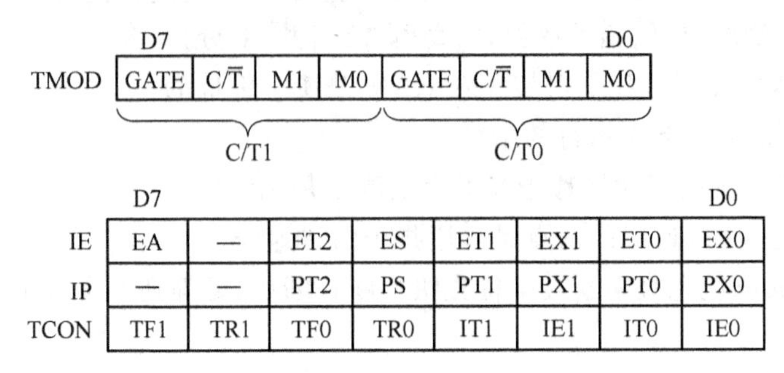

图 5-12 定时器/计数器及中断寄存器

2. 甲乙两台单片机进行串行通信,设两机的晶振频率均为 11.0592 MHz,通信的波特率为 4800 bit/s,将甲机片内 RAM 区 40H~4FH 单元的数据串行发送到乙机,请编写甲机发送程序。

3. 单片机与模数转换器 ADC0809 的接口电路如图 5-13 所示。

(1) 确定 IN0 和 IN7 这两个输入通道的地址(无关位取 1);

(2) 采用中断方式对 IN0~IN7 进行不间断采样,采样数据分别存于单片机片内 RAM 区的 60H~67H 单元,试编写完整的单片机程序。

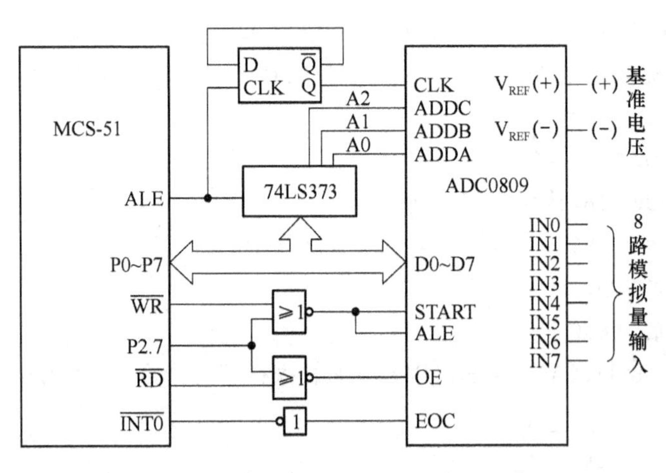

图 5-13 单片机与 ADC0809 接口电路

5.2 参考答案

单片机期末考试试题(A 卷)参考答案

一、单项选择题

1. A 2. C 3. B 4. B 5. C 6. A 7. A 8. C 9. D 10. D

二、填空题

1. 198,DAH 2. 程序,数据 3. 5,4 4. 全双工,1200 bit/s 5. 动态扫描,静态扫描

三、判断题

1. ×(SFR 地址分布在 80H～FFH 区间)

2. ×(与 PC 有关,调用子程序时要保护 PC,子程序返回时要恢复 PC)

3. √　4. √　5. ×(ADC0809 有 8 个模拟输入通道)

四、程序分析题

1. 37H,AAH

2. (1)8CH,(2)A0H,(3)A8H,(4)E7H,(5)73H,(6)7FH

3. 第 1 处错误:"SJMP　MAIN"改为"AJMP　MAIN"或者"LJMP　MAIN"
在不改变"SJMP　MAIN"的情况下,可将"ORG　0200H"改为"ORG 0002H"至"ORG　0081H"中的一种。

第 2 处错误:"SETB　P3.0"改为"CLR　P3.0"

第 3 处错误:"ANL　A,#0F0H"改为"ANL　A,#0FH"

第 4 处错误:"MOV　A,@A+DPTR"改为"MOVC　A,@A+DPTR"

第 5 处错误:在"MOV　A,@A+DPTR"和标号"TAB"之间增加语句"RET"

五、程序设计题

```
1.MOV   A,30H
  ADD   A,31H
  DA    A
  MOV   32H,A
  MOV   DPTR,#2000H
  MOVX  @DPTR,A
```

```
2.MOV   C,ACC.5
  ANL   C,P2.3
  ANL   C,/OV
  CPL   C
  MOV   P3.6,C
```

六、综合题

1. (1) 单片机的第 18、19、9 和 31 引脚的电路如图 5-14 所示。

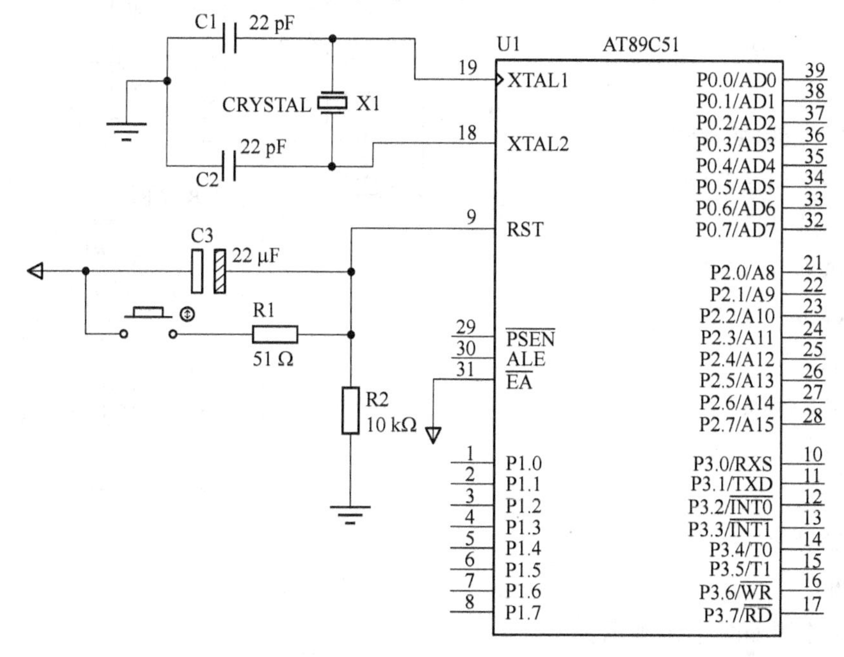

图 5-14　单片机最小系统

(2) 参考程序如下：

```
    COUNTER    EQU 70H
    LED_VALUE EQU 71H
    ORG   0000H
    SJMP MAIN
    ORG   001BH
    LJMP T1_SERVICE
    ORG   0030H
MAIN:
    MOV   SP,#2FH
    MOV   LED_VALUE,#0FEH
    MOV   P2,LED_VALUE
    MOV   COUNTER,#00H
    MOV   TMOD,#10H
    MOV   TH1,#3CH
    MOV   TL1,#0B0H
    SETB TR1
    SETB ET1
    SETB EA
    SJMP  $
T1_SERVICE:
    MOV   TL1,#0B0H
    MOV   TH1,#3CH
    INC   COUNTER
    MOV   A,COUNTER
    CJNE A,#20,EXIT
    MOV   COUNTER,#0
    MOV   A,LED_VALUE
    RL    A
    MOV   LED_VALUE,A
    MOV   P2,LED_VALUE
EXIT:
    RETI
    END
```

2. (1) 连线如图 5-15 所示。

(2)
```
    ORG   0000H
    SJMP MAIN
MAIN:
    MOV   R0,#0FEH
    MOV   A,#0FFH
LOOP:
    MOVX   @R0,A
    ACALL  DELAY
    DEC   A
    SJMP LOOP
DELAY:
    ...
    RET
    END
```

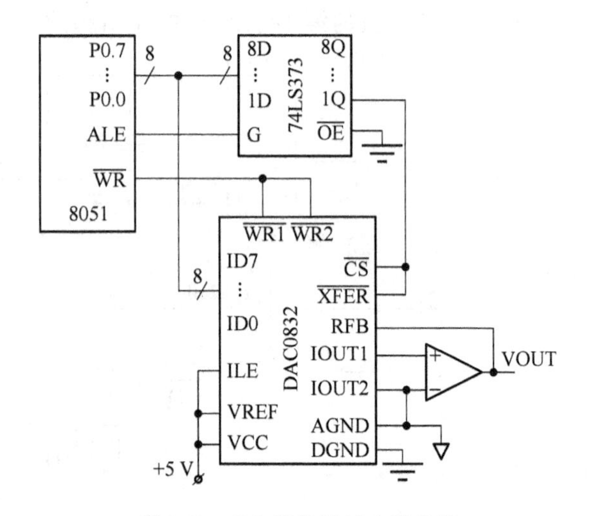

图 5-15　DA 转换接口电路连线

3. (1) 连线如图 5-16 所示。

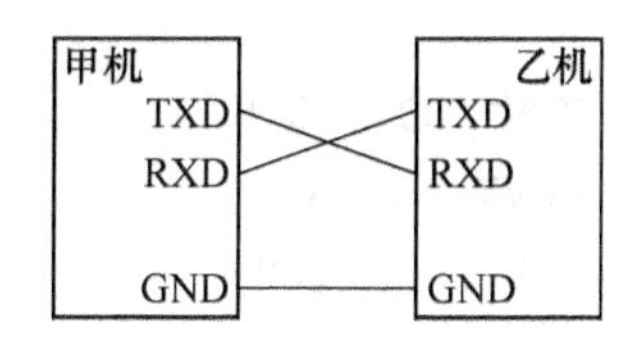

图 5-16　串行通信电路

（2）波特率$=\frac{2^{SMOD}}{32}\times$（定时器/计数器 1 溢出速率）$=\frac{2^{SMOD}}{32}\times\frac{1}{T}$　　(a)

定时器/计数器 1 的定时时间为：

$T=(256-x)\times T_{cy}=(256-x)\times\frac{12}{f_{osc}}$　　(b)

联合公式(a)和(b)，解得 $x=250=$FAH

所以，TH1＝TL1＝FAH

（3）(TMOD)＝20H，(TCON)＝40H，(SCON)＝50H，(PCON)＝80H

（4）甲机初始化程序：

```
MOV   TMOD,#20H
MOV   TH1,#0FAH
MOV   TL1,#0FAH
MOV   TCON,#40H
MOV   SCON,#50H
MOV   PCON,#80H
```

单片机期末考试试题(B 卷)参考答案

一、单项选择题

1. A　2. C　3. C　4. D　5. B　6. B　7. A　8. B　9. C　10. D　11. D　12. C　13. D　14. A　15. B

二、填空题

1. 机器语言　2. 170，B6H　3. 保护，恢复　4. 00H，32H

5. 数据总线(DB)，地址总线(AB)，控制总线(CB)

三、判断题

1. ×(PC 不是特殊功能寄存器)　2. ×(指令有错误，访问片外 RAM 或者 I/O 要用累加器 A，MOVX　A，@DPTR)

3. √　4. √　5. ×(PSW 是程序状态字寄存器)

四、程序分析题

1. 第 1 处错误："SJMP　MAIN"改为"AJMP　MAIN"或者"LJMP　MAIN"

　　在不改变"SJMP　MAIN"的情况下，可将"ORG　0200H"改为"ORG 0002H"至"ORG　0081H"中的一种。

第 2 处错误："MOV　P0，#FFH"改为"MOV　P0，#0FFH"

第 3 处错误："MOVX　A，P0"改为"MOV　A，P0"

2. (1)C5H，(2)20H，(3)95H，(4)10H，(5)31H，(6)0，(7)95H，(8)94H

3. A4H，A4H，5BH

五、程序设计题

1.
```
MOV   A,40H
MOV   B,41H
MUL   AB
MOV   42H,A
MOV   DPTR,#1000H
MOVX  @DPTR,A
SJMP $
```

2.
```
MOV   R0,#30H
MOVX  A,@R0
ORL   A,#0C0H
ANL   A,#0FCH
XRL   A,#3CH
MOVX  @R0,A
SJMP $
```

3.
```
        MOV   A,60H
        MOV   R0,#61H
LOOP:
        CJNE  A,@R0,NEXT
NEXT:
        JNC   CONTINUE
        MOV   A,@R0
CONTINUE:
        INC   R0
        CJNE  R0,#70H,LOOP
        MOV   70H,A
        SJMP  $
```

六、综合题

1. 当 C=A15=0,B=A14=0,A=A13=0 时,译码器 74LS138 输出端 $\overline{Y0}=0$,

选中左数第 1 块芯片。片内存储单元的地址线 A12～A0 可以由全 0 变化到全 1,如下所示:

A15	A14	A13	A12	A11	A10	A9	A8	A7	…	A0
0	0	0	0	0	0	0	0	0	…	0
0	0	0	1	1	1	1	1	1	…	1

左数第 1 块芯片地址范围:0000H～1FFFH

同理:左数第 2 块芯片地址范围:2000H～3FFFH

左数第 3 块芯片地址范围:4000H～5FFFH

左数第 4 块芯片地址范围:6000H～7FFFH

2. 当 hgfedcba=00000110B=06H 时,数码管显示"1";

当 hgfedcba=01011011B=5BH 时,数码管显示"2";

当 hgfedcba=01001111B=4FH 时,数码管显示"3";

数码管显示程序:

```
DISPLAY:
        MOV   P0,#00000110B
        MOV   P2,#11111100B
        ACALL  DELAY
        MOV   P0,#01011011B
        MOV   P2,#11110011B
        ACALL  DELAY
        MOV   P0,#01001111B
        MOV   P2,#11001111B
        ACALL  DELAY
        RET
```

3. (1) 机器周期 $T_{cy}=\frac{1}{f_{osc}}\times 12=2\ \mu s$

方式 0 最长定时时间 $T_{max}=2^{13}\times T_{cy}=16.384\ ms$

方式 1 最长定时时间 $T_{max}=2^{16}\times T_{cy}=131.072$ ms

方式 2 最长定时时间 $T_{max}=2^{8}\times T_{cy}=0.512$ ms

要想定时 20 ms,定时器/计数器必须使用方式 1。

由 $T=(2^{16}-x)\times T_{cy}=20$ ms 解得

$x=55536=$D8F0H

所以,(TH0)=D8H,(TL0)=F0H。

(2) (TMOD)=01H,(TCON)=10H,(IE)=82H

(3) 初始化程序:

```
MOV   TMOD,#01H
MOV   TH0,#0D8H
MOV   TL0,#0F0H
MOV   TCON,#10H
MOV   IE,#82H
```

单片机期末考试试题(C 卷)参考答案

一、单项选择题

1. A　2. B　3. D　4. C　5. D　6. B　7. C　8. D　9. C　10. A

二、填空题

1. 6,2　2. 独立,矩阵　3. 1000H　4. 直接

5. 1　6. 方式 0　7. 转换时间,分辨率

三、判断题

1. √　2. ×(PC 存放的是下一条要执行的指令的首地址)　3. ×(最大负跳距是 128 B)

4. ×(返回的断点是调用指令下一条指令的首地址)　5. ×(不用等到下次该中断再次发生才继续执行,高优先级中断服务程序结束后就返回执行被打断的低优先级中断)

四、程序分析题

1. (30H)=20H,(31H)=60H

2. (R0)=7EH,(7EH)=FFH,(7FH)=3FH

3. (SP)=62H,(61H)=30H,(62H)=70H

五、程序设计题

1. 参考答案如下所示:

程序 1:

```
SUM:
    CLR   A
    MOV   R0,#30H
LOOP:
    ADD   A,@R0
    INC   R0
    CJNE  R0,#3AH,LOOP
    MOV   R1,#30H
    MOVX  @R1,  A
    RET
```

程序 2:

```
SUM:
    CLR   A
    MOV   R0,#30H
    MOV   R7,#10
LOOP:
    ADD   A,@R0
    INC   R0
    DJNZ  R7, LOOP
    MOV   R1,#30H
    MOVX  @R1,  A
    RET
```

2. 参考答案如下所示：

程序1,用查表方法实现：

```
    MOV   A, 40H
    MOV   DPTR,   #TAB
    MOVC  A,   @A+DPTR
    MOV   41H,   A
    SJMP  $
TAB:DB 30H,31H,32H,33H,34H
    DB 35H,36H,37H,38H,39H
    DB 41H,42H,43H,44H,45H,46H
```

程序2：

```
    MOV   A,40H
    ADD   A,#0F6H
    MOV   A,40H
    JC    ADD7
    SJMP  ADD30H
ADD7:
    ADD   A,#7
ADD30H:
    ADD   A,#30H
    MOV   41H,A
    SJMP  $
```

3. 参考答案如下所示：

程序1：

```
DELAY:
     MOV   R7,#5
LOOP3:
     MOV   R6,#240
LOOP2:
     MOV   R5,#249
LOOP1:
     DJNZ  R5,LOOP1
     DJNZ  R6,LOOP2
     DJNZ  R7,LOOP3
     RET
```

程序2,用单片机小精灵产生：

```
DELAY600MS:  ;误差 0us
     MOV R7,#0F4H
DL1:
     MOV R6,#08H
DL0:
     MOV R5,#98H
     DJNZ R5,$
     DJNZ R6,DL0
     DJNZ R7,DL1
     NOP
     RET
```

六、综合题

1. (1) 因为晶振频率 $f_{osc}=12$ MHz,故机器周期 $T_{cy}=12/f_{osc}=1\ \mu s$

设 TH1 和 TL1 的初值为 x,由 $(256-x)T_{cy}=200\ \mu s$,可求得：$x=56$

(2)因为使用定时器/计数器1,故须设置 TMOD 的高四位

其中(GATE)=0,$(C/\overline{T})=0$,(M1)=1,(M0)=0,TMOD 低四位为 0000B

所以(TMOD)=00100000B=20H

(3) 初始化程序如下：

```
MOV   TMOD,#20H
MOV   TH1,#56   ;#56 可以用#38H 替代,下同
MOV   TL1,#56
SETB  TR1       ;本句可以用 MOV  TCON,#40H 替代
SETB  PT1       ;本句可以用 MOV  IP,#08H 替代
SETB  ET1       ;本句可以和最后一句合并,用 MOV  IE,#88H 替代
SETB  EA
```

2. 解：因为

$$波特率=\frac{2^{SMOD}}{32}\cdot T1溢出速率 \quad (a)$$

$$T1定时时间=(256-x)\cdot T_{cy} \quad (b)$$

$$T_{cy}=\frac{12}{f_{osc}} \quad (c)$$

设(SMOD)=0，联合上述 3 式，可以求得，定时器/计数器 1 的初值 x=250=FAH

甲发送程序如下：

程序 1，用中断方式发送：

```
    ORG   0000H
    SJMP   MAIN
    ORG   0023H
    LJMP   UART_SERVICE
    ORG   0030H
MAIN:
    MOV   SP,#2FH
    MOV   SCON,#40H
    ANL   PCON,#7FH
    MOV   TMOD,#20H
    MOV   TH1,#0FAH
    MOV   TL1,#0FAH
    SETB   TR1
    SETB   ES
    SETB   EA
    MOV   R0,#40H
    MOV   SBUF,@R0
    SJMP    $
UART_SERVICE:
    JBC   TI,SEND
    CLR   RI
    SJMP   EXIT
SEND:
    INC   R0
    CJNE   R0,#50H,NEXT
    SJMP   EXIT
NEXT:
    MOV   SBUF,@R0
EXIT:
    RETI
    END
```

程序 2，用查询方式发送：

```
    ORG   0000H
    SJMP   MAIN
    ORG   0030H
MAIN:
    MOV   SP,#2FH
    MOV   SCON,#40H
    ANL   PCON,#7FH
    MOV   TMOD,#20H
    MOV   TH1,#0FAH
    MOV   TL1,#0FAH
    SETB   TR1
    MOV   R0,#40H
LOOP:
    MOV   SBUF,@R0
    JNB   TI,$
    CLR   TI
    INC   R0
    CJNE   R0,#50H,LOOP
    SJMP    $
    END
```

3. 解：

(1) 欲对 IN0 通道的模拟电压进行 A/D 转换，ADC0809 的 ADDC、ADDB 和 ADDA 为 000B；故 74LS373 的输出 A2、A1 和 A0 为 000B，74LS373 的输入 P0.2、P0.1 和 P0.0 为 000B。启动 A/D 转换时，ADC0809 的 START 和 ALE 引脚输入高电平脉冲(下降沿启动转换)，P2.7 要为 0；所以，IN0 这个通道的地址为 7FF8H；同理，IN7 这个通道的地址为 7FFFH。

(2) 单片机程序如下：

```
    ORG   0000H
    SJMP  MAIN
    ORG   0003H
    LJMP  INT0_SERVICE
    ORG   0030H
MAIN:
    MOV   SP,#2FH          ;设置栈底地址
    SETB  IT0              ;外部中断 0 采用下降沿触发
    SETB  EX0              ;外部中断 0 源允许置 1
    SETB  EA               ;中断总允许置 1
    MOV   R0,#60H          ;设置存储 A/D 转换结果的单元首地址
    MOV   DPTR,#7FF8H      ;准备转换 IN0 通道的电压
    MOVX  @DPTR,A          ;启动 A/D 转换
    SJMP  $
INT0_SERVICE:              ;外部中断 0 中断服务程序
    MOVX  A,@DPTR          ;读 A/D 转换结果
    MOV   @R0,A            ;保存 A/D 转换值
    INC   DPTR             ;模拟通道号地址加 1
    INC   R0               ;保存 A/D 转换值的存储单元地址加 1
    CJNE  R0,#68H,NEXT     ;判断是否转换完 8 个通道的电压
    MOV   R0,#60H          ;8 个通道都转换完毕,重置存储 A/D 转换结果的单元首地址
    MOV   DPTR,#7FF8H      ;准备重新转换 IN0 通道的电压
NEXT:
    MOVX  @DPTR,A          ;启动 A/D 转换
    RETI                   ;中断返回
    END
```

参考文献

[1] 李晓林,苏淑靖,许鸥,等. 单片机原理与接口技术[M]. 3 版. 北京:电子工业出版社,2015.

[2] 喻宗泉,喻晗,李建民. 单片机原理与应用技术[M]. 西安:西安电子科技大学出版社,2006.

[3] 龙顺宇. 深入浅出 STM8 单片机入门、进阶与应用实例[M]. 北京:北京航空航天大学出版社,2016.

[4] 丁元杰. 单片微机原理及应用[M]. 3 版. 北京:机械工业出版社,2005.

[5] 林立,张俊亮. 单片机原理及应用——基于 Proteus 和 Keil C[M]. 3 版. 北京:电子工业出版社,2014.

[6] 张齐,朱宁西. 单片机应用系统设计技术——基于 C51 的 Proteus 仿真[M]. 3 版. 北京:电子工业出版社,2013.

[7] 覃凤清. MCS-51 系列单片机指令快速记忆法[J]. 宜宾学院学报,2004,4(6):192-193.

[8] 深圳市科赛科技开发有限公司. SST89E/V5xRD2、SST89E/V554RC、SST89E/V564RD、SST89E516RD2 单片机 SoftICE 用户指南[DB/OL]. [2017-12-17]. http://www. kesaitech. com. cn/gb/files/SoftICE_user_guild. pdf.

[9] 朱向庆."单片机原理及应用"教学改革探索[J]. 高教论坛,2009,25(5):101-103.

[10] 朱向庆,胡均万,王小增,等. 单片机原理及应用课程立体化实践教学体系的建设[J]. 黑龙江教育(高教研究与评估),2012,67(4):45-47.

[11] 朱向庆,郑景扬,陈文龙,等. 多功能单片机与 CPLD 实验板的设计[J]. 现代电子技术,2016,39(6):123-126,131.

[12] 朱向庆,胡均万,曾辉,等. CDIO 工程教育模式的微型项目驱动教学法研究[J]. 实验技术与管理,2012,29(11): 159-162.

[13] 朱向庆,黎东涛,苏超益,等. 适合于项目教学法的三合一单片机实验箱设计[J]. 实验技术与管理,2013,30(7):57-61.

[14] 朱向庆,胡均万,陈宏华,等. 多功能单片机实验系统的研制[J]. 实验室研究与探索,2012,31(4):41-44.

[15] 朱向庆,郑景扬,陈文龙,等. 一种单片机与可编程逻辑器件实验板[P]. 中国:ZL201520026466. 9,2015-05-20.

[16] 朱向庆,黎东涛,张学成,等. 一种微控制器实验平台[P]. 中国:ZL201520036080. 6,2015-05-13.

[17] Intel Corporation. MCS-51 8-BIT CONTROL-ORIENTED MICROCOMPUTERS 8031/8051,8031AH/8051AH,8032AH/8052AH,8751H/8751H-8[Z],1988.

[18] 江苏沁恒股份有限公司. CH340 手册(一)[DE/OL]. (2016-11-19). [2017-12-17]. http://www. wch. cn/download/CH340DS1_PDF. html.

[19] Texas Instruments Incorporated. ADC0808/ADC0809 8-BIT μP Compatible A/D Converters with 8-Channel Multiplexer[Z],2013.

[20] Texas Instruments Incorporated. DAC0830/DAC0832 8-BIT μP Compatible, Double-Buffered D to A Converters General Description[Z],2013.

[21] Intersil Americas Inc.. ICL 7109 12-Bit, Microprocessor-Compatible A/D Converter [Z],2013.

[22] 徐人凤,孙宏伟,王梅.软件编程规范[M].北京:高等教育出版社,2008.

[23] 张齐.单片机原理与应用系统设计——基于C51的Proteus仿真实验与解题指导[M].北京:电子工业出版社,2010.